低碳标准理解与低碳认证

李在卿　主编

中国质检出版社
中国标准出版社

北　京

图书在版编目(CIP)数据

低碳标准理解与低碳认证/李在卿主编.—北京:中国标准出版社,2012
ISBN 978-7-5066-6820-0

Ⅰ.①低… Ⅱ.①李… Ⅲ.①节能-标准-基本知识 ②节能-认证-基本知识 Ⅳ.①TK01

中国版本图书馆 CIP 数据核字(2012)第 160674 号

中国质检出版社
中国标准出版社 出版发行
北京市朝阳区和平里西街甲 2 号(100013)
北京市西城区三里河北街 16 号(100045)
网址 www.spc.net.cn
总编室:(010)64275323 发行中心:(010)51780235
读者服务部:(010)68523946
中国标准出版社秦皇岛印刷厂印刷
各地新华书店经销
*
开本 787×1092 1/16 印张 23.25 字数 572 千字
2012 年 9 月第一版 2012 年 9 月第一次印刷
*
定价:68.00 元

本书编写人员

主　　编　李在卿

副 主 编　吴　冷

编写人员　李在卿　吴　冷　贾秀芹　李金城
　　　　　　周才华　冯　晶　刘清芝　刘凤清

审　　定　刘清芝

前　言

全球气候变暖是当前世界各国广泛关注的问题之一，而世界经济发展对石油、煤炭、天然气等碳基能源需求量的持续增加，使二氧化碳的排放量持续增长，温室气体排放以及由此带来的环境和生态问题将进一步加剧。面对全球气候变暖的严峻挑战，英国等欧洲国家倡导发展“低碳经济”，日本提出建设低碳社会，世界各地争相发展低碳城市。

在我国，一方面能源紧张、人均资源占有量低、环境污染严重，发展低碳经济有利于现代能源服务普及、可再生能源利用、提高能源效率、改善能源结构和加强能源安全；另一方面，全球气候变暖，使我国面临着较大的国际转移排放压力，发展低碳经济是《中国应对气候变化国家方案》所必然要求要采取的经济发展模式。因此，如何从我国实际出发，发展低碳经济，逐步减少对高碳能源的依赖，是科学发展观的客观要求，也是化解我国现实压力和履行国际责任的必然要求。

低碳经济的核心内涵是在市场机制基础上，通过政策创新及制度设计，提高节约能源技术、可再生能源技术和温室气体减排技术，建立低碳的能源系统和产业结构，它包括生产的低碳化、流通的低碳化、分配的低碳化和消费的低碳化四个方面。这四个方面又都涉及组织（或企业）的低碳和产品与服务本身的低碳。

为了促进组织、项目、产品的低碳以及规范低碳认证，国际标准化组织（ISO）和一些发达国家先后制定并发布了多项有关组织层面、项目层面碳排放核查、产品或服务的碳足迹评价和认证标准。ISO 还发布了对实施有关低碳认证的认证机构的规范性要求。我国也正在将相关标准转化成国家标准。

为帮助读者理解气候变化，认识低碳经济，了解相关低碳技术，理解与低碳有关的标准及相关工具性标准的内涵，掌握组织碳盘查、项目碳核查和核证、低碳产品认证和产品的碳足迹评价，我们编写了本书。本书共十章，前两章作为引子，简要介绍了碳排放及其影响、低碳及其发展；第三章介绍了组织的项目层面的温室气体审定和核查标准；第四章介绍了与温室气体有关的检验和认证机构的要求标准；第五章介绍了与温室气体核查和实施低碳有关的几个工具性标准；第六章说明了组织和项目如何实施低碳技术；第七章说明了组织和项目碳盘查和认证的过程和要求；第八章解读了英国发布的也是当今对全球有影响作用的产品的碳足迹标准；第九章简要介绍了 ISO 正在编制的产品的碳足迹标准；第十章主要介绍了产品的碳足迹认证的过程和要求。

本书由李在卿策划、组织编写和主要撰稿，吴冷、贾秀芹、李金城、周才华、冯晶、刘清芝、刘凤清参加了本书的部分内容编写或资料收集工作。本书在编写过程中参考了国内外有关文献资料，在编写和出版过程中还得到了环境保护部环境发展中心、环境保护部环境认证中心、中国质检出版社、中环联合（北京）认证中心有限公司的有关领导和专家的关心、指导及帮助，在此一并表示感谢！

本书适用于标准研究、低碳认证和咨询、各类企业的决策管理、产品设计和开发、能源管理、环境管理相关的管理和技术人员，也适合高等院校相关专业的学生阅读和使用，还可作为低碳认证和咨询人员的培训教材。

由于水平所限，书中难免存在不足之处，敬请读者批评指正。

李在卿

2012 年 5 月 1 日

目　录

第一章　碳排放及其对人类的影响 …………………………………… 1

第一节　温室气体（碳）的排放 …………………………………… 1
第二节　气候变化 …………………………………………………… 2
第三节　气候变化对人类的影响 …………………………………… 3
第四节　人类应对气候变化 ………………………………………… 5

第二章　低碳及其发展 ……………………………………………… 23

第一节　低碳的提出 ………………………………………………… 23
第二节　低碳的内涵 ………………………………………………… 24
第三节　低碳经济 …………………………………………………… 24
第四节　国外低碳经济的发展 ……………………………………… 28
第五节　我国发展低碳经济的总体战略 …………………………… 30

第三章　ISO 14064：2006《温室气体　温室气体排放的量化、监测、报告、审定和核查标准》的理解与应用 ………………………………… 34

第一节　概述 ………………………………………………………… 34
第二节　ISO 14064－1：2006 的理解与应用 ……………………… 36
第三节　ISO 14064－2：2006 的理解与应用 ……………………… 69
第四节　ISO 14064－3：2006 的理解与应用 ……………………… 93

第四章　ISO 14065：2007《温室气体　温室气体审定和核查机构要求》的理解与应用 ……………………………………………………… 127

第一节　标准的基本内容、目的和作用 …………………………… 127
第二节　对低碳认证机构的基本要求 ……………………………… 133
第三节　组织和项目的低碳认证过程控制 ………………………… 156
第四节　应用 ………………………………………………………… 161

第五章　其他相关标准（工具）介绍 ……………………………… 163

第一节　GB/T 24062—2009《环境管理　将环境因素引入产品的设计和开发》简介 ……………………………………………… 163
第二节　GB/T 24040—2008《环境管理　生命周期评价　原则与框架》简介 ………………………………………………………… 164
第三节　GB/T 24044—2008《环境管理　生命周期评价　要求和指南》简介 ………………………………………………………… 168
第四节　英国 PAS 2060：2010《碳中和证明规范》简介 ………… 173

第六章　低碳措施与低碳技术 …… 175
第一节　概述 …… 175
第二节　发展清洁能源 …… 176
第三节　推广建筑低碳技术 …… 196
第四节　实施节能技术与提高能源利用效率 …… 209
第五节　其他低碳技术 …… 210
第七章　组织和项目的低碳认证 …… 238
第一节　认证与低碳认证 …… 238
第二节　组织低碳认证过程及要求 …… 239
第三节　项目低碳认证过程及要求 …… 244
第八章　英国 PAS 2050：2008《商品和服务在生命周期内的温室气体排放评价规范》的理解与应用 …… 247
第一节　产品的碳足迹及其验证 …… 247
第二节　英国 PAS 2050：2008 简介 …… 250
第三节　英国 PAS 2050：2008 条文解读 …… 254
第四节　如何依据 PAS 2050：2008 评价商品和服务的碳足迹 …… 305
第九章　ISO 14067《产品的碳足迹》及相关标准简介 …… 326
第一节　概述 …… 326
第二节　ISO 14067 草案的主要内容 …… 328
第三节　我国对标准的跟踪及面临的形势 …… 330
第四节　其他国际组织正在制定或已经发布的相关标准 …… 331
第十章　低碳产品认证/产品的碳足迹评价 …… 333
第一节　低碳产品及认证过程基本要求 …… 333
第二节　国外低碳产品认证/产品的碳足迹评价 …… 336
第三节　我国低碳产品认证的模式、过程及要求 …… 342
第四节　外资认证机构在我国实施产品的碳足迹认证案例 …… 344

附录 1　国家相关政策——中国应对气候变化国家方案（部分） …… 348
附录 2　全球变暖潜能值（标准） …… 360
参考文献 …… 362

第一章　碳排放及其对人类的影响

第一节　温室气体（碳）的排放

温室气体是指大气中能够吸收地表发射的热辐射且对地表有保温作用的那些气体。大气中的每一种气体并不是都能强烈吸收地面长波，比如占大气99%的氧气和氮气，它们既不吸收也不发射热辐射。而大气中含量少得多的水蒸气、二氧化碳和其他一些微量气体才真正吸收了一部分地表发射的热辐射，并起到了遮挡作用，造成地表实际平均温度比仅包含氧气和氮气的大气状态下的地表温度高约21℃的差别，这些气体被称作温室气体。温室气体主要来源于人类的化石能源燃烧、化石能源开采、工业生产、农业和畜牧生产、废弃物处理、土地利用变化等活动，所以温室气体主要由二氧化碳、甲烷、氧化亚氮（一氧化二氮）、氟氯碳化物以及水蒸气组成。

阳光照射地球时，部分能量被大气和地表吸收，地球表面向外释放热量，其中一部分被大气和地表吸收。地球大气层有着与温室玻璃类似的保温效果。大气层存留热量的能力使地球表面有着温暖的环境，这一作用过程与温室的作用相同，被称为温室效应。温室效应示意图如图1－1所示。

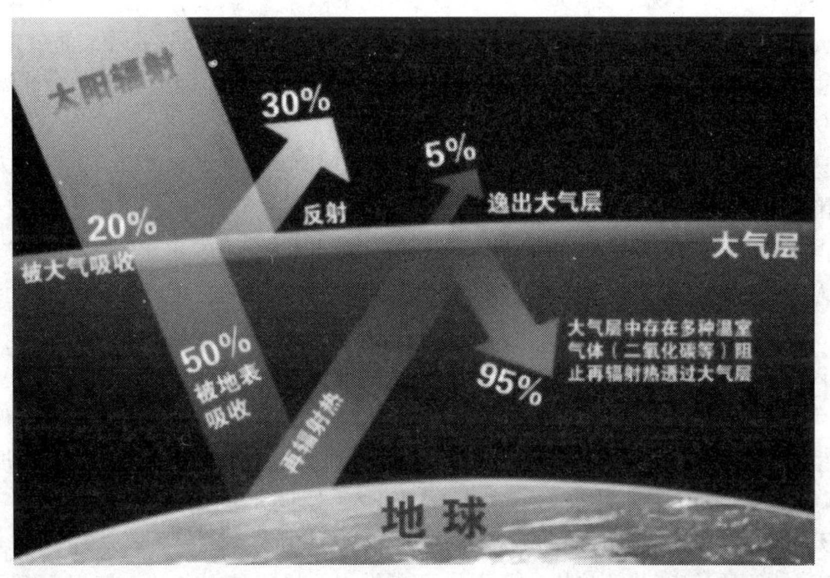

图1－1　温室效应示意图（新华社发）

温室气体越浓，获取的热量越多，温室效应也越强，地球表面温度就会迅速增高。不同温室气体的温室效应是不同的，温室气体中最重要的气体是水蒸气，但是它在大气中的含量不受人类活动的直接影响。直接受人类活动影响的主要的温室气体有二氧化碳、甲烷、氧化亚氮、臭氧、氯氟烃等。其中对气候变化影响最大的是二氧化碳，二氧化碳对全球变暖的贡献率达到60%。自工业革命以来，人类向大气中排入的二氧化碳等吸热性强的温室气体逐年增加，大气的温室效应也随之增强。

《京都议定书》限排的温室气体包括二氧化碳（CO_2）、甲烷（CH_4）、氧化亚氮（N_2O）、氢氟碳化物（HFCs）、全氟化碳（PFCs）、六氟化硫（SF_6）等六种气体。二氧化碳是主要的温室气体，因此人们又把温室气体的排放称为碳排放。

据世界银行报告，20 世纪的整个 100 年，全球共消耗煤炭 1 420 亿 t、石油天然气 2 650 亿 t、钢 380 亿 t、铝 7.6 亿 t、铜 4.8 亿 t，同时排放出温室气体 1.6 万亿 t，使大气中的 CO_2 浓度从 19 世纪末的 280×10^{-6} 上升到目前的近 385×10^{-6} 的水平，明显地威胁到全球的生态平衡。

第二节　气候变化

气候变化是指除在类似时期内所观察的气候的自然变迁之外，由于直接或间接的人类活动改变了地球大气的组成而造成的气候的变化，即指气候平均状态和离差（距平，即各数据偏离平均数的距离）两者中的一个或两者一起出现了统计意义上的显著变化。离差值越大，表明气候状态不稳定性增加。

本书所讨论的气候变化主要是指自 18 世纪工业革命以来，人类大量排放二氧化碳等气体所造成的全球变暖现象。全球变暖问题是指大气成分发生变化导致温室效应加剧，使地球平均气温异常升高并由此引发的一系列环境、经济等问题。

据联合国政府间气候变化专门委员会（IPCC）第三次评估报告，根据科学家对近百年地面观察资料分析发现，自 1860 年气象观测记录以来，全球平均温度上升了 0.6℃，最近 100 年的温度是过去1000 年中最暖的，最暖的年份出现在 1983 年后，而最近 20 年又是过去 100 年中最暖的，20 世纪 90 年代是本世纪最暖的 10 年，20 世纪北半球温度的增幅是过去 1000 年来最高的。

非洲乞力马扎罗山的冰川面积在 1912 年 ~2000 年间减少了 80%。1988 年宏观世界完全由冰雪围绕，今天只剩下 15% 由冰雪围绕，且主要由季节性冰雪覆盖。

苏黎世世界冰河观测局于 2005 年指出，欧洲地区的冰河体积比 1985 年锐减一半。俄罗斯研究人员于 2007 年 3 月称，贝加尔地区、蒙古、中国的永冻层都出现了不稳定的趋势。

自从 20 世纪 80 年代以来，英国观测人员在北大西洋找到先前未曾发现过的热带鱼类，2001 年，渔民在英格兰康瓦耳外海捕到梭鱼，这比它原本栖息的范围偏北许多。

近百年来，降水分布也发生了变化。大陆地区尤其是中高纬度地区降水增加，非洲等一些地区降水减少。有些地区极端天气气候事件（如厄尔尼诺、干旱、洪涝、冰雹、风暴、高温天气和沙尘暴等）出现的频率与强度均不断增加。

近百年来我国气候变化的趋势与全球气候变化的总趋势基本一致。气温上升了 0.4℃ ~ 0.5℃，略低于全球平均气温上升的 0.6℃；我国 20 世纪 90 年代是近百年来最暖时期之一。1985 年以来，已连续出现 16 个全国大范围内的暖冬，1988 年冬季最暖。但尚未超过 20 世纪 20 年代 ~40 年代最暖时期。地域上，以西北、华北、东北变暖最明显，其中华北地区出现了暖干化趋势。

我国降水以 20 世纪 50 年代最多，以后逐渐减少，华北地区尤其如此。我国新疆乌鲁木齐河源1号冰川，自小冰川后期以来，一直处于后退状态。1962年~1980年，冰川退缩了80m，1980年~1982年冰川又退缩了60m。

可以说，全球气候变暖是不争的事实。

引起气候变化的原因概括起来可分为自然的气候波动与人类活动的影响两大类。前者包括太阳辐射的变化、火山爆发等。人类活动的影响包括人类燃烧化石燃料以及毁林引起的大气中温室气体的增加、硫化物气溶胶浓度的变化、陆地覆盖和土地利用的变化等。随着人类社会活动的发展，其影响的广度和深度日益增加，人类活动对气候的影响日益严重，最近50年，气候变化活动主要是由人类活动造成的。这些包括：

（1）树木燃烧释放出二氧化碳，二氧化碳是造成温室效应的气体之一；

（2）世界范围内的森林消失是导致二氧化碳浓度上升的主要原因之一；

（3）火山爆发释放大量火山灰会减弱温室效应；

（4）农业活动是甲烷、氧化亚氮等温室气体的主要来源；

（5）牲畜通过反刍呼吸增加大气中甲烷、二氧化碳和水蒸气的含量；

（6）工厂和发电厂是二氧化碳、氧化亚氮等很多温室气体的制造者；

（7）焚烧固体废弃物会释放出各种气体，这些气体进入大气有的会加剧温室效应；

（8）汽车尾气中的氧化亚氮也是温室气体的重要来源。

总之，全球气候变化的原因是地球大气的温室效应增强所致。大气的温室效应主要是温室气体（GHG）排放所致。每年全球排放的二氧化碳达到250亿t，近100年空气中的二氧化碳由280μL/L增至380μL/L，目前每年增加3μL/L。

第三节　气候变化对人类的影响

气候变化造成南极洲上空的臭氧空洞日益扩大，并已经造成人类生存环境的变化。

20世纪已观察到的气候变化对自然生态系统的影响如下：

（1）全球海平面平均每年上升1mm~2mm；

（2）北半球中高纬度地区河流湖泊结冰期大约减少了两周；

（3）近几十年北极的海冰范围和厚度在夏末初秋变薄40%，20世纪50年代以来，春夏季面积减少10%~15%；

（4）在极地的部分地区，永冻土层解冻、变暖、退化；

（5）过去40年中北半球尤其是高纬度地区植物生长季每十年延长了约1天~4天；

（6）植物、昆虫、鸟类和鱼类的分布向高纬度高海拔转移；

（7）珊瑚礁白化频率增加；

（8）天气和气候极端事件发生的频率和强度有增加趋势，包括大范围地区暴雨事件增加、干旱区扩大、厄尔尼诺事件频率增强和温度增加等。

一、对水资源供求的影响

气候变暖将导致地表径流量、旱涝灾害发生频率和一些地区的水质等发生变化，特别是水资源的供需矛盾将更加突出。对于全球变暖后地表径流量的变化，现在比较一致的预测是全球高纬度地区和东南亚地区年平均径流量将增加；而中亚地区、地中海地区、非洲南部和澳洲地区将减少。这将加剧一些地区水资源供需的矛盾。目前，世界上约有三分之一的人口（大约17亿）生活在贫水地区。预计到2050年，这部分人口将增加至50亿。

随着径流量的减少，蒸发增大，全球变暖将加剧水资源的不稳定性与供需矛盾。全球变暖可能增强全球水文循环，使全球平均降水量趋于增加，但降水变化率可能随着平均降水量的增加而发生变化，蒸发量也会因全球平均温度增加而增大，这可能意味着未来旱涝灾害出现频率会增加。全球变暖后，有些地区的河水流量趋于减少，可能会加重河流原有的污染程度，同时河水温度的上升，也会促进污染物的沉积和废弃物的分解，进而使水质下降。当然，年平均流量明显增加的河流，水质也可能有所好转。

二、对生态系统和生物多样性的影响

自然生态系统由于适应能力有限，容易受到严重的、甚至不可恢复的破坏。随着气候变化频率和幅度的增加，遭受破坏的自然生态系统在数目上会有所增加，其地理范围也将扩大。

自然植被的地理分布与物种可能发生明显变化。森林分布格局将改变，从而使生物多样性减少，在某些物种生存范围和数目增加的同时，某些脆弱的物种灭绝和生物多样性锐减的风险增加，受危害或损失的地域和系统数目必将增加。

冰川、冻土和积雪都将减少，近海生态系统当海平面上升速度高于沉积速度时，红树林植被重新分布，降水减少，土壤盐度增加。植物生长缓慢。同时全球变暖导致海洋温度上升2℃～3℃，珊瑚将受严重威胁。

三、对农牧业生产的影响

如果全球平均气温升高（预计每10年增加0.3℃），发展中国家由于人口增长，以及耕地、资金、技术等限制，将导致农业的脆弱性增加，粮食安全危机日趋严重。

四、对人民生活的影响

预计的气候变化将随着热浪发生次数的增加导致城市空气污染加剧，造成与热浪有关的死亡率上升和流行病发生。洪涝的增加会提高溺死、爆发腹泻和呼吸疾病的风险，靠病菌、食物和水传播的传染病如疟疾、登革热、血吸虫、黄热病等传播范围增加。在发展中国家饥饿和营养不良的风险也随之升高。

全球变暖会造成夏季温度升高，导致降温所需能源增加，造成电力供应紧张。

气候变暖后，资源生产、商品及服务的需求发生变化，使支持居住的经济条件受到影响。

气候变化对能源输送系统、建筑物、城市设施以及工农业、旅游业、建筑业等特定产业的一些直接影响，将进一步对人居环境产生影响。因极端天气事件的增加以及对人类健康的影响，使得居住人口迁移。

五、对自然灾害的影响

气候变化对人类居住区最普遍的直接影响是洪水和泥石流，沿海地区还包括海平面上升作用，对于排水、供水、排污设施不强的城市可直接影响其基础设施以及建筑、城市服务（交通等）、工业和旅游等。

六、对沿海地区的影响

海平面温度升高，全球平均海平面上升（预计到2030年上升20cm，到2100年上升

65cm)，海冰覆盖面积减少，盐度、海浪状况和洋流发生变化。使沿海地区洪灾严重，侵蚀加速，湿地和红树林减少，海水倒灌并影响淡水资源。

第四节　人类应对气候变化

面对全球变暖，人类应对气候变化主要采取了三方面措施：减少目前大气中的二氧化碳；削减二氧化碳排放；主动适应气候变化。

一、国际社会的主要行动

面对全球气候变化带来的不利影响，国际社会各国之间加强了合作与交流，及时采取了措施，并发布了一系列公约等法律文件。

国际上已经发生的有关气候变化的重要事件见表 1－1。

表 1－1　国际上有关气候变化的重要事件

时间	地点	事件
1979 年	日内瓦	第一届全球气候大会召开，呼吁全球关注气候变化
1988 年		世界气象组织（WMO）与联合国环境规划署（UNEP）共同组建联合国政府间气候变化专门委员会（IPCC）
1988 年	纽约	联合国大会第一次通过 43/53 决议：《为当代及后代人类保护全球气候》
1990 年	日内瓦	第二届全球气候大会提出制定气候变化公约，联合国大会决定启动公约谈判
1990 年		IPCC 气候变化第一次评估报告出版，报告指出要控制大气中温室气体的水平需要削减 60%～80% 的二氧化碳排放，并建议开始全球气候变化公约谈判，联合国政府间谈判委员会（INC）开展了包括发达国家和发展中国家、小岛国和产油国间的谈判
1992 年	纽约	5 月 INC 就气候变化问题达成公约，于 6 月 4 日在巴西里约热内卢举行的联合国环境与发展大会（地球首脑会议）上通过了《联合国气候变化框架公约》（UNFCCC，以下简称《公约》）。我国于 1993 年批准《公约》
1994 年		3 月 21 日《公约》生效，189 个缔约方签字
1995 年	柏林	《公约》第一次缔约方大会召开，设立了“柏林授权”特设工作组，开始《京都议定书》谈判
1995 年		IPCC 气候变化第二次评估报告出版，明确指出已经觉察到人类活动对气候变化的影响
1996 年	日内瓦	《公约》第二次缔约方大会召开，并通过了《日内瓦宣言》
1997 年	京都	《公约》第三次缔约方大会召开，并通过了《京都议定书》
1998 年	布宜诺斯艾利斯	《公约》第四次缔约方大会召开，并通过了“布宜诺斯艾利斯行动计划”以加强气候公约的实施以及为《京都议定书》生效做准备
1999 年	波恩	《公约》第五次缔约方大会召开
2000 年	海牙	《公约》第六次缔约方大会召开，对《公约》作出了重要实施决定，并制定了《京都议定书》可操作细节，包括其实施规则和要素
2001 年		IPCC 气候变化第三次评估报告出版，报告给出了有关观察到的过去 50 年气候变暖归因于人类活动的新的重要证据

续表 1-1

时间	地点	事件
2001 年	马拉喀什	《公约》第七次缔约方大会召开，通过的《马拉喀什协定》为《京都议定书》的实施奠定了基础
2001 年		美国宣布退出《京都议定书》
2002 年	新德里	《公约》第八次缔约方大会召开，发表《德里宣言》
2003 年	米兰	《公约》第九次缔约方大会召开
2004 年	布宜诺斯艾利斯	《公约》第十次缔约方大会召开
2004 年		俄罗斯政府通过了有关批准《京都议定书》的法律草案。国家杜马（议会下院）于 11 月 18 日批准了该法律草案
2004 年		有中国、欧盟中 15 个国家、日本、加拿大等在内的 121 个国家批准了《京都议定书》
2005 年	蒙特利尔	第十一次缔约方大会/第一次《京都议定书》缔约方大会召开，讨论附件一国家在议定书下未来承诺问题
2006 年	内罗毕	《公约》第十二次缔约方大会召开
2007 年	巴厘岛	《公约》第十三次缔约方大会召开，会议着重讨论“后京都”问题，即《京都议定书》第一承诺期在 2012 年到期后如何进一步降低温室气体的排放。12 月 15 日，联合国气候变化大会通过了“巴厘岛路线图”，启动了加强《公约》和《京都议定书》全面实施的谈判进程，致力于在 2009 年年底前完成《京都议定书》第一承诺期在 2012 年到期后全球应对气候变化新安排的谈判并签署有关协议
2008 年	波兹南	《公约》第十四次缔约方大会召开
2009 年	哥本哈根	《公约》第十五次缔约方大会和世界气候变化峰会召开，旨在积极落实和探讨应对世界气候问题。我国政府在此次大会上承诺 2020 年单位国民生产总值二氧化碳排放比 2005 年下降 40%～45% 的减排目标
2010 年	坎昆	《公约》第十六次缔约方大会和第六次《京都议定书》成员国大会于 11 月 29 日至 12 月 10 日召开。在未来国际气候制度构建方面，提出设立每年进行全球气候变化问题公投，倡议设立国际气候法庭，监督《公约》的执行情况
2011 年	德班	《公约》第十七次缔约方大会暨《京都议定书》第七次缔约方大会召开。会议通过了四个决议：包括批准《京都议定书》工作组和《公约》下“长期合作行动特设工作组”、实施《京都议定书》第二承诺期、启动绿色气候基金、建立德班增强行动平台特设工作组等

二、《联合国气候变化框架公约》（UNFCCC）简介

1. 产生过程

1992 年 6 月在巴西里约热内卢举行的联合国环境与发展大会上，150 多个国家制定了《联合国气候变化框架公约》（United Nations Framework Convention on Climate Change）。《公约》的最终目标是将大气中温室气体浓度稳定在不对气候系统造成危害的水平。

《公约》是世界上第一个为全面控制二氧化碳等温室气体排放，应对全球气候变暖给人类经济和社会带来不利影响的国际公约，也是国际社会在应对全球气候变化问题上进行

国际合作的一个基本框架。据统计，目前已有 190 多个国家批准了《公约》，这些国家被称为《公约》缔约方。

《公约》缔约方作出了许多旨在解决气候变化问题的承诺。每个缔约方都必须定期提交专项报告，其内容必须包含该缔约方的温室气体排放信息，并说明为实施《公约》所执行的计划及具体措施。

《公约》于 1994 年 3 月生效，奠定了应对气候变化国际合作的法律基础，是具有权威性、普遍性、全面性的国际合作框架。

《公约》规定每年举行一次缔约方大会。自 1995 年 3 月 28 日首次缔约方大会在柏林举行以来，缔约方每年都召开会议（可参见表 1-1 中内容）。以下简要介绍下其中的有关情况。

第三次缔约方大会在日本京都举行，会议通过了《京都议定书》，对 2012 年前主要发达国家减排温室气体的种类、减排时间表和额度等作出了具体规定。《京都议定书》于 1994 年开始生效。根据这份议定书，2008 年～2012 年间，主要工业发达国家的温室气体排放量要在 1990 年的基础上平均减少 5.2%，其中欧盟将六种温室气体的排放量削减 8%，美国削减 7%，日本削减 6%。

第六次缔约方大会期间，世界上最大的温室气体排放国美国坚持要大幅度削减它的减排指标，因而使会议陷入僵局，大会主办者不得不宣布休会，将会议延期。

第八次缔约方大会通过《德里宣言》，强调应对气候变化必须在可持续发展的框架内进行。

参加第九次缔约方大会的国家和地区温室气体排放量占世界总量的 60%。

第十次缔约方大会期间，与会代表围绕《公约》生效 10 周年来取得的成就和未来面临的挑战、气候变化带来的影响、温室气体减排政策以及在《公约》框架下的技术转让、资金机制、能力建设等重要问题进行了讨论。

第十三次缔约方大会着重讨论了“后京都”问题，即《京都议定书》第一承诺期在 2012 年到期后如何进一步降低温室气体的排放。通过了“巴厘岛路线图”，启动了加强《公约》和《京都议定书》全面实施的谈判进程，致力于在 2009 年年底前完成《京都议定书》第一承诺期在 2012 年到期后全球应对气候变化新安排的谈判并签署有关协议。“巴厘岛路线图”规定 2020 年前全球温室气体排放量在 1990 年的基础上减少 25%～40% 的目标。

2008 年 7 月 8 日，八国集团领导人在八国集团首脑会议上就温室气体长期减排目标达成一致。八国集团领导人在一份声明中说，八国寻求与《公约》其他缔约国共同实现到 2050 年将全球温室气体排放量减少至少一半的长期目标，并在《公约》相关谈判中与这些国家讨论并通过这一目标。

2. 主要内容

《公约》是国际社会为防止人为活动改变气候给人类带来不利影响而订立的全球性国际公约。《公约》的最终目标是：根据《公约》的各项规定，将大气中温室气体的浓度稳定在防止气候系统受到危险的人为干扰的水平上，而这一水平应当在足以使生态系统能够自然地适应气候变化，确保粮食生产免受威胁，并使经济发展能够在可持续地进行的时间范围内实现。

《公约》由序言、26 条正文和两个附件组成，其宗旨是为当代和后代保护气候系统，防止和控制人类活动引起气候变化。公约有法律约束力，旨在控制大气中二氧化碳、甲烷和其他温室气体的排放，将温室气体的浓度稳定在使气候系统免遭破坏的水平上。《公约》对发达国家和发展中国家规定的义务以及履行义务的程序有所区别。《公约》要求发达国家作为温室气体的排放大户，采取具体措施限制温室气体的排放，并向发展中国家提供资金以支付他们履行《公约》义务所需的费用。发展中国家则不承担具有法律约束力的限控义务。

《公约》的主要内容包括：气候系统的保护目标、为实现目标而采取行动所遵循的原则、缔约国承诺采取的行动和措施、气候变化的研究和系统观测、气候变化及其影响的教育和培训及公众意识的提高、缔约方会议的设立及其职责、附属机构和附属科技咨询机构的设立及其职能、资金机制的建立及其运行方式、有关信息的交流、争端的解决等。

以下对主要的相关内容作一介绍。

（1）主要原则

1）共同但有区别的责任原则：各缔约方应当在公平的基础上，并根据他们共同但有区别的责任和各自的能力，为人类当代和后代的利益保护气候系统。因此，发达国家缔约方应当率先对付气候变化及其不利影响。

目前存在的全球变暖等环境问题主要是发达国家自工业革命以来不顾后果地利用环境和资源的累积恶果，广大发展中国家在很大程度上是受害者。因此，国际环境保护合作必须遵循“共同但有区别的责任”原则，发达国家有义务在率先采取有关环保措施的同时，为国际合作作出更多切实的贡献。这主要应表现在两个方面：向发展中国家额外提供资金，帮助发展中国家更好地参加国际环保合作，或补偿相关经济损失；以优惠的非商业性的条件向发展中国家提供治理污染所需的先进技术。即一方面，所有国家对保护全球气候具有共同的责任；另一方面，由于历史责任和现实能力不同，发达国家和发展中国家应承担不同的义务。

2）具体需要和特殊情况的原则：应当充分考虑到发展中国家缔约方尤其是特别易受气候变化不利影响的那些发展中国家缔约方的具体需要和特殊情况，也应当充分考虑到那些按《公约》必须承担不成比例或不正常负担的缔约方，特别是发展中国家缔约方的具体需要和特殊情况。

3）预防原则：各缔约方应当采取预防措施，预测、防止或尽量减少引起气候变化的原因，并缓解其不利影响。当存在造成严重或不可逆转的损害的威胁时，不应当以科学上没有完全的确定性为理由推迟采取这类措施，同时考虑到应付气候变化的政策和措施应当讲求成本效益，确保以尽可能最低的费用获得全球效益。为此，这种政策和措施应当考虑到不同的社会经济情况，并且应当具有全面性，包括所有有关的温室气体源、汇和库及适应措施，并涵盖所有经济部门。应付气候变化的努力可由有关的缔约方合作进行。

4）在可持续发展框架下应对气候变化的原则：各缔约方有权并且应当促进可持续的发展。保护气候系统免遭人为变化的政策和措施应当适合每个缔约方的具体情况，并应当结合到国家的发展计划中去，同时考虑到经济发展对于采取措施应付气候变化是至关重要的。

5）促进有利的和开放的国际经济体系原则：各缔约方应当合作，促进有利的和开放的国际经济体系，这种体系将促成所有缔约方特别是发展中国家缔约方的可持续经济增长和发展，从而使它们有能力更好地应付气候变化的问题。为对付气候变化而采取的措施，包括单方面措施，不应当成为国际贸易上的任意或无理的歧视手段或者隐蔽的限制。

（2）附件一所列国家

附件一中所列国家，主要指工业化国家，包括发达国家和俄罗斯、波罗的海地区及欧洲中、东部经济转型国家，附件一中所列国家缔约方对人为产生的温室气体排放负有主要责任，并承担相应的限制或减少温室气体排放的义务。

（3）附件二所列国家

附件二中所列国家，是附件一所列国家中的发达国家，附件二中国家除承担附件一中国家的义务外，还应向发展中国家缔约方提供资金和技术，以便其履行《公约》的规定，并且帮助特别易受气候变化不利影响的发展中国家缔约方支付适应这些不利影响的费用等。

（4）没有列入附件一和附件二的国家

主要是指发展中国家，《公约》没有规定其减排或限排义务。

（5）明确了管理的六种气体

包括二氧化碳（CO_2）、甲烷（CH_4）、氧化亚氮（N_2O）、氢氟碳化物（HFCs）、全氟化碳（PFCs）、六氟化硫（SF_6）等六种气体。

（6）规定了义务

规定了所有缔约方、附件一中缔约方、附件二中缔约方的义务。

（7）明确了相关机构

1）缔约方会议是《公约》的最高机构，应定期审评《公约》和缔约方会议可能通过的任何相关法律文书的履行情况，并作出促进《公约》有效履行的必要决定。规定了决策过程。

2）附属科技咨询机构（SBSTA）和附属履行机构会议（SBI）。

此外公约中还对“气候变化的不利影响、气候变化、气候系统、排放、温室气体、库、汇、源”等给出了定义。

三、《京都议定书》

1. 产生过程

1992年，各国政府通过了《联合国气候变化框架公约》（UNFCCC）。《公约》自缔约之日起，已经有全球185个国家参与，并成功地举行了17次由各缔约国参加的缔约方大会。然而《公约》中各缔约方并没有就气候变化问题综合治理制定具体可行的措施。1995年在柏林举行的第一次缔约方大会中，发达国家承诺将在2000年，将二氧化碳排放量恢复到1990年的水平。然而经过缔约方最终审评认定，这一承诺不足以实现《公约》中所预期达到的目标。为了使全球温室气体排放量达到预期水平，需要世界各国作出更加细化并具有强制力的承诺。于是引发了新一轮关于加强发达国家义务及承诺的谈判。在1997年，终于形成了关于限制二氧化碳排放量的成文法案，在第三次缔约方大会上对这一法案内容的研讨、磋商成为大会的主要议题，该次会议上149个国家和地区的代表通过了旨在限制发达国家温室气体排放量以抑制全球变暖的《京都议定书》。

《京都议定书》需要占1990年全球温室气体排放量55%以上的至少55个国家和地区

批准之后，才能成为具有法律约束力的国际公约。中国于1998年5月签署并于2002年8月核准了该议定书。欧盟及其成员国于2002年5月31日正式批准了《京都议定书》。2005年2月16日，《京都议定书》正式生效。这是人类历史上首次以法规的形式限制温室气体排放。2007年12月，澳大利亚签署《京都议定书》，目前已有170多个国家批准加入了该议定书。

气候变化领域争论的主要焦点体现在“公平”（即谁应承担减排责任）和“实质性减排”（即如何减排温室气体）两大问题上。美国前总统布什第一任期刚开始就宣布美国退出《京都议定书》，理由是议定书不公平，对美国经济发展带来过重负担。

2007年，联合国气候变化大会在巴厘岛描绘出一份“巴厘岛路线图”，为《京都议定书》第一承诺期结束后的继续谈判奠定了基础。

2. 主要内容

《京都议定书》包括28个条款和两个附件。对发达国家规定了有法律约束力的量化减排义务，具体内容是：发达国家和经济转型国家在2008年~2012年内，应将二氧化碳等六种气体减排量在1990年基础上平均削减5%。同时为每一发达国家规定了具体的减排任务。《京都议定书》还发布了三种境外减排的灵活机制：一是联合履约机制（JI）；二是清洁发展机制（CDM）；三是排放贸易机制（ET），允许发达国家之间转让温室气体排放量，在某些国家愿意和能够承担更多减排义务的情况下，另一国家便可以承担较少的减排义务，甚至增加其排放。

（1）核心条款

核心条款为《公约》附件一中国家缔约方规定了有法律约束力的量化减排义务，具体是：《公约》附件一中国家2008年~2012年内，应将二氧化碳等六种气体减排量在1990年基础上平均削减5%。其中：主要欧盟国家和大部分东欧国家削减8%，美国削减7%，日本、加拿大、匈牙利、波兰各削减6%，克罗地亚削减5%；新西兰、俄罗斯、乌克兰不增不减；挪威增长1%，澳大利亚增长8%，冰岛增长10%。表1-2列出部分国家和地区的减排指标。计划的减排量安排如图1-2所示。

表1-2 部分国家和地区减排指标

国家和地区	2008年~2012年减排承诺
欧盟	-8%
德国	-21%
英国	-12.5%
意大利	-6.5%
西班牙	+15%
葡萄牙	+27%
希腊	+25%
日本	-6%
加拿大	-6%
挪威	+1%

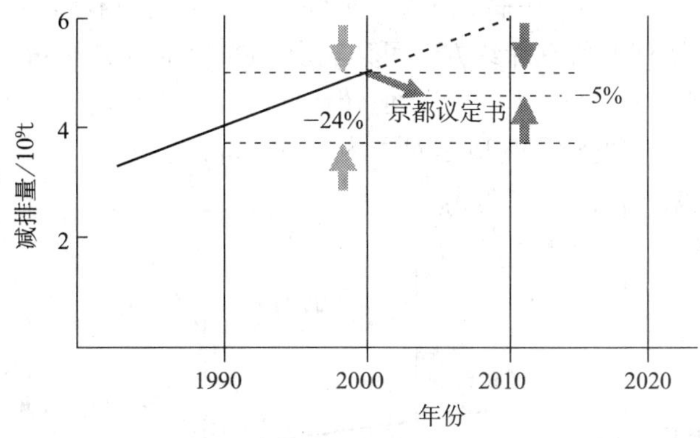

图 1－2　减排指标示意

（2）三种境外减排的灵活机制

1）联合履约机制（JI）——《公约》附件一中国家间（见图 1－3）

《公约》附件一中国家间可以相互转让温室气体减排额度。但是，在转让的同时必须在转让方的允许排放额度上扣减相应额度。

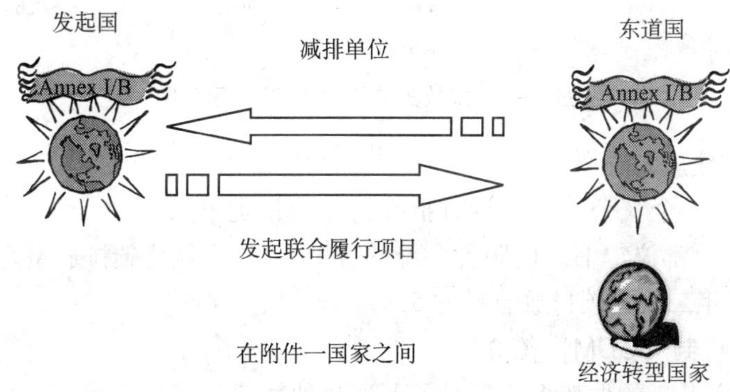

图 1－3　联合履约机制（JI）示意图

2）清洁发展机制（CDM）——《公约》附件一中国家和发展中国家间（见图 1－4）

《公约》附件一中国家投入技术和资金与发展中国家合作开发温室气体减排项目，实施项目所实现的温室气体减排量可由附件一中国家用以完成其减排承诺。

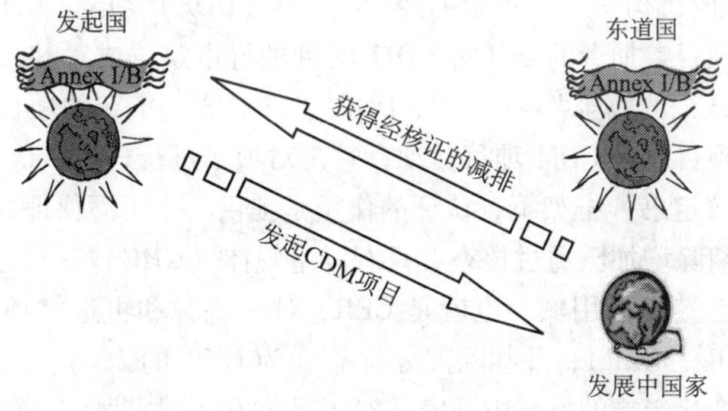

图 1－4　清洁发展机制（CDM）示意图

3）排放贸易机制（ET）——《公约》附件一中所列的所有缔约方之间（见图1－5）

《公约》附件一所列的所有缔约方，可以将其超额完成的减排量，以贸易方式转让给其他未能完成减排义务的附件一中国家，但转让的同时应当从转让方的允许排放限额上扣除相应的转让额度，任何此种贸易应是对国内减排行动的补充。

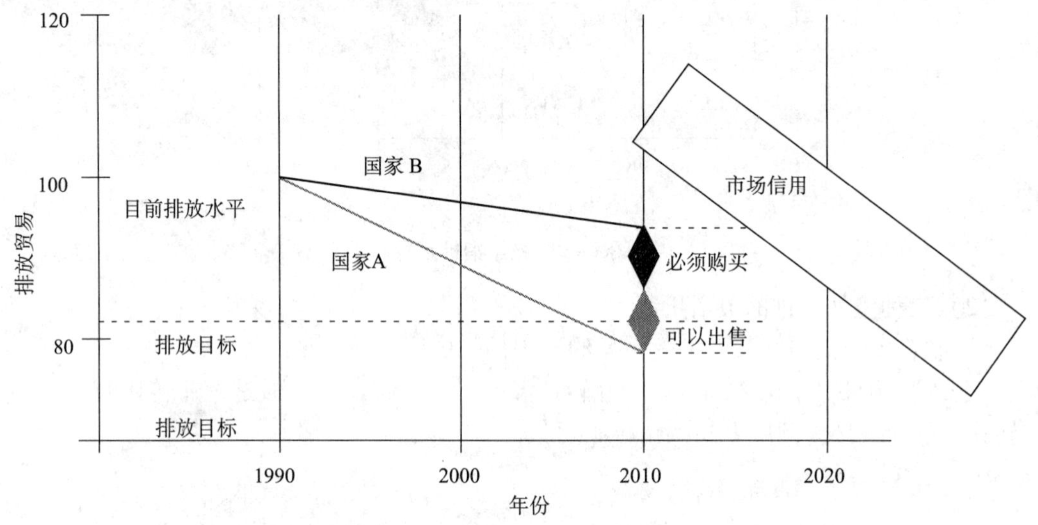

图1－5　排放贸易机制（ET）示意图

（3）《京都议定书》生效的条件

1）应至少有55个《公约》缔约方批准《京都议定书》；

2）且批准《京都议定书》的附件一缔约方1990年二氧化碳排放量之和至少占附件一全体缔约方1990年二氧化碳排放总量的55%。

3. 清洁发展机制（CDM）简介

在《京都议定书》的框架下，建立了下列两种基于项目的机制：

（1）清洁发展机制（CDM）；

（2）联合履约机制（JI）。

为了监督CDM的实施，联合国成立了CDM执行理事会。CDM执行理事会的功能之一是批准基准线方法学，并进行项目注册。

从事CDM认证的机构——“指定的经营实体”（DOE）须经CDM理事会认可，并且是独立的实体，受项目参加者的委托对CDM项目进行审定，或对其减排量进行核查和认证，从而得到“经认证的减排”（CER）。DOE要求对通过审定的项目进行注册。注册意味着承认经审定的项目属于CDM项目活动，它是对项目进行核查、认证和签发CER的先决条件。在《京都议定书》框架下，认证的作用是提供一个书面保证，证明该项目在特定时间段内的减排和清除增加已通过核查。只有温室气体（GHG）减排通过了认证，执行理事会才向项目参加者签发信用额，也就是CER，对于造林和再造林项目，则为临时CER（tCER）或长期CER（lCER），并扣除部分收益（为CER的2%）。这部分收益是用来援助那些最易受气候变化影响的发展中国家。对于最欠发达国家所实施的项目，免于扣除此项收益。此外，要按照下列规定收取注册费，以支付管理成本：

（1）在一个日历年度内要求颁发15 000二氧化碳当量吨以内的部分，每CER交0.1

美元；

（2）在一个日历年度内要求颁发超过 15 000 二氧化碳当量吨的部分，每 CER 交 0.2 美元。

仅在信用期内可以取得信用额。信用期是指 GHG 减排和清除增加通过了核查和认证的时期，在实施 CDM 的情况下，项目参加者可通过下列方式选择信用期。

CDM 对项目设计文件（PDD）除温室气体项目计划所包含的内容外，还要求包括以下内容：

（1）对如何进行技术转让（如可能发生）作出解释；

（2）关于项目活动公共资金（如存在）的信息；

（3）关于选择信用期的信息。

表 1－3 列出了京都机制下项目、项目所在东道国缔约方和投资方须满足的具体资格要求。

表 1－3　京都机制资格准则

<table>
<tr><th rowspan="2">机制</th><th rowspan="2">JI</th><th colspan="3">CDM</th></tr>
<tr><th>一般 CDM</th><th>小型 CDM</th><th>汇项目</th></tr>
<tr><td rowspan="9">项目</td><td></td><td></td><td>符合“小型”定义</td><td>仅造林和再造林项目满足资格要求</td></tr>
<tr><td colspan="4">仅适用于京都议定书附录 A 所列 GHG 的排放</td></tr>
<tr><td>参与各方书面同意</td><td colspan="3">项目参加者表示自愿参加的协议书，包括项目所在缔约方对项目活动能够支持其实现可持续发展的确认</td></tr>
<tr><td></td><td colspan="3">不因公共资金的参与而导致政府援助资金的减少</td></tr>
<tr><td>额外性</td><td>额外性</td><td>额外性；障碍或量化证据</td><td>额外性</td></tr>
<tr><td colspan="3">不包括原子能设施所产生的信用额</td><td>避免系统性的检查与碳库存峰量同时发生</td></tr>
<tr><td>2000 年开始的项目有资格取得 2008 年的信用额</td><td colspan="3">2000 年 1 月 1 日至 2004 年 11 月 18 日的项目，如尚未申请注册，但已在 2005 年 12 月 31 日前提交了新的方法学，或申请由 DOE 进行审定，只要 2006 年 12 月 31 日前（至迟）在执行理事会注册，即可要求追认信用额</td></tr>
<tr><td></td><td>分析环境影响。如项目所在缔约方或项目参与者要求，则须进行环境影响评价</td><td>如项目所在缔约方要求，分析环境影响</td><td>分析社会经济和环境影响，包括对生物多样性和自然生态系统的影响，以及项目边界之外的影响</td></tr>
<tr><td></td><td colspan="3">利益相关方的意见及就如何对待所收到的意见向 DOE 提交的报告</td></tr>
<tr><td rowspan="2">项目所在缔约方</td><td>见投资方的要求，但项目所在缔约方至少须满足准则 a）～d）的要求</td><td colspan="2">已指定了国家主管机构</td><td>从下列“森林”的定义中作出选择，并将选择结果报告执行理事会：单一最低限度树冠覆盖；单一最低限度土地面积；单一树高值</td></tr>
<tr><td colspan="4">已批准《京都议定书》</td></tr>
</table>

续表 1-3

机制	JI	CDM		
		一般 CDM	小型 CDM	汇项目
投资方	已指定联络点	已指定国家主管机构		
	已批准《京都议定书》			
	已按照规则计算出它的配额			
	已依照规则进行了国家注册			
	已依照规则建立了国家排放估算系统			
	已依照规则提交了最新的年度清单			
	已依照规则提交了配额的补充说明			
				数量限制：在第一承诺期内：≤东道国基准年 1% 排放量的 5 倍。

四、国际标准化组织的行动

由于引起全球气候变暖的温室气体（GHG）有很大一部分来自工业生产中对能源的大规模使用，生产企业对 GHG 进行合理的管理，有效实施 GHG 减排项目对控制 GHG 总量具有重大意义。同时，为了确定 GHG 管理的绩效，并使碳交易建立在共同认可的基础之上，要对 GHG 进行审定与核查（认证）。为了规范这方面的管理，国际标准化组织（ISO）环境管理技术委员会（TC207）经过长期的努力，制定了并正在制定有关低碳的标准。

1. 制定并发布了 ISO 14064：2006

ISO 于 2006 年 3 月 1 日发布了 ISO 14064：2006。对 ISO 而言，整体环境管理的考虑共分为六部分：环境管理；生命周期评价和环境标志；气候变化的温室气体交易；能源效率和可再生能源；水、土壤和空气质量；废物管理。ISO 14064 标准的发布，标志着 ISO/TC207 在“气候变化的温室气体交易”部分为世界可持续发展所作的新贡献。它们可以作为实用工具，帮助人类应对气候变化这一重大挑战。该标准的主要目的是：

（1）增加 GHG 量化、检测、报告和核查的一致性、透明性及可信度，从而强化对整体环境的考虑；

（2）帮助组织识别和管理与 GHG 相关的责任、财富和风险；

（3）促进 GHG 的交易；

（4）为 GHG 机制和方案设计、开发和实施提供帮助。

2. 制定并发布了 ISO 14065：2007

2007 年 4 月，ISO 14065：2007《温室气体　温室气体审定和核证机构要求》发布，ISO/TC207 还成立了专门的分技术委员会，即温室气体管理和相关活动分技术委员会。

ISO 14065 是对 ISO 14064 的补充，在 ISO 14064 为政府和组织提供能够测量和监控 GHG 的减排要求的同时，ISO 14065 为采用 ISO 14064 或其他相关标准或规范进行 GHG 确认和验证的机构提供规范及指南。

GHG 的确认或验证，是对负责客观评估的有效程序所涉及的担保陈述提供正式的书面声明。GHG 的确认或验证目的，是增强社会对温室气体的减排可以导致气候改变的观点的信心，提供声明的本身，是证明有能力胜任的。并且在规范管理、公正和谐的基础上提供必要的担保水平。

ISO 14065 旨在保证验证过程本身，并规定了温室气体验证公司的要求。这些公司可实施数据验证活动，并按照 ISO 14064－3 或其他特定的排放权交易制度或企业标准进行管理。该标准的总体要求涉及诸如法律和合同安排、职责、公正性管理、责任和融资等方面的问题。标准具体包括了与结构、资源要求和能力、信息与记录管理、核实和验证过程、申诉、投诉和管理体系等方面相关的要求。标准的对象主要是 GHG 工作的管理、法规和认可机构。标准向这些机构提供了评价核实和验证机构能力的基础。

3. 即将发布 ISO 14066

有关温室气体审定团队与核查团队的能力要求的标准（ISO 14066）已经形成国际标准草案，并处于投票阶段，预计将于 2012 年正式发布。

4. 正在制定 ISO 14067

ISO 正在制定 ISO 14067《产品的碳足迹》标准。ISO 14067 最初标准草案框架由 ISO 14067－1《产品的碳足迹 第 1 部分：量化》和 ISO 14067－2《产品的碳足迹 第 2 部分：信息交流》组成。

ISO 14067－1 明确说明该标准以 ISO 14040：2006《环境管理　生命周期评价　原则与框架》和 ISO 14044：2006《环境管理　生命周期评价　要求和指南》中提供的生命周期评价（Life Cycle Assessment，LCA）方法为基础，将给出对产品的碳足迹量化研究的原则与要求的规定。将给出七类共 41 条术语和定义；给出生命周期观点、相对的方法和功能单位、反复的方法、科学方法的优先性、相对性、完整性、一致性、准确性、透明性、避免重复计算等十项原则；明确了方法学框架，包括基本要求、碳足迹量化的目的范围、碳足迹的清单分析和温室气体排放、清除及储存的环境影响。报告是信息交流的基础，标准对报告应包括的内容及第三方报告需要包括的内容进行了规定。

ISO 14067－2 给出了有关交流的参与性、透明性、相关性和公平性四条原则。明确了如果碳足迹信息用于浪费者交流，则应使用产品种类规则（PCR），并依据 ISO 14025《环境标志和声明　Ⅲ型环境声明　原则和程序》对 CF-PCR 的最低要求进行规定。提出产品的碳足迹声明方案，建立声明方案是可选择的，如果有，则对方案的范围和操作者提出要求。还对碳足迹信息交流的要求提出了要求，包括总要求和直接对消费者提供声明的要求，并对总排放、各阶段排放、碳足迹的减少的声明、进行比较的声明也分别规定了要求。对核查，与消费者交流的核查要求也将作说明，与 ISO 14025，ISO 14044、ISO 14066 的有关要求相一致。

五、国外主要国家和地区应对气候变化的措施

为了实现减缓气候变化的目标，履行《京都议定书》等应对气候变化的国际条款，作为温室气体主要排放国家和地区的英国、美国、日本和欧盟等纷纷将应对气候变化纳入到决策之中，制定并实施了直接针对温室气体减排的政策法规和标准，并取得了一定的效果。

1. 英国的有关措施

英国是世界上控制气候变化的积极倡导者和先行者。英国充分意识到了能源安全和气候变化的威胁，早在 2003 年 3 月，就发布了能源白皮书《我们的能源的未来：创建低碳经济》，提出其温室气体排放的目标为：计划到 2010 年二氧化碳排放量在 1990 年的水平

上减少 20%，到 2050 年减少 60%。

(1) 政策法规

为了实现其温室气体排放的目标，英国已经制定了一系列提高能源利用效率、降低温室气体排放量的气候政策法规，形成了相对完整的应对体系。如 2000 年和 2006 年先后两次推出的《英国气候变化国家方案》；从 2002 年开始，先后采取了 15% 气候变化税和 10% 可再生能源指标等政策，并颁布了相关的建筑法规。更为重要的是，2008 年 11 月，英国正式发布了《气候变化法》法案，这是全球第一部关于气候变化的法律，也使英国成为世界上第一个为减少温室气体排放、适应气候变化而建立具有法律约束性长期框架的国家。此外，设立碳基金和实行温室气体排放贸易制度也是两项较为重要的政策工具和行动计划。

(2) 相关标准

为了确保温室气体减排目标的实现，英国发布了一系列切实可行的标准，为相应的减排政策提供"技术性基础"。2007 年，英国政府颁布《可持续住宅标准》，对住宅建设和设计提出了可持续性新规范，分六个等级限定能源效率和水效率的最小消费标准，对所有租赁和出售的建筑物实行能源绩效证书管理制度，并自 2008 年起，要求所有家用照明灯都必须是低能耗种类。

2008 年 10 月，英国标准协会（BSI）、节碳基金会（Carbon Trust）和英国环境、食品与农村事务部（Defra）联合发布了一项公众可获取的量化温室气体排放的规范 PAS 2050：2008《商品和服务在生命周期内的温室气体排放评价规范》。PAS 2050 是第一部通过统一的方法评价产品生命周期内温室气体排放的规范性文件。目前，许多国家和地区开展碳足迹评价的工作大多基于 PAS 2050 阐述的计算原则和方法。

继发布了 PAS 2050 之后，英国标准协会于 2010 年 5 月 19 日正式发布了公共可用规范 PAS 2060：2010《碳中和证明规范》。PAS 2060 是以 ISO 14000 系列及 PAS 2050 等环境标准为基础而建立，是证实碳中和的规范。它提出了清晰、一致的碳中和操作规范要求，任何希望达到并证明碳中和的组织或个人，必须经由特定界定的温室气体排放的定量、减量和抵消来达成这些要求。规格一旦完成，将适用于任何类型的实体，例如企业、地区和地方政府、小区、学术机构、俱乐部和社会团体、家庭及个人，且适用于组织的任何标的，包括活动、城镇或城市、建筑物或产品。

2. 美国的有关措施

美国作为世界最大的经济体、最大的能源消费国和最大的温室气体排放国，在应对气候变化威胁方面承担着重要责任。

(1) 政策法规

美国政府近二十年来一直在寻求一个综合、平衡和对环保有利的长期战略。如美国 1992 年制定的《全球气候变化国家行动方案》，评估了美国温室气体排放情况，并归纳了温室气体排放相关的政府行动。2005 年通过的《国家能源政策法》明确规定，将鼓励提高能源效率和能源节约，促进发展替代能源和可再生能源，减少对国外能源的依赖等，为节能减排提供了法律保障。虽然美国退出了《京都议定书》，但奥巴马政府对美国国内的气候变化政策提出了许多新的措施。众议院于 2009 年 6 月通过了《美国清洁能源和安全法案》（也称气候法案），规定美国 2020 年时的温室气体排放量要在 2005 年的基础上减少 17%，到 2050 年减少 83%。这是美国第一个应对气候变化的方案，不仅设定了美国温室气体减排的时间表，还设计了排放权交易，试图通过市场化手段，以最小成本来实现减排目标。此外，美国还制定了全国首个温室气体报告制度，从2010年1月1日起，拥有或制造温室气体年排放量较大的设备的厂商每年必须向美国环境保护署报备该设施的排放数据。

美国国内也有越来越多的州采取了减排温室气体的政策法规。缅因州议会于2003年通过了《为应对气候变化威胁发挥领导作用的法令》，要求到2010年把温室气体排放控制在1990年的水平，到2020年在1990年的水平上减少10%。加利福尼亚州则在美国率先实施了与气候变化有关的《机动车法案》，以及减少温室气体排放的法律构架，通过了《全球温室效应治理法案》。

（2）相关标准

美国联邦政府关于气候变化方面的标准主要侧重于限制汽车排放、控制电厂的排放或设立减排目标上。其中包括首次设定国家汽车节能减排标准，目标是到2016年，美国境内新生产的小型汽车和轻型卡车每100km耗油不超过6.62L，二氧化碳排放量也比现有车辆平均减少三分之一。这项计划将在2012年开始实施，此后汽车节能标准平均每年提高5%以上，2016年实现预定目标。此外，加利福尼亚州推行了《低碳燃料标准》，旨在通过规定汽车燃烧的“碳含量”限制运输业的温室气体排放。并且共有11个州（包括堪萨斯、特拉华、缅因、马里兰、马萨诸塞、新罕布什尔、新泽西、纽约、宾夕法尼亚、罗得岛和佛蒙特）签署谅解备忘录，同意采取加州的《低碳燃料标准》。这是美国地方政府在应对气候变化方面迈出的重要一步，将促使联邦政府更快地制定全国性的燃料标准。

美国的碳足迹评价与标识主要依托PAS 2050、温室气体议定书及自主制定的标准，推行Carbon Free标识；非政府组织Carbon Counted的碳标识体系（Carbon Label System）；Timberland公司的绿色指数标签（Green Index Tag）等。另外，美国许多自愿性减排机制都以ISO 14064以及ISO 14065作为技术依据。

3. 日本的有关措施

日本是一个典型的岛国，受其地理环境的制约，资源稀缺，面对日益严重的气候变化问题和日益加大的减排压力，日本制定了一系列应对气候变暖的策略。

（1）政策法规

1979年，日本政府就颁布实施了《节约能源法》，并对其进行了多次修订，最近一次修订于2006年。该法规对能源消耗标准作了严格的规定，并惩罚分明。日本政府于1998年成立了全球变暖减缓对策促进中心，并通过《地球温暖化对策促进法》，对能源对策、控制温室气体排放源对策等制定了具体的目标和措施，并规定政府定期公布计划和措施的实施情况，依法监督落实。

2003年，日本发布《可再生能源标准法》，其规定能源公司必须提供一定比例的可再生能源。这意味着电力公司必须生产或者购买更多的可再生能源，使得2010年可再生能源在总能源中的比例达到3.1%。

2006年，经济产业省还编制了《新国家能源战略》，提出从发展节能技术、降低石油依存度、实施能源消费多样化等六个方面推行新能源战略；发展太阳能、风能、燃料电池以及植物燃料等可再生能源，降低对石油的依赖；推进可再生能源发电等能源项目的国际合作。

2008年6月，日本提出新的防止全球气候变暖的对策，即著名的“福田蓝图”，这是日本低碳战略正式形成的标志。它包括应对低碳发展的技术创新、制度变革及生活方式的转变，其中提出日本温室气体减排的长期目标是：到 2050 年日本的温室气体排放量比 2005 年减少 60% ~80% 。

2009 年 4 月，日本又公布了名为《绿色经济与社会变革》的政策草案。这份政策草案除要求采取环境、能源措施刺激经济外，还提出了实现低碳社会、实现与自然和谐共生的社会等中长期方针，其主要内容涉及社会资本、消费、投资、技术革新等方面。此外，政策草案还提议实施温室气体排放权交易制和征收环境税等。

（2）相关标准

为了削减汽车温室气体排放，日本政府按照汽车重量进行分类，分别对汽油和柴油轻型客货车制定了燃油经济性标准。根据标准，2010 年，汽油客车的燃油经济性需要达到 15.1km/L，比 1995 年提高 22.8% 。日本的尾气排放标准则将汽车、摩托车、特种汽车分为 22 类，对各种车型的碳氢化合物（HC）、非甲烷烃（NMHC）、一氧化碳（CO）、氮氧化物（NO_x）和颗粒物（PM）排放进行了限定。此外，日本积极引进温室气体排放的监测、申报、核查等国际标准规范，于 2008 年 7 月发布的《建设低碳社会行动计划》明确提出了产品的碳足迹系统项目，即了解产品和服务在整个生命周期中的温室气体排放。该项目的主要任务是采用生命周期评价（LCA）方法进行温室气体排放的量化、标识、评估工作。三十多家公司参与了该项目，试点的产品种类众多，包括食品饮料、生活用品、家具、办公用品、电池、荧光灯等。并且，对评估产品进行标识，不仅标出总的碳足迹，还标出每个阶段的碳足迹所占的比例，从中可以了解到产品生命周期的哪一个阶段对碳足迹的影响较大。

4. 欧盟的有关措施

欧盟在应对全球气候变化的战斗中一直处于领先地位，其单方面承诺的应对气候变化目标是：到 2020 年减少 20% 的温室气体排放量，若其他主要经济体也能承担此挑战性责任，则愿意在 1990 年的基础上削减到 30% ；到 2050 年则希望将温室气体排放量减少 60% ~80% 。欧盟希望通过这种具有前置性的自我提高减排目标来向国际社会传递政策的压力。

早在 2000 年欧盟就启动了欧洲气候变化方案（ECCP），并于 2005 年又启动了第二个欧洲气候变化方案，以识别成本效益型的减排措施，开发适应气候变化的战略。此后，欧盟的气候变化政策更加积极，于 2008 年达成了欧盟能源气候一揽子计划。批准的一揽子计划包括《欧盟碳交易机制修改指令》、《碳捕集与封存指令》、《促进可再生能源利用指令》和《关于为实现欧盟 2020 年减排目标，各成员国减排任务分解的决议》等。计划中制定的具体措施可使欧盟实现其承诺的“3 个 20%”：到 2020 年将温室气体排放量在 1990 年基础上减少至少 20% ，将可再生清洁能源占总能源消耗的比例提高到 20% ，将煤、石油、天然气等化石能源消费量减少 20% 。为降低温室气体减排成本，确立排放权交易的合法性，2003 年 6 月，欧盟立法委员会通过《排污交易计划指令》，规定从 2005 年 1 月起，包括电力、炼油、冶金、水泥、陶瓷、玻璃与造纸等行业的 12 000 个设施（其二氧化碳排放占欧洲排放总量的 46% ），须获得许可才能排放二氧化碳等温室气体。

为促进利用可再生能源，2001 年 9 月，欧盟理事会通过了关于促进可再生能源的法令。该法令形成了一个欧盟的政策框架，以促进生产更多的绿色电力。这一法令鼓励成员国采取必要措施，保证可再生能源的开发与国家和欧盟的目标相一致。该法令反映了欧盟对减少能源依赖性、保护未来可用能源、限制温室气体和有害大气污染物排放等方面的关注。为提高能源使用效率，2006 年 10 月，欧盟委员会公布了“能源效率行动计划”，这一计划包括降低机器、建筑物和交通运输造成的能耗，提高能源生产领域的效率等七十多项节能措施。计划还建议出台新的强制性标准，推广节能产品。在汽车油耗和排放方面，于 2008 年批准实施了《关于实施新的汽车 CO_2 排放标准的规定》等法规。并于同年，欧盟议会通过了以轿车为代表的 CO_2 排放法规总体规划：2012 年要达到 130g/km，尽管汽车企业提出种种困难，但仍认为要坚持实施，到 2020 年达到 95g/km。

2007 年 1 月，欧盟委员会通过一项新的立法动议，要求修订《燃料质量指令》，为用于生产和运输的燃料制定更严格的环保标准。从 2009 年 1 月 1 日起，欧盟市场上出售的所有柴油中的硫含量必须降到每百万单位 10 以下，碳氢化合物含量必须减少三分之一以上；同时，内陆水运船舶和可移动工程机械所使用的轻柴油的含硫量也将大幅降低。从 2011 年起，燃料供应商必须每年将燃料在炼制、运输和使用过程中排放的温室气体在 2010 年的水平上减少 1%，到 2020 年整体减少排废 10%，即减少二氧化碳排放 5 亿 t。

六、我国应对气候变化的政策

1. 《中国应对气候变化国家方案》

我国政府于 2007 年 6 月发布了《中国应对气候变化国家方案》（以下简称《方案》），该方案是由中国国家发展和改革委员会和 17 个政府部门，集中多领域几十位专家，历时两年研究制定的。

该方案详细阐述了我国对气候变化的认识、基本立场和对策措施。这是我国第一部应对气候变化的政策性文件，也是发展中国家在该领域的第一部国家方案，它全面阐述了中国在 2010 年前应对气候变化的对策。

《方案》共分五部分：一、中国气候变化的现状和应对气候变化的努力；二、气候变化对中国的影响和挑战；三、中国应对气候变化的指导思想、原则与目标；四、中国应对气候变化的相关政策和措施；五、中国对若干问题的基本立场及国际合作需求。

在《方案》中，中国政府提出，到 2010 年实现单位国内生产总值能源消耗比 2005 年降低 20% 左右，同时还要调整能源结构，尽可能少用化石燃料，多生产一些可再生能源，力争到 2010 年使中国可再生能源的比例提高到 10%，到 2020 年提高到 16%，通过这些措施相应减少二氧化碳排放。

《方案》指出，我国应对气候变化面临着七大挑战，即发展模式、能源结构、能源技术自主创新、森林资源保护和发展、农业、水资源开发和保护等。随着我国经济的发展，能源消费和二氧化碳排放量必然要持续增长，减缓温室气体排放将使我国面临开创新型的、可持续发展模式的挑战。

《方案》认为我国是世界上少数几个以煤为主要燃料的国家，在 2005 年全球一次能源消费构成中，煤炭仅占 27.8%，而我国高达 68.9%。与石油、天然气燃料相比，单位热量燃煤二氧化碳排放量分别高出约 36% 和 61%。

《方案》指出，由于调整能源结构在一定程度上受到资源结构的制约，提高能源利用效率面临着技术和资金上的障碍，以煤为主的能源资源和消费结构在未来相当长的一段时间将不会发生根本性改变。同其他国家相比，我国在降低单位能源的二氧化碳排放强度方面面临更大困难。此外，我国能源生产和利用技术落后是能源利用效率较低和温室气体排放强度较高的一个主要原因。先进技术的严重缺乏与落后工艺技术的大量存在，使我国能源利用效率比国际先进水平约低 10 个百分点，高耗能产品单位能耗比国际先进水平高出 40% 左右。同时，我国森林资源总量不足，生态环境脆弱，干旱、荒漠化、水土流失、湿地退化等仍相当严重，随着工业化、城镇化进程的加快，保护林地、湿地的任务加重，压力加大。

《方案》强调，我国是世界上农业气象灾害多发地区，人均耕地资源少、农业经济不发达、适应能力非常有限。如何在气候变化的情况下合理调整农业生产布局和结构，改善农业生产条件，确保农业生产持续稳定发展，对我国农业领域提高气候变化适应能力和抵御气候灾害能力提出了长期的挑战。

《方案》认为，我国沿海地区极易遭受因海平面上升带来的各种海洋灾害威胁。目前我国海洋环境监视监测能力明显不足，应对海洋灾害的预警能力和应急响应能力已不能满足应对气候变化的需求。未来我国沿海由于海平面上升引起的海岸侵蚀、海水入侵、土壤盐渍化、河口海水倒灌等问题，对沿海地区应对气候变化提出了挑战。

2. 《中国应对气候变化的政策与行动》白皮书

2008 年国务院新闻办公室首次发表了《中国应对气候变化的政策与行动》白皮书（以下简称白皮书），全面介绍了气候变化对中国的影响、中国减缓和适应气候变化的政策与行动，以及中国对此进行的体制机制建设。白皮书全文共 1.6 万余字，以中文、英文、法文、俄文、德文、西班牙文、阿拉伯文和日文等八种文字对内、对外发布。

白皮书分为前言、气候变化与中国国情、气候变化对中国的影响、应对气候变化的战略和目标、减缓气候变化的政策与行动、适应气候变化的政策与行动、提高全社会应对气候变化意识、加强气候变化领域国际合作、应对气候变化的体制机制建设和结束语等十个部分。

3. 基本立场和对策

（1）根据领导讲话和《方案》及白皮书的内容，可归纳中国关于气候变化的基本立场是：

1）承认气候变化对自然和社会经济发展的潜在威胁，同时强调需要对有较大不确定性的问题开展进一步的研究；

2）积极参与国际社会应对全球气候变化的努力；

3）坚持《联合国气候变化框架公约》和各项规定，坚持公平原则（共同但有区别的责任原则、预防原则、可持续发展原则）；继续在《联合国气候变化框架公约》和《京都议定书》的框架下，与国际社会一道，积极参加国际社会为应对全球气候变化作出不懈努力的活动；

4）争取《京都议定书》的生效及有效实施；

5）要求发达国家率先采取实质性减排行动；反对为发展中国家设定不合理的义务；在达到中等发达国家水平之前，中国不会承担减排或限排温室气体义务，达到中等发达国家水平之后，中国将积极考虑承担减排或限排义务；

6）发展中国家缓解全球气候变化的努力应得到承认；坚决反对要求发展中国家承担减、限排温室气体的具体义务；发展中国家减排气候变化的行动应当得到国际社会的支持；

7）充分利用应对气候变化问题提供的机遇，从发达国家获得资金和有利于减少温室气体排放的技术，既有利于减缓气候变化，也有利于经济发展；

8）坚持在可持续发展框架下解决气候变化问题，继续实行有利于减缓气候变化的政策。

（2）中国应对气候变化的基本政策是：

1）以可持续发展政策和措施为基础，为减缓全球气候变化作出积极的贡献；

2）积极履行《联合国气候变化框架公约》的有关义务；加强正面宣传，改善我国环境形象，推动发达国家尽早进行实质性减排；

3）调整经济结构，提高能效，优化结构，发展可再生能源，大力开展植树造林，减缓我国温室气体排放增长速度；

4）大力开展植树造林，加快退耕还林还草速度，进一步制止对森林的过度砍伐，充分发挥森林吸收二氧化碳的极大潜力；

5）坚持计划生育政策，控制人口增长，提高公众保护全球气候的意识，建立有助于减少温室气体排放的生活方式和消费模式。

4. 管理组织机构及职责

1998 年，中国政府在原国家气候变化协调小组的基础上，组建了国家气候变化对策协调小组（简称协调小组）。该协调小组是一个有关气候变化对策问题的跨部门议事协调机构，由国家发展和改革委员会牵头，共计 15 个部门参加，包括国家发展和改革委员会、科学技术部、外交部、财政部、环境保护部、农业部、国家气象局等。国家发展和改革委员会设立了日常工作机构——国家气候变化对策协调小组办公室。

协调小组的主要职责是：讨论涉及气候变化领域的重大问题，协调各部门关于气候变化的政策和活动，组织对外谈判，对涉及气候变化的一般性跨部门问题进行决策，对重大问题或各部门有较大分歧的问题报国务院决策，以指导对外谈判和国内履约工作。审议清洁发展机制项目的相关国家政策、规范和标准，批准项目审核理事会成员等。

5. 具体政策措施和行动

中国政府在 2050 年中国达到中等发达国家水平之前，不会承诺减排义务，在达到中等发达国家水平的后，中国会认真考虑这一问题。不承诺减排不等于对减缓全球气候变暖不作贡献，这将涉及我国经济、能源、环境发展战略。具体的政策措施和行动是：

（1）把环境保护和可持续发展作为基本国策

把环境保护和可持续发展作为基本国策，加强国际合作与科学研究；健全气候变化的相关法律法规，如《中华人民共和国节能法》、《中华人民共和国清洁生产法》等。

（2）继续实施绿色战略

20 世纪 80 年代以来，通过大力开展植树造林，成功实施了三北防护林体系、长江中上游防护林体系、沿海防护林体系、太行山绿化、农田防护林体系和黄河中游防护林体系等十大林业生态工程；相应减少了对能源的消耗和二氧化碳的排放，为减缓全球气候变化作出了贡献。

（3）继续实施人口计划生育政策

20 世纪 70 年代以来，中国政府一直把计划生育作为一项基本国策。我国政府通过控制人口增长速度减缓了气候变化对环境的压力，中国为此付出了沉重的经济和社会代价。自 1971 年推行计划生育政策以来，中国因计划生育政策少生了 3 亿多人口，减少了对能源的消费，相应减少了二氧化碳的排放。这不仅极大地缓解了由于人口增长给社会经济和生态环境带来的压力，也为缓解全球气候变化作出了贡献。

（4）采取有利于减缓温室气体效应的清洁能源政策

1）节能政策。包括制定一系列节能法规、节能经济政策、节能技术政策、推动节能的产业政策、重要节能工程和项目的建设与实施。

2）能源开发和生产政策。国家制定优惠政策和加大资金投入，加强对水电以及石油、天然气、煤层气等化石能源和高效能源的开发和利用；加快发展大规模高效火力发电技术，改造和淘汰老的低效发电机组。制定和实施补贴、优惠的税收和价格、低息贷款等政策，大力支持开发利用生物能、太阳能、风能、地热能、小水电等新能源和可再生能源。

3）新能源、可再生能源和农村能源政策。包括：

①补贴政策：为新能源与可再生能源科学研究机构和重点科技攻关项目提供部分经费，为重点科技示范项目培训提供支持；投入大量资金支持光伏技术发展；

②税收政策：减免增值税，如小水电享受6%的优惠税率；减免可再生能源所得税；

③价格政策：在风力发电方面，上网电价按还本付息加合理利润确定，高于电网平均电价的部分，采取分摊方式，由全网承担；在水力发电方面，除实施新电新价和还本付息电价外，对小水电实行以电养电政策，保护小水电的发展；在可再生能源利用方面，采取了保护性价格措施。

④低息贷款：设立了专项贴息贷款，在支持能源方面每年1亿元人民币，贴息率为5%；在小水电方面也有一定数额的低息贷款。

6. 积极开展国际合作

与国际社会的合作，特别是发达国家的资金和技术援助，可以在增强我国应对气候变化能力方面发挥积极的作用。

7. 努力实现新的承诺

2009年，在哥本哈根举行的世界环境与发展大会上，温家宝总理表示，为了促进本国以及全球经济的可持续发展和应对气候变化，中国到2020年单位GDP碳排放强度将在2005年的基础上降低40%～45%。基于这个目标，国务院以及国家发展和改革委员会，国有资产监督管理委员会等部门相继发布了一系列文件，要求和规范各地方及部门实施节能、低碳。2009年11月25日，国务院常务会议决定了到2020年控制温室气体排放的行动目标：到2020年中国单位GDP二氧化碳排放比2005年下降40%～45%，作为约束性指标纳入国民经济和社会发展中长期规划，并制定相应的国内统计、监测、考核办法。

第二章 低碳及其发展

第一节 低碳的提出

低碳（low carbon）是指较低（更低）的温室气体（以二氧化碳为主）排放。随着世界工业经济的发展、人口的剧增、人类欲望的无限上升和生产生活方式的无节制，世界气候面临越来越严重的问题，二氧化碳排放量越来越大，地球臭氧层正遭受前所未有的危机，全球灾难性气候变化屡屡出现，已经严重危害到人类的生存环境和健康安全，即使人类曾经引以为豪的高速增长或膨胀的 GDP 也因为环境污染、气候变化而大打折扣，因此，各国曾呼唤“绿色 GDP”的发展模式和统计方式，低碳的概念由此产生。

低碳概念是在应对全球气候变化、提倡减少人类生产生活活动中温室气体排放的背景下提出的。“低碳”一词，最早见诸政府文件是在 2003 年的英国能源白皮书《我们能源的未来：创建低碳经济》。

世界银行前首席经济学家尼古拉斯·斯特恩牵头做出的《斯特恩报告》呼吁全球向低碳经济转型。

英国前首相布朗于 2007 年 11 月阐述英国的声明时提出了低碳的概念。他指出，努力维持全球温度升高不超过 2℃。这就要求全球温室气体排放量在未来 10 年～15 年内达到峰值，其后逐渐减小，到 2050 年则必须达到消减一半温室气体排放量。为此需要建立低碳排放的全球经济模式，确保未来 20 年全球 22 万亿美元的新能源投资，通过能源效率的提高和碳排放量的降低，应对全球变暖。

2007 年 7 月，美国参议院提出了《低碳经济法案》，表明低碳经济的发展道路有望成为美国未来的重要战略选择。在国家法律层面第一次提出了低碳的概念。

日本也紧随其后，于 2007 年提出“低碳社会”理念，开始致力于低碳社会的建设，力图通过改变消费理念和生活方式，实行低碳技术和制度来保证温室气体排放的减少。

在此背景下，“碳足迹”、“低碳经济”、“低碳技术”、“低碳发展”、“低碳生活方式”、“低碳社会”、“低碳城市”、“低碳世界”等一系列新概念、新政策应运而生。而能源与经济以至价值观实行大变革的结果，可能将为逐步迈向生态文明走出一条新路，即摈弃 20 世纪的传统增长模式，直接应用新世纪的创新技术，通过低碳经济模式与低碳生活方式，实现可持续发展。发展低碳经济已经成为全球共识，各国政府都极其重视发展低碳经济。

到目前为止，低碳还没有形成一个被公认的概念。低碳是在全球工业化快速发展，而其工业副产品二氧化碳排放也大幅提高，造成全球变暖、气候异常、自然灾害增加进而影响人类生存环境的情况下产生的，是人类对自身近 300 年来的过度开发进行补偿的行为。简单地说，低碳就是在人类经济发展过程中寻求降低二氧化碳排放量方法。

第二节　低碳的内涵

低碳内涵包括低碳社会、低碳经济、低碳生产、低碳消费、低碳生活、低碳城市、低碳社区、低碳家庭、低碳旅游、低碳文化、低碳哲学、低碳艺术、低碳音乐、低碳人生、低碳生存主义、低碳生活方式。其中，低碳经济和低碳生活又是其核心内容。

著名低碳经济学家、原国家环保局副局长张坤民教授认为低碳经济是目前最可行的可量化的可持续发展模式。从世界范围看，预计到2030年太阳能发电也只达到世界电力供应的10%，而全球已探明的石油、天然气和煤炭储量将分别在今后40年、60年和100年左右耗尽。因此，在“碳素燃料文明时代”向“太阳能文明时代”（风能、生物质能都是太阳能的转换形态）过渡的未来几十年里，“低碳经济”、“低碳生活”的重要含义之一，就是减小化石能源的消耗，为新能源的普及利用提供时间保障。

低碳经济，是以低能耗、低污染、低排放为基础的经济模式，是人类社会继农业文明、工业文明之后的又一次重大进步。“低碳经济”的理想形态是充分发展“阳光经济”、“风能经济”、“氢能经济”、“核能经济”、“生物质能经济”。它的实质是提高能源利用效率和清洁能源结构、追求绿色GDP的问题，核心是能源技术创新、制度创新和人类生存发展观念的根本性转变。低碳经济的发展模式，为节能减排、发展循环经济、构建和谐社会提供了操作性诠释，是落实科学发展观、建设节约型社会的综合创新与实践，完全符合党的十七大报告提出的发展思路，是实现中国经济可持续发展的必由之路，是不可逆转的划时代潮流，是一场涉及生产方式、生活方式和价值观念的全球性革命。

发展低碳经济，一方面是积极承担环境保护责任，完成国家节能降耗指标的要求；另一方面也是调整经济结构，提高能源利用效益，发展新兴工业，建设生态文明。特别从中国能源结构看，低碳意味节能，低碳经济就是以低能耗低污染为基础的经济。低碳经济几乎涵盖了所有的产业领域。

低碳生活就是把生活作息时间所耗用的能量尽量减少，从而减低二氧化碳的排放量。低碳生活，对于人们来说是一种生活态度，也成为人们推进潮流的新方式。它给我们提出的是一个愿不愿意和大家共同创造低碳生活的问题。我们应该积极提倡并实践低碳生活，要注意节电、节气、熄灯一小时……从这些点滴做起。除了植树，还有人买运输里程很短的商品，有人坚持爬楼梯，形形色色，有的很有趣，有的不免有些麻烦。

第三节　低碳经济

一、低碳经济概述

1. 低碳经济的内涵

所谓低碳经济，是指在可持续发展理念指导下，通过技术创新、制度创新、产业转型、新能源开发等多种手段，尽可能地减少煤炭、石油等高碳能源消耗，减少温室气体排放，达到经济社会发展与生态环境保护双赢的一种经济发展形态。

作为具有广泛社会性的前沿经济理念，低碳经济其实没有约定俗成的定义。低碳经济也涉及广泛的产业领域和管理领域。

2. 低碳经济的形成和提出的背景

有关低碳经济的表述最早出现在20世纪90年代后期的文献，低碳经济及相关概念的提出与气候变化这一全球环境问题日益受到关注。

2003年英国政府发布了能源白皮书——《我们能源的未来：创建低碳经济》，率先提出了“低碳经济”的概念。

低碳经济概念的形成和提出背景大致有以下三个方面：

（1）应对气候变化是低碳经济提出的最直接和最根本的原因；

（2）发达国家迈过了以使用高碳能源为主要动力的发展阶段；

（3）煤炭、石油等能源资源耗竭是发展低碳经济的外在要求。

3. 低碳经济的特征

（1）经济性。包括两层含义，一是低碳经济应按市场经济的原则和机制来发展；二是低碳经济的发展不应导致人们的生活条件和福利水平的明显降低。

（2）技术性。也就是要通过技术进步，在提高能源效率的同时，降低二氧化碳等温室气体的排放强度。

（3）目标性。发展低碳经济的目标应该是将大气中温室气体的浓度保持在一个相对稳定的水平上，不至于带来全球气温上升，影响人类的生存和发展。

4. 低碳经济的核心要素

低碳经济包括四个维度的内涵，即发展阶段、低碳技术、消费模式、资源禀赋。要实现低碳经济必须实现生产过程的低碳化、资源与能源结构的低碳化、生活消费方式的低碳化。这意味着低碳经济必须具备几个核心驱动要素，包括：低碳技术、低碳资源与新能源的开发利用、低碳消费的社会。

（1）资源禀赋

资源禀赋是实现低碳经济的物质基础，包括矿产资源、可再生资源、土地资源、劳动力资源及资金和技术资源。与低碳经济最密切的是低碳资源，包括太阳能、风能、水力资源及核能等零排放的清洁能源；能够提供碳汇的森林资源、湿地、农田等。

（2）技术进步

技术进步因素对低碳经济至关重要。技术进步能从不同角度推动低碳进程，包括能源效率、低碳技术发展水平、管理效率、能源结构等。

（3）消费模式

一切经济活动最终都要体现为现实或未来的消费活动。因此一切能源消费和排放活动在根本上都受全社会各种消费活动的驱动。

（4）经济发展阶段

经济发展到一定程度，社会财富的累积效应能够在两个方面促进低碳经济的发展。一是知识和技术的积累导致低碳技术的进步；二是经济资本的存量积累的需要大大减少，可以将较多的能源消费于服务业，提升国民的消费水平。

5. 低碳经济和生态文明、循环经济、节能减排的关系

（1）生态文明是一种社会经济形态。

原始文明、农业文明、工业文明和生态文明，是人类社会形态进步的四个阶段。工业文明社会形态的特征是人类征服自然，对应的经济增长模式主要是忽视资源环境代价的粗放型发展模式；而生态文明社会形态的特征是人类与自然的和谐相处，低碳经济是与之对

应的经济增长模式。

(2) 低碳经济与循环经济有同有异，主要不同如下：

1) 定位不同。低碳经济是低能耗、低排放、低污染的发展模式，而循环经济是指在生产、流通和消费等过程中进行减量化、再利用、资源化的活动。

2) 内涵不同。低碳经济的内涵是提高能源效率、创新清洁能源结构，循环经济的内涵是减少资源消耗和废物产生、废物的重新利用和将废物直接作为原料进行利用和再利用。可见，低碳经济中的提高能源效率包含在循环经济中。

3) 背景不同。低碳经济的背景是“应对气候变化”这一全球面对的迫切需求，循环经济则是从“垃圾经济”、“废物经济”的基础上扩展而来的。

4) 最大的不同是国际关注度不同。发达国家在循环经济上已经很成熟，发展循环经济不容易引起关注，而低碳经济是国际政治、经济、技术、金融、投资各界越来越关注的热点。

(3) 节能减排是发展低碳经济的主要措施，也是低碳发展模式的必然结果。

研究表明，一个国家（地区）二氧化碳排放量的增长，主要取决于四个方面的因素：人口数量、人均 GDP、单位 GDP 的能耗量（能源强度）和单位能耗产生的碳排放（碳强度）。

碳排放 = 人口 × 人均 GDP × 单位 GDP 的能耗量 × 单位能耗产生的碳排放量

根据中国的实际和发展阶段，只有从降低能源强度和优化能源结构、发展可再生能源来降低排放，这也是我国应对气候变化的主要途径。

二、低碳经济的实现过程

1. 低碳经济的发展路径

低碳经济的发展主要有以下几个途径：

(1) 能源结构清洁化；

(2) 产业结构优化；

(3) 技术水平提高；

(4) 消费模式改变；

(5) 其他政策和技术手段，如积极发展森林碳汇、碳捕获和封存技术。

发展低碳经济，一方面是积极承担环境保护责任，完成国家节能降耗指标的要求；另一方面是调整经济结构，提高能源利用效益，发展新兴工业，建设生态文明。这是摒弃以往先污染后治理、先低端后高端、先粗放后集约的发展模式的现实途径，是实现经济发展与资源环境保护双赢的必然选择。

2. 我国发展低碳经济的具体方向

我国所面临的发展方向就是从高碳经济向低碳经济转变，包括：

(1) 低碳能源，即实现初级能源和发电生产、消费碳排放信息披露制度；

(2) 低碳产业，即实现碳排放产品和消费说明书制度；

(3) 低碳城市，即开发低碳能源、提高燃气普及率，提高城市绿化率，提高废弃物处理率；

(4) 低碳交通运输，即发展公共交通、轻轨交通，提高公交出行比率，严格规定私人汽车碳排放标准；

(5) 低碳物流，即提高利用物流比率，发展减排物流路线，提高物流效率；

(6) 低碳企业，即制定减排规划，公布减排信息，开发低碳产品，实施低碳认证；

(7) 低碳建筑与家居，即研发节能家电、保温住宅和住宅区能源管理系统，向公众提供碳排放信息；

(8) 低碳技术，即蓄电蓄热技术、取碳和储碳技术；

(9) 低碳商品市场，即发展低碳商品交易和出口；

(10) 低碳服务市场，即低碳旅游服务、低碳餐饮服务；

(11) 建立含有碳排放的国家或地区国民经济账户或包含碳排放企业或法人的会议账户；

(12) 开征排碳税，根据碳排放量对消费者和生产者征税；

(13) 定期公布国家和省区碳排放报告及分析，重点监测碳排放部门，实现碳排放信息公示制度；

(14) 定期对全国和各地区的碳排放报告作评价报告；

(15) 定期发布国家减少碳排放目标、对策和措施报告。

三、发展低碳经济对我国的意义

在全球气候变化的大背景下，发展低碳经济已经成为各级决策者的共识。节能减排、促进低碳经济发展，既是救治全球气候变暖的关键性方案，也是经济社会可持续发展的必然选择。低碳涉及生产、生活的方方面面，包括现有能源的高效率利用、工业和其他项目的减排、清洁能源和可再生能源的利用。

当前，气候变化成为国际社会国别合作与博弈的焦点。发达国家以应对气候变化的重大挑战为契机，形成新的执政理念，制定相关政策措施，加大技术创新投入，以便在未来的产业竞争和新技术革命方面抢占制高点。在这样的形势下，发展低碳经济对我国具有重大意义。

1. 发展低碳经济是我国可持续发展的内在要求

我们不能再以资源、能源高消耗和环境重污染来换取一时的经济增长了。如果还把GDP作为发展的全部，还以廉价资源或出口退税换取GDP；如果口袋里的钱多了，但生存的环境恶化了、空气变脏了、水变黑了，就与发展的本意背离了，就与科学发展观的本质要求相悖了。发展低碳经济更多的是转变发展方式，减轻单位GDP的资源和环境代价，通过向自然资源投资来恢复和扩大资源存量，运用生态学原理设计工艺与产业流程来提高资源效率，使发展的成果更好地为人民所共享。

2. 发展低碳经济是调整产业结构的重要途径

有一种误解，认为要发展低碳经济就要抛弃钢铁、建材等高耗能的产业，因而不能发展低碳经济。但我国处于快速工业化和城市化阶段，大规模的基础设施建设需要钢材、水泥、电力等的供应保证，这些“高碳”产业是新一轮经济增长的带动产业，无法通过国际市场满足国内的巨大需求，这些产业的发展有其合理性。要通过发展低碳经济，提高资源、能源的利用效率，降低经济的碳强度，促进我国经济结构和工业结构优化升级。

3. 发展低碳经济是我国优化能源结构的可行措施

煤多油少气不足的资源条件，决定了我国在未来相当长一段时间内，煤炭仍将是主要一次性能源。一方面，煤炭属于“高碳”能源；另一方面，我国又没有廉价利用国际油气等“低碳”能源的条件。因此，发展低碳经济，提高可再生能源比重，可以有效地降低一次性能源消费的碳排放。

4. 发展低碳经济是我国实现跨越式发展的可能路径

我国技术水平参差不齐，研发和创新能力有限。这是我们不得不面对的现实，也是我国由“高碳”经济向“低碳”转型的最大挑战。近年来，我国可再生能源开发利用产业呈快速增加之势。如果加大投入，大力发展低碳经济，我国可以实现这个领域的跨越式发展。

5. 发展低碳经济是我国开展国际合作、参与国际“游戏规则”制定的途径

虽然我国工业化享有全球化、制度安排、产业结构、技术革命等后发优势，但我们不得不接受发达国家主导的国际规则，不得不在国际分工体系中处于利润“微笑曲线”下端。发展低碳经济，不仅可以与发达国家共同开发相关技术，还可以直接参与新的国际游戏规则的讨论和制定，以利于我国的中长期发展和长治久安。

第四节　国外低碳经济的发展

发达国家在发展低碳经济方面采取了很多综合措施。

一、政策引导、法律规范低碳经济发展

英国是低碳经济的倡导者，也是最积极推动发展低碳经济的国家。2007 年，英国推出全球第一部《气候变化法》，2008 年开始实施，成为世界上第一个拥有气候变化法的国家；2009 年 4 月，英国成为世界上第一个立法约束“碳预算”的国家；2009 年 7 月 15 日，英国政府又正式发布了《英国低碳转换计划》，英国能源、商业和交通等部门还在当天分别公布了一系列配套方案，包括《英国可再生能源战略》、《英国低碳工业战略》和《低碳交通战略》等。

日本近年来不断出台重大政策，将重点放在低碳经济上。2004 年，日本启动“面向 2050 年的日本低碳社会情景”研究计划，其目标是为 2050 年实现低碳社会目标而提出具体对策；2008 年 5 月，日本政府资助的研究小组发布了《面向低碳社会的十二大行动》；2009 年 4 月，日本又公布了名为《绿色经济与社会变革》的改革政策草案，目的是通过实行减少温室气体排放等措施，强化日本的低碳经济。

美国虽然没有签署《京都议定书》，但近些年来，美国十分重视节能减碳，如 2005 年通过的《能源政策法》；2007 年 7 月美国参议院提出了《低碳经济法》；2009 年 6 月美国众议院通过了《美国清洁能源安全法》。美国国务卿表示，美国政府致力于支持清洁能源技术和低碳经济发展，以应对全球气候变化。

二、重视低碳技术的研制开发

在低碳技术的研发中，欧盟的目标是追求国际领先地位，开发出廉价、清洁、高效和低排放的能源技术。英、德两国将发展低碳发电站技术作为减少二氧化碳排放量的关键。两国认为，煤在中期和长期内仍将继续发挥作用，因此必须发展效率更高、能应用清洁煤技术的发电站。为此，英、德政府调整产业结构，建设示范低碳发电站，加大资助发展清洁煤技术、收集并存储碳分子技术等研究项目，以找到大幅度减少碳排放的有效方法。

日本作为推动低碳经济的急先锋，每年投入巨资致力于发展低碳技术。根据日本内阁

2008 年 9 月发布的数字，在科学技术相关预算中，仅单独立项的环境能源技术的开发费用就达近 100 亿日元，其中创新型太阳能发电技术的预算为 35 亿日元。日本有许多能源和环境技术走在世界前列，如综合利用太阳能和隔热材料、削减住宅耗能的环保住宅技术，利用发电时产生的废热为暖气和热水系统提供热能的热电联产系统技术、废水处理技术、塑料循环利用技术等。这些都是日本发展低碳经济的重要优势。此外，日本还持续投资化石能源的减排技术装备，如投资燃煤电厂烟气脱硫技术装备，形成了国际领先的烟气脱硫环保产业。

美国高度关注市场机制下能源有效利用的技术创新，政府制定了低碳技术开发计划，成立了专门的国家级有关低碳经济研究机构，为从事低碳经济的相关机构和企业提供技术指导、研发资金等方面的支持，从国家层面上统一组织协调低碳技术研发和产业化推进工作。美国是世界上低碳经济研发投入最多的国家，2009 年 2 月联邦政府向国会提交了 2010 年（2009 年 10 月 1 日实施）年度预算，该预算仅对清洁燃煤技术的研究就提供了 150 亿美元的拨款。目前美国正在加速下一代发电技术的研究、开发及示范，并计划在 2012 年建成世界上第一个零排放发电厂。

三、把发展可再生能源作为降碳的重要举措

英国很重视可再生能源的发展。2009 年英国公布的“碳预算”中，提出到 2020 年可再生能源供应要占 15%，其中 30% 电力来自可再生能源，相应的温室气体排放要降低 20%，石油需求降低 7%。英国风力资源丰富，第一个海上风力发电站于 2000 年 12 月开始建设，经过近 10 年的发展，英国已成为全球拥有海上风力发电站最多、总装机容量最大的国家。目前英国陆、海风力发电站的电量足够供应 150 万个家庭使用。按计划，2009 年～2012 年间，英国将投资 90 亿英镑用于发展海上风力发电，向 280 万个家庭供应电力。英国政府从政策和资金方面向可再生能源倾斜，确保英国在可再生能源发展方面处于世界领先地位。

四、运用经济手段刺激低碳经济发展

1. 碳税

开征碳税被发达国家认为是富有成效的政策手段。碳税是一种混合型税种，它的税率由该能源的含碳量和发热量决定，不同的能源由于含碳量和发热量不同，会有不同的税负，低碳能源的税负要低于高碳能源的税负。近几年，英国、美国、日本、德国、丹麦、挪威、瑞典等发达国家对燃烧产生的二氧化碳的化石燃料开征国家碳税，如英国对与政府签署自愿气候变化协议的企业，如果企业达到协议规定的能效或减排就可以减免 80% 的碳税。

2. 财政补贴

政府对有利于低碳经济发展的生产者或经济行为给予补贴，是促进低碳经济发展的一项重要经济手段。英国对可再生能源的使用采取了一系列财政补贴措施。如英国的电力供应者被强制要求提供一定比例的可再生能源（由 2005 年～2006 年的 5. 5% 提高到 2015 年～2016 年的 15. 4%）。与此相应，英国政府对电力供应者提供了一定补贴。丹麦在能源领域采取了一系列措施推动可再生能源进入市场，包括对“绿色”用电和近海风电的定价优惠，对物资能发电采取财政补贴激励。加拿大自 2007 年起对环保汽车购买者提供 1 000 加元～2 000 加元的补贴，鼓励本国消费者购买节能型汽车，减少二氧化碳排放。

3. 税收优惠

对发展低碳经济实施税收优惠政策是发达国家普遍采用的措施。美国政府规定可再生能源相关设备费用的20% ~30%可以用来抵税，可再生能源相关企业和个人还可享受10% ~40%的减税。欧盟一些成员国规定对可再生能源不征收任何能源税，对个人投资的风电项目则免征所得税等。

总之，发达国家通过采取以上政策措施，在发展低碳经济方面的成效开始逐步体现。2006年以来，丹麦、挪威和瑞典以及比利时、荷兰、瑞士和英国的单位生产总值碳排放增长趋于下降。瑞典和荷兰的碳排放已保持稳定，而在很难控制的运输行业，瑞典和日本已经稳定住了碳排放。

五、制定低碳标准和规范

目前欧洲正在研究制定低碳的有关标准和规范，主要包括：

1. 碳计量和披露

企业或组织根据行业特点计量、公布碳排放，以利于发现自身问题，实现低碳，并接受外部监督。欧盟已在推广宣传这项工作，未来企业或将在产品条形码上标注碳排放量，作为产品的基础必备信息。

2. 碳交易

对于有碳排放的企业适用排放权交易，企业超标排放必须以购买排放权为代价。反之，如果企业减排成功，其剩余的排放权可以到市场上出售。目前部分地区（如苏格兰）已开始实施。

3. 碳捕捉和储存

将排放的二氧化碳等气体收集，并妥善存放起来。目前英国正在集中研究，并有初步实施规划。

4. 碳税收

对超标排放、再生资源比例不达标、以填埋方式处理垃圾的企业征收高额税负。目前已开始逐步实施。

5. 碳关税

对碳排放超标的进口产品征收高额碳关税（甚至拒绝进口）。目前处于酝酿论证阶段。

第五节　我国发展低碳经济的总体战略

一、我国发展低碳经济的必要性

我国是发展中大国。经济发展过分依赖化石能源资源的消耗，导致碳排放总量不断增加、环境污染日益加重等问题，已经严重影响到经济增长的质量效益和发展的可持续性。党的十七大报告明确提出：“建设生态文明，基本形成节约能源资源和保护生态环境的产业结构、增长方式、消费模式。主要污染物排放得到有效控制，生态环境质量明显改善。”因此，我国发展低碳经济除了应对气候变化等外部压力外，至少还有五个方面的内在问题。

1. 我国人均能源资源拥有量不高

能源探明量仅相当于世界人均水平的51%。这种先天不足再加上后天的粗放利用，客观上要求我国发展低碳经济。

2. 碳排放总量突出

按照联合国通用的公式计算，碳排放总量实际上是4个因素的乘积：人口数量、人均GDP、单位GDP的能耗量（能源强度）、单位能耗产生的碳排放（碳强度）。我国人口众多，经济增长快速，能源消耗巨大，碳排放总量不可避免地逐年增大，其中还包含着出口产品的大量“内涵能源”。我国靠高碳路径生产廉价产品出口，却背上了碳排放总量大的“黑锅”。在一些发达国家将气候变化当作一个政治问题之后，我国发展低碳经济意义尤为重大。

3. “锁定效应”的影响

在事物发展过程中，人们对初始路径和规则的选择具有依赖性，一旦作出选择，就很难改弦易辙，以至在演进过程中进入一种类似于“锁定”的状态，这种现象简称“锁定效应”。工业革命以来，各国经济社会发展形成了对化石能源技术的严重依赖，其程度也随各国的能源消费政策而异。发达国家在后工业化时期，一些重化工等高碳产业和技术不断通过国际投资贸易渠道向发展中国家转移。中国倘若继续沿用传统技术，发展高碳产业，未来需要承诺温室气体定量减排或限排义务时，就可能被这些高碳产业设施所“锁定”。因此，我国在现代化建设的过程中，需要认清形势，及早筹划，把握好碳预算，避免高碳产业和消费的锁定，努力使整个社会的生产消费系统摆脱对化石能源的过度依赖。

4. 生产的边际成本不断提高

碳减排客观上存在着边际成本与减排难度随减排量增加而增加的趋势。1980年~1999年的20年间，我国能源强度年均降低了5.22%；而1980年~2006年的27年间，能源强度年均降低率为3.9%。两者的差，隐含着边际成本日趋提高的事实。另外，单纯节能减排也受一定的范围所限。因此，必须从全球低碳经济发展大趋势着眼，通过转变经济增长方式和调整产业结构，把宝贵的资金及早有序地投入到未来有竞争力的低碳经济方面。

5. 碳排放空间不大

发达国家历史上人均千余吨的二氧化碳排放量，大大挤压了发展中国家当今的排放空间。我们完全有理由根据“共同但有区别的责任”原则，要求发达国家履行公约规定的义务，率先减排。2006年，我国的人均用电量为2 060kW·h，低于世界平均水平，只有经济合作与发展组织国家的四分之一左右，不到美国的六分之一。但一次性能源用量占世界的16%以上，二氧化碳排放总量超过了世界的20%，同世界人均排放量相等。这表明，我国在工业化和城市化进程中，碳排放强度偏高，而能源用量还将继续增长，碳排放空间不会很大，应该积极发展低碳经济。

二、我国发展低碳经济的总体战略

对发达工业化国家而言，当发展阶段到了能源消费相对成熟、高能耗工业逐渐移出时，碳排放强度才会逐渐下降，故其向低碳经济转型的起点是从后工业化社会开始，主要任务是减排温室气体、实现能源安全、建立新的竞争优势与经济增长点。而我国是一个发展中大国，能源需求正在急剧增长，发展低碳经济的起点和任务与发达国家截然不同，我国不仅要节能减排，还要加快发展，必须在加快实现工业化、城市化和现代化的进程中走出一条发展低碳经济的新路。

在战略取向方面，我国的低碳发展宜采取既基于国情又符合世界发展趋势的渐进式路径，制定清晰的阶段目标和可行的优先行动计划。一是把“低碳化”作为国家经济社会发展的战略目标之一，并把相关指标整合到各项规划与政策中去，结合各地实际情况，探求不同地区的低碳发展模式，努力控制碳排放的增长率。二是在可持续发展前提下，把低碳发展作为建设“两型”社会和创新型国家的重点内容，纳入到新型工业化和城镇化的具体实践中。三是利用国际金融危机的契机，充分利用碳减排、能源安全和环境保护的先进技术，不断提高我国低碳技术与产品的竞争力，减少潜在的“碳锁定”影响，逐步向低碳转型，实现跨越式发展。四是积极参与国际上关于低碳能源和低碳能源技术的交流与合作，引进国外先进理念、技术和资金，通过新的国际合作模式和体制创新，促进生产与消费模式的转变。我国发展低碳经济，在积极开展国际合作的同时，最终主要还是要靠自己。五是积极参与气候变化的国际谈判和低碳规则的制定，为我国争取合理的发展空间。通过承诺符合国情与实际能力的自愿减排行动，提升负责任大国的国际形象。同时，坚持要求发达国家率先大幅度减排，并建立“可计量、可报告、可核实”的技术转让与资金支持新机制。

在战略目标方面，据国内多家权威机构研究，到2020年，我国单位GDP的二氧化碳排放量有可能实现显著降低。如能在有效的国际技术转让和资金支持下，采取严格的节能减排技术（包括碳捕获与封存）和相应的政策措施，中国的碳排放有可能在2030年~2040年达到峰值后进入稳定和下降期。

在战略重点方面，走低碳发展道路，必须结合国内优先战略发展目标和各行业自身特点，把握好低碳重点领域，以尽可能低的经济成本和碳排放量，获取最大的整体效益，逐步实现整个国民经济“低碳化”。重点包括以下六个方面：

（1）工业生产、交通和建筑领域。开展高能耗行业的能效达标管理，淘汰重点用能部门的落后产能和强化新建项目的能效监管，努力获得低碳产品和低碳技术的国际竞争力。

（2）工业化和城市化进程中，要以低能耗、高能效和低碳排放的方式完成大规模基础设施建设。

（3）优先部署以煤的气化为龙头的多联产技术系统开发、示范和整体煤气化联合循环技术等先进发电技术的商业化，开发新能源汽车和新型节能建筑，总结推广最佳实践技术，探索碳捕获与封存技术的可行性，在煤炭清洁利用等相关领域达到国际领先水平。

（4）加快进口和利用优质油气资源，探索可再生能源在国家能源系统中的优化配置模式，建立健全多元化的能源供应体系，转变能源结构，改善能源服务。

（5）深入研究农田、草地、森林生态系统的固碳作用，通过生物和生态固碳减缓气候变化。

（6）加强适应气候变化的策略研究和能力建设。

三、我国发展低碳经济的主要措施

随着学习实践科学发展观活动的不断深入，全社会对于低碳发展的热情不断高涨，不少城市表达了要争做低碳试点城市的强烈愿望。低碳发展对我国不但是必要的，而且是可能实现的。最重要的措施有以下五项：

（1）政府主导，摸清家底，立足实情，确立目标，制定规划，有序发展，避免一哄而上。

（2）鼓励“产学研结合”，加快开发低碳产品和低碳技术，增强自主创新能力，抢占制高点。

（3）加快研究制定相关法律法规，包括国家监测考核管理标准，财税、价格等金融政策措施（如开征碳税、试行碳交易等）。

（4）立即着手开展行业（工业、建筑、交通）、企业、城市、社区的低碳发展试点。

（5）加强宣传引导，使各级领导和公众了解什么是低碳经济，为什么要发展低碳经济，怎样发展低碳经济，以推动全社会的生产、生活方式和消费观念的大转变。

第三章　ISO 14064：2006《温室气体　温室气体排放的量化、监测、报告、审定和核查标准》的理解与应用

第一节　概述

一、ISO 14064 的制定

针对温室气体的排放量化及减排，国际标准化组织（ISO）提供了一套程序化的方法，于 2006 年 3 月 1 日发布了 ISO 14064，以帮助各类组织量化并报告他们的温室气体排放，应对温室气体组织风险。

1. ISO 14064 制定的原则

ISO 14064 制定的原则为：制度中立；技术严格；广泛参与；加速市场化。

2. ISO 14064 的主要特点

（1）对温室气体（GHG）方案无确定性。

（2）对 GHG 管理方面的大量术语和定义作了规定。三个标准中分别给出的术语有 37 条、30 条和 38 条，除去重复之外共有 54 条。这从国际层面规范和统一了有关 GHG 管理方面的术语和定义。

（3）对其他国际经验进行借鉴。ISO/TC207 与《联合国气候变化框架公约》（UNFCCC）工作联系非常紧密，制定温室气体规则（GHG Protocol）的世界可持续发展工商理事会（WBCSD）和世界资源研究所（WRI）都是 ISO/TC207/WG5 的联络员，标准中的诸多要求与其他相关规定、要求、准则相协调。

二、ISO 14064 的主题内容

ISO 14064：2006 由三部分组成，即 ISO 14064－1：2006《温室气体　第 1 部分：组织层次上对温室气体排放和清除的量化和报告的规范及指南》、ISO 14064－2：2006《温室气体　第 2 部分：项目层次上对温室气体减排量和清除增量的量化、监测和报告的规范及指南》、ISO 14064－3：2006《温室气体　第 3 部分：温室气体声明审定与核查的规范及指南》。其中包括一套 GHG 计算和验证准则。该标准规定了国际上最佳的温室气体资料和数据管理、汇报和验证模式。

ISO 14064－1 详细规定了设计、开发、管理和报告的组织或公司 GHG 清单的原则和要求。它包括确定温室气体排放限值，量化组织的温室气体排放，清除并确定公司改进温室气体管理具体措施或活动等要求。同时，标准还具体规定了有关部门温室气体清单的质量管理、报告、内审及机构验证责任等方面的要求和指南。

ISO 14064－2 着重讨论旨在减少 GHG 排放量或加快温室气体的清除速度的 GHG 项目（如风力发电、碳吸收和储存项目）。它包括确定项目基线和与基线相关的监测、量化和报告项目绩效的原则和要求。

ISO 14064－3 阐述了实际验证过程。它规定了核查策划、评估程序和评估温室气体等要素。这使 ISO 14064－3 可用于组织或独立的第三方机构进行 GHG 报告验证及索赔。

人们可以通过使用标准化的方法，计算和验证排放量数值，确保 1t 二氧化碳的测量方式在全球任何地方都是一样的。这样使排放声明不确定度的计算在全世界得到统一，最终用户群（如政府、市场贸易和其他相关方）可以依靠这些数据进行索赔。

三、制定 ISO 14064 的目的与作用

1. 目的

（1）降低 GHG 的排放和排放贸易，促进温室气体的量化、监测、报告和验证的一致性、透明度和可信性；

（2）保证组织识别和管理与温室气体相关的责任、资产和风险；

（3）促进温室气体限额或信用贸易；

（4）支持可比较的和一致的温室气体方案或程序的设计、研究和实施；

（5）为自愿或强制性的 GHG 工作纲要提供灵活的、中立的工具；

（6）推广并协调最佳做法；

（7）从环境角度完善有关 GHG 的声明；

（8）协助相关组织管理与 GHG 有关的机遇和风险；

（9）为 GHG 项目和市场的开发提供支持。

2. 作用

（1）在整个环境框架下加强 GHG 量化工作；

（2）提高 GHG（包括 GHG 项目中 GHG 的减排和清除增加）量化、监测和报告的可信性、透明性和一致性；

（3）为制定和实施组织的 GHG 管理战略和规划提供帮助；

（4）为 GHG 项目的制定和实施提供帮助；

（5）便于提高踊跃检查 GHG 减排和清除的绩效和进展的能力；

（6）便于 GHG 减排和清除增加信用额度的签发和交易。

四、量化方法与计量单位

ISO 14064 没有提出量化工具，当前最普遍采用的量化工具主要来自于联合国政府间气候变化专门委员会（IPCC）制定的《IPPC 国家温室气体目录指南》（2006 IPCC Guidelines for National Greenhouse Gas Inventories），以及世界可持续发展工商理事会（WBCSD）和世界资源研究所（WRI）制定的《温室气体议定书　企业核算和报告标准》（The Greenhouse Gas Protocol—A Corporate Accounting and Reporting Standard）。目前测量单位基本上都采用“二氧化碳当量”作为测量单位，记作：CO_2e［$CO_2e = GHG(E) \times GWP$，单位为千克］。另外还有 MTCEs（$MTCEs = CO_2e \times 12/44$，单位为碳千克）。其计算方法包括 CEMS 实际测量法、质量平衡法、化学计量理论和排放系数法（或称排放因子法）。目前最常用的还是排放因子法，温室气体排放量＝适当的活动数据×排放系数。在实际工作中，往往同一类型的排放因子有多个来源和出处，而且数据也会有区别；对于同一类型排放的计算，有时候可以适用好几类排放因子，此时，作为温室气体的计算人员和核查人员，必须要进行排放因子的评估、选择和确定，尽量做到：（1）选择最接近真实状况的排放因子；（2）选择最容易获取准确的活动数据的排放因子；（3）选择目标用户能承认的排放因子。

第二节　ISO 14064 -1：2006 的理解与应用

一、标准条文理解

标准条文

前言

0.1

气候变化是未来世界各国、政府部门、经济领域和公众所面临的最大挑战之一，它对人身健康和自然界都会带来影响，并可能导致资源的使用、生产和其他经济活动的方式发生巨大变化。为此，人们正在国际、区域、国家和地方等各个层次上制定措施并采取行动，以限制大气层中的温室气体（以下简称 GHG）浓度。这些措施和行动有赖于对 GHG 排放和（或）清除进行量化、监测、报告和核查。

ISO 14064 第 1 部分（以下简称本标准）详细规定了在组织（或公司）层次上 GHG 清单的设计、制定、管理和报告的原则和要求，包括确定 GHG 排放边界、量化 GHG 的排放和清除以及识别公司改善 GHG 管理具体措施或活动等方面的要求。此外，本标准还包括对清单的质量管理、报告、内部审核、组织在核查活动中的职责等方面的要求和指导。

ISO 14064 第 2 部分针对专门用来减少 GHG 排放或增加 GHG 清除的项目（或基于项目的活动）。它包括确定项目的基准线情景及对照基准线情景进行监测、量化和报告的原则和要求，并提供进行 GHG 项目审定和核查的基础。

ISO 14064 第 3 部分详细规定了 GHG 排放清单核查及 GHG 项目审定或核查的原则和要求，说明了 GHG 的审定和核查过程，并规定了其具体内容，如审定或核查的计划、评价程序以及对组织或项目的 GHG 声明评估等。组织或独立机构可根据本标准对 GHG 声明进行审定或核查。

图 1 展示了 ISO 14064 三个部分之间的关系。

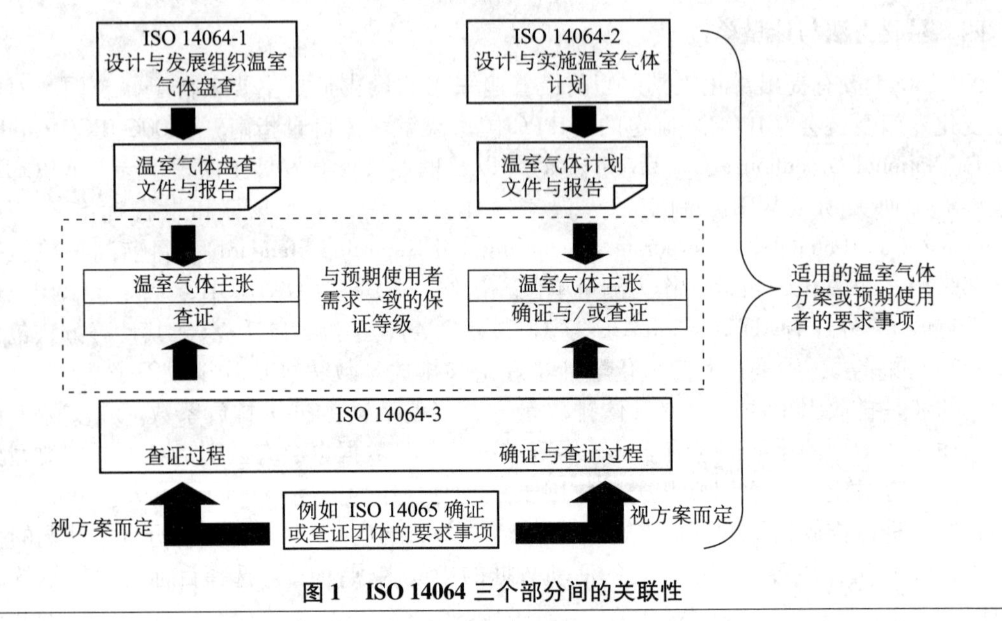

图 1　ISO 14064 三个部分间的关联性

理解要点

（1）说明了本标准与全球应对气候变化的关系，即全球应对气候变化的措施和行动有赖于对 GHG 排放和（或）清除进行量化、监测、报告和核查。

（2）对 ISO 14064 三个部分的内容进行了说明。第 1 部分是详细规定了在组织（或公司）层次上 GHG 清单的设计、制定、管理和报告的原则和要求；第 2 部分针对专门用来减少 GHG 排放或增加 GHG 清除的项目（或基于项目的活动）规定了监测、量化和报告的原则和要求。第 3 部分详细规定了 GHG 排放清单核查及 GHG 项目审定或核查的原则和要求。

（3）标准中图 1 给出了标准三个部分的关系，可见第 1 和第 2 部分是并列的两种情况，第 3 部分是对第 1 和第 2 部分所涉及的组织或项目如何实施 GHG 审定和核查的要求。

标准条文

0. 2

ISO 14064 期望使 GHG 排放清单和项目的量化、监测、报告、审定和核查具有明确性和一致性，供组织、政府、项目实施者和其他利益相关方在有关活动中采用。ISO 14064 的作用具体可包括：

——加强 GHG 量化的环境一体性；

——提高 GHG（包括 GHG 项目中 GHG 的减排和清除增加）量化、监测和报告的可信性、透明性和一致性；

——为制定和实施组织 GHG 管理战略和规划提供帮助；

——为 GHG 项目的制定和实施提供帮助；

——便于提高跟踪检查 GHG 减排和清除增加的绩效和进展的能力；

—— 便于 GHG 减排和清除增加信用额度的签发和交易。

ISO 14064 可应用于以下方面：

——公司风险管理：如识别和管理机遇与风险；

——自愿行动：如加入自愿性的 GHG 登记或报告行动；

——GHG 市场：对 GHG 配额和信用额的买卖；

——法律法规或政府部门要求提交的报告，例如因超前行动取得信用额度、通过谈判达成的协议或国家报告制度。

理解要点

（1）说明了 ISO 14064 的 6 个作用。

（2）说明了 ISO 14064 的适用范围，主要可用于以下四个方面：

1）组织的风险管理，即进行风险控制；

2）组织的自愿行动，即自我声明；

3）温室气体市场，即碳排放交易；

4）法律法规或政府部门要求提交的报告，即法律义务。

标准条文

0.3

鉴于本标准是建立在现行的有关公司 GHG 排放清单的国际标准和议定书的基础上，因此其中的许多重要概念和要求在世界可持续发展工商理事会和世界资源研究所的有关文献（见文献目录［4］）中有明确的陈述。建议本标准的用户参阅该文献，以便获得应用有关概念和要求的进一步指南。

理解要点

说明了本标准的主要引用文件，强调许多重要概念和要求在世界可持续发展工商理事会和世界资源研究所的有关文献中可获得进一步的指南。

标准条文

0.4

本标准中某些条款要求用户对所采取的做法或决策进行解释。为此，通常要形成下列文件，以证明：

——如何应用这些做法，如何形成这些决定。

——为何选取这些做法，为何作出这样的决定。

本标准中有些条款要求用户对所采用的做法或所做的决策进行论证。为此，通常要形成下列文件，以说明：

——如何应用这些做法，如何形成这些决定。

——为何选取这些做法，为何作出这样的决定。

——为何没有采用其他可选做法。

理解要点

本条款对使用 ISO 14064 的用户在使用本标准时，对于本标准中部分条款要求其对所采取的做法和决策进行解释，部分条款要求对所采取的做法和决策进行论证如何实施给出了指南，要求标准的使用者要对如何形成该决定及其作出这些决定的理由进行说明或论证并形成文件。

本标准要求用户对所采取的做法或决策进行解释的条款见：4.1、4.3.3、4.3.5、5.3.1、7.3.1。

本标准要求用户对所采取的做法或决策进行论证的条款见：7.3.1。

标准条文

1　范围

本标准规定了组织层次上对 GHG 排放和清除进行量化和报告的原则和要求，其中包括设计、编制、管理、报告和核查某一组织的 GHG 排放清单的要求。

ISO 14064 对 GHG 方案无倾向性。当某一 GHG 方案适用时，该方案的要求可作为 ISO 14064 的附加要求。

注：组织或 GHG 项目建议方实施 ISO 14064 时，如果标准中的某项要求和其参与的 GHG 方案有冲突，后者的要求优先。

理解要点

（1）说明了 ISO 14064－1 的主要内容，即规定了组织层次上对 GHG 排放和清除进行量化和报告的原则和要求，其中包括设计、编制、管理、报告和核查某一组织的 GHG 排放清单的要求。

（2）说明了 ISO 14064 要求与温室气体方案的关系：一是具体的方案可作为标准的附加要求；二是当标准要求与温室气体方案有冲突时方案优先的原则。

标准条文

2　术语和定义

下列术语和定义适用于本标准。

2.1

温室气体 greenhouse gas（GHG）

大气层中自然存在的和由于人类活动产生的能够吸收和散发由地球表面、大气层和云层所产生的、波长在红外光谱内的辐射的气态成分。

注：GHG 包括二氧化碳（CO_2）、甲烷（CH_4）、氧化亚氮（N_2O）、氢氟碳化物（HFCs）、全氟碳化物（PFCs）和六氟化硫（SF_6）。

2.2

GHG 源 greenhouse gas source

向大气中排放 GHG 的物理单元或过程。

2.3

GHG 汇 greenhouse gas sink

从大气中清除 GHG 的物理单元或过程。

2.4

GHG 库 greenhouse gas reservoir

生物圈、岩石圈或水圈中的物理单元或组成部分，它们有能力储存或收集 GHG 汇（2.3）从大气中清除的 GHG，或者直接从 GHG 源（2.2）捕获 GHG。

注 1：GHG 库在特定时刻的含碳量（以质量计）可称为 GHG 库的碳库存。

注 2：一个 GHG 库可将其中的 GHG 转移到另一个 GHG 库。

注 3：GHG 捕获和贮存是指在 GHG 进入大气层以前从 GHG 源将其收集，并将收集的 GHG 贮存到 GHG 库。

2.5

GHG 排放 greenhouse gas emission

在特定的时段内释放到大气中的 GHG 总量（以质量单位计算）。

2.6

GHG 清除 greenhouse gas removal

在特定时段内从大气中清除的 GHG 总量（以质量单位计算）。

2.7

GHG 排放因子，GHG 清除因子 greenhouse gas emission factor，greenhouse gas removal factor 将活动数据与 GHG 排放或清除相关联的因子。

注：GHG 排放和 GHG 清除因子可包含氧化因素。

2.8

直接 GHG 排放 direct greenhouse gas emission

组织拥有或控制的 GHG 源（2.2）的 GHG 排放。

注：本标准从财务和运行控制的角度确定组织运行的边界。

2.9

能源间接 GHG 排放 energy indirect greenhouse gas emission

组织所消耗的外部电力、热力或蒸汽的生产而造成的 GHG 排放。

2.10

其他间接 GHG 排放 other indirect greenhouse gas emission

因组织的活动引起的，而被其他组织拥有或控制的 GHG 源（2.2）所产生的 GHG 排放，但不包括能源间接 GHG 排放。

2.11

GHG 活动数据 greenhouse gas activity data

GHG 排放或清除活动的测量值。

注：GHG 活动数据例如能源、燃料或电力的消耗量，物质的产生量、提供服务的数量或受影响的土地面积。

2.12

GHG 声明 greenhouse gas assertion

责任方（2.23）所作的宣言或实际客观的陈述。

注 1：GHG 声明可以针对特定时间，或覆盖一个时间段。

注 2：责任方作出的 GHG 声明宜表述清晰，并使审定员（2.34）或核查员（2.36）能根据适用的准则进行一致的评价或测量。

注 3：GHG 声明可通过 GHG 报告（2.17）或 GHG 项目策划的形式提供。

2.13

GHG 信息体系 greenhouse gas information system

用来建立、管理和保持 GHG 信息的方针、过程和程序。

2.14

GHG 清单 greenhouse gas inventory

组织的 GHG 源（2.2），GHG 汇（2.3）以及 GHG 排放和清除。

2.15

GHG 项目 greenhouse gas project

改变基准线情景中的状况，实现 GHG 减排和清除增加的一个或多个活动。

2.16

GHG 方案 greenhouse gas programme

组织或 GHG 项目（2.15）之外的，用来对 GHG 的排放、清除、减排、清除增加进行注册、计算或管理的，自愿的或强制性的国际、国家或以下层次的制度或计划。

2.17

GHG 报告 greenhouse gas report

用来向目标用户（2.24）提供关于组织或项目 GHG 信息的专门文件。

注：GHG 报告中可包括 GHG 声明（2.12）。

2.18

全球变暖潜值 global warming potential（GWP）

将单位质量的某种 GHG 在给定时间段内辐射强度的影响与等量二氧化碳辐射强度影响相关联的系数。

注：附录 C 给出了政府间气候变化专门委员会提供的全球变暖潜值。

2.19

二氧化碳当量 carbon dioxide equivalent（CO_2e）

在辐射强度上与某种 GHG 质量相当的二氧化碳的量。

注 1：GHG 二氧化碳当量等于给定气体的质量乘以它的全球变暖潜值（2.18）。

注 2：附录 C 给出了政府间气候变化专门委员会所提供的全球变暖潜值。

2.20

基准年 base year

用来将不同时期的 GHG 排放或清除，或其他 GHG 相关信息进行参照比较的特定历史时段。

注：基准年排放或清除的量化可以基于一个特定时期（例如一年）内的值，也可以基于若干个时期（例如若干个年份）的平均值。

2.21

设施 facility

属于某一地理边界、组织单元或生产过程中的，移动的或固定的一个装置、一组装置或生产过程。

2.22

组织 organization

具有自身职能和行政管理的公司、集团公司、商行、企事业单位、政府机构、社团或其结合体，或上述单位中具有自身职能和行政管理的一部分，无论其是否具有法人资格、公营或私营。

2.23

责任方 responsible party

有责任提供 GHG 声明（2.12）和有关 GHG 支持信息的人。

注：责任方可以是个人，或一个组织或项目的代表，同时他们可以是雇用审定机构（2.34）

或核查机构（2.36）的一方。审定机构或核查机构可以由委托方或其他有关方（如 GHG 项目主管部门）雇用。

2.24

目标用户 intended user

发布 GHG 信息报告的组织所识别的依据该信息进行决策的个人或组织。

注：目标用户可以是委托方（2.25）、责任方（2.23）、GHG 项目管理者、执法部门、金融机构或其他受影响的利益相关方（如当地社区、政府机构、非政府组织等）。

2.25

委托方 client

要求进行审定（2.31）或核查（2.35）的组织。

注：委托方可以是责任方（2.23）、GHG 项目管理者或其他利益相关方。

2.26

直接行动 directed action

由组织实施的，旨在减少或防止直接或间接的 GHG 排放，或增加 GHG 清除，但未按 GHG 项目（2.15）来组织的具体活动或主动行为。

注 1：ISO 14064－2 给出了 GHG 项目的定义。

注 2：直接行动可以是持续进行的，也可以是间断性的。

注 3：直接行动导致的 GHG 排放或清除的变化可以发生在组织的边界内，也可以发生在组织的边界外。

2.27

保证等级 level of assurance

目标用户（2.24）要求审定（2.31）或核查（2.35）达到的保证程度。

注 1：保证等级是用来确定审定员或核查员设计审定核查计划的细节深度，从而确定是否存在实质性偏差、遗漏或错误解释。

注 2：保证等级可分为两类，即合理保证等级和有限保证等级。不同的保证等级，其审定或核查陈述的措辞也有区别（关于审定陈述和核查陈述的例子，参见 ISO 14064－3 中的 A.2.3.2）。

2.28

实质性 materiality

由于一个或若干个累积的错误、遗漏或错误解释，可能对 GHG 声明（2.12）或目标用户（2.24）的决策造成影响的情况。

注 1：在设计审定计划、核查计划或抽样计划时，实质性的概念用于确定采用何种类型的过程，才能将审定员或核查员无法发现实质性偏差（2.29）的风险（即“发现风险”）降到最低。

注 2：那些一旦被遗漏或陈述不当，就可能对 GHG 声明作出错误解释，从而影响目标用户得出正确结论的信息被认为具有“实质性”。可接受的实质性是由审定组、核查组或 GHG 方案在约定的保证等级的基础上确定的（关于上述关系的进一步解释见 ISO 14064－3 中的 A.2.3.8）。

2.29

实质性偏差 material discrepancy

GHG 声明（2.12）中可能影响目标用户（2.24）决策的一个或若干个累积的实际错误、遗漏和错误解释。

2.30

监测 monitoring

对 GHG 排放和清除或其他有关 GHG 的数据的连续的或周期性的评价。

2.31

审定 validation

根据约定的审定准则（2.32）对一个 GHG 项目策划中 GHG 声明（2.12）进行系统的、独立的评价，并形成文件的过程。

注1：在某些情况下，例如进行第一方审定的情况下，独立性可体现在不承担收集 GHG 数据和信息的责任。

注2：ISO 14064－2，5.2 中对 GHG 项目策划的内容作了说明。

2.32

审定准则 validation criteria／核查准则 verification criteria

在对证据进行比较时作为参照的方针、程序或要求。

注：审定准则或核查准则可以是政府部门、GHG 方案、自愿报告行动、标准或良好操作指南等规定的。

2.33

审定陈述 validation statement／核查陈述 verification statement

向目标用户（2.24）出具的为责任方（2.23）GHG 声明（2.12）提供保证的正式书面声明。

注：审定机构或核查机构所作的声明可涵盖 GHG 排放、清除、减排或清除增加。

2.34

审定员（或审定机构）validator

负责进行审定并报告其结果的具备相关能力的独立人员。

注：本术语也用于从事审定的机构。

2.35

核查 verification

根据约定的核查准则（2.32）对 GHG 声明（2.12）进行系统的、独立的评价，并形成文件的过程。

注：在某些情况下，例如进行第一方核查的情况下，独立性可体现在不承担收集 GHG 数据和信息的责任。

2.36

核查员（或核查机构）verifier

负责进行核查并报告其过程的具备相关能力的独立人员。

注：本术语也用于从事核查的机构。

2.37

不确定性 uncertainty

与量化结果相关的、表征数值偏差的参数。上述数值偏差可合理地归因于所量化的数据集。

注：不确定性信息一般要给出对可能发生的数值偏离的定量估算，并对可能引起差异的原因进行定性的描述。

理解要点

（1）本标准给出了37个术语的定义，可分为：与温室气体有关的定义（4个）、与排放和清除和声明有关的定义（20个）、与审定核查有关的定义（13个）。

（2）本标准所指的温室气体包括：二氧化碳（CO_2）、甲烷（CH_4）、氧化亚氮（N_2O）、氢氟碳化物（HFCs）、全氟碳化物（PFCs）和六氟化硫（SF_6）。

标准条文

3 原则

3.1 概述

为了确保对GHG相关信息进行真实和公正的说明，应当遵守下列原则。这些原则既是本标准所规定的要求的基础，也是应用本标准的指导原则。

3.2 相关性

选择适应目标用户需求的GHG源、GHG汇、GHG库、数据和方法。

3.3 完整性

包括所有相关的GHG排放和清除。

3.4 一致性

能够对有关GHG信息进行有意义的比较。

3.5 准确性

尽可能减少偏见和不确定性。

3.6 透明性

发布充分适用的GHG信息，使目标用户能够在合理的置信度内作出决策。

理解要点

标准明确了对组织层面的温室气体相关信息进行说明应遵守的五项原则，即相关性、完整性、一致性、准确性、透明性。便是对温室气体排放和（或）清除进行量化、监测、报告和核查必须遵守的五项基本原则。

标准条文

4 GHG清单的设计和编制

4.1 组织的边界

组织可能拥有一个或多个设施。设施层次上的GHG排放或清除可能发生在一个或多个GHG源或汇。图2展示了GHG源、汇和设施之间的关系。

组织应在下列两种方式中选择一种，对设施的排放和清除进行合并：

a）基于控制权的：对组织能从财务或运行方面予以控制的设施的所有定量GHG排放和（或）清除进行计算；

b）基于股权比例的：对各个设施的GHG排放和（或）清除按组织所有权的份额进行计算。

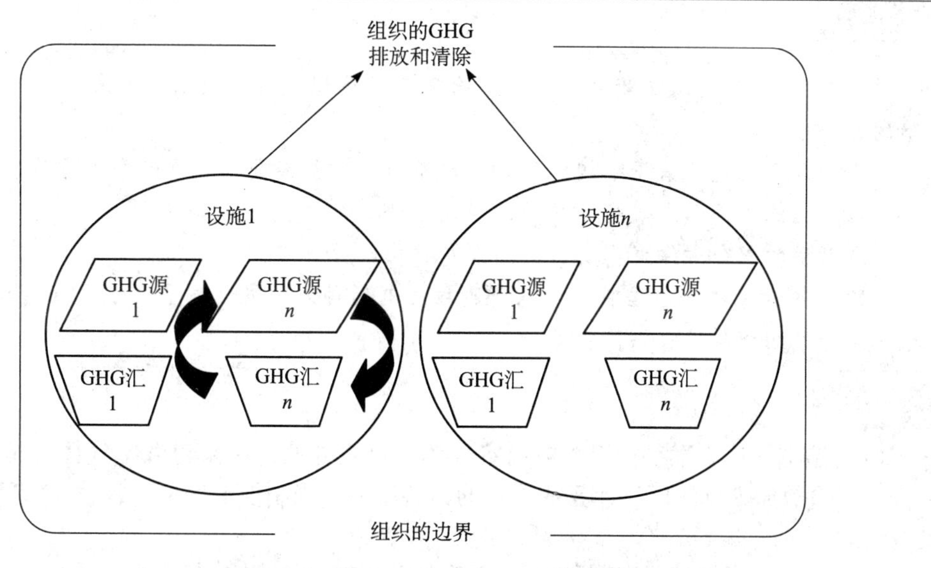

图 2　GHG 源、汇和设施之间的关系

说明：

x 为组织边界内设施的序号。

n 为设施内源或汇的序号。

注 1：对组织 GHG 排放或清除的计算，是将设施的 GHG 源和汇量化后再进行累加。

注 2：GHG 源和 GHG 汇是可以互相转换的，某一个时期的汇在另一个时期可能变成源，反之亦然。

理解要点

（1）组织是具有自身职能和行政管理的公司、集团公司、商行、企事业单位、政府机构、社团或其结合体，或上述单位中具有自身职能和行政管理的一部分，无论其是否具有法人资格、公营或私营。

（2）设施是指属于某一地理边界、组织单元或生产过程中的移动的或固定的一个装置、一组装置或生产过程。

（3）温室气体源是向大气中排放温室气体的物理单元或过程。温室气体汇是从大气中清除 温室气体的物理单元或过程。

（4）进行组织的温室气体清单设计首先要确定组织的边界，即确定组织管辖范围内的设施是哪些，一个组织可能有多个生产现场或多个生产过程，而一个生产现场内可能有多个生产车间，一个车间又可能有多条生产线，每一车间或生产线可能有一个或一组移动的或固定的生产装置，这些都是设施。

组织层面的温室气体的排放可能发生在一个或多个温室气体源上，组织层面的温室气体的清除也可能发生在一个或多个温室气体汇上。

（5）组织的温室气体源和温室气体汇可以互相转化，某一时期的温室气体汇可能在另一时期就变成了温室气体源，某一时期的温室气体源也可能在另一时期成为温室气体汇。

（6）对组织的温室气体排放的计算，是对组织各设施的温室气体源进行量化后再进行汇总；对组织温室气体清除的计算，是对组织各设施的温室气体汇进行量化后再进行汇总。

标准条文

> 当有关 GHG 方案或有法律效力的合同有具体规定时，组织可以采用不同于上述思路的合并方法。
>
> 当一个设施处于若干个组织的控制之下时，它们应使用相同的合并方法。
>
> 组织应以文件形式规定其应用的整合方法。
>
> 所采用的整合方法发生变更时组织应作出解释。
>
> 附录 A 对采用基于控制权和基于股权比例两种方式将设施层次上 GHG 排放和清除数据合并到组织层次提供了指导。

理解要点

（1）温室气体方案是指组织或温室气体项目之外的，用来对温室气体的排放、清除、减排、清除增加进行注册、计算或管理的，自愿的或强制性的国际、国家或以下层次的制度或计划。

（2）组织应根据其所有制性质，参考本标准附录 A 的指南，遵循既有的明确的一致的财务核算边界，以文件规定对其设施的排放和清除进行合并的方式：

1）基于控制权进行汇总：组织只考虑电脑控制下的运行所产生的所有温室气体排放或清除，而不考虑电脑虽然拥有利益但无权控制的运行所产生的温室气体。所谓控制权，可以是财务上的，也可以是运行上的，进行基于控制权的排放或清除汇总时，组织可选择采用财务控制准则或运行控制准则。如对独资企业，组织能够从财务和运行方面对其设施进行控制，因此，组织可以直接对各设施量化的温室气体排放和（或）清除进行汇总计算。

2）基于股权比例的汇总：股权代表组织在某一设施中的经济利益或从中获得的百分比。基于股权进行汇总，使不同的本标准的用户增加了温室气体信息的可用性，并有助于更多的财务核算和报告标准所采用的方法。股权方式尤其适用于跨国公司，跨国公司通常在很多不同管理体系下运行，而这些运行希望确定自己的温室气体足迹。

基于股权汇总，要求针对每一设施确定所有权的份额，并根据这一份额，包括关于生产份额的协定，计算各个设施的温室气体排放或清除的百分比。

如对股份制企业，不同的投资主体对组织设施的所有权是基于股份比例的，因此，不同投资主体对该股份制企业的各设施中温室气体排放和（或）清除的计算应按所有权的份额比例分别计算各自的温室气体的排放和清除量。

（3）如果有具体的温室气体方案和合同规定对设施的温室气体排放和清除的合并有具体的规定时，则按方案或合同规定的方法进行计算。

（4）对股份制性质的组织，每个设施所涉及的不同组织（投资主体）要使用相同的合并方法。

（5）当组织对设施的温室气体的排放和清除的整合方法发生变化时，组织要作出解释。

标准条文

> **4.2　运行边界**
>
> **4.2.1　建立运行边界**
>
> 组织应确定运行边界并形成文件。确定运行边界包括识别与组织的运行有关的

GHG 排放和清除，按直接排放、能源间接排放和其他间接排放进行分类。其中包括选择哪些须要量化和报告的其他间接排放。如果运行边界发生变化，组织应作出解释。

4.2.2　直接 GHG 排放和清除

组织应对组织边界内设施的直接 GHG 排放予以量化。

组织宜对组织边界内设施的 GHG 清除予以量化。

组织生产、输出和配送的电力、热力和蒸汽所产生的直接 GHG 排放可单独报告，但不应从组织的直接 GHG 排放总量中扣除。

注：“输出”是指由组织向其边界外的用户供应（电力、热力或蒸汽）。

生物质燃烧产生的二氧化碳应单独计算。

4.2.3　能源间接排放

组织应对其消耗的外部输入的电力、热力或蒸汽的生产所产生的间接 GHG 排放予以量化。

注：“输入”是指由组织边界外提供（电力、热力或蒸汽）。

4.2.4　其他间接 GHG 排放

组织还可根据有关 GHG 方案的要求、内部报告的需求或 GHG 排放清单的预定用途对间接 GHG 排放进行量化。

注：可能产生其他间接 GHG 排放的组织活动的示例见附录 B。

理解要点

（1）直接温室气体排放是指组织拥有或控制的温室气体源的温室气体排放；能源间接温室气体排放是指组织所消耗的外部电力、热力或蒸汽的生产而造成的温室气体排放；其他间接温室气体排放是指因组织的活动引起的，而被其他组织拥有或控制的温室气体源所产生的温室气体排放，但不包括能源间接温室气体排放。

（2）组织要确定其运行边界并形成文件，且当运行边界发生变化时组织要作出解释。

（3）确定运行边界的内容包括：

1）识别与组织的运行有关的温室气体排放和清除；

2）按直接排放、能源间接排放和其他间接排放进行分类；

3）选择哪些须要量化和报告的其他间接排放。

（4）对组织的直接温室气体排放和清除的要求包括：

1）应对组织边界内设施的直接 GHG 排放予以量化；

2）宜对组织边界内设施的 GHG 清除予以量化；

3）对组织生产、向其边界外的用户供应和配送的电力、热力和蒸汽所产生的直接温室气体排放可以单独报告，但不应从组织的直接温室气体排放总量中扣除；

4）组织的生物质燃烧所产生的二氧化碳应单独计算。

（5）组织应对其消耗的由组织边界外其他组织提供的电力、热力或蒸汽的生产所产生的间接温室气体排放予以量化。

（6）组织还可根据有关温室气体方案的要求、内部报告的需求或温室气体排放清单的预定用途对间接的温室气体排放进行量化。

（7）除输入的电力、热力或蒸汽产生的排放，组织的其他活动也可能产生间接温室气体排放。如：

1）员工上下班往返和差旅；

2）由其他组织负责的产品、原料、人员或废物的运输；

3）外部提供的活动、按合同生产或特许经营权；

4）由本组织产生但由其他组织管理的废物所造成的温室气体排放；

5）使用或处置组织的产品或服务产生的温室气体排放；

6）组织所消耗的除电力、热力和蒸汽之外的其他能源产品在其生产和运输过程中所产生的温室气体的排放；

7）生产组织所购买的原材料划半成品所产生的温室气体排放。

标准条文

4.3 GHG 排放和清除的量化

4.3.1 量化步骤及排除

如可行，组织应按照下列步骤对其边界内的 GHG 排放和清除予以量化：

a）识别 GHG 源和汇（4.3.2）；

b）选择量化方法（4.3.3）；

c）选择和收集 GHG 活动数据（4.3.4）；

d）选择或确定 GHG 排放或清除因子（4.3.5）；

e）计算 GHG 排放和清除（4.3.6）。

对于那些对 GHG 排放或清除作用不明显，或对其量化在技术上不可行，或成本高而收效不明显的直接或间接的 GHG 源或汇可排除。

对于所排除的具体 GHG 源或汇，组织应说明排除的理由。

理解要点

（1）本条款对温室气体量化的步骤及排除在量化之外的情况进行了说明。

（2）温室气体排放因子/温室气体清除因子是将活动数据与 GHG 排放或清除相关联的因子。

（3）温室气体量化的步骤是：

1）识别组织边界内的设施的温室气体的源（向大气中排放 GHG 的物理单元或过程）和汇（从大气中清除 温室气体的物理单元或过程）；

2）选择实施量化的方法；

3）选择和收集温室气体活动相关数据；

4）选择或确定温室气体排放或清除因子；

5）计算温室气体的排放和清除量。

（4）对排除的规定：对于那些对温室气体排放或清除作用不明显，或对其量化在技术上不可行，或成本高而收效不明显的直接或间接的温室气体源或汇可以排除在量化范围之外，但组织要说明所排除的具体温室气体源或汇被排除的理由。

标准条文

4.3.2 识别 GHG 源和汇

组织应识别对直接 GHG 排放起作用的 GHG 源并形成文件。

如果组织对 GHG 的清除进行量化，则应识别对其 GHG 清除起作用的 GHG 汇并形成文件。

组织宜对输入电力、热力或蒸汽的供应商分别形成文件。

如果组织对其他间接 GHG 排放进行量化，宜分别识别对这些间接 GHG 排放起作用的 GHG 源，并分别形成文件。

组织应适时将所识别的 GHG 源和汇加以分类。

注：参考文献［4］和［6］给出了 GHG 源和汇分类的示例。

对源和汇的识别与分类的详细程度宜与所采用的量化方法相适应。

理解要点

（1）识别温室气体源或汇是量化的第一步。组织应识别边界范围内所有设施的温室气体源或汇，并形成《温室气体源和汇清单》文件，包括：

1）对直接温室气体排放起作用的温室气体源；

2）对其温室气体清除起作用的温室气体汇（当组织需要对温室气体清除进行量化时）；

3）输入电力、热力或蒸汽的供应商；

4）间接对温室气体排放起作用的温室气体源（当组织需要对间接温室气体排放进行量化时）；

（2）适时对组织所识别的温室气体源和汇进行分类。

（3）组织对源和汇的识别与分类的详细程度宜与组织所采用的量化方法相适应。以满足方便量化为宜。

标准条文

4.3.3 选择量化方法

组织应选择和使用能合理地将不确定性降到最低，并能得出准确、一致、可再现的结果的量化方法。

例：许多 GHG 方案规定了量化方法，其类型包括：

a）计算：

——将 GHG 活动数据与 GHG 排放或清除因子相乘；

——使用模型；

——设备的关联性；

——物料平衡法。

b）监测：

——持续性的；

——间歇性的。

c）监测和计算相结合。

组织应对量化方法的选择加以说明。

如果量化方法有变化，组织应在使用之前作出解释。

理解要点

（1）温室气体方案是指组织或温室气体项目之外的，用来对温室气体的排放、清除、减排、清除增加进行注册、计算或管理的自愿或强制性的国际、国家或以下层次的制度或计划。

（2）量化方法选择的原则：

1）合理地将不确定性降到最低；

2）能得出准确、一致、可再现的结果。

（3）组织要对其选择的量化方法进行说明，当量化的方法发生变化时要作出解释。

（4）许多温室气体方案都规定了量化的方法，其类型共三种，即计算、监测、监测和计算相结合。

标准条文

4.3.4 选择和收集 GHG 活动数据

如果 GHG 活动数据被用来对 GHG 排放和清除进行量化，组织应根据所选定的量化方法的要求来选择和收集 GHG 活动数据。

理解要点

（1）温室气体活动数据是指温室气体排放或清除活动的测量值。例如能源、燃料或电力的消耗量，物质的产生量、提供服务的数量或受影响的土地面积。

（2）当组织将温室气体活动数据用来对排放和清除进行量化时，组织应根据所选定的量化方法的要求，选择和收集温室气体活动数据。

标准条文

4.3.5 选择或确定 GHG 排放或清除因子

如果 GHG 活动数据被用来对 GHG 排放和清除进行量化，组织应选择或确定 GHG 排放或清除因子，该排放或清除因子应

a）来自公认的可靠来源；

b）适用于相关的 GHG 源或汇；

c）在计算期内具有时效性；

d）考虑到量化的不确定性，并在计算时追求准确的、可再现的结果；

e）和 GHG 清单的预定用途相一致。

组织应对 GHG 排放或清除因子的选择或确定作出解释，包括指明其来源，说明其对 GHG 清单预定用途的适宜性。

如果 GHG 排放或清除因子有变化，组织应在使用之前作出解释。适宜时，应对基准年的 GHG 清单进行重新计算（见 5.3）。

理解要点

（1）如果温室气体活动数据被用来对温室气体排放和清除进行量化，组织应选择或确定温室气体排放或清除因子；

（2）对温室气体排放或清除因子的要求如下：

1）来自公认的可靠来源；

2）适用于相关的温室气体源或汇；

3）在计算期内具有时效性；

4）考虑到量化的不确定性，并在计算时追求准确的、可再现的结果；

5）和温室气体清单的预定用途相一致。

（3）对温室气体排放或清除因子的选择或确定作出解释，说明其来源及对温室气体清单预定用途的适宜性；当温室气体排放或清除因子发生变化时，组织要在使用前作出解释；

（4）当温室气体排放或清除因子发生变化时，如有需要，应当对基准年的温室气体清单进行重新计算。

标准条文

4.3.6 GHG 排放和清除的计算

组织应根据所选定的量化方法（见4.3.3）对GHG排放和清除进行计算。

当使用 GHG 活动数据对 GHG 排放或清除进行量化时，GHG 排放或清除为该数据与 GHG 排放或清除因子的乘积。

理解要点

（1）应根据所选定的量化方法对 GHG 排放和清除进行计算；

（2）GHG 排放或清除 = GHG 活动数据 × GHG 排放或清除因子（当使用 GHG 活动数据对 GHG 排放或清除进行量化时）。

标准条文

5 GHG 清单的组成

5.1 GHG 排放和清除

按照第 4 章的要求进行量化后，组织应分别按设施层次和组织层次将下列内容形成文件：

——每种 GHG 的直接排放；

——GHG 清除；

——能源间接 GHG 排放；

——其他间接 GHG 排放；

——生物质燃烧产生的二氧化碳直接排放。

必要时，组织应分别按设备和组织层次将其他类型的 GHG 排放和清除形成文件。

注1：参考文献［4］和［6］给出了其他类型的GHG排放和清除的示例。组织应以“吨”作为计量单位，并通过相应的全球变暖潜值将每种 GHG 的量转化为二氧化碳当量的吨数。

注2：附录C 给出了政府间气候变化专门委员会提供的全球变暖潜值。

理解要点

（1）本标准第5章对温室气体清单的组成作出了规定，并给出了指南。

（2）温室气体清单是指组织的温室气体源、温室气体汇以及温室气体排放和清除。

（3）全球变暖潜值是将单位质量的某种温室气体在给定时间段内辐射强度的影响与等量二氧化碳辐射强度影响相关联的系数。

（4）组织完成了温室气体的排放和清除量化工作后就要着手编制温室气体清单。

（5）组织要以每个设施为单元和以整个组织为单元两个层次将以下信息形成文件；其排放和清除量以“吨”作为计量单位，并按政府间气候变化专门委员会提供的全球变暖潜值（见表3－1）将每种温室气体的量转化为二氧化碳当量的吨数。

表3－1　不同温室气体的全球变暖潜值（GWP）

<table>
<tr><th colspan="2">温室气体</th><th>全球变暖潜值（GWP）</th></tr>
<tr><td colspan="2">二氧化碳（CO_2）</td><td>1</td></tr>
<tr><td colspan="2">甲烷（CH_4）</td><td>21</td></tr>
<tr><td colspan="2">氧化亚氮（N_2O）</td><td>310</td></tr>
<tr><td rowspan="13">氢氟碳化物（HFCs）</td><td>HFC－23（CHF_3）</td><td>11 700</td></tr>
<tr><td>HFC－32（CH_2F_3）</td><td>650</td></tr>
<tr><td>HFC－41（CH_3F）</td><td>150</td></tr>
<tr><td>HFC－43－10mee（$C_5H_2F_{10}$）</td><td>1 300</td></tr>
<tr><td>HFC－125（C_2HF_5）</td><td>2 800</td></tr>
<tr><td>HFC－134（$C_2H_2F_4$（CHF_2CHF_2）</td><td>1 000</td></tr>
<tr><td>HFC－134a（$C_2H_3F_3$（CH_2FCF_3）</td><td>13 000</td></tr>
<tr><td>HFC－143（$C_2H_3F_3$（CHF_2CH_2F）</td><td>300</td></tr>
<tr><td>HFC－143a（$C_2H_3F_3$（CF_3CH_3）</td><td>3 800</td></tr>
<tr><td>HFC－152a（$C_2H_4F_2$（CH_3CHF_2）</td><td>140</td></tr>
<tr><td>HFC－227ea（C_3HF_7）</td><td>2 900</td></tr>
<tr><td>HFC－236fa（$C_3H_2F_6$）</td><td>6 300</td></tr>
<tr><td>HFC－245ca（$C_3H_3F_5$）</td><td>560</td></tr>
<tr><td rowspan="8">全氟化碳（PFCs）</td><td>全氟甲烷（CF_4）</td><td>6 500</td></tr>
<tr><td>全氟乙烷（C_2F_6）</td><td>9 200</td></tr>
<tr><td>全氟丙烷（C_3F_8）</td><td>7 000</td></tr>
<tr><td>全氟丁烷（C_4F_{10}）</td><td>7 000</td></tr>
<tr><td>全氟环乙烷（c－C_4F_8）</td><td>8 700</td></tr>
<tr><td>全氟戊烷（C_5F_{12}）</td><td>7 500</td></tr>
<tr><td>全氟己烷（C_6F_{14}）</td><td>7 400</td></tr>
<tr><td>六氟化硫（SF_6）</td><td>23 900</td></tr>
<tr><td rowspan="2">氢氟醚类化合物（HFE_S）</td><td>HFE－7100（$C_4F_9OCH_3$）</td><td>500</td></tr>
<tr><td>HFE－7200（$C_4F_9OC_2H_5$）</td><td>100</td></tr>
</table>

1）每种温室气体的直接排放量；

2）温室气体清除量；

3）能源间接温室气体排放量；

4）其他间接温室气体排放量；

5）生物质燃烧产生的二氧化碳直接排放量。

（6）如果组织认为有必要，应分别按设备和组织两个层面将上述五个方面外的其他类型的温室气体排放和清除形成文件。

标准条文

5.2　组织在 GHG 减排和增加清除方面的活动

5.2.1　直接行动

组织可策划并实施减少 GHG 排放或增加 GHG 清除的直接行动。

组织可对直接行动所实现的排放或清除的变化予以量化。直接行动导致的排放或清除的变化通常反映在组织的 GHG 清单中，但也可能引起温室气体清单边界以外的 GHG 排放或清除的变化。

如果进行了上述量化，组织宜针对直接行动形成文件。

如果编制报告，组织应将直接行动及其产生的 GHG 排放或清除的变化分别写入报告，并说明下列情况：

a）对直接行动的说明；

b）直接行动的空间和时间范围；

c）GHG 排放和清除的量化方法；

d）对直接行动所产生的 GHG 排放或清除的变化的确定，以及它们属于何种排放或清除（直接、间接、其他类型）。

例：直接行动可包括下列类型：

——对能源需求和使用的管理；

——提高能效；

——技术或工艺改进；

——GHG 的捕获和贮存（通常是贮存到 GHG 库）；

——对运输和交通的管理；

——燃料转换或替代；

——植树造林。

理解要点

（1）直接行动是由组织实施的，旨在减少或防止直接或间接的温室气体排放，或增加温室气体清除，但未按温室气体项目来组织的具体活动或主动行为。直接行动可以是持续进行的，也可以是间断性的。

（2）组织在温室气体减排和增加清除方面的活动包括直接行动和通过温室气体减排和清除项目来开展。

（3）组织可策划并实施减少温室气体排放或增加温室清除的直接行动，并形成文件。如：对能源需求和使用的管理、提高能源使用效率、对生产技术或工艺实施改进；开展温室气体的捕获和贮存、对运输和交通实施有效管理、实施燃料转换或替代、开展植树造林工作。

（4）组织可对直接行动所实现的排放或清除的变化予以量化，并收入组织的温室气体清单。

（5）组织开展的温室气体减排和增加清除方面的活动也可能引起温室气体清单边界以外的 GHG 排放或清除的变化。

（6）如果组织编制有关温室气体减排和增加清除的报告，组织应将直接行动及其产生的温室气体排放或清除的变化分别写入该报告中，并对下列情况予以说明：

1）所采取的直接行动是什么；

2）直接行动涉及的空间范围和时间范围；

3）采取的温室气体排放和清除的量化方法是什么；

4）对直接行动所产生的温室气体排放或清除的变化进行确定，以及它们属于何种类型排放或清除（直接、间接、其他类型）。

标准条文

5.2.2 GHG 减排或增加清除项目

如果组织的报告中包含由 GHG 项目产生或购入的 GHG 减排或清除增加，其量化采用了类似 ISO 14064－2 所提供的方法，则应将这些减排或清除增加按不同的 GHG 项目分别列出。

理解要点

（1）温室气体项目是指改变基准线情景中的状况，实现温室气体减排和清除增加的一个或多个活动。

（2）通过温室气体减排或增加清除项目是组织在温室气体减排和增加清除方面的活动的一种形式。

（3）如果组织的有关温室气体减排和增加清除的报告中包含了由于温室气体项目产生和通过碳排放交易购入的温室气体减排和清除的增加，其温室气体量化的方法采用了类似 ISO 14064－2 中 5.7 和 5.8 所提供的方法，那么，组织应将这些减排或清除增加按不同的温室气体项目分别在报告中列出。

标准条文

5.3 基准年 GHG 清单

5.3.1 选择并确定基准年

组织应规定 GHG 排放和清除的历史基准年，以便提供参照、实现 GHG 方案的要求或满足 GHG 清单的其他预定用途。

如果不能得到足够的关于 GHG 排放和清除的历史信息，可将编制第一份 GHG 清单的时间规定为基准年。

在建立基准年时，组织应

a）使用有代表性的组织活动数据（一般可以是典型年的数据，或多年平均值或移动平均值），对基准年的 GHG 排放和清除进行量化；

b）选择具有可核查的 GHG 排放和清除数据的基准年；

c）对基准年的选择作出解释；

d）根据本标准的要求编制基准年的 GHG 清单。

组织可对基准年进行变更，但应对其中的任何改变作出解释。

理解要点

（1）基准年是用来将不同时期的温室气体排放或清除，或其他温室气体相关信息进行参照比较的特定历史时段。基准年排放或清除的量化可以基于一个特定时期（例如一年）内的值，也可以基于若干个时期（例如若干个年份）的平均值。

（2）选择和确定基准年的目的：

1）提供参照；

2）实现温室气体方案的要求；

3）满足温室气体清单的其他预定用途。

（3）建立基准年要考虑的因素：

1）使用有代表性的组织活动数据（一般可以是典型年的数据，或多年平均值或移动平均值），对基准年的温室气体排放和清除进行量化；

2）选择具有可核查的温室气体排放和清除数据的基准年；

3）如果不能得到足够的关于温室气体排放和清除的历史信息，可将编制第一份温室气体清单的时间规定为基准年。

（4）对基准年的管理：

1）对基准年的选择作出解释；

2）根据本标准的要求编制基准年的温室气体清单；

3）当组织对基准年进行变更时应对其中的任何改变作出解释。

标准条文

5.3.2 重新计算 GHG 清单

当出现下列情况时，组织应制定、应用基准年 GHG 清单重新计算程序并形成文件：

a）运行边界发生变化；

b）GHG 源或汇的所有权或控制权发生转移（进入或移出组织边界）；

c）GHG 量化方法变更，从而使已量化的 GHG 排放或清除产生重大变化。

当设施生产层次上（例如设施的启动和关闭）发生变化时，不应对基准年的 GHG 清单进行重新计算。

组织宜在后续的 GHG 清单中将基准年的重新计算形成文件。

理解要点

（1）本条款规定了需要重新计算基准年温室气体清单的三种情况，即：

1）组织的运行边界发生了变化；

2）温室气体源或汇的所有权或控制权发生了转移（进入或移出组织边界）；

3）温室气体量化方法发生了变更，从而使已量化的温室气体排放或清除产生重大变化。

（2）当设施层次上（例如设施的启动和关闭）发生变化时，不应对基准年的 GHG 清单进行重新计算。

（3）本条款还要求组织制定《基准年温室气体重新计算程序》。

（4）当发生变化后，建议组织在后续的温室气体清单中将基准年的重新计算形成文件。

标准条文

5.4 评估和减少不确定性

组织宜对 GHG 排放和清除的不确定性，包括与排放因子和清除因子有关的不确定性，进行评估并形成文件。

组织进行不确定性评价时可采用参考文献［5］所提供的原则和方法。

理解要点

标准建议组织对温室气体排放和清除的不确定性，包括与排放因子和清除因子有关的不确定性进行评估并形成文件。

标准条文

6 GHG 清单的质量管理

6.1 GHG 信息管理

6.1.1 组织应建立并保持 GHG 信息管理程序，这些程序应

a）确保符合本标准规定的原则；

b）确保与 GHG 清单的预定用途相符；

c）提供常规、配套的检查以确保 GHG 清单的准确性与完整性；

d）识别并处理误差与遗漏；

e）将有关 GHG 清单的记录，包括信息管理活动形成文件并存档。

理解要点

（1）本标准有关温室气体的质量管理包括温室气体信息管理和文件与记录的管理。

（2）标准要求组织建立并保持《温室气体信息管理程序》，制定这类程序的目的在于：

1）确保符合本标准规定的原则，即相关性、完整性、一致性、准确性和透明性；

2）确保与温室气体清单的预定用途相符；

3）提供常规、配套的检查以确保温室气体清单的准确性与完整性；

4）识别并处理误差与遗漏；

5）将有关温室气体清单的记录，包括信息管理活动形成文件并存档。

标准条文

6.1.2 组织的 GHG 信息管理程序宜包括下列内容：

a）确定和评估 GHG 清单编制人员的职责和权限；

b）确定、实施和评价 GHG 清单编制小组成员所需的培训；

c）确定和评审组织的边界；

d）确定和评审 GHG 源和汇；

e）选择和评审量化方法学，包括量化 GHG 活动数据，以及确定适合 GHG 清单的预定用途的排放因子和清除因子；

f）对量化方法学的应用进行评价，以确保其用于多个设施时具有一致性；

g）测量设备的使用、维护和校准（适用时）；

h）建立并保持一个有效的信息收集系统；

i）对准确性进行常规检查；

j）定期进行内部审核和技术评审；

k）定期进行评审，以寻求改进信息管理过程的机会。

理解要点

（1）温室气体信息体系是指用来建立、管理和保持温室气体信息的方针、过程和程序。

（2）本条款明确了温室气体信息管理程序应包括的11个方面的内容，可归纳为：

1）规定温室气体清单编制人员的职责和权限；

2）确定温室气体清单编制小组成员所需的培训内容并予以实施，在实施后要对培训效果进行评价；

3）确定和评审组织的边界；

4）确定和评审组织的温室气体源和汇；

5）选择和评审量化方法学，包括量化温室气体活动数据，以及确定适合温室气体清单的预定用途的排放因子和清除因子；对应用的量化方法学的效果进行评价，以确保其用于多个设施时具有一致性；

6）对用于监测温室气体排放和清除的监视测量设备的使用、维护和校准（适用时）；

7）建立并保持一个有效的信息收集系统，并对准确性进行常规检查；

8）定期进行内部审核和技术评审，以确保信息系统的符合性和有效性；

9）定期进行管理评审，以寻求改进信息管理过程的机会。

标准条文

6.2 文件和记录保管

组织应建立和保持用于文件和记录的保管程序。

组织应保存和维护用于GHG清单设计、编制和保持的文档，以便核查。该文档无论是纸质的、电子的还是其他格式的，均应按照文件和记录保管的信息管理程序的要求进行管理。

理解要点

（1）标准要求组织建立和保持《文件和记录保管程序》。

（2）无论文档以何种媒介体现，都应该按《文件和记录保管程序》的规定，对用于温室气体清单设计、编制和保持的文档进行保存和维护管理，以备必要时核查之用。

标准条文

> **7　GHG 报告**
>
> **7.1　概述**
>
> 组织宜编写 GHG 报告，以便核查 GHG 清单、参加某个 GHG 方案，或向内、外部用户提供信息。GHG 报告宜具有完整性、一致性、准确性、相关性和透明性。组织应根据其参加的 GHG 方案的要求，内部报告的需求和目标用户的需求，来确定 GHG 报告的预定用途、文本结构、公众可获得性和传播方式。
>
> 如果组织发布了公开的 GHG 声明，并宣称执行了本标准，则按本标准要求编写的报告，或第三方对该 GHG 声明所作的核查陈述应为公众所获取。如果组织的 GHG 声明经过了独立核查，则核查陈述应为目标用户所获取。

理解要点

（1）温室气体报告是用来向目标用户提供的有关组织或项目温室气体信息的专门文件。温室气体报告中可包括温室气体声明。

（2）目标用户是发布温室气体信息报告的组织所识别的依据该信息进行决策的个人或组织。目标用户可以是委托方、责任方、温室气体项目管理者、执法部门、金融机构或其他受影响的利益相关方（如当地社区、政府机构、非政府组织等）。

（3）委托方是要求进行审定或核查的组织。委托方可以是责任方、温室气体项目管理者或其他利益相关方。责任方是有责任提供温室气体声明和有关温室气体支持信息的人。责任方可以是个人，或一个组织或项目的代表，同时他们可以是雇用审定机构或核查机构的一方。审定机构或核查机构可以由委托方或其他有关方（如温室气体项目主管部门）雇用。

（4）温室气体声明是指责任方所作的宣言或实际客观的陈述。温室气体声明可以针对特定时间，或覆盖一个时间段。责任方作出的温室气体声明宜表述清晰，并使审定员或核查员能根据适用的准则进行一致的评价或测量。温室气体声明可通过温室气体报告或温室气体项目策划的形式提供。

（5）组织应当编写温室气体报告，其目的在于：

1）核查温室气体清单；

2）参加某个温室气体方案；

3）向内、外部用户提供信息。

（6）对报告的内容要求：

温室气体报告应符合本标准规定的五项原则的要求，即具有完整性、一致性、准确性、相关性和透明性。

（7）对报告的管理要求：

组织应根据其参加的温室气体方案的要求、内部报告的需求和目标用户的需求，来确定温室气体报告的预定用途、文本结构、公众可获得性和传播方式。

（8）报告信息的对外发布要求：

1）如果组织发布了公开的温室气体声明，并宣称执行了本标准，则必须让公众可以获取按本标准要求编写的报告或者是第三方对该温室气体声明所作的核查陈述的内容；

2）如果组织的温室气体声明经过了独立核查，那么目标用户应能获取核查陈述的相关内容。

标准条文

7.2　GHG 报告的策划

组织在策划 GHG 报告时宜考虑下列事项并将其形成文件：

a）报告的宗旨和目的（符合组织的 GHG 方针、战略或规划及其所参加的 GHG 方案）；

b）报告的预定用途和目标用户；

c）起草完成报告的总体和具体职责；

d）报告的频次；

e）报告的有效期；

f）报告格式；

g）报告中包含的数据和信息；

h）报告的可获得性和传播方式。

理解要点

（1）本条款明确了组织在策划温室气体报告内容及对报告的管理和使用时要考虑的因素，并要求组织对报告策划的管理形成文件。

（2）在策划温室气体报告内容及对报告的管理和使用时要考虑的因素有：

1）报告的宗旨和目的（符合组织的温室气体方针、战略或规划及其所参加的温室气体方案）；

2）温室气体报告的预定用途和目标用户；

3）起草完成温室气体报告的总体和具体职责；

4）实施报告活动的频次；

5）温室气体报告的有效期；

6）温室气体报告格式；

7）温室气体报告中包含的数据和信息；

8）温室气体报告的可获得性和传播方式。

标准条文

7.3　GHG 报告的内容

7.3.1　组织的 GHG 报告中应阐述组织的 GHG 清单，并包括下列内容：

a）所报告组织的描述；

b）责任人；

c）报告所覆盖的时间段；

d）对组织边界的文件说明（4.1）；

e）针对每种 GHG 的直接 GHG 排放进行量化，并将其结果折合为二氧化碳当量的吨数（4.2.2）；

f）说明在 GHG 清单中如何处理生物质燃烧所产生的二氧化碳（4.2.2）；

g）如对 GHG 清除进行量化，以二氧化碳当量的吨数为单位（4.2.2）；

h）对量化中任何 GHG 源或汇的排除作出解释（4.3.1）；

i）与外部输入的电力、热力或蒸汽的生产有关的能源间接排放的单独量化，以二氧化碳当量的吨数为单位（4.2.3）；

j）所选择的历史基准年和基准年的 GHG 清单（5.3.1）；

k）对基准年或其他 GHG 数据的任何变更，或基准年或过去的 GHG 清单的重新计算作出解释（5.3.2）；

l）阐明量化方法学的选择及选择该方法的理由，或指明有关的参考资料（4.3.3）；

m）对量化方法学的任何变化，在使用之前加以说明（4.3.3）；

n）所采用的 GHG 排放或清除因子的文件或参考资料（4.3.5）；

o）说明 GHG 排放和清除数据准确性方面的不确定性的影响（5.4）；

p）说明 GHG 报告的编写符合本标准的要求；

q）关于 GHG 清单、报告或声明是否经过核查，以及核查的类型和保证等级的说明。

理解要点

本条款给出了温室气体报告的内容要求，温室气体报告中要阐明组织的温室气体清单，说明温室气体报告的编写符合本标准的要求；并包括 17 个方面的内容，归纳如下：

（1）组织的基本信息描述及责任人；

（2）报告所覆盖的时间段及对组织边界的文件说明；

（3）针对每种温室气体的直接温室气体排放进行量化，并将其结果折合为二氧化碳当量的吨数；

（4）说明在温室气体清单中如何处理生物质燃烧所产生的二氧化碳；

（5）如对温室气体清除进行量化，以二氧化碳当量的吨数为单位；

（6）对量化中任何温室气体源或汇的排除作出解释；

（7）与外部输入的电力、热力或蒸汽的生产有关的能源间接排放的单独量化，以二氧化碳当量的吨数为单位；

（8）所选择的历史基准年和基准年的温室气体清单；对基准年或其他温室气体数据的任何变更，或基准年或过去的温室气体清单的重新计算作出解释；

（9）阐明量化方法学的选择及选择该方法的理由，或指明有关的参考资料；对量化方法学的任何变化，在使用之前加以说明；

（10）所采用的温室气体排放或清除因子的文件或参考资料；

（11）说明温室气体排放和清除数据准确性方面的不确定性的影响；

（12）关于温室气体清单、报告或声明是否经过核查，以及核查的类型和保证等级的说明。

标准条文

7.3.2 组织宜考虑在 GHG 清单中包含下列内容：

a）对组织 GHG 方针、战略和方案的说明；

b）如对燃烧生物质产生的二氧化碳排放进行量化，要和其他量化分开，并以二氧化碳当量的吨数表示；

c）适当时，对直接行动及其引起的排放和清除的变化，包括在组织边界外的变化加以说明，以二氧化碳当量的吨数表示（5.2.1）；

d）适当时，量化购入的或由 GHG 项目产生的 GHG 减排和增加清除（5.2.2），以二氧化碳当量的吨数表示；

e）适当时，对适用的 GHG 方案要求加以说明；

f）分设施的 GHG 排放或清除；

g）如对其他间接 GHG 排放进行量化，以二氧化碳当量的吨数表示（4.2.4）；

h）对不确定性评价，包括管理和减少不确定性的方法，及其结果的说明（5.4）；

i）列出并说明其他有关指标，如效率或 GHG 排放强度比（单位产量的排放）（见参考文献［4］）；

j）适当时参照内、外部标杆进行绩效评价；

k）对 GHG 信息管理和监测程序的说明（6.1）。

理解要点

（1）不确定性是指与量化结果相关的、表征数值偏差的参数。上述数值偏差可合理地归因于所量化的数据集。不确定性信息一般要给出对可能发生的数值偏离的定量估算，并对可能引起差异的原因进行定性的描述。

（2）本条款对温室气体清单的内容提出了要求，包括以下 11 个方面的内容：

1）对组织有关温室气体的方针、战略和方案进行说明；

2）对燃烧生物质产生的二氧化碳排放进行单独量化，并以二氧化碳当量的吨数表示；

3）如果组织在温室气体减排和增加清除方面采取过直接行动，则要对直接行动及其引起的排放和清除的变化，包括在组织边界外的变化加以说明，以二氧化碳当量的吨数表示；

4）如果组织在温室气体减排和增加清除方面采取了温室气体项目，则要量化购入的或由温室气体项目产生的温室气体减排和增加清除，以二氧化碳当量的吨数表示；

5）适当时，对适用的温室气体方案要求加以说明；

6）对分设施的温室气体排放或清除进行说明；

7）如对其他间接温室气体排放进行量化，以二氧化碳当量的吨数表示；

8）对不确定性评价，包括管理和减少不确定性的方法及其结果的说明；

9）列出并说明其他有关指标，如单位产量的温室气体排放量；

10）适当时，参照内、外部标杆的温室气体管理指标进行绩效评价；

11）对温室气体信息管理和监测程序进行说明。

标准条文

> **8　组织在核查活动中的作用**
>
> **8.1　概述**
>
> 核查的总体目的是公正客观地评审所报告的 GHG 排放和清除，或根据 ISO 14064－3 的要求所作的 GHG 声明。组织宜定期：
>
> a）根据 8.2 和 8.3 的要求对核查进行准备和策划；
>
> b）根据 GHG 清单目标用户的要求，并考虑到适用的 GHG 方案的有关要求，确定适宜的保证等级；
>
> c）根据目标用户的需要和 ISO 14064－3 的原则和要求实施核查。

理解要点

（1）描述了组织在温室气体核查中的作用，包括定期对核查进行准备和策划、确定保证等级和实施核查。

（2）目标用户是指发布 GHG 信息报告的组织所识别的依据该信息进行决策的个人或组织。目标用户可以是委托方、责任方、GHG 项目管理者、执法部门、金融机构或其他受影响的利益相关方（如当地社区、政府机构、非政府组织等）。

（3）保证等级是指目标用户要求审定或核查达到的保证程度。保证等级是用来确定审定员或核查员设计审定核查计划的细节深度，从而确定是否存在实质性偏差、遗漏或错误解释。保证等级可分为两类，即合理保证等级和有限保证等级。不同的保证等级，其审定或核查陈述的措辞也有区别。

（4）实质性偏差是指温室气体声明中可能影响目标用户决策的一个或若干个累积的实际错误、遗漏和错误解释。

（5）核查是指根据约定的核查准则对温室气体声明进行系统的、独立的评价，并形成文件的过程。在某些情况下（例如进行第一方核查），独立性可体现在不承担收集温室气体数据和信息的责任。

（6）核查的总体目的是公正客观地评审所报告的温室气体排放和清除，或根据 ISO 14064－3 的要求所作的温室气体声明。

标准条文

> **8.2　核查准备**
>
> 在进行核查准备时，组织宜：
>
> a）规定核查的范围和目的；
>
> b）适宜时，评审本标准的要求；
>
> c）评审本组织或 GHG 方案的适用核查要求；
>
> d）确定要达到的保证等级；
>
> e）就核查目的、范围、实质性和准则与核查机构达成共识；
>
> f）确保明确地规定了与此有关的人员作用和职责，并传达到位；
>
> g）确保组织的 GHG 信息、数据和记录齐全并可查找；

h）确保核查机构的能力和资质；

i）考虑核查陈述的内容。

理解要点

（1）核查陈述向目标用户出具的为责任方温室气体声明提供保证的正式书面声明。审定机构或核查机构所作的声明可涵盖温室气体排放、清除、减排或清除增加。

（2）本条款说明了核查准备要做的9项工作，包括：

1）规定核查的范围和目的；

2）适宜时，评审本标准的要求；

3）评审本组织或温室气体方案的适用核查要求；

4）确定目标用户要达到的保证等级；

5）就核查的目的、范围、实质性和准则与核查机构达成共识；

6）确保明确地规定了与此有关的人员作用和职责，并传达到位；

7）确保组织的温室气体信息、数据和记录齐全并可以查找；

8）确保所选择的核查机构是具备相应能力和资质的机构；

9）考虑核查陈述所要表达的内容。

标准条文

8.3 核查管理

8.3.1 组织的核查计划

组织宜制定并实施核查计划。核查计划包括下列内容：

a）和核查机构商定的核查过程、范围、准则、保证等级和核查活动；

b）实施和保持计划的作用和责任；

c）取得预定结果所需的资源；

d）数据抽样和保管程序；

e）对所需文件和记录的维护；

f）对计划的监控和评审过程；

g）指定具备能力的核查员。

理解要点

（1）核查准则是指在对证据进行比较时作为参照的方针、程序或要求。核查准则可以是政府部门、温室气体方案、自愿报告行动、标准或良好操作指南等规定的。

（2）核查管理包括制定核查计划、对核查过程进行控制、选择具备能力的核查人员、报告核查活动。

（3）在实施核查前组织要制定核查计划，核查过程要按计划实施。

（4）核查计划的内容包括以下七个方面的内容：

1）和选定的具备资质的核查机构商定的核查过程、范围、准则、保证等级和核查活动；

2）明确实施和保持计划的作用和责任；

3）说明取得预定结果所需的资源；

4）规定数据抽样和保管的程序；

5）对所需文件和记录的维护提出要求；

6）明确对计划的监控和评审过程；

7）指定具备能力的核查员。

标准条文

8.3.2　核查过程

组织的核查活动宜包括：

a）就范围、目的、准则和保证等级与核查机构达成协议；

b）对数据抽样和保管程序进行评价；

c）根据准则对核查陈述进行内部评价；

d）核查报告。

理解要点

核查过程包括以下内容：

（1）就核查的范围、目的、准则和保证等级与选定的核查机构达成协议；

（2）对数据抽样和保管程序进行评价；

（3）根据核查准则对核查陈述进行内部评价；

（4）编制核查报告。

标准条文

8.3.3　核查员的能力

组织宜确保所有介入核查过程的人员：

a）了解 GHG 管理事务；

b）熟悉他们所核查的运行和过程；

c）具备开展核查的必要专业技术知识；

d）熟悉本标准的内容和目的。

组织宜确保核查机构具备 ISO 14065 中所规定的适宜的能力。

组织宜选择与所核查的运行无行政隶属关系的人员进行核查，以确保核查过程的客观性和公正性。

理解要点

（1）由具备相关能力的核查员（或核查机构）独立完成核查并报告其过程。

（2）本条款对核查机构、核查人员的能力提出了要求，并从公正性方面提出了要求。

（3）对所有介入核查过程的人员的能力要求：

1）了解温室气体管理事务；

2）熟悉所核查的运行和过程；

3）具备开展核查的必要专业技术知识；

4）熟悉本标准的内容和目的。

（4）核查机构的能力要符合 ISO 14065：2007 中第 6 章所规定的能力要求。

（5）公正性要求：宜选择与所核查的运行无行政隶属关系的人员进行核查。

标准条文

8.3.4　核查陈述

组织宜要求核查机构提供核查陈述，其中至少包括下列内容：

a）对核查活动的目的、范围和准则的说明；

b）对保证等级的说明；

c）核查组的结论，注明限定条件和局限性。

注： ISO 14064－3 的附录 A 提供了关于合理保证等级和最低限度保证等级的核查声明的例子。

理解要点

（1）核查结束后，组织应要求核查机构提供核查陈述。

（2）核查陈述的内容包括：

1）对核查活动的目的、范围和核查准则的说明；

2）对保证等级的说明；

3）核查组的结论，注明限定条件和局限性。

二、应用

组织应用 ISO 14064 组织内部的温室气体盘查可以经由图 3－1 所示的典型步骤。

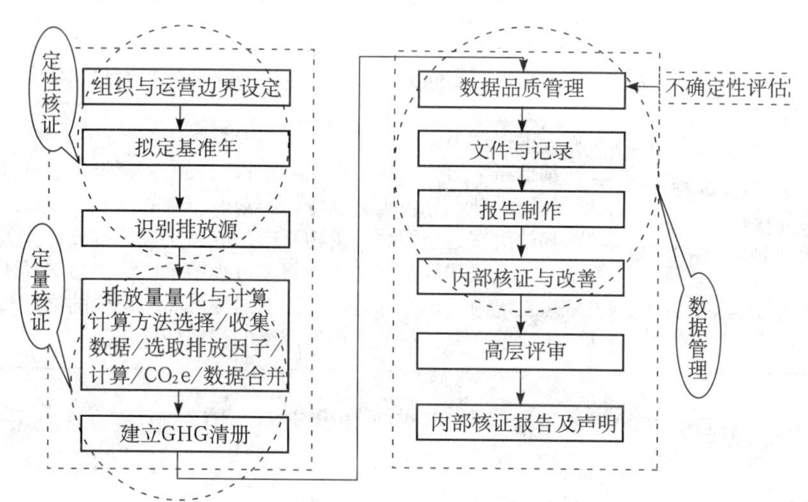

图 3－1　依据 ISO 14064－1 实施 GHG 盘查的步骤

1. 设定组织边界

组织开展温室气体核查的第一步是设定组织边界，按不同的组织边界设定的方法会得到不同的排放量。标准给出了设定组织边界的两种方法：

（1）控制权法：组织对财务或运营所控制的设施，负责所有量化的温室气体排放与/或清除；

（2）股权比例法：组织依比例负责个别设施的温室气体排放量与/或清除量。

当一个集团公司的组织结构较为复杂时，使用股权比例法可以清楚地按法律和经济原则界定排放量的比例；而使用控制权法则可以清楚界定组织拥有或管理的设施。当使用控制权法时应清楚界定是按运营控制权还是财务控制权来汇总其温室气体排放。

为了清楚地展示两种组织边界的汇总原则，可以用下面的简单案例来表示。

案例　集团公司温室气体排放量计算

某集团拥有A、B、C三个公司，排放量均为100t，拥有股份分别为100%、50%和30%，对A公司和B公司拥有全部运营控制权，对C公司不享有运营控制权。则按股权比例法，该集团的总GHG排放量为：A公司排放量×100%+B公司排放量×50%+C公司排放量×30%=100+50+30=180t。按运营控制权法，该集团的总GHG排放量为：A公司排放量+B公司排放量=100+100=200 t。

2. 设定运营边界

当进行温室气体盘查的组织边界设定后，接着要进行运营边界的确定，运营边界的设定分为三个范畴（如表3-2所示）。

表3-2　运营边界的三个范畴

范畴	涉及的排放
直接排放和减除 （第一范畴的排放——范围1）	1）在组织范围内的设施所产生出来的直接温室气体排放； 2）产生自公司拥有的，用以产生蒸汽、热力和电力的锅炉、熔炉、发电机所使用的燃料； 3）产生自公司拥有的，用以接载员工上下班和工作的车、船、飞机。
能源间直接排放 （第二范畴的排放——范围2）	1）组织所购入使用电力、热力和蒸汽所带来的间接温室气体排放； 2）产生自购买回来的电力、蒸汽和热力的燃料间接排放。
其他间接排放 （第三范畴的排放——范围3）	1）员工往返工作的旅程所产生的温室气体排放； 2）其他组织为公司运载产品、物料、人员、废物的运输排放； 3）外发活动、分包生产、特许经营所产生的温室气体排放； 4）其他组织为公司处理废物所产生的温室气体排放； 5）公司产品和服务在使用和报废过程中所产生的温室气体排放； 6）来自电力、热力和蒸汽的其他能源产品所产生的温室气体排放； 7）来自购入原材料的生产所产生的温室气体排放。

第一范畴和第二范畴的排放是必须进行识别和量化的，第三范畴的排放可依据组织参加温室气体管理方案和组织自身的管理目标不同，选择部分或全部项目进行核查，或者暂时不进行量化。

3. 设定基准年

为了比较和减量，在开始盘查时，组织应选择并设定基准年，完成基准年的盘查清单。基准年可以是历史上任何一个可以获得量化数据的年份或数年的历史平均值（如果不能获得历史数据，可以将开始盘查的第一年设为基准年）。基准年可以变更，并且在特殊情况下，组织还要考虑设定基准年的再计算程序，需要启动基准年再计算的情况包括：

1）运营边界的改变；

2）温室气体源或温室气体的所有权与控制权移入或清除组织边界；

3）温室气体量化方法改变，导致温室气体排放量或清除量产生显著改变。

4. 识别温室气体排放源

ISO 14064 规定了需要对 6 种温室气体进行盘查，包括二氧化碳（CO_2）、甲烷（CH_4）、氧化亚氮（N_2O）、氢氟碳化物（HFCs）、全氟碳化物（PFCs）和六氟化硫（SF_6）。组织需要在所确定的运营边界内进行排放源的调查和识别，可以参考表 3－3 所示的调查表来完成此项活动。

表 3－3　6 种温室气体排放源的识别

<table>
<tr><th rowspan="2">序号</th><th rowspan="2">工艺/活动</th><th rowspan="2">燃油锅炉</th><th rowspan="2">原燃物料</th><th rowspan="2">范围
1，2，3</th><th colspan="6">可能产生的温室气体种类</th><th rowspan="2">备注</th></tr>
<tr><th>CO_2</th><th>CH_4</th><th>N_2O</th><th>HFC_S</th><th>PFC_S</th><th>SF_6</th></tr>
<tr><td>1</td><td>锅炉供热</td><td>燃油锅炉</td><td>柴油</td><td>1</td><td>√</td><td>√</td><td>√</td><td></td><td></td><td></td><td></td></tr>
<tr><td>2</td><td>冷媒补充</td><td>制冷机</td><td>R134a</td><td>1</td><td></td><td></td><td></td><td>√</td><td></td><td></td><td></td></tr>
<tr><td>3</td><td>消防活动</td><td>灭火器</td><td>CO_2</td><td>1</td><td>√</td><td></td><td></td><td></td><td></td><td></td><td></td></tr>
<tr><td>4</td><td>电力消耗</td><td>用电设备</td><td>采购的电力</td><td>2</td><td>√</td><td>√</td><td>√</td><td></td><td></td><td></td><td></td></tr>
</table>

在进行温室气体排放源的识别时应选择熟悉组织设备设施、工艺反应和使用物料的人员来进行。

5. 量化计算温室气体

在完成排放源的定性调查后，就可以针对识别的排放源逐一进行量化计算，量化的方法有直接监测法、质量平衡法和排放系数法。前两种是相对精确的计算方案，但是需要安装精密的测量设备和复杂的数据采集系统，对很多中小型企业从成本和实际运作上都难以采用。目前非常好的是政府间气候变化专门委员会（IPCC）和《京都议定书》开发的通用和相关行业专用的排放系数的计算工具。

6. 建立温室气体清册

完成了所有排放源的计算方法选择和数据收集的后，组织可以设计表单（见表 3－4）来完成整个温室气体盘查清册。

表 3－4　温室气体清册表

<table>
<tr><td colspan="5" rowspan="2">范围</td><td>范围 1</td><td colspan="6">范围 2</td><td colspan="4">范围 3</td></tr>
<tr><td>A</td><td colspan="2">B－CO_2</td><td colspan="2">C－CH_4</td><td colspan="2">D－N_2O</td><td>E</td><td>F</td><td>G</td><td>H</td></tr>
<tr><td colspan="5">直接排放－固定燃料燃烧源</td><td>燃料燃烧量（以热量为单位）</td><td>默认排放因子</td><td>采用排放因子</td><td>默认排放因子</td><td>采用排放因子</td><td>默认排放因子</td><td>采用排放因子</td><td>CO_2 排放量（t）</td><td>CH_4 排放量（t）</td><td>N_2O 排放量（t）</td><td>总排放量 CO_2e（t）</td></tr>
<tr><td>工艺/活动</td><td>设备/设施</td><td>燃料名称</td><td>消耗量（单位）</td><td>燃料热值（单位）</td><td></td><td></td><td></td><td></td><td></td><td></td><td></td><td>E＝A×B</td><td>F＝A×C</td><td>G＝A×D</td><td>H＝E＋（F×GWP）＋（G×GWP）</td></tr>
<tr><td></td><td></td><td></td><td></td><td></td><td></td><td></td><td></td><td></td><td></td><td></td><td></td><td></td><td></td><td></td><td></td></tr>
<tr><td></td><td></td><td></td><td></td><td></td><td></td><td></td><td></td><td></td><td></td><td></td><td></td><td></td><td></td><td></td><td></td></tr>
<tr><td></td><td></td><td></td><td></td><td></td><td></td><td></td><td></td><td></td><td></td><td></td><td></td><td>CO_2</td><td>CH_4</td><td>N_2O</td><td>CO_2e</td></tr>
<tr><td colspan="5">按 ISO 14064－1 计算</td><td colspan="7">第四步：GHG 总排放量</td><td></td><td></td><td></td><td></td></tr>
</table>

温室气体清单应包含：

（1）每种温室气体的直接温室气体排放量；

（2）温室气体清除量；

（3）能源间接温室气体排放量；

（4）其他间接温室气体排放量；

（5）源自生物质燃烧的直接 CO_2 排放量。

因为 EXCEL 软件有非常强大的计算功能，所以可用以完成温室气体盘查清单。

7. 数据和信息的质量管理

为保证盘查过程和数据信息能够满足相关性、完整性、一致性、准确性和透明度的原则，组织需要建立温室气体信息管理程序和文件与记录管理程序，在程序中应规定数据处理、文件化与排放的计算、适当的检查、文件和记录保存的要求。相应的做法如下：

（1）设定温室气体的盘查小组并对人员进行适当培训；

（2）制定管理程序：针对质量管理的目的并参照现有的作业程序，制定一套包含完整核查作业流程单元的操作方案，为确保精确度的要求，管理程序应包含一般与特定排放源数据检查；

（3）实施一般性检查：针对数据收集/输入/处理作业，在数据建档及计算过程中，对易导致误差产生的一般性错误，进行严格的检查；

（4）进行特定性检查：针对核查边界的适当性、重新计算作业、特定排放源输入数据的过程及可能造成数据不确定性主要原因的定性说明等特定范畴，进行更严谨的检查。

8. 温室气体报告书

组织应当准备温室气体报告，以便于温室气体清单的核查、温室气体方案的参与或通知外部及内部的使用者。温室气体报告应当完整、一致、准确、相关及透明化。组织应当根据适用的温室气体方案、内部报告需求、报告的预期使用者需求的要求，决定温室气体报告的内容、架构、可公开性及传播方法。

报告的内容要符合标准 7.3.1 中规定的必须报告的 17 项内容：

（1）提出报告组织的描述；

（2）负责人员；

（3）报告的涵盖期；

（4）组织边界的文件化；

（5）直接温室气体排放量，对每一温室气体分别予以量化，以二氧化碳当量吨（CO_2et）表示；

（6）描述组织燃烧排放的二氧化碳在温室气体清册中如何处理；

（7）温室气体清除量量化时，以二氧化碳当量吨（CO_2et）量化；

（8）说明将任何温室气体源与温室气体汇排除于量化外的理由；

（9）输入电力、热力或蒸汽所产生相关的能源间接温室气体排放量，以二氧化碳当量吨（CO_2et）个别予以量化；

（10）选择的历史基准年与基准年的温室气体清册；

（11）说明有关基准年或其他过去温室气体数据的任何改变，以及基准年或其他过去温室气体清册的任何重新计算；

（12）量化方法包括其选择理由的参考或描述；

(13) 说明先前使用方法的任何改变的理由；

(14) 使用的温室气体排放或清除因子的参考资料或文件；

(15) 描述温室气体排放量与清除量数据准确性的不确定性的冲击；

(16) 温室气体报告已依据 ISO 14064－1 标准准备完成的声明；

(17) 描述温室气体清册、报告或声明是否经过核查的声明，包括核查类型与取得的保证等级。

标准 7.3.2 中还规定了可以选择报告的 12 项内容。

若组织作出宣称遵照本标准的公开性温室气体声明时，则该组织应对大众公开依据本标准所准备的温室气体报告，或是与温室气体声明相关的独立第三方核查声明。

9. 内部和外部核查

核查的整体目的是对报告的温室气体排放量与清除量或温室气体声明，依据 ISO 14064－3 的要求事项，进行公正与客观的评审。标准规定了核查的准备、策划、过程管理、人员能力的要求及核查声明的要求。本过程应预期使用者或所参与的温室气体管理项目的要求，组织可能需要申请独立的第三方核查。

组织须要求核查者提出声明，至少包括：

(1) 核查活动的目标、适用范围及准则的描述；

(2) 保证等级的描述；

(3) 核查者的结论，并指出任何合格或限制事项；

(4) “合理”与“有限”两种保证等级的核查声明范例按 ISO 14064－3：2006 的附录 A 的要求确定。

第三节 ISO 14064－2：2006 的理解与应用

一、标准条文理解

标准条文

> **1 范围**
>
> 本标准规定了项目层次上对 GHG 减排或清除增加活动进行量化、监测和报告的原则和要求及指南。
>
> 这些要求包括对 GHG 项目的策划；识别和选择与项目及基准线情景有关的 GHG 源、汇和库；监测、量化、形成文件并报告 GHG 项目绩效和管理数据质量的要求。
>
> ISO 14064 对 GHG 方案无倾向性。适用 GHG 方案的要求可作为 ISO 14064 的补充要求。
>
> **注：** 组织或 GHG 项目的实施者采用 ISO 14064 时，如果标准中的某项要求和其执行的 GHG 方案有冲突，后者的要求优先。

理解要点

(1) 说明了 ISO 14064－2 的内容，即规定了项目层次上对温室气体减排或清除增加活动进行量化、监测和报告的原则和要求及指南，包括以下四个方面：

1) 对温室气体项目的策划；

2）识别和选择与项目及基准线情景有关的温室气体源、汇和库；

3）监测、量化、形成文件并报告温室气体项目绩效；

4）管理数据质量的要求。

（2）说明了 ISO 14064 要求与温室气体方案的关系：一是本标准对温室气体方案没有倾向性；二是适用的具体的方案可作为标准的补充要求；三是当标准要求与温室气体方案有冲突时方案优先的原则。

标准条文

2 术语和定义

下列术语和定义适用于本标准。

2.1

温室气体 greenhouse gas（GHG）

大气层中自然存在的和由于人类活动产生的能够吸收和散发由地球表面、大气层和云层所产生的、波长在红外光谱内的辐射波的气态成分。

注： GHG 包括二氧化碳（CO_2）、甲烷（CH_4）、氧化亚氮（N_2O）、氢氟碳化物（HFCs）、全氟碳化物（PFCs）和六氟化硫（SF_6）。

2.2

GHG 源 greenhouse gas source

向大气中排放 GHG 的物理单元或过程。

2.3

GHG 汇 greenhouse gas sink

从大气中清除 GHG 的物理单元或过程。

2.4

GHG 库 greenhouse gas reservoir

生物圈、岩石圈或水圈中的物理单元或组成部分，它们有能力储存或收集 GHG 汇（2.3）从大气中清除的 GHG，或者直接从 GHG 源（2.2）捕获 GHG。

注 1： GHG 库在特定时间点的含碳量（以质量计）可称为 GHG 库的碳库存。

注 2： 一个 GHG 库可将其中的 GHG 转移到另一个 GHG 库。

注 3： GHG 捕获和贮存是指在 GHG 进入大气层以前从 GHG 源将其收集，并将收集的 GHG 贮存到 GHG 库。

2.5

GHG 排放 greenhouse gas emission

在特定的时段内释放到大气中的 GHG 总量（以质量单位计算）。

2.6

GHG 清除 greenhouse gas removal

在特定时段内从大气中清除的 GHG 总量（以质量单位计算）。

2.7

GHG 减排 greenhouse gas emission reduction

经计算得到的项目所产生的 GHG 排放与基准线情景（2.19）的排放量相比较的减少量。

2.8

GHG 增加清除（或 GHG 清除增加）greenhouse gas removal enhancement

经计算得到的项目所产生的 GHG 清除与基准线情景（2.19）的清除量相比较的增加量。

2.9

GHG 排放因子，GHG 清除因子 greenhouse gas emission factor，greenhouse gas removal factor

将活动数据与 GHG 排放或清除相关联的因子。

注：GHG 排放和 GHG 清除因子可包含氧化因素。

2.10

GHG 声明 greenhouse gas assertion

责任方所作的宣言或实际客观的陈述。

注 1：GHG 声明可以针对特定时间，或覆盖一个时间段。

注 2：责任方作出的 GHG 声明宜表述清晰，并使审定员（2.27）或核查员（2.29）能根据适用的准则进行一致的评价或测量。

注 3：GHG 声明可通过 GHG 报告（2.15）或 GHG 项目策划的形式提供。

2.11

GHG 信息体系 greenhouse gas information system

用来建立、管理和保持 GHG 信息的方针、过程和程序。

2.12

GHG 项目 greenhouse gas project

改变基准线情景（2.19）中的状况，实现 GHG 减排（2.7）和清除增加（2.8）的一个或多个活动。

2.13

GHG 项目建议方 greenhouse gas project proponent

对 GHG 项目（2.12）进行全面控制并负责任的个人或组织。

2.14

GHG 方案 greenhouse gas programme

组织或 GHG 项目（2.12）之外的，用来对 GHG 的排放、清除、减排（2.7）、清除增加（2.8）进行注册、计算或管理的，自愿的或强制性的国际、国家或以下层次的制度或计划。

2.15

GHG 报告 greenhouse gas report

用来向目标用户（2.22）提供关于组织或项目 GHG 信息的专门文件。

注：GHG 报告中可包括 GHG 声明（2.10）。

2.16

受影响的 GHG 源、汇、库 affected greenhouse gas source，sink or reservoir

由于项目活动而受到影响的 GHG 源、汇、库。这种影响是通过改变相关产品或服务的市场供求、或物理位移等方式而产生的。

注 1：关联的 GHG 源、汇、库（2.18）与项目存在实体上的联系，而受影响的源、汇、库仅通过市场供求变化与项目相联系。

注 2：受影响的源、汇、库通常在项目现场之外。

注 3：受影响的源、汇、库对 GHG 减排或清除增加的抵消称为泄漏。

2.17

受控制的 GHG 源、汇和库 controlled greenhouse gas source，sink or reservoir

其运行由 GHG 项目建议方（2.13）通过资金、政策、管理或其他手段予以掌握或影响的 GHG 源、汇、库。

注：受控制的源、汇、库通常在项目现场内。

2.18

关联的 GHG 源、汇和库 related greenhouse gas source，sink or reservoir

有物质或能量存在于、流入或流出项目的 GHG 源、汇、库。

注 1：关联的源、汇、库通常处于项目的上游或下游，并可能存在现场内或现场外。

注 2：关联的源、汇、库还可能包括项目中与设计、建设和关闭有关的活动。

2.19

基准线情景 baseline scenario

用来提供参照的，如果不实施 GHG 项目时最有可能发生的假定情景。

注：基准线情景的发生时间段和 GHG 项目同步。

2.20

全球变暖潜值 global warming potential（GWP）

将单位质量的某种 GHG 在给定时间段内辐射强度的影响与等量二氧化碳辐射强度影响相关联的系数。

注：附录 B 给出了政府间气候变化专门委员会提供的全球变暖潜值。

2.21

二氧化碳当量 carbon dioxide equivalent（CO_2e）

在辐射强度上与某种 GHG 质量相当的二氧化碳的量。

注 1：GHG 二氧化碳当量等于给定气体的质量乘以它的全球变暖潜值（2.20）。

注 2：附录 B 给出了政府间气候变化专门委员会所提供的全球变暖潜值。

2.22

目标用户 intended user

发布 GHG 信息报告的组织所识别的依据该信息进行决策的个人或组织。

注：目标用户可以是委托方、责任方、GHG 方案管理者、执法部门、金融机构或其他利益相关方（2.23）（如当地社区、政府机构、非政府组织等）。

2.23

利益相关方 stakeholder

因制定或实施 GHG 项目（2.12）而受到影响的个人或组织。

2.24

保证等级 level of assurance

目标用户（2.22）要求审定（2.26）或核查（2.28）达到的保证程度。

注1：保证等级是用来确定审定员或核查员设计审定核查计划的细节深度，从而确定是否存在实质性偏差、遗漏或错误解释。

注2：保证等级可分为两类，即合理保证等级和有限保证等级。不同的保证等级，其审定或核查陈述的措辞也有区别（关于审定陈述和核查陈述的例子，参见ISO 14064－3中的A.2.3.2）。

2.25

监测 monitoring

对GHG排放和清除或其他有关GHG的数据的连续的或周期性的评价。

2.26

审定 validation

根据约定的审定准则对一个GHG项目策划中GHG声明（2.10）进行系统的、独立的评价，并形成文件的过程。

注1：在某些情况下，例如进行第一方审定的情况下，独立性可体现在不承担收集GHG数据和信息的责任。

注2：5.2中对GHG项目策划的内容作了说明。

2.27

审定员 validator

负责进行审定并报告其结果的具备相关能力的独立人员。

注：本术语也用于从事审定的机构。

2.28

核查 verification

根据约定的核查准则对GHG声明（2.10）进行系统的、独立的评价，并形成文件的过程。

注：在某些情况下，例如进行第一方核查的情况下，独立性可体现在不承担收集GHG数据和信息的责任。

2.29

核查员（或核查机构）verifier

负责进行核查并报告其过程的具备相关能力的独立人员。

注：本术语也用于从事核查的机构。

2.30

不确定性 uncertainty

与量化结果相关的、表征数值偏差的参数。上述数值偏差可合理地归因于所量化的数据集。

注：不确定性信息一般要给出对可能发生的数值偏离的定量估算，并对可能引起差异的原因进行定性的描述。

理解要点

本条款给出了本标准中涉及的30个术语的定义。

标准条文

3 原则

3.1 概述

为了确保有关GHG信息的真实性并对其正确使用，应当遵守下列原则。它们既是应用本标准的指导原则，也是本标准所规定的要求的基础。

3.2 相关性

选择适当的GHG源、GHG汇、GHG库、数据和方法以适应目标用户的需求。

3.3 完整性

包括所有相关的GHG排放和清除。

3.4 一致性

能够对有关GHG信息进行有意义的比较。

3.5 准确性

尽可能减少偏差和不确定性。

3.6 透明性

发布充分适用的GHG信息，使目标用户能够在合理的置信度内作出决策。

3.7 保守性

使用保守的假定、数值和程序，以确保不高估GHG的减排和清除增加。

理解要点

（1）本条款给出了确保项目层面温室气体信息真实性应遵守的六项原则。即相关性、完整性、一致性、准确性、透明性和保守性。

1）在进行下列选择时要运用相关性原则：

a）选择GHG项目和基准线情景下的GHG源、汇、库；

b）选择GHG源、汇、库的量化、监测或估算程序；

c）选择基准线情景。

2）为了满足完整性原则，通常采取下列方式：

a）识别GHG项目及其基准线情景所控制的、关联的或受影响的所有GHG源、汇、库；

b）对不作定期监测的GHG源、汇、库进行估算；

c）保证所报告的所有与目标用户有关的GHG数据或信息都与该项目及其基准线情景、时段和报告的目的相适合；或

d）采用所处地理环境和时段中具有代表性的基准线情景。

3）为了满足一致性原则，通常采取下列方式：

a）多个项目采用同样的程序；

b）项目和基准线情景采用同样的程序；

c）采用功能相同的单元（即项目和基准线情景提供相同的功能）；

d）以同样的方式对备选的基准线情景进行试验和假定；或

e）确保专家判断（无论是内部还是外部的）在不同时间、对不同项目的运用上保持一致。

4）为了满足准确性原则，通常要求在进行估算和陈述时避免或消除对原信息的偏差，并尽可能提高精确度、减少不确定性。

5）为了满足透明性原则，通常要求：

a）对假定作出清晰明确的陈述并形成文件；

b）指明背景材料；

c）说明所有的计算和方法学；

d）标明文档中的所有变化；

e）信息的编辑和成文适用于独立审定和独立核查；

f）将所应用的原则（如选择基准线情景所依据的原则）形成文件；

g）将解释和论证（如对程序、方法学、参数、数据源、各种重要因子等的选择）形成文件；

h）将对所选择准则（如确定额外性的准则）的论证形成文件；

i）将假定、参考和方法学（同样可供他人用来取得所报告的数据）形成文件；

j）将项目外可能影响目标用户决策的因素形成文件。

6）为了满足保守性原则，通常采取下列方式：

a）在有关的地域范围和时段内，妥善选择不实施项目时的技术发展途径和实施进度；

b）在有关的地域范围和时段内，考虑项目对技术发展途径和实施进度的影响；

c）妥善选择反映影响项目 GHG 排放、清除、源、汇和库的参数；或

d）提供可靠的，基于接近事实的假定所取得的结果。

（2）说明了这六项原则在本标准中的地位和作用：

1）是应用本标准的指导原则；

2）是本标准所有规定要求的基础。

（3）这些原则用于保证对项目的温室气体减排和清除增加进行不偏颇的、可信的计算和合理的表示。有助于对要求的总体理解，尤其是在实现这些要求依赖于判断和决定的情况下有意义。

（4）可通过对目标用户在信息方面的决策或结论的影响程度，对相关性进行评价，相关性的实施可通过规定定性和（或）定量的准则来实现。例如可使用最低域值来判断小温室气体源的累积、选择量化方法或确定数据监测点的数量。采用相关性原则有助于降低温室气体项目的成本。不过在使用信息时，标准的使用者要有能力判断量化和报告在整体性方面是否具有合理的保证等级。

（5）如果在基准线情景中找不到可比较的温室气体源、汇或库，要使用适当的缺省值或假定值来代替，以确定基准线情景的排放和清除。在缺少上述直接根据的情况下，通常要靠专家判断，为温室气体项目计划和温室气体报告内容的编制和论证提供信息和指导。可使用适当的模型和转换因子，并对不确定性作出估算。同样的方法也常用于对温室气体排放项目的估算。

（6）一致性原则不排斥使用其他更准确的程序或方法，但宜对程序和方法的任何变更进行论证并明确形成文件。

（7）准确性和保守性是一对相互关联的原则。项目建议方将不确定性降低到可行的程度后，在此范围内进行取值，其结果是对温室气体的排放或清除的保守的估算。

（8）当确定基准线情景，以及对基准信息和温室气体项目的排放与清除进行量化依赖

于一些很不确定的参数或数据源时，就要应用保守性原则。具体地说，基准信息的保守性是建立在对途径、假定、方法、参数、数据源和重要因子进行选择，从而使对基准排放和清除作出偏低的估计而非过高估计的基础上，并根据接近事实的假定来维持可靠的结果。但使用保守性原则并不意味着在假定和方法的选择上要一味追求保守，宜在项目文档中说明假定和选择的保守程度。实行保守性原则常常是一个进行平衡的过程，例如对准确性、相关性和成本效益的平衡。所采用的方法准确性越差，就应用越保守的假定和方法学。

标准条文

4 GHG 项目简介

GHG 项目的流程包括两个阶段，即策划阶段和实施阶段。GHG 项目流程的步骤因项目的规模及其外部条件，如适用的法规、GHG 方案或标准等而不尽相同。本标准规定了对 GHG 项目的量化、监测和报告的要求，而实际上一个典型的 GHG 项目还可以包含更多的内容。图 2 表明了一个典型的 GHG 项目流程情况。

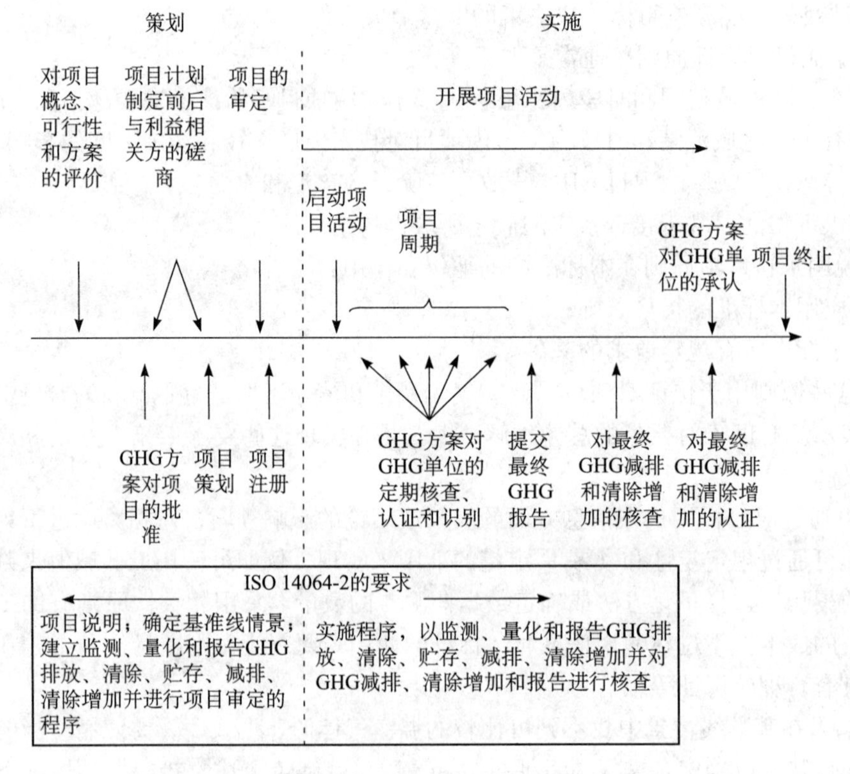

图 2 典型的 GHG 项目流程

注 1：并非所有 GHG 方案均要求本图中列出的全部内容。

注 2：GHG 单位是用来进行 GHG 核算的。在各种 GHG 项目中，共同的 GHG 单位包括经认证的减排单位（CER）、减排单位（ERU）、信用额和抵消额。GHG 单位通常以吨二氧化碳当量表示。

理解要点

（1）介绍了温室气体项目。

（2）温室气体项目的流程包括两个阶段，即策划阶段和实施阶段。

（3）温室气体项目流程的步骤因项目的规模及其外部条件，如适用的法规、温室气体方案或标准等而不尽相同。

（4）标准中图 2 给出了典型的温室气体项目的流程，但不是所有温室气体项目都必须包含图中的全部内容。

（**注**：标准中的图 1 在前言部分，与 ISO 14064 – 1 中的图 1 相同本标准中略去）。

标准条文

可由 GHG 项目建议方首先对项目概念进行识别，对项目进行设计并评估其可行性，与利益相关方进行磋商，并评价 GHG 方案的合格要求。必要时 GHG 项目建议方可向 GHG 方案或相关政府部门申请对项目接受的书面批准。

本标准规定了对策划阶段的要求，包括建立 GHG 项目和形成文件的要求。在策划中，项目建议方将完成下列工作：

——对项目作出说明；

——识别和选择与项目有关的 GHG 源、汇和库。

——确定基准线情景；

——制定用来量化、监测和报告 GHG 排放、清除、减排和增加清除的程序。

GHG 方案可以要求在 GHG 项目实施前对项目计划进行正式备案、审定并向社会发布。

本标准规定了对实施阶段的要求，包括如何选择和应用准则和程序，用于开展例行的数据质量管理，以及监测、量化和报告 GHG 排放、清除、减排和增加清除。GHG 项目的实施可以始于一项特定的活动（如建立、实施、引进或以其他方式启动运行的行动），止于一项特定的终结活动（如完成、中止、结束或以其他方式正式终结项目的行动）。提出报告的周期和频度取决于 GHG 项目和（或）GHG 方案的具体要求。可对照项目实施中监测和收集到的实际数据对所量化的 GHG 排放、清除、减排和清除增加进行核查。项目建议方可将核查过的减排和清除增加提交给 GHG 方案管理者，以便被承认为 GHG 方案框架内的 GHG 量。ISO 14064 中不包括对 GHG 单位（如信用额）的认证和承认方面的内容。

为了提供灵活性，使之广泛适用于各种类型和规模的 GHG 项目，本标准只规定了一些原则和对过程的要求，而未规定具体的准则和程序。因此图 3 中列举了有关法律法规、GHG 方案、良好操作和其他标准中所包含的更多的要求、准则和指南，它们对本标准的有效应用具有重要作用。

理解要点

（1）温室气体项目是指改变基准线情景中的状况，实现温室气体减排或清除增加的一个或多个活动。

（2）温室气体项目建议方是指对温室气体项目进行全面控制并负责任的个人或组织。

（3）温室气体方案是指组织或温室气体项目之外的，用来对 GHG 的排放、清除、减排、清除增加进行注册、计算或管理的，自愿的或强制性的国际、国家或以下层次的制度或计划。

（4）温室气体项目建议方对项目概念进行识别，包括：

1）对项目进行设计并评估其可行性；

2）与利益相关方进行磋商；

3）评价温室气体方案的合格要求；

4）必要时温室气体项目建议方可向温室气体方案或相关政府部门申请对项目接受的书面批准。

（5）明确了项目策划阶段，项目建议方应当完成的工作，包括：

1）对项目作出说明；

2）识别和选择与项目有关的温室气体源、汇和库；

3）确定基准线情景；

4）制定用来量化、监测和报告温室气体排放、清除、减排和增加清除的程序。

（6）标准明确了温室气体项目实施阶段要做的工作，包括：

1）如何选择和应用准则和程序，用于开展例行的数据质量管理，

2）监测、量化和报告 GHG 排放、清除、减排和增加清除。

（7）温室气体项目实施的周期：始于一项特定的活动，如建立、实施、引进或以其他方式启动运行的行动，止于一项特定的终结活动，如完成、中止、结束或以其他方式正式终结项目的行动。

（8）温室气体方案可以要求在温室气体项目实施前对项目计划进行正式备案、审定并向社会发布。

（9）对提出报告的要求：温室气体报告是用来向目标用户提供关于组织或项目温室气体信息的专门文件。报告中可包括温室气体声明。

提出报告的周期和频度取决于温室气体项目和（或）温室气体方案的具体要求。可对照项目实施中监测和收集到的实际数据对所量化的温室气体排放、清除、减排和清除增加进行核查。项目建议方可将核查过的减排和清除增加提交给温室气体方案管理者，以便被承认为温室气体方案框架内的温室气体量。

（10）本标准中不包括对温室气体单位（如信用额）的认证和承认方面的内容。

（11）本标准只规定了一些原则和对过程的要求，而未规定具体的准则和程序，体现了标准的广泛性、适用性和灵活性。

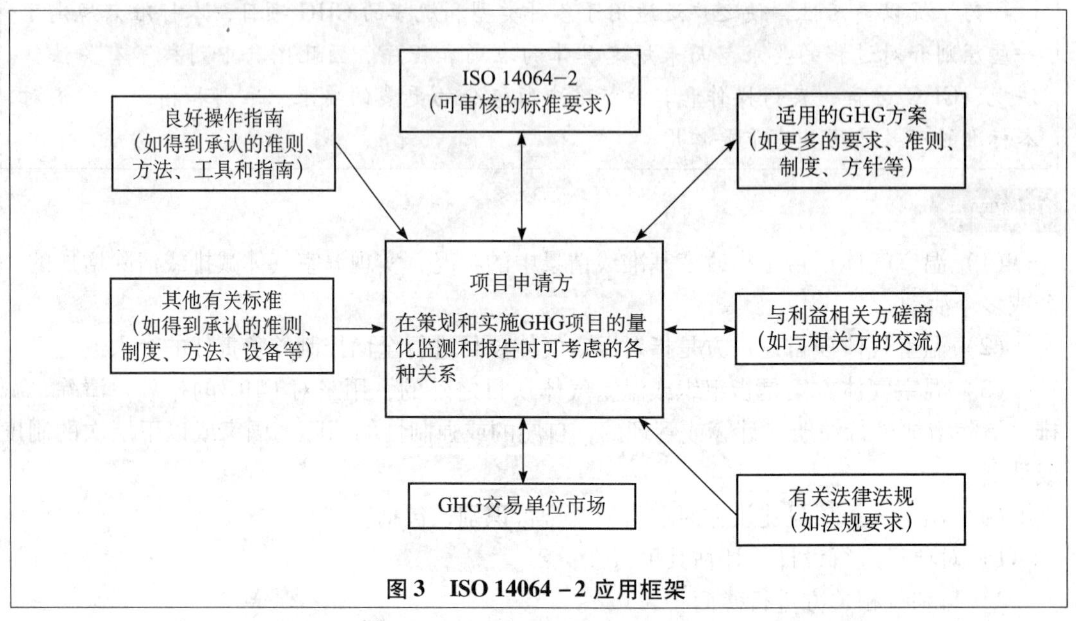

图 3　ISO 14064－2 应用框架

理解要点

标准中图 3 中列举了有关法律法规、温室气体方案、良好操作和其他标准中所包含的更多的要求、准则和指南，它们对本标准的有效应用具有重要作用。

图 4 表明了一个 GHG 项目的策划和实施阶段与本标准的联系。建议用户在应用本标准时要避免直线式的思维方式，而要综合地、关联往复地进行考虑。

图 4　策划要求与实施要求的联系

理解要点

（1）标准中图4给出了温室气体项目策划与实施阶段的活动与本标准条款的对应关系；在策划阶段主要是要按标准的要求进行选择或建立并应用准则和程序，在实施阶段主要是按标准要求应用准则和程序。

（2）在使用本标准时要综合进行考虑，避免直线思维。

标准条文

5 GHG项目要求

5.1 总要求

如果一个GHG项目属于某GHG方案，则项目建议方应确保其符合该方案的要求，包括用于认定资格或批准的准则、有关法律法规或其他要求。

为实现本章的各项要求，项目建议方应识别、考虑并应用有关的良好操作指南。如存在公认的准则和程序，项目建议方应将其作为良好操作指南加以应用。

在上述情况下，项目建议方如对其中的准则和程序有任何偏离，均应进行论证。

如果存在不止一个公认的良好操作指南，项目建议方应对其选择进行论证。

如果不存在适用的公认良好操作指南，为实现本标准的要求，项目实施者应自行建立准则和程序，并对其进行论证和应用。

理解要点

（1）具体描述了温室气体项目的要求，共13个方面。

（2）本条款是总体性的要求，包括：

1）温室气体项目与温室气体方案的的关系：

如果一个温室气体项目属于某温室气体方案，项目建议方应确保该项目符合该方案的所有相关要求，包括用于认定资格或批准的准则、有关法律法规或其他要求。

2）对良好操作指南的应用要求：

a）项目建议方应识别、考虑并应用有关的良好操作指南；

b）如存在公认的准则和程序，项目建议方应将其作为良好操作指南加以应用，当对其中的准则和程序有任何偏离时，项目建议方都要对偏离进行必要的论证；

c）如果有多个相关的公认的良好操作指南，项目建议方应对选择哪个良好操作指南进行事先必要的论证。

3）对没有公认的良好操作指南情况下的要求：为了满足本标准的要求，项目实施者应建立满足标准要求的准则和程序，并对其进行论证和应用。

标准条文

5.2 项目说明

项目实施者应在GHG项目计划中对项目及其实施环境进行描述。其中应包括下列内容：

a）项目的名称、意图和目标；

b）项目类型；

c）项目地点，提供能唯一指认并描绘其范围的地理信息和物理信息；

d）项目启动前的条件；

e）说明项目将怎样实现 GHG 减排和（或）增加清除；

f）项目的技术、产品、服务以及预期的活动水平；

g）项目可能产生的 GHG 减排和清除增加的累积（以二氧化碳当量的吨数表示）；

h）对可能给减排和清除增加带来重大影响的风险的识别；

i）项目建议方及其他参加者、有关执法部门和（或）项目所属的 GHG 方案的管理者的职责和联系方式；

j）与项目参加 GHG 方案的资格、减排和清除增加的量化有关的各种信息，包括法律、技术、经济、行业、社会、环境、地理、特定场所、时间等方面的信息；

k）环境影响评价概述（当法规或制度有此要求时）；

l）来自与利益相关方磋商的有关结果，以及保持交流的机制；

m）启动 GHG 项目活动的日期、终止 GHG 项目的日期、监测和报告的频度及项目周期，包括 GHG 项目流程每一活动步骤中的有关项目活动。

理解要点

本条款给出了项目计划中项目实施者对项目进行描述的以下 13 项内容要求。包括：

（1）项目的名称、意图和目标；

（2）项目类型；是减排还是清除增加；

（3）项目地点，用能唯一指认并描绘其范围的地理信息和物理信息，如给出省市街道门牌号、经纬度、特定的地理位置等；

（4）项目启动前的条件；

（5）说明项目实现温室气体减排和（或）增加清除的措施；

（6）项目的技术、产品、服务以及预期的活动水平；

（7）项目可能产生的温室气体减排和清除增加的累积量（以二氧化碳当量的吨数表示）；

（8）对可能给减排和清除增加带来重大影响的风险的识别；

（9）项目建议方及其他参加者、有关执法部门和（或）项目所属的温室气体方案的管理者的职责和联系方式；

（10）与项目参加温室气体方案的资格、减排和清除增加的量化有关的各种信息，包括法律、技术、经济、行业、社会、环境、地理、特定场所、时间等方面的信息；

（11）环境影响评价概述；

（12）来自与利益相关方磋商的有关结果，以及保持交流的机制；

（13）启动该项目活动的日期、终止该项目的日期、监测和报告的频度及项目周期，包括温室气体项目流程每一活动步骤中的有关项目活动的具体安排。

标准条文

5.3　与项目有关的源、汇和库的识别

项目建议方应选择或建立准则和程序，用于识别和评价由项目所控制、与项目有关或受项目影响的 GHG 源、汇、库。

项目建议方应根据所选择或建立的准则和程序，对 GHG 源、汇、库进行识别，以断定它们属于下面哪一种情况：

a）为项目建议方所控制；

b）与 GHG 项目有关；

c）受 GHG 项目的影响。

理解要点

（1）项目建议方应选择（当有良好操作指南时）或建立（当没有良好操作指南时）《温室气体源、汇和库识别和评价控制程序》；确定如何识别和评价由项目所控制、与项目有关或受项目影响的温室气体源、汇、库。

（2）受影响的温室气体源、汇、库是指由于项目活动而受到影响的温室气体源、汇、库。这种影响是通过改变相关产品或服务的市场供求、或物理位移等方式而产生的。

受控制的温室气体源、汇和库是指其运行由温室气体项目建议方通过资金、政策、管理或其他手段予以掌握或影响的温室气体源、汇、库。受控制的源、汇、库通常在项目现场内。

关联的温室气体源、汇和库是指有物质或能量存在于、流入或流出项目的温室气体源、汇、库。关联的源、汇、库通常处于项目的上游或下游，并可能存在现场内或现场外。关联的源、汇、库还可能包括项目中与设计、建设和关闭有关的活动。

关联的温室气体源、汇、库与项目存在实体上的联系，而受影响的源、汇、库仅通过市场供求变化与项目相联系。受影响的源、汇、库通常在项目现场之外。

（3）识别温室气体源、汇和库，并断定是以下哪一种情况：

1）为项目建议方所控制；

2）与温室气体项目有关；

3）受温室气体项目的影响。

（4）项目建议方要识别所有的受其控制的温室气体源和汇，以及那些和项目关联或受项目影响的温室气体源和汇。但对温室气体排放和清除的量化一般不可能把为数甚巨的所有温室气体源和汇都考虑进去，因此要根据一些准则，对那些不为项目所控制，但与项目有关的温室气体源和汇进行识别与选择。

（5）为了保证对项目和基准线进行适当的比较（以计算减排和清除增加），对所涉及的服务、产品或功能，一般要提供度量单位和功能当量。

（6）项目建议方还须对由于活动转移或市场转型而受到项目影响的温室气体源和汇所造成的温室气体排放和清除的变化（通常称之为“泄漏”）负责。例如一个提高能效的项目可能降低能源价格，同时引起能源需求的增长（即所谓反弹效应）。负泄漏指受项目影响的源和汇的温室气体排放增加、清除减少，正泄漏指受项目影响的源和汇的温室气体排放减少、清除增加。

（7）图 3－2 提供了一个决策过程的示例，以指导项目建议方对其温室气体源、汇和库进行考虑，以帮助，进而实现本标准中的部分要求，并形成文件。这种作法可用于识别和选择温室气体源、汇、库，以估算或定期监测和量化温室气体排放和清除。在此过程中项目建议方所采用的准则宜与 GHG 项目的原则、良好操作指南和适用的温室气体方案的规定，以及其他有关规定相符。项目建议方宜对所应用的程序（本例所推荐的方法或其他方法），以及程序中采用准则的选择进行论证。例如，准则可考虑温室气体项目原则与可行性及成本效益的平衡。在解释（或解答）某些决策准则时（如 GHG 源、汇、库是否通过流入或流出项目或基准线情景的能量与之相关联），项目建议方还宜对良好操作指南进行考虑。在这种情况下，项目建议方可考虑的内容包括提供适合其源、汇、库合并程度（例如针对单个锅炉和针对全部热力设备的差别）的现有方式（或方法）的良好操作指南、所依据的准则［例如输入材料的质量比（如助溶剂、催化剂等——超过总输入质量的5%）］或成本的百分比（例如产品或输出相当于项目价值的10%，因而宜加以考虑）。概括地说，决定是否对源、汇、库直接进行监测或估算的依据往往取决于监测成本与温室气体市场价格之间的比较。

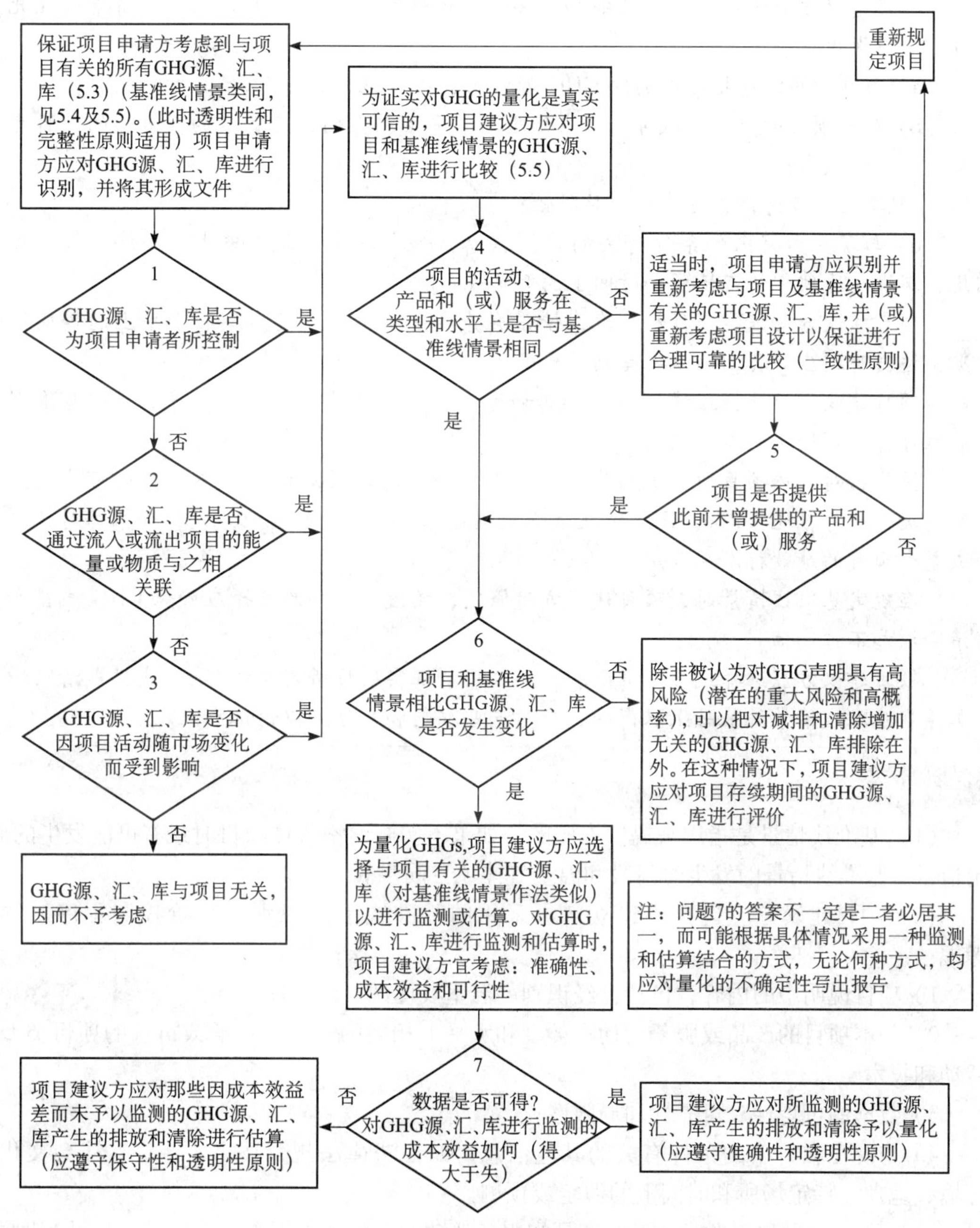

图3－2　温室气体源、汇、库的识别和选择示例

（8）通过对项目和基准线情景进行比较而确定不发生变化的温室气体源，不进行定期监测和量化，但可能须要作出论证。对于温室气体增加清除项目，如果项目建议方能够证实一个温室气体源和（或）汇在项目存续期间不是一个温室气体的净排放源，可不对其进行定期监测和量化。

标准条文

5.4　基准线情景的确定

项目建议方应选择或建立准则和程序，以识别和评价可采用的基准线情景。在此过程中应考虑下列因素：

a）项目说明，包括已识别的GHG源、汇、库（见5.3）；

b）与本项目的产品或服务活动在类型和水平上相当的，已存在的或可选的项目类型、活动和技术；

c）数据的可得性、可靠性和局限性；

d）与现在和将来的条件有关的其他信息，如在法律法规、技术、经济、社会文化、环境、地理、特定场所和时间上的假定或预测。

项目建议方应证实项目和基准线情景在产品和服务活动的类型和水平上的等同情况，适当时还应对其间的重要差别作出解释。

项目建议方应选择或建立用于识别和论证基准线情景的准则和程序，对这些准则和程序作出解释，并予以应用。

注：针对具体项目所确定的基准线情景，给出的是假定该项目不存在时可能发生的情况；此外，还可以由GHG方案来规定确定基准线情景的其他方式，如根据对标法或复合项目的绩效标准来确定。

在规定基准线情景时，项目建议方对假定、数值和程序的选择应确保GHG减排和清除增加不被高估。

项目建议方应选择或建立准则和程序，用来证实项目所实现的GHG减排或清除增加是在基准线情景的基础上取得的，应对这些准则和程序加以论证和应用。

理解要点

（1）基准线情景是指用来提供参照的，如果不实施温室气体项目时最有可能发生的假定情景。基准线情景的发生时间段和温室气体项目同步。

（2）项目建议方应选择或建立《可采用的基准线情景识别和评价控制程序》，并考虑：

1）项目说明中的内容，包括已经识别的温室气体源、汇、库；

2）与本项目的产品或服务活动在类型和水平上相当的、已存在的或可选的项目类型、活动和技术；

3）数据的可得性、可靠性和局限性；

4）与现在和将来的条件有关的其他信息，如在法律法规、技术、经济、社会文化、环境、地理、特定场所和时间上的假定或预测。

（3）证实项目和基准线情景在产品和服务活动的类型和水平上的等同情况，适当时还应对其间的重要差别作出解释。

（4）项目建议方应选择或建立《可采用的基准线情景识别和评价控制程序》，并作出解释和予以应用。针对具体项目所确定的基准线情景，给出的是假定该项目不存在时可能发生的情况；此外，还可以由温室气体方案来规定确定基准线情景的其他方式，如根据对标法（标杆管理法）或复合项目的绩效标准来确定。

（5）在规定基准线情景时，项目建议方对假定、数值和程序的选择应确保温室气体减排和清除增加不被高估。

（6）项目建议方应选择或建立用来证实项目所实现的温室气体减排或清除增加是在基准线情景的基础上取得的准则和程序，并对这些准则和程序加以论证和应用。

（7）基准线情景通常是一种假设的情况，用来估算项目不存在时可能发生的温室气体排放和清除。因此为了保证不使项目混同于基准线情景，建议项目建议方在对项目进行策划时将其设想为一种潜在的基准线情景。如果项目和基准线情景毫无区别，则不存在减排或增加清除，而这样的项目也不是一个有效的温室气体项目。

（8）由于对基准线情景的量化是一种推测，为了避免高估温室气体排放，须采取不同的作法，即对所有可采用的基准线情景都加以考虑。要保证所选择的基准线情景在其应用期间的各种假定条件下表现出合理性。对基准线情景进行选择时往往要运用基准线方法学。通常会从那些在完整性、一致性、透明性和相关性等方面相近的情景中选用较保守的一个。基准线情景所覆盖的时间段宜和项目相同。

（9）京都机制中的基准线情景介绍：

在京都机制下，确定基准线情景是项目设计文件（PDD）的一部分。它提供了三种确定基准线情景的方式，可供项目考虑，并通过论证适当选用：

1）使用已有的当前或历史的温室气体排放数据；

2）使用经济上有吸引力的某项技术所产生的温室气体排放数据，这时要考虑取得投资的障碍；

3）使用最近五年内开展的，在社会、经济、环境和技术等方面条件类似，并在绩效方面居于同类型前20%以内的项目的GHG排放数据。

为了保证项目的额外性，项目建议方必须说明人为的温室气体源排放和不实施该注册项目相比的降低情况。

标准条文

> **5.5　基准线情景下的源、汇和库的识别**
>
> 项目建议方在识别基准线情景下的GHG源、汇、库时：
>
> a）应对识别与项目有关的GHG源、汇、库的准则和程序进行考虑；
>
> b）如有必要，应依据更多的准则进行上述识别并作出解释；
>
> c）应将所识别的项目中的源、汇和库与基准线情景下的源、汇和库进行比较。

理解要点

本条款明确了项目建议方在识别基准线情景下的温室气体源、汇、库时要考虑的三个方面，即：

（1）考虑识别与项目有关的温室气体的源、汇、库的准则和程序的要求；

（2）当存在多个相关的准则或程序时，要依据更多的准则进行识别并作出必要的解释；

（3）应将所识别的项目中的温室气体源、汇和库与基准线情景下的温室气体源、汇和库进行比较。

标准条文

5.6 为监测或估算 GHG 排放和清除，对有关的 GHG 源、汇和库进行选择

项目建议方应选择或建立准则和程序，用来选择有关的 GHG 源、汇、库，以进行定期监测或估算。

项目建议方对不实行定期监测的 GHG 源、汇、库，应说明其理由。

注：图 A.2 的框架图给出了识别和选择实行定期监测或估算其排放或清除的 GHG 源、汇、库的例子。

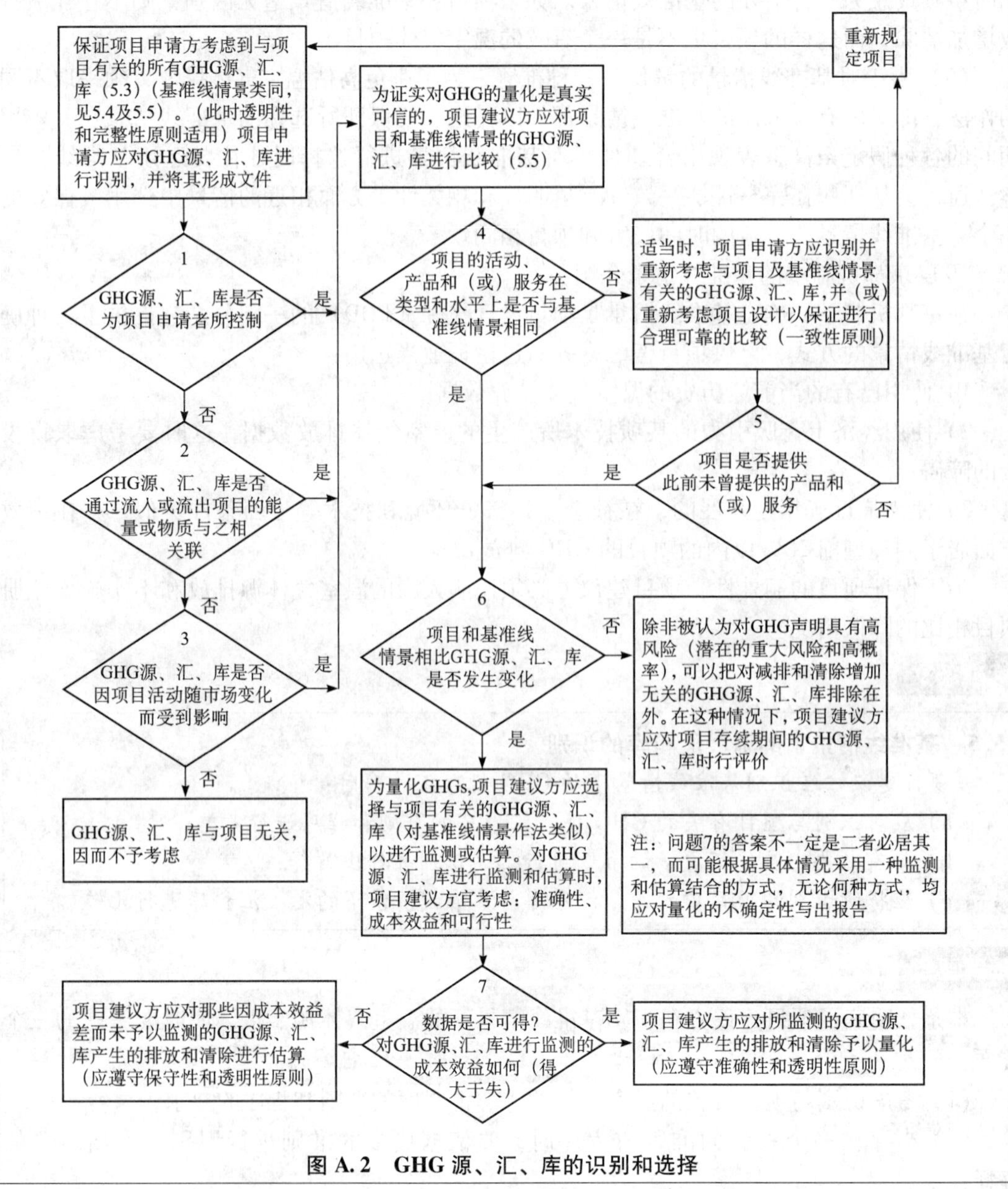

图 A.2 GHG 源、汇、库的识别和选择

理解要点

（1）本条款规定了项目建议方，以监测或估算温室气体排放和清除量为目的，对有关的 GHG 源、汇和库进行选择的要求，包括：

1）制定用来选择有关的温室气体源、汇、库，以进行定期监测或估算的准则和程序；

2）定期监测的温室气体源、汇、库；

3）说明不能实行定期监测的温室气体源、汇、库的理由。

（2）标准中图 A. 2 给出了识别和选择实行定期监测或估算其排放或清除的温室气体源、汇、库的例子。

（3）用来估算温室气体基准排放的基准线程序或方法学的制定，通常可采取两种作法：由项目建议方因地制宜地制定，或由项目建议方或温室气体方案的主管机构根据具体项目类型统一规定。

同时，还可以把历史条件（如温室气体排放或关于活动水平的数据）、市场条件（如通用技术的使用）和最佳可行技术（如同类活动中最好的 20%）作为制定基准线方法学的基础。基准线情景可以是静态的（保持恒定）或动态的（随时间变化）。

对于某些温室气体增加清除项目，温室气体方案可采用简化的方式来确定基准线。例如在特定土地利用类型的造林和再造林项目中，将基准线确定为零。这是假定此前对土地的利用恰好达到了碳平衡，增减相抵结果为零。由此对这类项目形成一种标准的，或以实际绩效为基础的基准线情景。

标准条文

5.7　GHG 排放和（或）清除的量化

项目建议方应选择或建立准则、程序和（或）方法（见 5.6），用来对所选择的 GHG 源、汇、库的 GHG 排放和（或）清除进行量化。

项目建议方应根据所建立的准则和程序，分别对：

a）与项目有关的每个 GHG 源、汇、库中的每一种 GHG 的排放和清除进行量化；

b）基准线情景下的每个 GHG 源、汇、库的排放和清除进行量化。

当所依据的数据或信息具有高度不确定性时，项目建议方应选择能够确保在量化时不导致减排和清除增加被高估的假定或数值。

项目建议方应对与项目和基准线情景有关但不作定期监测的源、汇、库的排放和（或）清除作出估算。

项目建议方应建立并应用准则、程序和（或）方法，以评价对 GHG 减排或增加清除的逆向反应的风险（即对减排或增加清除的持久性进行评价）。

如可行，项目建议方应选择或规定排放因子和清除因子，它们应：

——从公认的来源获得；

——适用于有关的 GHG 源或汇；

——在量化时是有效的；

——考虑到量化的不确定性，并在计算时充分顾及结果的准确性和可再现性；

——和 GHG 清单的预定用途相一致。

理解要点

（1）项目建议方应当制定《温室气体源、汇、库的温室气体排放和（或）清除量化控制程序》和《温室气体减排或增加清除的持久性评价控制程序》或选择相关适用的准则，为量化温室气体源、汇、库的温室气体排放和（或）清除规定程序和方法。

（2）项目建议方应当按制定的程序或选择的准则的规定开展以下工作：

1）对与项目有关的每个温室气体源、汇、库中的每一种温室气体的排放和清除进行量化；

2）对基准线情景下的每个温室气体源、汇、库的排放和清除进行量化；

3）当所依据的数据或信息具有高度不确定性时，选择能够确保在进行量化时不会导致形成被高估的减排或清除增加的假定或数值；

4）估算与项目和基准线情景有关但不作定期监测的温室气体源、汇、库的排放和（或）清除量。

（3）量化温室气体排放和清除的第一步是识别与每个源、汇、库有关的温室气体。是对排放和清除进行估算，还是进行更准确的量化，取决于项目建议方所能得到的信息的性质。例如，在项目开始启动之前，温室气体排放或清除一般要通过估算得到，而在项目执行期间，就可以通过直接监测和测量取得更真实的量化数据。

（4）恒定性是评价温室气体清除和排放的捕获和贮存能否长期保持的一项准则。此时要考虑在相关管理和干扰条件下温室气体库或碳库的寿命和碳储量的稳定性。

（5）在项目期结束时，可重新进行计算，以保证不对减排和清除增加作出高估。如项目建议方认为有必要，例如能够得到更可靠的数据时，还可以在项目执行期间进行重新计算。重新计算宜覆盖从项目开始执行后的整个时期。

（6）可行条件下，项目建议方应选择或规定排放因子和清除因子，且排放因子和清除因子要符合下列条件：

1）从公认的来源获得；

2）适用于有关的温室气体源或汇；

3）在量化时是有效的；

4）考虑到量化的不确定性，并在计算时充分顾及结果的准确性和可再现性；

5）和温室气体清单的预定用途相一致。

（7）不确定性是指与量化结果相关的、表征数值偏差的参数。上述数值偏差可合理地归因于所量化的数据集。不确定性信息一般要给出对可能发生的数值偏离的定量估算，并对可能引起差异的原因进行定性的描述。

标准条文

5.8 GHG 减排和清除增加的量化

在 GHG 项目的实施中，项目建议方应选择或建立准则、程序和（或）方法，用来对减排和清除增加进行量化。

项目建议方应运用所选择或建立的准则和方法对项目的 GHG 减排和清除增加进行量化。量化的结果应为项目和基准线情景的源、汇、库产生的 GHG 排放和（或）清除的差值。

适当时，项目建议方应分别对与项目和基准线情景的源、汇和（或）库有关的每一种 GHG 的减排和增加清除进行量化。

项目建议方应以吨作为 GHG 的计量单位，并使用全球变暖潜值将每一种 GHG 折合为二氧化碳当量的吨数。

注： 附录 B 给出了政府间气候变化专门委员会提供的全球变暖潜值。

理解要点

（1）选择准则或制定《减排和清除增加量化控制程序》，为在项目实施过程中开展减排和清除增加量化工作提供程序和方法。

（2）运用所选择或建立的准则和方法对项目的温室气体减排和清除增加进行量化。适当时，应分别对与项目和基准线情景的源、汇和（或）库有关的每一种温室气体的减排和增加清除进行量化。

（3）量化的结果应为项目和基准线情景的源、汇、库产生的温室气体排放和（或）清除的差值，应以吨作为温室气体的计量单位，并使用政府间气候变化专门委员会提供的全球变暖潜值将每一种温室气体折合为二氧化碳当量的吨数。

标准条文

5.9 数据质量管理

项目建议方应建立和应用质量管理程序，对与项目和基准线情景有关的数据和信息进行管理，包括对不确定性进行评价。

项目建议方在对 GHG 减排和清除增加进行量化时，宜尽可能减少不确定性。

理解要点

（1）制定《数据质量管理程序》，以便对与项目和基准线情景有关的数据和信息进行管理，以及对不确定性进行评价。

（2）可通过以下方式改善项目的数据质量：

1）建立并保持一个完整的温室气体信息系统；

2）对准确性进行常规检查，以发现技术上的错误；

3）定期进行内部审核和技术评审；

4）对项目组成员进行适当的培训；

5）进行不确定性评价。

（3）在对温室气体减排和清除增加进行量化时，要尽可能减少不确定性。不确定性评价可包括定性（如高、中、低）或定量的程序，其要求一般不像不确定性分析那样严格，后者属于一种详细统计量化的系统性程序，用来确定和量化不确定性。一般情况下，不确定性评价适用于项目的策划阶段，而不确定性分析适用于实施阶段。决定和规定不确定性分析是否适用于实施阶段取决于温室气体方案建议方。建议实施本标准但未参加温室气体方案的项目对实施阶段的量化采用不确定性分析。

标准条文

5.10 GHG 项目监测

项目建议方应建立并保持准则和程序，用来取得、记录、汇编和分析对量化和报告与项目和基准线情景有关的 GHG 排放和（或）清除具有重要作用的数据和信息（即 GHG 信息系统）。监测程序应包含下列内容：

a）监测目的；

b）报告中数据和信息的类型及计量单位；

c）数据来源；

d）监测方法，包括估算、模拟、测量或计算等方式；

e）监测时间和周期（考虑目标用户的需求）；

f）监测岗位和职责；

g）GHG 信息管理系统，包括数据的保存和存放位置。

如使用测量和监测设备，项目建议方应确保设备根据良好操作的要求得到校准。在 GHG 项目实施中，项目建议方应定期实施监测准则和程序。

理解要点

（1）制定《温室气体项目监测控制程序》，以便取得、记录、汇编和分析对量化和报告与项目和基准线情景有关的温室气体排放和（或）清除具有重要作用的数据和信息（即温室气体信息系统）。

（2）监测程序的内容可包括对获取、估算、测量、计算、汇编和报告项目及基准线情景的温室气体数据和信息的日程、作用和职责、设备、资源和方法学。具体内容包括：

1）监测目的；

2）报告中数据和信息的类型及计量单位；

3）数据来源；

4）监测方法，包括估算、模拟、测量或计算等方式；

5）监测时间和周期（考虑目标用户的需求）；

6）监测岗位和职责；

7）温室气体信息管理系统，包括数据的保存和存放位置。

（3）如果在监测中使用测量和监测设备，项目建议方应确保监视和测量设备依据计量法规的要求按照相关检定规程得到检定或校准。

（4）在温室气体项目实施过程中，项目建议方应定期实施监测准则和程序，开展相关监测工作。

（5）关于《京都议定书》下对温室气体项目的监测在 CP.7 第 17 号决定（decision 17/CP.7）中作了规定，联合国 CDM 执行理事会批准的监测方法学可在 http://cdm.unfccc.int/methodologies/approved 网站上查到。

标准条文

5.11 GHG 项目形成文件

项目建议方应建立用来证实 GHG 项目符合本标准要求的文档。此文档应适合于审定和核查的需要（见 5.12）。

理解要点

（1）建立用来证实温室气体项目符合本标准要求的文档。

（2）文件编制是为满足与审核、审定和（或）核查等有关的内部需求，它是用于外部目的报告的补充。所编制的文件与温室气体信息系统、温室气体项目的信息系统控制、温室气体项目的温室气体数据和信息等相关联。文件宜完整、透明。

标准条文

5.12 GHG 项目审定和（或）核查

GHG 项目建议方宜使项目得到审定和（或）核查。

如果项目建议方要求对项目进行审定或核查，则应将 GHG 声明提交审定者或核查者。项目建议方宜确保审定或核查符合 ISO 14064－3 的原则和要求。

理解要点

（1）不要求进行审定或核查，这通常是温室气体方案的要求。

（2）如果项目不属于某个温室气体方案，则项目建议方必须根据温室气体声明的要求决定审定和（或）核查的类型（如第一方、第二方或第三方核查）及其保证等级（如高或一般）。并将温室气体声明提交审定者或核查者。

（3）一般由项目建议方在温室气体声明中作出对温室气体项目业绩的陈述。ISO 14064－3 规定了对温室气体声明的审定和核查的原则和要求。项目建议方宜确保审定或核查符合 ISO 14064－3 的原则和要求。

标准条文

5.13 GHG 项目报告

项目建议方应编制 GHG 报告，并使目标用户能够得到。GHG 报告：

——应指明报告的预定用途和目标用户；

——格式和内容应适合目标用户的需要。

如果项目建议方在 GHG 声明中向公众宣称符合本标准，则应使公众能够得到：

a）根据 ISO 14064－3 进行审定或核查的独立的第三方审定或核查文书，或

b）GHG 报告，其中至少包括下列内容：

1）项目建议方的名称；

2）GHG 项目所加入的 GHG 方案；

3）GHG 声明列表，包括以二氧化碳当量吨数表示的 GHG 减排和清除增加；

4）说明 GHG 声明是否经过审定或核查，审定或核查的类型及其可信度；

5）对 GHG 项目的简述，包括规模、地点、持续时间和活动类型；

6）在相关时间段内（如年度的、若干日的或全部的），项目建议方控制下的 GHG 源、汇、库所引起的 GHG 排放和（或）清除的累积，用二氧化碳当量的吨数表示；

7）在相关时间段内，基准线情景下的 GHG 源、汇和库所引起的 GHG 排放和（或）清除的累积，用二氧化碳当量的吨数表示；

8）对基准线情景的说明，以及关于 GHG 减排和增加清除是建立在假定项目不存在的基础上的论证；

9）绩效评价（如可行）；

10）对用来计算项目的 GHG 减排和增加清除的准则、程序和良好操作指南的简要说明；

11）报告的日期及其所覆盖的时间段。

理解要点

（1）温室气体项目报告可及时向目标用户提供项目信息。这些信息在内容和提供形式上要适合目标用户的需求和期望。项目建议方可根据项目的外部条件、报告的目的、目标用户的信息需求，以及项目所归属的温室气体方案的要求，制定项目的报告程序。无论何时，编写报告的依据都是温室气体项目的文件系统。

（2）不要求项目建议方向公众提供报告，除非其向公众声明或宣称该项目符合本标准。在这种情况下，温室气体报告要至少包含以下 11 项基本内容，来保证所提供的项目信息的完整性、准确性和透明性。此外，宜使这些信息能够用于对不同项目进行公平的比较。

1）项目建议方的名称；

2）温室气体项目所加入的温室气体方案；

3）温室气体声明列表，包括以二氧化碳当量吨数表示的温室气体减排和清除增加；

4）说明温室气体声明是否经过审定或核查，审定或核查的类型及其可信度；

5）对温室气体项目的简述，包括规模、地点、持续时间和活动类型；

6）在相关时间段内（如年度的、若干日的或全部的），项目建议方控制下的温室气体源、汇、库所引起的温室气体排放和（或）清除的累积，用二氧化碳当量的吨数表示；

7）在相关时间段内，基准线情景下的温室气体源、汇和库所引起的温室气体排放和（或）清除的累积，用二氧化碳当量的吨数表示；

8）对基准线情景的说明，以及关于温室气体减排和增加清除是建立在假定项目不存在的基础上的论证；

9）绩效评价（如可行）；

10）对用来计算项目的温室气体减排和增加清除的准则、程序和良好操作指南的简要说明；

11）报告的日期及其所覆盖的时间段。

（3）如果项目建议方在温室气体声明中向公众宣称符合本标准，则应使公众能够得到根据 ISO 14064－3 进行审定或核查的独立的第三方审定或核查文书。信息高度透明，并让公众有机会发表意见，能极大地提高项目的可信度，并有助于市场评价信用额的价值。同时，公开项目信息也有助于了解利益相关方的意见，以用于项目的制定和管理。此外，公开报告还是项目建议方的一个宣传手段。

（4）京都机制对报告编写的要求是项目的运作者应让公众能够得到项目设计文件（PDD）和审定报告。

二、应用

目前我国 CDM 项目中对项目层面的温室气体排放的审定和核查过程，基本上符合 ISO 14064－2 的要求。

中环联合北京认证中心有限公司（CEC）依据 ISO 14064－2，针对三精制药自身的生产与碳排放情况，对“三精蓝瓶”的回收工艺进行了客观、准确的核查，并向三精制药颁发了核查证书。“送三精蓝瓶回家——大型环保公益活动”就是将回收的三精蓝瓶，统一粉碎、熔化后，重新再利用，以减少矿物原材料的消耗和生产用天然气的消耗，实现了工厂生产环节的节能减排。

第四节　ISO 14064－3：2006 的理解与应用

一、标准条文理解

标准条文

1　范围

本标准规定了实施和管理 GHG 声明审定与核查的原则和要求，并为此提供了指南。它可用于组织或项目对 GHG 的量化，包括根据 ISO 14064－1 和 ISO 14064－2 所开展的 GHG 量化、监测和报告。

本标准规定了关于对审定员和核查员的选择，保证等级、目标、准则和范围的确定，审定与核查的方法的建立，GHG 数据、信息、信息系统及其控制的评价，GHG 声明评价以及审定与核查陈述的编制等方面的要求。

ISO 14064 对 GHG 方案无倾向性。当某一 GHG 方案适用时，该方案的要求可作为 ISO 14064 的附加要求。

注：组织或 GHG 项目的承担者采用 ISO 14064 时，如果标准中的某项要求和其执行的 GHG 方案有冲突，后者的要求优先。

理解要点

（1）说明了标准的使用范围。可用于组织或项目对温室气体的量化，包括根据 ISO 14064－1 和 ISO 14064－2 所开展的温室气体量化、监测和报告。

（2）说明了标准的内容，规定了实施和管理温室气体声明审定与核查的原则和要求，并为此提供了指南。具体包括：

1）对审定员和核查员的选择要求；

2）保证等级、目标、准则和范围的确定；

3）审定与核查的方法的建立要求；

4）温室气体数据、信息、信息系统及其控制的评价要求；

5）温室气体声明评价以及审定与核查陈述的编制等方面的要求。

（3）说明了本标准与温室气体方案的关系：

1）对温室气体方案无倾向性。当某一温室气体方案适用时，该方案的要求可作为本标准的附加要求。

2）如果标准中的某项要求和其执行的温室气体方案有冲突，后者的要求优先。

标准条文

2　术语和定义

下列术语和定义适用于本标准。

2.1

温室气体 greenhouse gas（GHG）

大气层中自然存在的和由于人类活动产生的能够吸收和散发由地球表面、大气层和云层所产生的、波长在红外光谱内的辐射波的气态成分。

注：GHG 包括二氧化碳（CO_2）、甲烷（CH_4）、氧化亚氮（N_2O）、氢氟碳化物（HFCs）、全氟碳化物（PFCs）和六氟化硫（SF_6）。

2.2

GHG 源 greenhouse gas source

向大气中排放 GHG 的物理单元或过程。

2.3

GHG 汇 greenhouse gas sink

从大气中清除 GHG 的物理单元或过程。

2.4

GHG 库 greenhouse gas reservoir

生物圈、岩石圈或水圈中的物理单元或组成部分，它们有能力储存或收集 GHG 汇（2.3）从大气中清除的 GHG，或其直接从 GHG 源（2.2）捕获 GHG。

注 1：GHG 库在特定时刻的含碳量（以质量计）可称为 GHG 库的碳库存。

注 2：一个 GHG 库可将其中的 GHG 转移到另一个 GHG 库。

注 3：GHG 捕获和贮存是指在 GHG 进入大气层以前从 GHG 源将其收集，并将收集的 GHG 贮存到 GHG 库。

2.5

GHG 排放 greenhouse gas emission

在特定的时段内释放到大气中的 GHG 总量（以质量单位计算）。

2.6

GHG 清除 greenhouse gas removal

在特定时段内从大气中清除的 GHG 总量（以质量单位计算）。

2.7

GHG 减排 greenhouse gas emission reduction

经计算得到的项目所产生的 GHG 排放与基准线情景（2.21）的排放量相比较的减少量。

2.8

GHG 清除增加（或增加清除）greenhouse gas removal enhancement

经计算得到的项目所产生的 GHG 清除与基准线情景（2.21）的清除量相比较的增加量。

2.9

GHG 排放因子，GHG 清除因子 greenhouse gas emission factor，greenhouse gas removal factor

将活动数据与 GHG 排放或清除相关联的因子。

注：GHG 排放和 GHG 清除因子可包含氧化因素。

2.10

GHG 活动数据 greenhouse gas activity data

GHG 排放或清除活动的测量值。

注：GHG 活动数据例如能量、燃料或电力的消耗量，或物质的产生量、提供服务的数量或受到影响的土地面积。

2.11

GHG 声明 greenhouse gas assertion

责任方（2.23）所作的宣言或实际客观的陈述。

注 1：GHG 声明可以针对特定时间，或覆盖一个时间段。

注 2：责任方作出的 GHG 声明宜表述清晰，并使审定员（2.34）或核查员（2.36）能根据适用的准则进行一致的评价或测量。

注 3：GHG 声明可通过 GHG 报告（2.17）或 GHG 项目策划的形式提供。

2.12

GHG 信息系统 greenhouse gas information system

用来建立、管理和保持 GHG 信息的方针、过程和程序。

2.13

GHG 清单 greenhouse gas inventory

组织的 GHG 源（2.2），GHG 汇（2.3）以及 GHG 排放和清除。

2.14

GHG 项目 greenhouse gas project

改变基准线情景（2.21）中的状况，实现 GHG 减排（2.7）和清除增加（2.8）的一个或多个活动。

2.15

GHG 项目建议方 greenhouse gas project proponent

对 GHG 项目（2.12）进行全面控制并负责任的个人或组织。

2.16

GHG 方案 greenhouse gas programme

组织或 GHG 项目（2.14）之外的，用来对 GHG 的排放、清除、减排（2.7）、清除增加（2.8）进行注册、计算或管理的，自愿的或强制性的国际、国家或以下层次的制度或计划。

2.17

GHG 报告 greenhouse gas report

用来向目标用户（2.24）提供关于组织或项目 GHG 信息的专门文件。

注：GHG 报告中可包括 GHG 声明（2.12）。

2.18

全球变暖潜值 global warming potential（GWP）

将单位质量的某种 GHG 在给定时间段内辐射强度的影响与等量二氧化碳辐射强度影响相关联的系数。

注：附录 C 给出了政府间气候变化专门委员会提供的全球变暖潜值。

2.19

二氧化碳当量 carbon dioxide equivalent（CO_2e）

在辐射强度上与某种 GHG 质量相当的二氧化碳的量。

注 1：GHG 二氧化碳当量等于给定气体的质量乘以它的全球变暖潜值（2.18）。

注 2：附录 C 给出了政府间气候变化专门委员会所提供的全球变暖潜值。

2.20

基准年 base year

用来将不同时期的 GHG 排放或清除，或其他 GHG 相关信息进行参照比较的特定历史时段。

注：基准年排放或清除的量化可以基于一个特定时期（例如一年）内的值，也可以基于若干个时期（例如若干个年份）的平均值。

2.21

基准线情景 baseline scenario

用来提供参照的，如果不实施 GHG 项目时最有可能发生的假定情景。

注：基准线情景的发生时间段和 GHG 项目同步。

2.22

设施 facility

属于某一地理边界、组织单元或生产过程中的、移动的或固定的一个装置、一组装置或生产过程。

2.23

组织 organization

具有自身职能和行政管理的公司、集团公司、商行、企事业单位、政府机构、社团或其结合体，或上述单位中具有自身职能和行政管理的一部分，无论其是否具有法人资格、公营或私营。

2.24

责任方 responsible party

有责任提供 GHG 声明（2.11）和有关 GHG 支持信息的人。

注：责任方可以是个人，或一个组织或项目的代表，同时他们可以是雇用审定机构（2.35）或核查机构（2.37）的一方。审定机构或核查机构可以由委托方或其他有关方（如 GHG 方案主管部门）雇用。

2.25

利益相关方 stakeholder

因制定和实施 GHG 项目（2.12）而受到影响的个人或组织。

2.26

目标用户 intended user

发布 GHG 信息报告的组织所识别的依据该信息进行决策的个人或组织。

注：目标用户可以是委托方（2.25）、责任方（2.23）、GHG 方案管理者、执法部门、金融机构或其他受影响的利害相关方（如当地社区、政府机构、非政府组织等）。

2.27

委托方 client

要求进行审定（2.32）或核查（2.36）的组织。

注：委托方可以是责任方（2.24）、GHG 项目管理者或其他利益相关方。

2.28

保证等级 level of assurance

目标用户（2.24）要求审定（2.32）或核查（2.36）达到的保证程度。

注 1：保证等级是用来确定审定员或核查员设计审定核查计划的细节深度，从而确定是否存在实质性偏差、遗漏或错误解释。

注 2：保证等级可分为两类，即合理保证等级和有限保证等级。不同的保证等级，其审定或核查陈述的措辞也有区别（关于审定陈述和核查陈述的例子，参见 ISO 14064－3 中的 A.2.3.2）。

2.29

实质性 materiality

由于一个或若干个累积的误差、遗漏或错误解释，可能对 GHG 声明（2.11）或目标用户（2.26）的决策造成影响的情况。

注 1：在设计审定计划、核查计划或抽样计划时，实质性的概念用于确定采用何种类型的过程，才能将审定员或核查员无法发现实质性偏差（2.29）的风险（即"发现风险"）降到最低。

注 2：那些一旦被遗漏或陈述不当，就可能对 GHG 声明作出错误解释，从而影响目标用户得出正确结论的信息被认为具有"实质性"。可接受的实质性是由审定组、核查组或 GHG 方案在约定的保证等级的基础上确定的（关于上述关系的进一步解释见 ISO 14064－3 中的 A.2.3.8）。

2.30

实质性偏差 material discrepancy

GHG 声明（2.11）中可能影响目标用户（2.26）决策的一个或若干个累积的实际误差、遗漏和错误解释。

2.31

监测 monitoring

对 GHG 排放和清除或其他有关 GHG 的数据的连续的或周期性的评价。

2.32

审定 validation

根据约定的审定准则（2.33）对一个 GHG 项目策划中 GHG 声明（2.11）进行系统的、独立的评价，并形成文件的过程。

注 1：在某些情况下，例如进行第一方审定的情况下，独立性可体现在不承担收集 GHG 数据和信息的责任。

注 2：ISO 14064－2，5.2 中对 GHG 项目策划的内容作了说明。

2.33

审定准则 validation criteria/核查准则 verification criteria

在对证据进行比较时作为参照的方针、程序或要求。

注：审定准则或核查准则可以是政府部门、GHG 方案、自愿报告行动、标准或良好操作指南等规定的。

2.34

审定陈述 validation statement/核查陈述 verification statement

向目标用户（2.26）出具的为责任方（2.24）GHG 声明（2.11）提供保证的正式书面声明。

注：审定机构或核查机构所作的声明可涵盖 GHG 排放、清除、减排或清除增加。

2.35

审定员（或审定机构）validator

负责进行审定并报告其结果的具备相关能力的独立人员。

注：本术语也可用于从事审定的机构。

2.36

核查 verification

根据约定的核查准则（2.33）对 GHG 声明（2.11）进行系统的、独立的评价，并形成文件的过程。

注：在某些情况下，例如进行第一方核查的情况下，独立性可体现在不承担收集 GHG 数据和信息的责任。

2.37

核查员（或核查机构）verifier

负责进行核查并报告其过程的具备相关能力的独立人员。

注：本术语也可用于从事核查的机构。

2.38

不确定性 uncertainty

与量化结果相关的、表征数值偏差的参数。上述数值偏差可合理地归因于所量化的数据集。

注：不确定性信息一般要给出对可能发生的数值偏离的定量估算，并对可能引起差异的原因进行定性的描述。

理解要点

给出了与本标准相关的 38 个术语的定义，本节将结合具体标准条文进行解释。

标准条文

3　原则

3.1　概述

在进行审定与核查时要遵守一些基本原则，它们既是本标准中各项要求的基础，也是应用本标准的指导原则。

3.2　独立性

保持独立于所审定或核查的活动之外，不带偏见，无利益冲突，在审定或核查活动中保持客观，以确保其发现和结论都是建立在客观证据的基础上。

3.3　道德行为

在整个审定或核查中做到诚信、正直、保守秘密和谨慎。

3.4　公正表达

真实准确地反映审定或核查的活动、发现、结论和报告。如实报告审定或核查过程中所遇到的重大障碍，以及审定员或核查员、责任方和委托方之间未解决的分歧意见。

3.5　职业素养

具备与所承担的任务和委托方及目标用户所寄托的信任相应的职业谨慎和判断力，具备从事审定或核查所需的技能。

注：独立性、道德行为、公正表达和职业素养等原则参考了 ISO 19011：2002 中的相应内容。

理解要点

（1）本条款参考 ISO 19011 对管理体系审核及审核员所规定的原则规定了从事温室气体审定或核查活动及审定员和核查员遵守的四项原则，即：

1）审定或核查活动要具有独立性。为了确保审定或核查的结论建立在客观证据的基础上，审定或核查人员必须独立于所审定和核查的活动之外，与委托方无任何利益冲突，在审定或核查活动中不带任何个人偏见，做到客观公开。

2）遵守审核或核查人员道德行为准则。在整个审定或核查过程中做到诚信、正直和谨慎，要保守在审定和核查过程中接触和了解的委托方的所有经济和技术秘密。

3）公开地表达审核或核查过程及结果。在审定或核查过程中要真实准确地反映审定或核查的活动、审定或核查发现、审定或核查结论和报告；如实地向委托方报告审定或核查过程中所遇到的重大障碍，如实说明审定员或核查员、责任方和委托方之间未解决的分歧意见。

4）具备良好的职业素养和相关的知识和技能。具备与所承担的任务和委托方及目标用户所寄托的信任相应的职业谨慎和判断力，具备从事审定或核查所需的技能。

（2）说明了这四项原则在本标准中的地位和作用。它们既是本标准中各项要求的基础，也是应用本标准的指导原则。

标准条文

4　审定与核查要求

4.1　审定员与核查员

所选择的从事审定或核查活动的审定员或核查员应：

a）具备与其作用和职责相适应的能力和职业素养；

b）保持独立；

c）避免与责任方及 GHG 信息的目标用户之间实际或潜在的利益冲突；

d）在审定或核查过程中恪守道德行为；

e）真实准确地反映审定与核查活动、结论和报告；

f）满足责任方所遵从的标准或 GHG 方案的要求。

注：ISO 14065 附录 A 中 A.2.2 提供了更多关于第三方审定员和核查员在知识、技能方面要求的指南。

理解要点

（1）对整个审定和核查过程提出了具体要求，共 11 个方面。

（2）审定员（或审定机构）是负责进行审定并报告其结果的具备相关能力的独立人员或从事审定的机构。核查员（或核查机构）是负责进行核查并报告其过程的具备相关能力的独立人员或从事核查的机构。

（3）对第三方审定和核查机构的从事具体项目的审定或核查人员的能力和素质提出了要求。包括：

1）具备与其从事审核或核查的作用和职责相适应的能力和职业素养；

2）在审定或核查活动中保持独立；

3）避免与责任方及温室气体信息的目标用户之间实际或潜在的利益冲突；

4）在审定或核查过程中恪守审定或核查人员道德行为要求；

5）真实准确地反映审定与核查活动、结论和报告；

6）满足责任方所遵从的标准或温室气体方案的要求。

标准条文

4.2 审定与核查过程

基于第 4 章所要求的对 GHG 进行审定或核查的过程见图 2。附录 A 提供了第 4 章要求的其他指南。

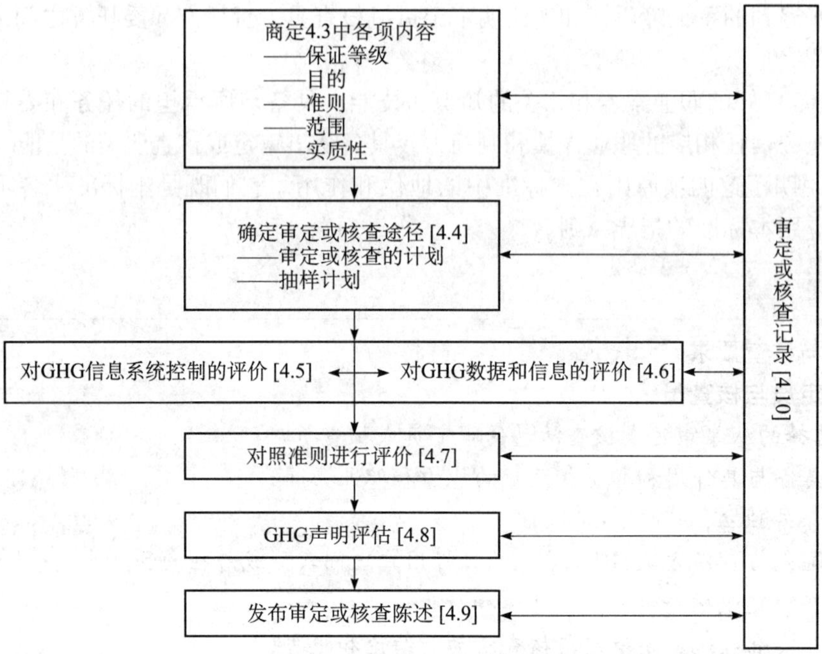

图 2　审定与核查过程

理解要点

（1）审定是指根据约定的审定准则对一个温室气体项目策划中温室气体声明进行评价的系统的、独立的、形成文件的过程。在某些情况下，例如进行第一方审定的情况下，独立性可体现在没有收集温室气体数据和信息的责任。ISO 14064－2 中的 5.2 对温室气体项目策划的内容作了说明。

（2）核查是指根据约定的核查准则对温室气体声明进行评价的系统的、独立的、形成文件的过程。在某些情况下，例如进行第一方核查的情况下，独立性可体现在没有收集温室气体数据和信息的责任。

（3）标准中图 2 描述了温室气体审定和核查的过程。包括：

1）与委托方确定审定与核查的保证等级、目的、准则和范围；

2）确定审定或核查途径，包括编制审定或核查计划及抽样计划；

3）实施审定和核查，包括 GHG 信息和信息系统控制评价、GHG 信息和数据评价、根据审定或核查准则进行评价、根据审定或核查准则进行评价；

4）审定和核查陈述。

注：标准中图 1 与 ISO 14064－1 中的图 1 相同，本节省略了。

标准条文

4.3　审定与核查的保证等级、目的、准则和范围

4.3.1　保证等级

应在审定或核查过程开始之前与委托方共同商定审定或核查的保证等级。

理解要点

（1）审定与核查的保证等级、目的、准则和范围的确定是第三方审定或核查工作的第一步。

（2）审定准则/核查准则是指在对证据进行比较时作为参照的方针、程序或要求。审定准则或核查准则可以是政府部门、温室气体方案、自愿报告行动、标准或良好操作指南等规定的。

（3）保证等级是指目标用户要求审定或核查达到的保证程度。保证等级是用来确定审定员或核查员设计审定核查计划的细节深度，从而确定是否存在实质性偏差、遗漏或错误解释。

（4）委托方是指要求进行审定或核查的组织。委托方可以是责任方、温室气体方案管理者或其他受益者。

（5）在审定或核查过程开始之前与委托方共同商定审定或核查的保证等级。

保证等级是在对组织或项目的温室气体声明进行审定或核查的过程开始时，应委托方的要求根据目标用户的需求确定的。保证等级规定了审定员或核查员对温室气体声明作出结论的相对置信度。由于受到一些不确定性因素的影响，无法作出绝对的保证。例如判断、试验和控制的固有局限性，以及某些类型的证据只能是定性的。审定员或核查员对所收集的证据进行评价，然后在审定或核查陈述中作出结论。

保证等级一般分为两级，即合理保证等级和有限保证等级。不同的保证等级，其审定或核查陈述的措辞也有区别。

对合理保证，审定员或核查员提供一个合理但不是绝对的保证等级，它表示责任方的温室气体声明是实质性的正确。

案例1　温室气体陈述中对一个合理保证的措辞

根据所实施的过程和程序，认为：

1）温室气体声明实质性地正确并且公正地表达了温室气体数据和信息；

2）该声明系根据有关温室气体量化、监测和报告的国际标准，或有关国家标准或通行做法编制的。

有限保证与合理保证的区别是：它不像前者那样强调对支持温室气体声明的温室气体数据和信息进行具体的试验。对于有限保证，审定员或核查员要做到不使目标用户将其误认为合理保证。

案例2　温室气体陈述中对一个有限保证的措辞

根据所实施的过程和程序，无证据表明温室气体声明：

1）不是实质性正确地，或未公正地表达温室气体数据和信息；

2）未根据有关温室气体量化、监测和报告的国际标准或有关国家标准或通行做法编制。

根据独立性原则，审定员或核查员不能帮助责任方编制温室气体声明。如有违反，就不宜颁发任何保证。

所需的保证等级宜由温室气体方案决定，此时宜考虑到所要求的实质性。

标准条文

4.3.2　目的

在审定过程开始之前，审定机构和委托方应共同商定审定的目的。

对GHG项目进行审定时，审定目的中应包括对责任方所指明的通过实施所策划的GHG项目可能实现的GHG减排和（或）清除增加的评估。

在核查过程开始之前，核查机构和委托方应共同商定核查的目的。

理解要点

（1）审定或核查的目的是使审定员或核查员能够就温室气体声明是否存在实质性偏差作出审定或核查陈述。

（2）在审定或核查开始之前，审定或核查机构都要事先与委托方商定审定或核查的目的。

（3）对温室气体项目进行审定时，审定目的中应包括对责任方所指明的通过实施所策划的温室气体项目可能实现的温室气体减排和（或）清除增加的评估。

（4）审定员与委托方共同商定温室气体项目的审定目的时，建议考虑以下因素：

1）符合适用的审定准则，包括适用于审定范围的有关标准或GHG方案的原则和要求；

2）温室气体项目策划的制定、论证和文件形成；

3）所策划的温室气体项目中的各项控制。

建议审定员对责任方陈述或宣称的通过实施所策划的温室气体项目能取得的减排或清除增加的可能性进行评价。

（5）核查员与委托方共同商定温室气体项目的核查目的时，建议考虑下列因素：

1）符合适用的核查准则，包括适用于核查范围的有关标准或温室气体的方案的原则和要求；

2）关于温室气体项目策划的信息和文档，包括项目、基准线情景、质量保证与控制、风险管理、监测和报告的程序和准则；

3）从上次报告起，或从项目审定以来程序或准则的任何重大变化；

4）所报告的温室气体项目和基准线情景的排放、清除、减排和清除增加；

5）从上次报告起，或从项目审定以来温室气体项目和基准线情景的排放、清除、减排和清除增加的任何重大变化；

6）温室气体项目的实际控制。

（6）核查员与委托方共同商定组织的温室气体核查目的时，建议考虑下列因素：

1）遵守适用的核查准则，包括适用于核查范围的有关标准或温室气体的方案的原则和要求；

2）组织的温室气体排放和清除的温室气体清单；

3）从上次报告以来组织温室气体清单中发生的重大变化；

4）组织有关温室气体的控制。

标准条文

4.3.3 准则

在审定或核查过程开始之前，审定或核查机构应与委托方共同商定审定或核查的准则，这些准则中应包括责任方所遵从的标准或 GHG 项目规定的原则。

注：审定或核查准则可包括 ISO 14064－1 和 ISO 14064－2 中所规定的准则。

理解要点

（1）审定或核查机构应与委托方在审定或核查过程开始之前共同商定审定或核查的准则。

（2）准则中应包括责任方所遵从的标准或温室气体项目规定的原则，可包括 ISO 14064－1 和 ISO 14064－2 中所规定的相关准则。

（3）某些相关方会规定一些审定或核查准则，如：

1）政府部门所规定的作为国家或地区温室气体要求的温室气体绩效准则；

2）温室气体方案（包括温室气体排放交易方案）所规定的作为资格要求或准入要求的准则；

3）自愿报告行动所规定的作为准入要求的准则；

4）其他有关标准化团体或协议规定的准则。

标准条文

4.3.4 范围

在审定或核查过程开始之前，审定或核查机构应与委托方共同商定审定或核查的范围。

此范围至少应包括下列内容：

a）组织边界或 GHG 项目及其基准线情景；

b）组织或 GHG 项目的基础设施、活动、技术和过程；

c）GHG 源、汇、库；

d）GHG 类型；

e）时间段。

理解要点

（1）审定或核查机构应与委托方在审定或核查过程开始之前共同商定审定或核查的范围。

（2）确定范围时，审定员或核查员应当考虑审定或核查过程的程度和边界，包括：

1）组织或温室气体项目及其基准线情景的法律、财务和地理边界；

2）组织或温室气体项目的基础设施、活动、技术和过程；

3）所包括的温室气体源、汇、库；

4）所包括的温室气体类型；

5）所覆盖的时间段；

6）在温室气体项目或组织温室气体方案实施期间进行后续核查的频度；

7）审定报告及审定或核查陈述的时间段及其目标用户；

8）温室气体项目或温室气体清单的相对规模（以二氧化碳当量计）。

标准条文

4.3.5　实质性

审定或核查机构应在考虑审定或核查的目的、保证等级、准则和范围的基础上，根据目标用户的需求，规定允许的实质性。

理解要点

（1）实质性是指由于一个或若干个累积的误差、遗漏或错误解释，可能对温室气体声明或目标用户的决策造成影响的情况。

在设计审定计划、核查计划或抽样计划时，实质性的概念用于确定采用何种类型的过程，才能将审定员或核查员无法发现实质性偏差的风险（即“发现风险”）降到最低。

那些一旦被遗漏或陈述不当，就可能对温室气体声明作出错误解释，从而影响目标用户得出正确结论的信息被认为具有“实质性”。

可接受的实质性是由审定组、核查组或温室气体方案在约定的保证等级的基础上确定的。

实质性偏差是指温室气体声明中可能影响目标用户决策的一个或若干个累积的实际误差、遗漏和错误解释。

（2）所有审定或核查，其目的都是要让审定员或核查员能够作出正确判断，以确定组织或温室气体项目所制定的温室气体声明是否在实质性方面符合其实施的内部或外部温室气体方案的要求。

（3）审定或核查机构应在考虑审定或核查的目的、保证等级、准则和范围的基础上，根据目标用户的需求，规定允许的实质性。

(4) 对实质性的评价要依赖专业判断。在责任方根据其内部或外部温室气体方案要求如实作出温室气体声明时，实质性对一些物质（孤立的或合成的）的量化密切相关。

(5) 在给定条件下，如果声明中的一个偏差或多个偏差的合成，可能导致一个对所涉及行业以及温室气体活动具备必要知识的人（目标用户）在该声明的基础上所作出的决策发生改变或受到影响，即被认为具有实质性。

(6) 原则上说，审定员或核查员应根据其对目标用户信息需求的了解来确定对实质性的要求，但事实上，一方面事先很难确切知道都有哪些目标用户，另一方面，即使对已知用户，也往往难以了解他们的具体需求。在某些情况下，宜就此与最终用户进行磋商，否则对实质性偏差的判断就只能取决于审定员或核查员的专业判断。可接受的实质性偏差由温室气体方案的审定员或核查员根据商定的保证等级来确定，通常商定的保证等级越高，实质性偏差越小。

(7) 为了保证一致性，并避免可能产生的误判，一些温室气体方案或内部方案通过设定实质性偏差的限值，作为上述决策的辅助。例如在总体上，对组织或 GHG 项目 GHG 排放的偏差不超过 5%。同时，对于不同的层次，可以规定不同的限值，如在组织层次上为 5%，设施层次上为 7%，GHG 源层次上为 10% 等。另外，如果某一层次上的错误或遗漏，单独看虽然低于所规定的限值，但加在一起就超过了，也被认为具有实质性。发现的大于规定的限值的错误和遗漏肯定是“实质性误差”，并视为不符合。

(8) 对实质性的确定涉及到定量也涉及到定性的考虑，对各种偏差进行综合考虑后，可能会发现一些相对较小的偏差也能对温室气体声明发生实质性影响。

标准条文

4.4 审定或核查的途径

4.4.1 概述

审定员或核查员应对组织或项目的 GHG 信息进行评审，以评价：

——其代表委托方所从事的审定或核查活动的性质、规模和复杂程度；

——责任方的 GHG 信息和声明的置信度；

——责任方的 GHG 信息和声明的完整性；

——责任方参与 GHG 方案的资格（如适用）。

如果责任方所提供的信息不足以对组织或项目的 GHG 信息进行评审，审定员或核查员应停止审定或核查。

为能继续进行审定或核查，审定员或核查员应对潜在的误差、遗漏和错误解释的出处和严重程度进行评价。应从下列三个方面评价潜在的误差、遗漏和错误解释：

a) 发生实质性偏差的固有风险；

b) 组织或 GHG 项目控制不能防止或发现实质性偏差的风险；

c) 对于组织或 GHG 项目控制没有纠正的实质性偏差，审定员或核查员不能发现的风险。

理解要点

(1) 责任方是指有责任提供温室气体声明和有关温室气体支持信息的人。责任方可以是某些个人，或一个组织或项目的代表，同时他们可以是雇用审定机构或核查机构的一方。审定机构或核查机构可以由委托方或其他有关方（如温室气体方案管理者）雇用。

（2）审定员（或核查员）评审是制定审定（或核查）计划的基础，是审定组（或核查组）首次对责任方所提供的温室气体信息及其温室气体声明的完整性、一致性、准确性和透明性进行评价。

这一评审宜包括对实际的或潜在的误差、遗漏和错误解释的来源，以及它们可能在责任方的温室气体信息和温室气体声明中引起实质性偏差的风险进行评价。

在决定抽样设计的性质、程度和时间以及实质性程序时，宜考虑固有风险、控制风险和发现风险之间的逆向关系。

（3）审定员或核查员应对组织或项目的温室气体信息进行评审，以便评价以下四个方面：

1）其代表委托方所从事的审定或核查活动的性质、规模和复杂程度；

2）责任方的温室气体信息和声明的置信度；

3）责任方的温室气体信息和声明的完整性；

4）责任方参与温室气体方案的资格（如适用）。

（4）如果责任方所提供的信息不足以对组织或项目的温室气体信息进行评审，审定员或核查员应停止审定或核查工作。

（5）为了确保能够继续进行正常的审定或核查工作，审定员或核查员应对相关的温室气体信息潜在的误差、遗漏和错误解释的出处和严重程度进行评价，且应从下列三个方面评价潜在的误差、遗漏和错误解释：

1）发生实质性偏差的固有风险；

2）组织或温室气体项目控制不能防止或发现实质性偏差的风险；

3）对于组织或温室气体项目控制没有纠正的实质性偏差，审定员或核查员不能发现的风险。

标准条文

4.4.2 审定计划或核查计划

审定员或核查员应制定书面审定或核查计划，其内容至少包括：

a）保证等级；

b）审定或核查目的；

c）审定或核查准则；

d）审定或核查范围；

e）实质性；

f）审定或核查活动及日程。

在审定或核查过程中，如有必要，应对审定或核查计划进行修订。审定员或核查员应将此计划与委托方和责任方沟通。

理解要点

（1）为了确保审定或核查活动有序和有效地实施，审定员或核查员应制定书面审定或核查计划，至少包括以下内容：

1）保证等级说明；

2）审定或核查的目的；

3）审定或核查依据的准则；

4）审定或核查的范围；

5）实质性说明；

6）审定或核查活动及日程。

（2）在审定或核查过程中，当范围、目的和日程安排发生变化，有必要进行调整时，审定员或核查员应对审定或核查计划进行修订，并将修订的计划与委托方和责任方进行必要的沟通，取得委托方和责任方的理解和同意。

标准条文

4.4.3 抽样计划

审定员或核查员应制定抽样计划，其中应考虑到：

a）与委托方商定的保证等级；

b）审定或核查范围；

c）审定或核查准则；

d）达到保证等级所需的定量或定性数据的数量和类型；

e）确定有代表性样本的方法学；

f）潜在的误差、遗漏或错误解释的风险。

如果在整个审定或核查过程中发现任何可能导致误差、遗漏和错误解释的新的风险或实质性问题，应对抽样计划进行必要的修订。

审定员或核查员在制定审定或核查计划时，应将抽样计划作为一项依据。

理解要点

（1）审定员或核查员应制定抽样计划，其中应考虑到：

1）与委托方商定的保证等级；

2）审定或核查范围；

3）审定或核查准则；

4）达到保证等级所需的定量或定性数据的数量和类型；

5）确定有代表性样本的方法学；

6）潜在的误差、遗漏或错误解释的风险。

（2）如果在整个审定或核查过程中发现任何可能导致误差、遗漏和错误解释的新的风险或实质性问题，审定员或核查员应对抽样计划进行必要的修订。

（3）抽样计划是审定员或核查员制定审定或核查计划的一项依据。

（4）如果对组织或温室气体项目所收集的所有信息都进行评价，其效率就过于低下，因此通常采用一种基于风险的途径来制定抽样计划，用来收集充足的证据，以实现期望的保证等级。

图 3－3 给出了通过基于风险的途径制定抽样计划的典型步骤。

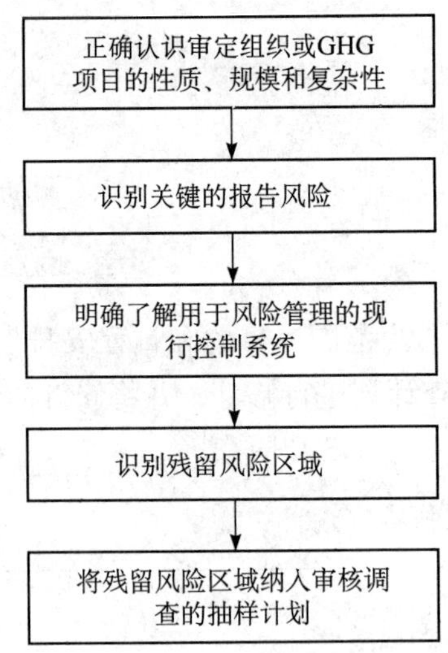

图3-3　通过基于风险的途径制定抽样计划的典型步骤

标准条文

4.5　对GHG信息系统及其控制的评价

审定员或核查员应对组织或项目的GHG信息系统及其控制进行评价，以确定潜在误差、遗漏和错误解释的出处。此时要考虑下列因素：

a）对GHG数据和信息的选择和管理；

b）收集、处理、整合和报告GHG数据和信息的过程；

c）保证GHG数据和信息的准确性的体系和过程；

d）GHG信息系统的设计和保持；

e）支持GHG信息系统的体系和过程；

f）以往的评价结果（如存在并有必要时）。

如有必要，审定员或核查员在修改抽样计划时应考虑对GHG信息系统及其控制进行评价所取得的结果。

理解要点

（1）规定了对温室气体信息系统及其控制进行评价的要求。

（2）为了确定潜在误差、遗漏和错误解释的出处，审定员或核查员应对组织或项目的GHG信息系统及其控制进行评价。

（3）对组织或项目的温室气体信息系统及其控制进行评价要考虑的因素包括：

1）对温室气体数据和信息的选择和管理情况；

2）收集、处理、整合和报告温室气体数据和信息的过程；

3）保证温室气体数据和信息的准确性的管理体系和控制过程；

4）温室气体信息系统的设计和保持；

5）支持温室气体信息系统的管理体系和过程；

6）以往的评价结果（如存在并有必要时）。

（4）在修改抽样计划时，审定员或核查员应考虑对温室气体信息系统及其控制进行评价所取得的结果。

标准条文

> **4.6 对 GHG 数据和信息的评价**
>
> 审定员或核查员应审查 GHG 数据和信息，从中获取证据，用来对组织或项目的 GHG 声明进行评价。这一审查应基于抽样计划。如有必要，审定员或核查员在修改抽样计划时应考虑审查的结果。

理解要点

（1）为了对组织或项目的温室气体声明进行评价，审定员或核查员应根据抽样计划的安排，审查温室气体信息并从中获得相关证据。

（2）在修改抽样计划时，审定员或核查员应考虑对温室气体数据和信息进行审核所取得的结果。

标准条文

> **4.7 根据审定或核查准则的评价**
>
> 审定员或核查员应确认组织或 GHG 项目是否遵守了审定或核查准则。
>
> 审定员或核查员在对实质性偏差进行评估时应考虑责任方所遵从的标准或 GHG 方案规定的原则。

理解要点

（1）审定和核查过程中，审定员或核查员要确认组织或温室气体项目是否遵守了审定和核查的相关准则；

（2）审定员或核查员在对实质性偏差进行评估时，应考虑责任方所遵从的标准或温室气体方案规定的原则。

标准条文

> **4.8 对 GHG 声明的评估**
>
> 审定员或核查员应评估在评价信息系统控制、GHG 数据和信息，以及适用的 GHG 方案准则过程中收集的证据是否充分，是否能够支持 GHG 声明。审定员或核查员在评估收集的证据时应考虑实质性。
>
> 审定员或核查员应对 GHG 声明是否存在实质性偏差，审定或核查活动是否达到了当初商定的保证等级作出结论。
>
> **注：**某些标准（如 ISO 14065）和 GHG 方案针对第三方审定或核查，规定不能由从事审定或核查的人作此结论。
>
> 如果责任方对 GHG 声明作出修改，审定员或核查员应对修改后的 GHG 声明进行评估，以确定所提供的证据能够支持这些修改。

理解要点

（1）责任方是指有责任提供温室气体声明和有关温室气体支持信息的人。责任方可以是某些个人，或一个组织或项目的代表，同时他们可以是雇用审定机构或核查机构的一方。审定机构或核查机构可以由委托方或其他有关方（如温室气体方案管理者）雇用。

（2）第三方审定或核查的目的就是要对组织或项目的温室气体声明的真实性、准确性进行评价。因此，审定或核查人员在完成了上述工作步骤后，要对在评价信息系统控制、温室气体数据和信息，以及适用的温室气体方案准则过程中所收集的证据进行评价，确认相关信息是否充分、是否能够支持温室气体声明。

（3）审定员或核查员在评估收集的证据时应考虑实质性；应对组织或项目的温室气体声明是否存在实质性偏差，审定或核查活动是否达到了双方事先商定的保证等级作出结论。

（4）如果在开展了评估后，责任方根据相关的信息主动对原来所提出的温室气体声明作出修改，审定员或核查员应对修改后的温室气体声明进行重新评估，确定责任方所提供的相关证据能够支持相关的修改。

（5）为了保证公正性，在第三方审定和核查情况下，要依据 ISO 14065 和温室气体方案的规定由从事现场审定或核查的人以外的其他审定或核查人员作此结论。

标准条文

4.9　审定和核查陈述

审定或核查完成后，审定员或核查员应向责任方提交审定或核查陈述。审定或核查陈述应：

a）提交给 GHG 声明目标用户；

b）说明审定或核查陈述的保证等级；

c）说明审定或核查的目的、范围和准则；

d）说明支持 GHG 声明的数据和信息属于何种性质，即假设、预测和（或）历史记录；

e）附责任方 GHG 声明；

f）提供审定员或核查员对 GHG 声明的结论，包括其中的限定条件。

注：某些 GHG 方案要求由核查机构对组织或 GHG 项目在特定时间段内所取得的 GHG 绩效进行认证。

理解要点

（1）在现场审定和核查工作完成后，审定员或核查员要向责任方提交审定或核查报告，本条款明确了审定或核查报告应包括的基本内容：

1）说明审定或核查陈述的保证等级；

2）说明审定或核查的目的、范围和准则；

3）说明支持温室气体声明的数据和信息属于何种性质，即假设、预测和（或）历史记录；

4）对温室气体声明的结论，包括其中的限定条件；

5）必要时，按照相关的温室气体方案，说明组织或温室气体项目在特定时间段内达到了责任方所声明的温室气体绩效（如温室气体排放、清除、减排或增加清除）。

（2）审定或核查报告要提交给温室气体声明目标用户，并附责任方温室气体声明文件。

（3）温室气体认证过程的结果通常是由温室气体方案主管部门向责任方颁发的一个正式的书面声明，或由经过认可的认证机构向责任方颁发一个对其温室气体声明予以证明的文件（认证证书）。

标准条文

> **4.10　审定或核查记录**
>
> 如有必要，审定员或核查员应保持记录，以证实符合本标准的要求。审定或核查的记录应根据参与方的协定、审定或核查的计划以及适用的GHG方案和合同要求予以留存或销毁。

理解要点

（1）为了证明审定或核查活动符合本标准的要求，审定员或核查员应保存审定或核查的相关记录。

（2）根据参与方的协定、审定或核查的计划以及适用的温室气体方案和合同要求，对审定或核查的记录予以留存或销毁。

标准条文

> **4.11　审定或核查后发现的情况**
>
> 审定员或核查员在作出审定或核查陈述前应取得充足的证据并识别最新的相关信息。如果在作出审定或核查陈述后发现了可能实质性影响审定或核查陈述的情况，审定员或核查员应考虑采取适当的措施。

理解要点

（1）审定员或核查员在作出审定或核查陈述提交审定或核查报告之前应取得充足的证据并识别最新的相关信息，以确保作出的结论是准确和可信的。

（2）如果在作出审定或核查陈述后，发现了可能实质性影响审定或核查陈述的情况，审定员或核查员应考虑采取适当的措施。

二、应用

第三方认证机构在实施温室气体审定或核查工作中要做好以下几方面的工作：

1. 明确审定或核查各相关方的职责

审定或核查是指审定员或核查员根据商定的和适合的准则对责任方（一般为某组织或温室气体项目的管理者）的温室气体声明公正地进行客观评价的过程。审定或核查后，审定员或核查员要向目标用户提交符合双方商定的保证等级的结论，说明该温室气体声明无实质性误差、遗漏或错误解释。

（1）委托方为审定员或核查员提供充足的信息，以便后者确定这一工作能否进行。审定员或核查员受委托方的委托开展审定或核查。

（2）组织或温室气体项目建议方（责任方）负责作出温室气体声明，并将温室气体声明及其支持信息提供给审定员或核查员。

（3）审定员或核查员以审定报告、审定陈述或核查陈述的形式报告审定或核查发现和结论，并将其分送与委托方所签合同中规定的有关各方。

（4）信息的目标用户可以是委托方、责任方、温室气体方案主管机构、执法部门、金融机构或其他利益相关方（如当地社区、政府机构或非政府组织）。

图 3 –4 示出了各有关方面在审定与核查中的作用和职责。

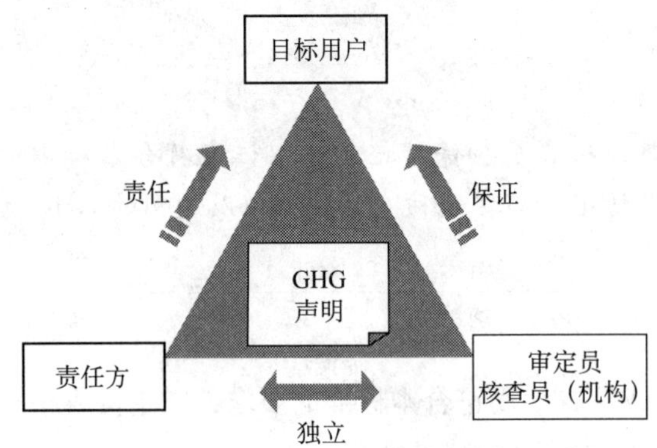

图 3 –4　作用和职责

2. 建立审定或核查人员能力准则并实施评价，确保人员能力符合要求

（1）审定或核查机构保证审定或核查组的总体能力所采取的方式

1）根据温室气体方案的要求，确认审定员或核查员已得到认可，从而有资格在适合于既定的审定或核查目的、范围和准则的温室气体方案下开展工作；

2）确定为实现审定或核查目的所需的知识、专业技能和能力；

3）选择具备所需知识、专业技能和能力的审定或核查组长与成员。

（2）对审定和核查员个人素质的要求

审定或核查组成员应具备必要的个人素质，以保证其遵照标准第 3 章所规定的原则工作。审定员或核查员应当：

1）有道德，即公正、可靠、忠诚、诚实和谨慎；

2）思想开明，即愿意考虑不同意见或观点；

3）善于交往，即灵活地与人交往；

4）善于观察，即主动地认识周围环境和活动；

5）有感知力，即能本能地了解和理解环境；

6）适应力强，即容易适应不同情况；

7）坚韧不拔，即对实现目的坚持不懈；

8）明断，即根据逻辑推理和分析及时得出结论；

9）自立，即在同其他人有效交往中独立工作并发挥作用。

（3）对审定或核查组的能力要求

审定或核查组应配备一名组长，并根据审定或核查范围的需要配备若干名审定员或核查员和（或）有独立地位的专家。作为一个整体，审定或核查组要熟悉以下内容：

1）审定与核查需遵守的法律法规（如温室气体方案主管机构和责任方共同遵守的各种法律文书或合同）；

2）审定或核查范围内的标准或温室气体方案所规定的原则和要求；

3）与从事此项工作的审定员或核查员有关的认可要求；

4）产生温室气体排放的过程，以及与温室气体排放的量化、监测和报告有关的技术问题；

5）影响温室气体清除的生态系统，以及与温室气体减排的量化、监测和报告有关的技术问题；

6）组织或温室气体项目对温室气体排放或减排的量化、监测和报告所采用的方法学；

7）如适用，关于组织边界或温室气体项目及其基准线情景的确定，以及温室气体项目策划的确定；

8）组织或温室气体项目对温室气体清除或清除增加的量化、监测和报告所采用的方法学；

9）对温室气体数据和信息的审核，以及数据抽样的方法学，包括保证等级、实质性及审定或核查计划的审核；

10）风险评估方法学；

11）审定或核查机构的审定或核查工作程序（管理或其他程序）。

至少一名审定或核查组成员在以上所列的每个方面具备相关的知识，而且这些知识是通过有关的工作经历获取的。

除此之外，作为一个整体，审定或核查组还宜具备下列方面的经验和最新的知识并得到培训：

1）识别温室气体报告系统的失误及其对组织或温室气体项目的温室气体声明所造成的影响；

2）组织或温室气体项目所选择的温室气体源、汇、库的来源和类型；

3）组织或温室气体项目所采用的温室气体量化方法学；

4）与特定的温室气体方案有关的其他能力（如在京都机制下实施 GHG 项目所需的政治和法律方面的专长）；

5）本行业当前最佳操作。

（4）专家的选择及作用

如果审定或核查组不完全具备能力，必要的知识、专业技能和能力可通过技术专家来支持。专家在审定或核查组长指导下工作。可将其作为审定或核查组成员使用，特别是在从事数据审核工作时。

在一项具体的审定或核查中对专家进行评价时，可考虑下列因素：

1）专家的专业技能、能力和公正性；

2）专家的专长与审定核查目的的相关性；

3）就温室气体方案要求而言，专家处于客观的地位并具备必要的独立性。

审定或核查机构应确保审定员或核查员与技术专家对他们各自的职责和作用有适宜的理解。

（5）管理人员的能力

负责审定员和核查员工作管理的人员的能力要符合 ISO 14065：2007 第 6 章的要求。

（6）审定或核查机构职责

制定《审定员/核查员能力管理程序》，建立人员能力分析与评价系统，确定管理人员、审定员、核查员、专家的能力要求，并进行人员能力评价，为开展审定和核查工作提供具备能力的人力资源。准则的制定和评价过程将在本书第五章予以说明。

3. 明确审定或核查的保证等级、目的、准则和范围

在实施审定或核查前，审定或核查机构在与委托方进行充分沟通的前提下，可通过合同或协议书确定审定或核查的保证等级、目的、准则和范围。

4. 审定或核查策划

策划包括制定计划前的评审、制定审定或核查计划、制定抽样计划。认证机构为了做好组织或温室气体项目的认证工作，要在对组织或项目的相关信息进行充分评审的基础上制定具体的审定或核查计划。

(1) 制定计划前的评审

1) 温室气体项目审定前的评审

为温室气体项目审定所进行的评审宜针对下列信息和文档：

a) 责任方的温室气体声明；

b) 温室气体项目应满足的标准或温室气体方案所规定的原则和要求，包括其预先规定的各种定量要求，如实质性偏差限值、绩效目标等；

c) 温室气体项目策划或文档；

d) 识别、选择和论证基准线情景的过程；

e) 责任方为保证温室气体信息的质量、完整与安全而实施的运行和控制程序；

f) 可能影响有效审定的任何语言、文化或社会因素。

2) 温室气体项目核查前的评审

为温室气体项目核查所进行的评审宜针对下列信息和文档：

a) 责任方的温室气体声明及此前作出的任何有关声明；

b) 温室气体项目应满足的标准或温室气体方案所规定的原则和要求，包括其预先规定的各种定量要求，如实质性偏差限值、绩效目标等；

c) 温室气体项目计划或文档；

d) 从前一次核查期或前一次审定以来，温室气体项目计划或文档的重大变更，包括在法律、财务、运行和地理边界之内的变更；

e) 温室气体项目报告和陈述，包括所提供的保证等级；

f) 先前的审定报告和陈述、审查陈述或认证；

g) 温室气体项目报告或温室气体信息；

h) 责任方为保证温室气体信息的质量、完整与安全而实施的运行和控制程序；

i) 用来收集、汇编、传输、处理、分析、纠正（或调整）、合并（或分解）和保存责任方温室气体信息的温室气体信息管理系统过程；

j) 用来收集和评审任何支持温室气体信息的文档的过程；

k) 因以前审定或核查的建议而作出修改的证据；

l) 可能影响有效审定的任何语言、文化或社会因素；

m) 和责任方的温室气体声明有关的对项目的温室气体排放、清除、减排或增加清除进行陈述的报告。

3) 组织的温室气体核查前的评审

为组织温室气体信息核查所进行的评审宜针对下列信息和文档：

a) 责任方的温室气体声明及此前作出的任何有关声明；

b) 组织应满足的标准或 GHG 方案所规定的原则和要求，包括其预先规定的各种定量

要求，如实质性偏差限值、绩效目标等；

c）过去的核查报告、陈述或认证；

d）从前一次核查期以来对组织或运行边界所作的重大变更，包括有关法律、财务、运行和地理边界的变更；

e）组织的温室气体清单或 GHG 信息；

f）组织为保证温室气体信息的质量、完整与安全而实施的运行和控制程序；

g）用来收集、汇编、传输、处理、分析、纠正（或调整）、合并（或分解）与存储组织温室气体信息的温室气体信息管理系统过程；

h）用来收集和评审任何支持 GHG 信息的文档的过程；

i）因以前审定或核查的建议而作出修改的证据；

j）可能影响有效核查的任何语言、文化或社会因素；

k）和组织的温室气体声明有关的对项目的温室气体排放、清除、减排或增加清除进行陈述的报告。

（2）制定审定或核查计划

1）影响审定或核查计划程度的因素

a）组织或温室气体项目的规模和复杂程度；

b）对组织或温室气体项目而言，审定或核查组的经验和知识；

c）审定或核查的复杂程度；

d）所属行业；

e）所使用的技术和过程；

f）计划的制定过程。

2）审定或核查计划的制定过程

a）对早期发现进行评价，以查找产生 GHG 信息误差、遗漏和实质性偏差（实际的或潜在的）及控制的失误与不足的根本原因；

b）参考或考虑先前的审定或核查，类似组织或 GHG 项目的有可比性的审定或核查；

c）抽样计划，并说明所采取途径的原理；

d）识别温室气体声明中可能发生的实质性偏差类型；

e）考虑可能产生实质性偏差的风险；

f）设计适当的方法以检查是否发生了实质性偏差，是否出现了错误或遗漏；

g）在审定或核查过程中根据所取得的有关实际或潜在的误差、遗漏、实质性偏差问题和控制绩效的证据对审定或核查计划进行修改。

3）在审定或核查过程中要考虑的风险

a）固有风险；

b）控制风险；

c）发现风险。

4）计划要考虑的因素

在制定审定或核查总体计划时要考虑和发现的情况：

a）审定员或核查员对责任方所从事的业务方面的知识，包括：

——所在行业影响组织或温室气体项目报告温室气体排放、清除、减排或清除增加或信息披露程度的条件；

——组织或 GHG 项目的特点，其业务性质、温室气体绩效、温室气体报告要求，以及前一次核查期或前一次审定以来的变化；

——对报告温室气体信息的外部要求；

——主要控制的灵活性和成熟性；

——组织或温室气体项目的管理者和相关责任人的能力水平，这些人负责收集、传输、处理、分析、合并、分解、存储和报告 GHG 信息。

b）了解温室气体信息的收集和内部控制系统，包括审定或核查机构关于各种温室气体的收集和内部控制系统的知识，以及对责任方的控制和实质性程序的检查重点。

c）抽样计划基于：

——对固有风险、控制风险和可能发生的发现风险的评价；

——为作出报告设立的实质性水平；

——出现实质性偏差的可能性，包括以往发生的此类情况；

——识别复杂的温室气体量化要求（如由于组织或温室气体项目使用复杂的转换因子或方法带来温室气体信息的可变性）；

——确定存在并能够获得的外部 GHG 排放因子，该因子是当前使用的、并得到公认的。

d）协调、指导、监督和评审的内容包括：

——审定或核查对象的数量（如设施、温室气体、制造过程、控制、计算机信息系统、下级单位和部门等的数量）；

——所涉及的专家及其对审定或核查过程的贡献；

——审定或核查组成员的数量、作用和职责；

——有效进行审定或核查所需的专业数量和（或）能力。

e）其他内容，包括：

—— 特殊情况，如存在第三方，属于合资企业，或有外部采办安排；

——与委托方签订的合同中的条件（如提交时间）和温室气体方案所需的的职责和能力要求；

——报告和与有关各方（委托方、责任方或信息的目标用户，包括所参加的温室气体方案的主管部门）沟通的性质和时间表；

——为满足委托方、执法部门、利益相关方、组织、项目业主参加的 GHG 方案的要求而开展审定或核查的频度。

（3）沟通计划

审定或核查组长要保证与委托方的管理者和（或）负责温室气体清单或温室气体项目的人员（视情况而定）进行有效的沟通（在核查的情况下，通常利用公开会议来进行这种沟通），以便：

1）确定审定或核查计划，包括审定或核查的目的、范围、准则等；

2）向委托方说明审定或核查将如何开展；

3）确定沟通渠道；

4）为委托方提供提问的机会。

（4）制定抽样计划

1）制定计划前的风险分析

认证机构（温室气体审定或核查机构）可采用一种基于风险的途径来制定抽样计划，用来收集充足的证据，以实现期望的保证等级。

a）识别和报告风险，常见的风险可能有：

——不完整，例如忽视了重要来源，边界划定不正确，泄漏效应；

——不准确，例如重复计算、人为改变重要数据、对排放因子的不正确使用；

——不一致，例如计算温室气体排放或清除的方法学和往年不同时，未将变化写入文件；

——数据管理与控制方面的弱点，例如对人工转移（源数据录入或电子数据表之间的转移）的数据检查不够，没有内部审核或评审，监测作法不统一，对重要的过程、参数、测量等缺乏校准和维护。

b）如果采取基于风险的审定途径，则宜识别在下列情况下与所作假定和所使用的温室气体信息相伴的风险：

——项目设计；

——确定基准线（如情景、方法学、估算）；

——项目或基准线温室气体量化程序；

——对温室气体减排或增加清除的估算；

——温室气体中碳储量的永久性；

——质量和监测计划或程序；

——环境影响分析（如可行）。

c）不确定性分析

在估算项目的温室气体减排或清除增加时，不确定性主要来自以下两个方面：

——基准线的不确定性：在建立基准线情景时，所作的假定会带来一些不确定性，尤其是对那些可能不会发生的情况所作的一系列假定（如基准技术和燃料、基准技术的绩效、进行替代的日程和时段、服务的等效性等）；

——数据的不确定性：在确定或测量用于估算温室气体减排或清除增加的参数（如输出、设备及网络的效率、排放因子、利用系数等）时，存在技术上的不确定性。另外还存在由于人为因素而导致报告中的偶发错误或程序性问题。

为估算 GHG 减排或清除增加而建立基准线时最容易产生不确定性。由于所假定的情况完全是虚拟的，因此伴随假定而产生的不确定性是无法完全避免的。如果没有适当的方法对这些不确定性加以量化，则在合理的基础上选择偏于保守的基准线，在保守性和不确定性的程度之间找到一个平衡点。因此，不确定性越高，基准线的保守程度越高；不确定性降低了，保守程度也可相应降低。

2）制定抽样计划

在下列方面进行抽样：

a）温室气体源；

b）温室气体汇；

c）温室气体库；

d）温室气体类型；

e）组织、设施、场所；

f）温室气体项目；

g）温室气体过程。

建立抽样计划是一个反复的过程。在审定或核查中，当发现控制、温室气体信息和实质性偏差等方面的问题时，要对所选择的抽样方法和信息样本作出相应的更改。对抽样计划进行修订时考虑关于试验方法的证据是否充足、适宜，并考虑支持组织或温室气体项目的温室气体声明的证据。

5. 审定或核查实施

审定和核查实施由认证机构派出的具备能力的审定员或核查员在委托方现场按照策划的计划进行，包括：温室气体信息和信息系统控制评价、温室气体信息和数据评价、根据审定或核查准则进行评价和温室气体声明评价。以下分别说明如何实施。

（1）温室气体信息和信息系统控制的评价

1）对温室气体信息系统对下列方面的控制（如存在）情况进行评审：

a）确定与监测组织边界的过程及其论证，或确定与监测温室气体项目和基准线情景的过程及其论证；

b）识别与监测温室气体方案要求的方法；

c）识别报告要求的方法；

d）确定基准年的方法；

e）确定基准线情景的方法；

f）选择温室气体源、汇、库的方法；

g）选择温室气体的方法；

h）识别测量技术和数据源的方法；

i）温室气体量化方法学的选择、论证和应用；

j）用来收集、处理和报告温室气体信息的过程与工具的选择和应用；

k）因变化对其他有关系统所产生影响的评价方法；

l）对信息系统修改的授权、批准及形成文件的程序。

2）对温室气体信息系统中的下列信息及其完整性（如存在）进行评审：

a）对温室气体信息管理有影响的方针；

b）管理者有关评审信息及其报告的指示和指导；

c）管理者识别、监测和认同温室气体风险的途径；

d）管理者对温室气体要求的理解；

e）关于边界的文档和监测程序；

f）关于温室气体源、汇、库的文档；

g）选择、处理和报告评审信息的过程；

h）保证妥善校准及维护与监测和测量评审数据有关的设备的方法；

i）对信息报告和管理体系中缺陷的识别和报告方法；

j）保证对所识别的缺陷采取纠正措施的方法；

k）取得重要记录所需的程序；

l）保证能够取得和更新当前信息的方法；

m）保证和信息管理系统有关的设备得到充分维护的方法；

n）保留记录和文件的程序；

o）识别和防止危害信息安全的方法。

3）对下列有关温室气体资源信息（如存在）进行评审：

a）分配作用和职责的方式；

b）确定人员资格的方式；

c）时间和资源配置决策方式。

4）对温室气体信息系统的下列控制（如存在）情况进行评审：

a）例行错误检查中的输入、转换和输出；

b）对不同系统间信息传输的检查；

c）协调过程；

d）周期性比较；

e）内部审核活动；

f）管理评审活动。

检查温室气体信息的方法有多种，可将其归纳为输入控制、转换控制和输出控制三种类型。

a）输入控制是对数据从测量或量化值转化为有形记录时所发生错误的检查；

b）转换控制是对输入数据进行汇编、转换、处理、计算、估算、合并、分解或修改时所发生错误的检查；

c）输出控制是围绕温室气体信息的配送和在输入、输出信息间进行比较时所发生错误的检查。

（2）温室气体信息和数据评价

1）评价内容

a）温室气体信息的完整性、一致性、准确性、透明性、相关性和（必要的）保守性，包括原始数据的来源。

b）所选用的估算和量化的方法学的适宜性。

c）所选用的基准线情景和温室气体基准线量化方法学的适宜性。

d）不同的设施或不同的温室气体项目（当同一审定或核查范围内有不止一个项目被评价时）对温室气体信息的汇编、传输、处理、分析、合并、分解、调整或储存是否采用不同的数据管理方式，如果是，在温室气体报告的过程中是如何处理这些差别的。

e）通过其他量化方法学对温室气体信息进行交叉检查。

f）因数据来源或温室气体量化方法学不同所导致的温室气体信息的不确定性。

g）温室气体信息的准确性和不确定性（温室气体方案规定了温室气体声明必须遵守的实质性偏差的最低限值）。

h）对用来监测和测量温室气体排放和清除的设备进行维护和校准的制度（如可行）。包括确定设备是否达到了进行报告所要求的精度，以及维护和校准的制度中对所报告的温室气体信息和声明具有实质性影响的更改。

i）其他可能对温室气体产生重大影响的因素。

2）证据的类型

审定和核查活动一般根据审定或核查计划中规定的步骤收集三种类型的证据，包括物理证据、文件证据和证人证据。

a）物理证据是指可见的或可触及的，如计量燃料或其他公用资源耗用的仪表、排放监测设备、校准设备。物理证据是通过对设备或过程的直接观察取得的。物理证据有说服力，因为它能够证实被核查的组织确实在收集相关的数据。

b）文件证据是指以纸质或电子媒介记载的信息，包括运行和控制程序、工作日志、检查单、票据和分析结果等。

c）证人证据是指通过和从事技术、操作、行政或管理等方面的人员面谈收集的信息。

证人证据为理解物理证据和文件证据提供了背景信息，但其可靠性取决于面谈对象的知识水平和客观性。

审定或核查途径的选择在很大程度上取决于委托方对准确性和可信性（即保证等级）的要求。例如一个通过排放交易或碳补偿制度出售温室气体减排或清除增加的组织，比一个参加自愿温室气体方案，目的仅仅是了解和报告其温室气体排放和清除情况的组织，在准确性和可信性方面的要求更高。

3）证据检验方式

核查中，可采用多种检验方式，如对数据进行复核，以检查是否有遗漏或抄写错误；对过去的工程计算进行验算；或对证明某项活动的文件进行复审。

核查检验的类型包括：

a）寻求根据：通过追溯原始数据的书面材料来发现所报告的温室气体信息中的错误。例如对用来计算报告中二氧化碳排放的外购燃油数量，通过付款部门保存的供方发票进行核实。由此断定所报告的 GHG 信息都是有依据的。

b）验算：检查计算是否正确。例如对不予测量的排放，重新计算燃烧所产生的二氧化碳和甲烷排放结果。

c）数据追溯：通过复审原始数据记录检查所报告的温室气体信息有无遗漏。例如对监测多个排放源所测得的温室气体排放数据进行复审，以便核查员核实所有排放源都纳入了清单之内。

d）确认：寻求客观第三方的书面确认。这可以用于审定员或核查员无法进行实际观测的情况，例如对流量计的校准。

4）信息分类

支持温室气体信息固有准确性和可靠性的程度取决于数据来源和收集、计算、传输、处理、分析、合并、分解和储存温室气体信息的方式。对温室气体信息进行分类有助于审定员和核查员判断不同信息来源的准确性和可靠性。

表 3－5 提供了根据排放或清除分类和温室气体量化方法学对温室气体排放或清除进行核查时所评审的信息类型的示例。

表 3－5　温室气体排放和清除估值核查中的评审信息示例

温室气体排放和清除类别	信息类型示例
燃烧	燃料类型 燃料消耗量 排放的温室气体类型 燃烧效率 氧化系数 所排放的每种温室气体的全球变暖潜值 设备校准

续表 3－5

温室气体排放和清除类别	信息类型示例
过程	排放源 运行时间（小时）或产品输出量 未控制的温室气体排放（及其全球变暖潜值） 控制设备的效率和可靠性 每小时输出量或单位产品的净排放 化学分析实验室方法和记录 对排放进行持续监测的结果
逃逸	气流成分 泄漏检测结果或保养维护方式 设备类型和数量 排放历史 化学分析实验室方法和记录 所排放的每种温室气体的全球变暖潜值
外部输入能源的排放	外部能源生产来源 每千瓦时能量所产生的温室气体排放（即排放因子） 传输和配送过程中的损失 所消耗的电能（千瓦时） （以上信息同样适用于外部输入的蒸汽和热力）
生物汇	温室气体库的定义和假定 抽样方法学 生长模型 生物质/碳模型 空间边界 性能评价

5）异常情况下排放的评价

除检查正常运行条件下的温室气体排放源外，还要评价异常情况下的排放，例如在启动、关闭或紧急情况下，启用设施或温室气体项目正常操作之外的新程序时。

6）信息的交叉检查

在许多情况下，有不止一种对温室气体信息进行量化的方法，也可以通过其他渠道获得原始数据。这样可以对温室气体信息的量化进行交叉检查，以提高保证等级，使报告的信息达到期望的保证等级。

交叉检查的类型包括：

a）过程范围内的内部检查；

b）组织范围内的内部检查；

c）行业范围内的检查；

d）比对国际信息进行检查。

案例　信息交叉检查（火力发电厂）

某发电厂在 A、B、C 三处现场拥有发电设备。

现场 A 的运行控制中，包括对煤的输入量进行持续的统计；定期抽取样品，检测其中碳和能的含量；对烟尘和碳的沉积量进行定期测量。根据这些信息和化学平衡方程，可以计算出二氧化碳的排放量。

a）交叉检查 1：作为运行控制的一部分，该发电厂要统计其生产的发电量（兆瓦时）。再根据过去取得的数据（如去年的统计），可以估算出每兆瓦时所产生二氧化碳的吨数。将这些数据和当前的排放强度进行对比，对其间的明显差距做进一步调查。此外，还可利用厂家提供的设备规格中规定的在已知维护条件下的额定输出值进行第二次内部检查，并对所发现的明显差距进行调查。

b）交叉检查 2：发电厂对现场 B 也收集类似信息，因此可以检查比较现场 A 和现场 B 的排放。现场 B 的设备可以是不同的设计和投料。发电厂了解到在正常情况下现场 B 的排放强度比现场 A 高 4%。如果实际计算结果与此有明显差距，可进一步进行调查。

c）交叉检查 3：该发电厂是国家电网的一部分。有关主管部门每年要公布电网各区域的排放强度数据。发电厂可将三个现场的排放强度和本地区的平均值进行比较，并对其间的明显差距进行调查或作出解释。

d）交叉检查 4：一些国际组织（如 IPCC）针对一些已知的技术提供了排放强度的数值。这些数值可以用来检查三个现场经计算得出的排放量的数量级，对其间的明显差距进行调查或作出解释。

交叉检查不能代替源数据，但有助于发现错误和量化过程中的异常或具有较高风险的环节，并能提升保证等级。

（3）根据审定或核查准则进行评价

如果项目建议方或组织采用了某项标准，或参加了某个温室气体方案，如果可行，审定员或核查员要评价其是否：

1）有资格参加该温室气体方案；

2）将要或已经采用标准或温室气体方案所批准或满足其要求的温室气体估算、量化、监测和报告的途径或方法学；

3）将要或已经满足温室气体方案主管部门同意或标准规定的温室气体绩效要求或目标；

4）将要或已经提交报告，其中包括完整、一致、准确、透明的温室气体信息；

5）对标准或温室气体方案的原则和要求有充分的理解并有能力满足；

6）已通过委托方规定了与标准或温室气体方案的原则和要求相一致的保证等级；

7）已对组织边界或温室气体项目及其基准线情景的显著变更作出论证并形成文件。这些变更是在上次审定或核查期以后发生的，可能引起组织或温室气体项目排放、清除、减排和清除增加的实质性改变，或影响它们满足温室气体方案原则、要求或 GHG 绩效目标的能力。

如果组织或温室气体项目申请参加某个温室气体方案，审定员或核查员宜寻找组织已经注册或者满足温室气体方案注册要求的证据。在这种情况下，审定或核查机构宜清楚自己在确保组织或温室气体项目注册方面的作用和职责。

如果在审定或核查的目的、范围和准则中要求参看组织管理温室气体的内部行动或绩效目标，则审定员或核查员要确认和决定：

1）内部的温室气体管理活动是否符合组织的文件化的方针、程序和行为规范；

2）与目标相比，绩效如何；

3）组织的管理者和员工是否对内部的温室气体管理行动的目标和指标有充分的理解；

4）委托方规定的保证等级是否和组织内部的温室气体管理行动的目的相一致；

5）组织是否对可能影响其内部的温室气体管理行动能力的组织边界或温室气体排放或清除边界的重大变化进行判断并形成文件。

（4）温室气体声明评价

审定或核查组要将组织或温室气体项目的温室气体绩效和下列方面的绩效准则进行对照比较，从而对温室气体声明进行评价，包括：

1）商定的审定或核查目的、范围和准则；

2）责任方的绩效与它所要遵守的标准或温室气体方案的原则或要求，或温室气体绩效目标；

3）审定或核查期间所收集的客观证据是否有效证明组织或温室气体项目的温室气体声明能够反映实际的绩效，并基于完整、一致、准确、透明的温室气体信息。

审定员或核查员要在上述评价的基础上形成审定或核查陈述。

6. 审定或核查陈述（报告）编制

（1）审定或核查陈述的内容要求

审定或核查陈述一般包括下列内容：

1）责任方和（或）委托方的名称、地址及其他有关联络信息。

2）声明审定或核查是根据本标准实施的。

3）开头或引导段落，内容包括：

a）指出审定或核查所针对的温室气体声明；

b）关于组织或温室气体项目管理者，以及审定或核查员的作用和职责的陈述。

4）关于范围的段落，内容包括：

a）指出审定或核查所依据的有关标准或温室气体方案的原则和要求；

b）说明与委托方商定的审定或核查的范围、目的和准则，包括保证等级；

c）关于审定或核查组工作的说明，包括用来核查温室气体信息和声明的技术和过程。

5）结论段落，内容包括：

a）指出制定温室气体声明所采用的报告框架、标准或温室气体方案要求；

b）所审定或核查的温室气体信息或绩效（如项目策划，基准线温室气体排放或清除，温室气体排放、清除、减排、清除增加等）；

c）审定或核查提供的保证等级，与商定的审定或核查范围、目的和准则一致；

d）限制条件（如存在）；

e）对温室气体声明的结论，包括结论的限定条件；

f）审定或核查陈述的日期。

6）审定员或核查员的联系方式。

7）审定或核查机构的授权人员签名。

（2）对陈述的其他要求

1）要考虑审定或核查陈述在形式和内容上的统一性，使读者易于理解，并有助于识别异常情况。

2）有时，出于温室气体方案的要求或责任方为满足相关方要求，可能会使有些合约要求审定或核查声明包含更多的内容，相关扩展的内容要与委托方商定。

3）在公布审定和核查陈述前，审定和核查人员要先将审定或核查陈述草案提交委托方和（或）责任方，以检查其正确性。在责任方对其正确性表示满意后，才可公布审定或核查声明最终版本。如责任方要求对陈述草案作出重大更改，修改后的内容在发布前要取得审定或核查组长的同意。

（3）审定或核查陈述的条件限定

1）认为必要的限定情况表述

审定或核查声明要明确地表述下列情况：

a）审定员或核查员认为温室气体信息在部分或所有方面不符合商定的审定或核查准则；

b）审定员或核查员认为就审定或核查准则而言，责任方的温室气体声明是不恰当的；

c）审定员或核查员无法为根据审定或核查准则评价温室气体信息在某个方面的符合性取得充足、适当和客观的证据；

d）审定员或核查员认为有必要对所陈述的观点加以限定。

2）对陈述的限定情况可归纳为下列两种类型：

a）由于偏离温室气体方案的要求而影响了温室气体声明，包括：不适当的处理（例如报告期内使用了不适当的温室气体潜值）；温室气体声明中对温室气体源、汇或库的不适当估算或量化（如高估了碳库存）；未能公布关键信息，或提供方式不恰当（如对 GHG 库的永久性解释不充分）。

b）审定员或核查员不能为确定是否偏离温室气体方案的要求取得足够的证据。在这种情况下，审定员或核查员不能实施必要的检查或程序，导致没有充分的证据来判断是否按照温室气体方案的要求客观地形成了温室气体声明。这包括：和审定或核查的时间安排有关（如在计划外的维修期间，因而无法观察运行活动和监测设备的运行）；组织、温室气体项目，或审定员或核查员无法控制的（如温室气体信息毁于火灾）；组织或温室气体项目造成的限制（如未保存足够的温室气体记录）。

3）如发生偏离温室气体方案要求或范围受到限制的情况，审定员或核查员必须充分考虑采用何种类型的限定或修改对审定或核查陈述是适宜的。除实质性偏差外，还要考虑这些问题对温室气体声明的影响程度、对采用何种类型的限定或修改声明可确定的影响范围、温室气体声明是否会或可能被理解为引起误导。

4）当与温室气体声明一起阅读时，指明了限定条件的审定或核查陈述将有助于目标用户了解温室气体声明的实际或潜在缺陷。

5）当审定员或核查员认为有必要在审定或核查陈述中指明限定条件时，要对陈述进行相应的修改，以便提请目标用户注意这些限定条件。这些修改包括：

a）在陈述范围和观点两个段落间加入一个关于限定条件的段落，其中包含：所有的限定条件、对每个限定条件充分说明理由、如果能够合理判断和明确指出所涉及的问题将怎样并在什么时候影响温室气体声明以及影响程度如何、如对所涉及问题的影响引起的限定条件无法作出判断，要就此作出陈述并说明理由。

b）陈述观点的段落包括：适合限定条件类型的措辞、与限定条件段落的关联。除此之外，对于受范围局限引起的限定条件，要在范围段落指明其中的联系。

6）否定的审定或核查陈述

如果审定员或核查员认为限定条件不适当，可作出否定的审定或核查陈述（如温室气体声明未按照温室气体方案的要求进行公正的表达）。或者，审定员或核查员也可以声明无法获取充分、适宜的证据来形成关于温室气体声明是否按照温室气体方案的要求进行了公正表达的审定或核查意见。

7）温室气体绩效认证

在一些温室气体方案中，温室气体认证发生在由中立的第三方温室气体核查机构出具书面保证，说明在特定的时期内，组织或温室气体项目达到了责任方所声明的温室气体绩效（如温室气体排放、清除、减排或增加清除）的时候。温室气体认证过程的结果通常是由温室气体方案主管部门向责任方颁发的一个正式的书面声明。

7. 审定或核查文件和记录管理

审定和核查过程中涉及许多记录和文件，是审定和核查陈述的重要支持证据，对实现可追溯性具有重要作用。认证机构包括审定员或核查员要按照文件的记录控制程序的规定管理好相关记录和文件。

（1）工作单、审核跟踪和文件的控制与管理

审定员或核查员要将作为审定或核查陈述支持证据的重要事项形成文件，还要将证明其所开展的审定或核查工作是依据商定的范围和目的、温室气体方案或标准的有关原则和要求而进行的证据形成文件。

审定员或核查员要建立足够完整和详细的文档，以达成对审定或核查过程的整体理解。

适宜时，至少要考虑建立下列方面的文件和提供审定或核查证据的记录：

1）背景文件；

2）审定式核查过程的文件；

3）信息交流和报告的文件。

（2）背景文件

1）组织或项目的温室气体声明；

2）关于组织或项目所属的行业、温室气体报告环境和法规环境方面的信息；

3）关于组织边界或项目及其基准线情景的信息；

4）关于识别和选择温室气体源、汇、库的信息；

5）量化温室气体排放、清除、减排或增加清除的程序；

6）描述所选择的GHG源、汇、库物质流或能流的，附有注释的工艺流程图；

7）关于所选择的温室气体源、汇、库的物料平衡、能量平衡和（或）其他定量的平衡；

8）重要的协定、合同的摘要或副本、排放交易及碳补偿记录（可行时）。

（3）审定或核查过程文件

1）关于策划过程的证据，包括在审定或核查方案中将要或实际执行的目的、范围、准则和活动的详情；

2）温室气体抽样计划的详情，包括所采用的审定核查途径及方法学的解释和论证；

3）所报告的经过审定或核查的温室气体信息的具体内容，包括那些在进一步审定或核查中必须验证其一致性的支持性信息；

4）表明审定员或核查员对组织或温室气体项目的温室气体信息管理和内部控制系统有明确理解的证据；

5）关于审定或核查组人员的记录，包括对审定员或核查员的能力和表现的评价，小组成员的选择，能力的保持和提高等；

6）风险评价和实质性分析的结果；

7）对温室气体信息中重要比率和趋势的分析，包括那些影响绩效水平变化的比率和趋势；

8）评价固有风险和控制风险的证据；

9）对温室气体信息输入、量化、合并、分解方法学的分析；

10）关于从事活动的性质、时间安排和规模（包括专家的使用）及活动结果的记录，包括所作的分析检测，对重要审定或核查的跟踪，及其背后的原因；

11）关于这些活动是由哪些人，在什么时间从事和完成的记录，以及它们对审定或核查发现及结论的作用；

12）审定员或核查员对所有需要专业判断的重要事项所作的说明；

13）由于取得了新的证据而对审定或核查计划作出的任何变更，以及随之而来的活动和分析检测；

14）审定或核查的结果和发现；

15）审定员或核查员对重要审定或核查内容的结论，包括对例外或异常情况的解决和处理。如果委托方为减少或消除 GHG 声明中的风险或实质性偏差而对温室气体声明或温室气体信息作出更改，宜记录其理由。

（4）信息交流和报告

1）和委托方、专家及其他利益相关方的书面沟通副本；

2）和委托方、专家及其他利益相关方的重要口头沟通记录；

3）和涉及审定或核查的所有各方的重要口头沟通记录和书面沟通副本，包括审定或核、查的约定条件和内部控制的实质性弱点；

4）发生的不符合及对它们的预防和纠正措施方案，包括出现可能导致实质性偏差的错误或遗漏，并随之对原始 GHG 信息作出相应修正的情况；

5）对审定或核查的后续跟踪报告（如适用）；

6）责任方上报温室气体方案的温室气体声明副本，以及（适当时）审定或核查报告或陈述。

审定员或核查员宜根据适当的程序，做好对审定或核查文档的保密和安全保管工作，并根据委托方、责任方和所属的温室气体方案的需求，以及有关法律法规和专业对记录保存的要求，将其留存一段时期。

审定或核查文档的所有权属于审定或核查机构。是否将该文档的一部分或其摘录向委托方和（或）组织或温室气体项目（如有特定的信息披露要求，并向所属的 GHG 方案）提供由审定或核查机构自行决定。但所提供的文档不能代替组织或温室气体项目的温室气体记录。

进行信息披露应取得委托方和（或）责任方的同意，并取决于审定或核查的范围和目的，以及所属温室气体方案的规定。

第四章　ISO 14065：2007《温室气体　温室气体审定和核查机构要求》的理解与应用

第一节　标准的基本内容、目的和作用

2007 年 4 月 15 日，国际标准化组织发布 ISO 14065：2007，该标准对温室气体（GHG）审定和核查机构，即从事低碳认证的公司提出了要求。

制定 ISO 14065，其目的是开发灵活的、中立的工具用于自愿的或强制性的 GHG 计划，推广并协调最佳做法，从环境角度完善有关 GHG 的声明，协助相关组织管理与 GHG 有关的机遇和风险，为 GHG 项目和市场的开发提供支持。

ISO 14065 是由来自 30 多个地区若干个联络组织的 70 多名专家组成的工作组开发的，包括国际认可委员会和联合国环境规划署气候变化方面的观测员。

国际标准化组织秘书长艾伦评论说："2007 年在瑞士达沃斯世界经济论坛上与会者一致认为，气候变化构成了对世界经济迄今为止的最大威胁。由于国际标准化组织的不断努力，已研制和推广的 ISO 14064 和 ISO 14065 是很好的实用工具，有助于促进世界经济的可持续发展。"

一、主题内容

ISO 14065：2007《温室气体　温室气体审定和核查机构要求》标准，是用于对依据 ISO 14064 或其他相关标准或技术规范从事温室气体确认和验证机构进行认可的规范及指南。ISO 14065 是对 ISO 14064 的补充，在 ISO 14064 为政府和组织提供能够测量和监控温室气体（GHG）的减排要求的同时，ISO 14065 为采用 ISO 14064 或其他相关标准或规范进行 GHG 确认和验证机构提供了规范及指南。图 4－1 给出了 ISO 14065 与 ISO 14064 的关系。

GHG 的确认或验证，是对负责客观评估的有效程序所涉及的担保陈述提供正式的书面声明。GHG 的确认或验证目的，是增强社会对温室气体的减排可以导致气候改变的观点的信心，提供声明的本身是证明有能力胜任，并且在规范管理、公正和谐的基础上提供必要的担保水平。标准旨在保证验证过程本身，并规定了温室气体验证公司的要求。这些公司可实施数据验证活动，并按照 ISO 14064－3 或其他特定的排放权交易制度或企业标准进行管理。

标准的总体要求涉及诸如法律和合同安排、职责、公正性管理、责任和融资等方面的问题。标准具体包括了与结构、资源要求和能力、信息与记录管理、核实和验证过程、申诉、投诉和管理体系等方面相关的要求。标准的对象主要是 GHG 工作的管理、法规和认可机构。标准向这些机构提供了评价核实和验证机构能力的基础。

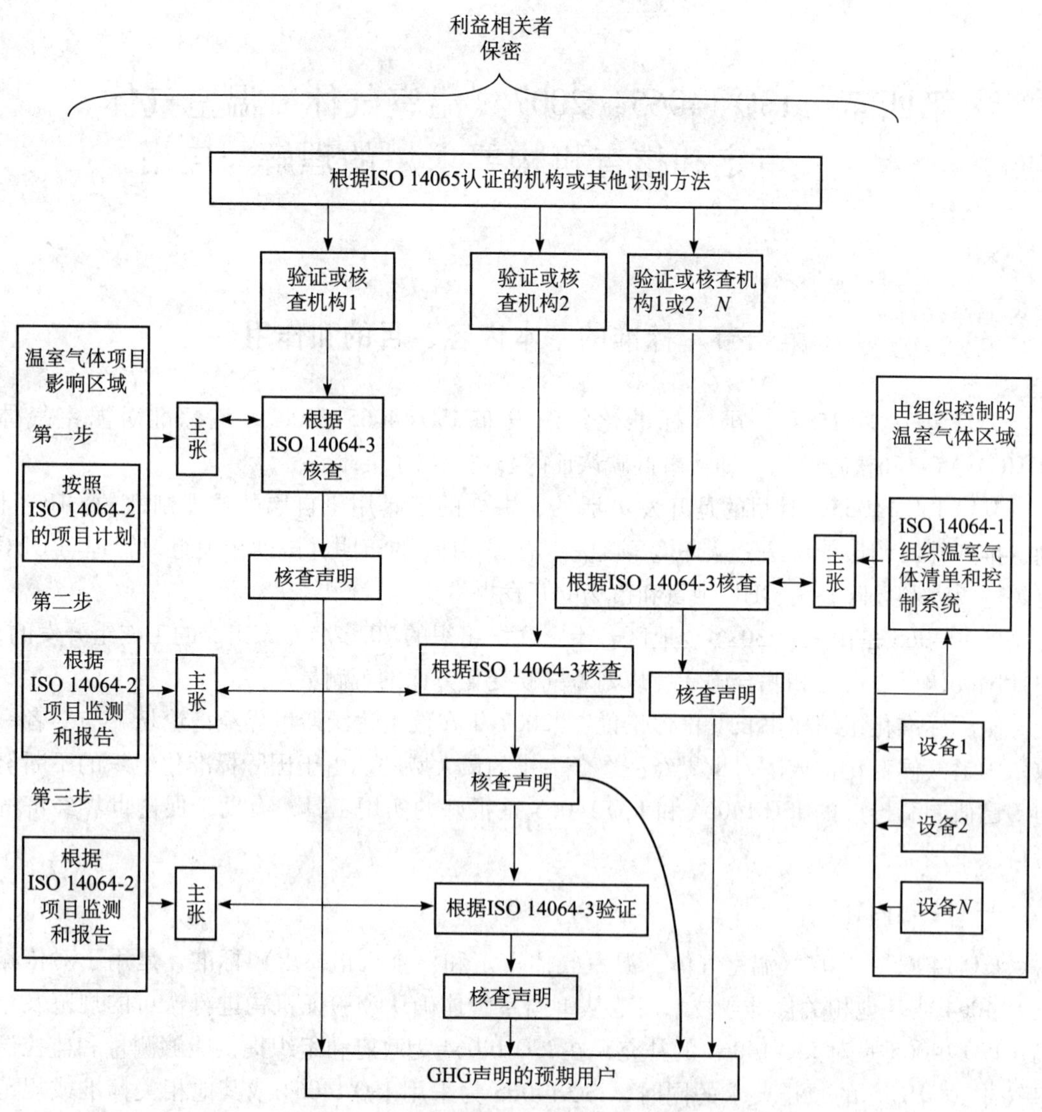

图 4－1　ISO 14065 与 ISO 14064 的关系

二、目的与作用

制定 ISO 14065 的目的是为采用 ISO 14064 或其他相关标准或规范进行 GHG 确认和验证机构提供规范及指南，主要对实施碳足迹认证的机构提出规范性要求。其作用可以确保第三方碳足迹认证公正、规范、科学、可信。

三、标准中术语和定义理解

标准条文

3　术语和定义

下列术语和定义适用于本标准。

3.1　与 GHG 相关的术语

3.1.1

温室气体 greenhouse gas（GHG）

大气层中自然存在的和由于人类活动产生的能够吸收和散发由地球表面、大气层和云层所产生的、波长在红外光谱内的辐射的气态成分。

注：GHG 包括二氧化碳（CO_2）、甲烷（CH_4）、一氧化二氮（N_2O）、氢氟碳化物（HFCs）、全氟碳化物（PFCs）和六氟化硫（SF_6）。

[ISO 14064－3：2006，定义 2.1]

3.1.2

GHG 声明 greenhouse gas assertion

责任方做出的事实性和客观性陈述

注 1：GHG 声明可在某一特定时刻或特定时段提出。

注 2：责任方提供的 GHG 声明应该识别明确，能够由审定员（2.27）或核查员（2.29）按照指定的适当准则进行一致的评价或计量。

注 3：GHG 声明应以 GHG 报告或 GHG 项目规划的形式提出。

注 4：来源于 ISO 14064－3：2006，定义 2.11。

3.1.3

GHG 咨询服务 greenhouse gas consultancy services

特定组织或特定项目的 GHG 量化条款、GHG 数据监测或记录、GHG 信息系统或内部审计服务或支持 GHG 声明的培训活动。

3.1.4

GHG 信息系统 greenhouse gas information system

用来建立、管理和保持 GHG 信息的方针、进程和程序。

[ISO 14064－3：2006，定义 2.12]

3.1.5

GHG 项目 greenhouse gas project

改变基准线情景中的状况，实现 GHG 减排和清除增加的一个或多个活动。

[ISO 14064－3：2006，定义 2.14]

3.1.6

GHG 方案 greenhouse gas programme

在组织或 GHG 项目之外的，用来对 GHG 的排放、清除、减排、清除增加进行注册，计算或管理的，自愿的或强制性的国际、国家或以下层次的制度或计划。

[ISO 14064－3：2006，定义 2.16]

3.2　与人和组织相关的术语

3.2.1

客户 client

要求审定或核查的组织或个人。

注：客户可能是责任方、GHG 方案管理者或其他利益相关人。

[ISO 14064－3：2006，定义 2.27]

3.2.2

预期用户 intended user

由GHG有相关信息的报告确认为依靠此种信息作出决定的个人或组织。

注：预期用户可以是客户、责任方、GHG方案管理员、监督机构、金融机构或其他受影响的利益相关者，如地方社团、政府部门或非政府组织。

[ISO 14064-3：2006，定义2.26]

3.2.3

组织 organization

自身具有职能或管理权限，无论是不是股份有限公司，公共的或私人的公司、企业、权力机构或公共机构，或其部分或联合体。

[ISO 14064-3：2006，定义2.23]

3.2.4

人员 personnel

代表审定或核查机构或与其一起工作的人员。

3.2.5

责任方 rekonsible party

负责GHG声明条款和GHG支持数据的人员。

注：责任方可以是个人、组织或项目的代表和审定员或核查员的聘请人。审定员或核查员可以由客户或其他当事人聘请，如GHG方案管理者。

[ISO 14064-3：2006，定义2.24]

3.2.6

技术专家 technical expert

为审定或核查团队提供专业知识或技能的人员。

注1：专业知识或技能是指与需要审定或核查的组织或项目相关的知识或相关的语言或文化。

注2：技术专家不在审定或核查团队中担任审定员或核查员。

注3：来源于ISO 19011：2002，定义3.10。

3.2.7

最高管理层 top management

在组织最高层指挥或控制组织的人员或团体。

[ISO 9000：2005，定义3.2.7]

3.3　与审定和核查相关的术语

3.3.1

审定 validation

根据约定的审定标准，对一个GHG项目规划中的GHG声明做出评估的系统、独立和记录性过程。

注1：在某些情况下，如第一方审定中，对GHG数据和信息的发展不负责任即可证明独立性。

注2：GHG项目方案的内容在ISO 14064-2：2006，5.2.中进行了描述。

注3：来源于 ISO 14064－3：2006，定义 2.32.

3.3.2

审定员 validator

对执行和报告审定结果负有责任的有能力的独立人。

注：来源于 ISO 14064－3：2006，定义 2.35.

3.3.3

审定或核查机构 validation or verification body

根据此国际标准对 GHG 声明进行审定或核查的机构。

注：审定或核查机构可以是个人。

3.3.4

审定声明 validation statement

根据 GHG 项目规划审定，对预期用户提供的一份正式书面宣言，这为责任方的 GHG 声明提供了保证。

3.3.5

核查声明 verification statement

根据核查，对预期用户提供的一份正式书面宣言，给预期用户的正式书面宣言，这为责任方的 GHG 声明提供了保证。

3.3.6

审定或核查团队 validation or verification team

执行审定或核查的，必要时可由技术专家提供证明的一个及其以上审定员或核查员。

注1：审定或核查团队中的一名审定员或核查员将被任命为审定或核查队队长。

注2：来源于 ISO 19011：2002，定义 3.9。

3.3.7

核查 verification

根据约定的核查标准，对一个 GHG 项目规划中的 GHG 声明做出评估的系统、独立和记录性过程。

注1：在某些情况下，如第一方审定中，对 GHG 数据和信息的发展不负责任即可证明独立性。

注2：来源于 ISO 14064－3：2006，定义 2.36。

3.3.8

核查员 verifier

对执行和报告核查结果负有责任的有能力的独立人。

[ISO 14064－3：2006，定义 2.37]

3.4 与识别和保证相关的术语

3.4.1

认证 accreditation

与审定或核查机构传达正式能力证明，以执行具体的审定或核查任务的相关第三方证明。

注：来源于 ISO/IEC 17000：2004，定义 5.6。

3.4.2

认证机构 accreditation body

执行认证的权威机构。

注：认证机构的权威通常来自于政府。

[ISO/IEC 17000：2004，定义 2.6]

3.4.3

申诉 appeal

由客户或责任方向审定或核查机构提出的对与审定或核查有关的已作决定进行重新考虑的要求。

注：来源于 ISO/IEC 17000：2004，定义 6.4。

3.4.4

申诉 complaint

除申诉以外，由任何人或组织对审定或核查机构或认证机构表达的与此机构活动相关的不满，机构应作出答复。

注：来源于 ISO/IEC 17000：2004，定义 6.5。

3.4.5

利益冲突 conflict of interest

在执行审定或核查活动时，由于其他活动或关系，公正性被或可能被妥协的情况。

3.4.6

保证等级 level of assurance

在审定或核查方面，预期用户所要求的保证程度。

注 1：保证等级是审定员或核查员用来决定意于确定是否存在重大错误、遗漏或失实陈述的审定或核查的细节深度。

注 2：ISO 14064－3 认可两种保证等级，即合理保证等级和有限保证等级，这将造成具有不同措辞的审定或核查声明。

注 3：来源于 ISO 14064－3：2006，定义 2.28。

3.4.7

实质性 materiality

错误的、遗漏的或曲解的个人或集合能影响 GHG 声明且能影响预期用户决策的概念。

注 1：设计审定或核查及抽样调查计划时使用实质性这一概念，以确定用于最小化风险的实质性程序类型，对于这种风险（检查风险），审定员或核查员不易发现存在的实质性差异。

注 2：如果用于确认信息的实质性概念被遗漏或误说，则可能使预期用户严重曲解 GHG 声明，从而影响他们作出结论。可接受的实质性应根据约定的保证等级由审定员或核查员或 GHG 方案在约定的保证等级的基础上确定的。

[ISO 14064－3：2006，定义 2.29]

3.4.8

实质性差异 material discrepancy

在 GHG 声明中可能影响预期用户决定的实际性错误的、遗漏的和曲解的个体或集合。

[ISO 14064－3：2006，定义 2.30]

理解要点

本条款给出了与温室气体相关的术语 6 个、与人和组织相关的术语 7 个、与审定和核查相关的术语 8 个、与识别和保证相关的术语 8 个共 29 个术语的定义。

第二节 对低碳认证机构的基本要求

一、 基本原则

标准条文

4 原则

4.1 总则

本国际标准不能预计所有可能的情况。因此，以下原则在评估无法预期的情况时可提供额外指导。原则并不是要求。在某些情况下，审定或核查机构可能需要在诸如公开性与机密性原则之间找到适当的平衡。

4.2 公正性

决策是基于从审定或核查过程中得到的客观证据而做出，不受其他利益或当事方的影响。

4.3 能力

人员具有必要的技巧、经验、支持基础及才能，以有效地完成审定或核查活动。

4.4 根据事实做决定

审定或核查声明是基于对责任方的 GHG 声明所作出的客观审定或核查中而收集到的证据。

4.5 公开性

有关审定或核查情况的信息可以及时地提供给或适当地透露给预期用户、客户或责任方。

4.6 保密性

在审定或核查活动中得到的或产生的保密信息需加以保密，不得以不适当的方式泄露。

理解要点

（1）审定或核查机构是指根据此国际标准对温室气体声明进行审定或核查的机构。

（2）给出了低碳认证机构（温室气体审定和核查机构）在实施低碳认证（温室气体审定和核查）过程中应该遵守的五项原则。这些原则并不是要求，但在评估无法预期的情况时可提供指导。

（3）对“公正性”原则的理解

1）定义

公正性是指实际存在着的并被感知到的客观性。客观性意谓着利益冲突不存在或已解决，不会对认证机构的后续活动产生不利影响；其他可用于表示公正性的要素的术语有：客观、独立、无利益冲突、没有成见、没有偏见、中立、公平、思想开明、不偏不倚、不受他人影响、平衡。

2）公正性的风险

审定员或核查员的公正性风险是潜在偏见的来源，可能会危及或根据适当的预计可能危及审定员或核查员作出公正决定的能力。各种类型的活动、关系及其他情况均会造成风险。审定或核查机构应能识别这些风险并分析这些风险的结果及对审定或核查员公正性的潜在冲击。

公正性风险可包括：

a）收入来源：来自为温室气体声明的审定或核查支付费用的客户的风险；

b）自身利益：来自为了自身利益行事的个人或机构的风险，如金融自身利益；

c）自我评价：来自评价自身工作的个人或机构的风险；对依靠审定或核查机构提供咨询服务的客户的审定或核查活动进行评估本身就是自我评价风险；

d）亲密（或信任）：来自于与其他人过于亲密或信任的个人或机构，以至于不寻找审定或核查证据，这就是亲密风险；

e）恐吓：来自觉察到公开或秘密地被强制的个人或机构的风险，如被替换或被打报告给上级的风险。

3）评估和确定公正性风险的可接受性

审定或核查机构可通过考虑公正性风险的类型和意义及保障措施的类型和有效性来评估公正性风险。这一基本原则描述了审定或核查机构可识别和评估公正性风险程度的过程，这一风险程度是由各种活动、关系或其他情况引起的。

公正性风险程度可以用一个闭连集上的一个点来表示，其范围可从“无公正性风险”到“最大公正性风险”。审定或核查机构可评估公正性的可接受性。如不可接受，审定或核查机构可决定附加保障措施（包括禁令）或保障措施的结合中哪个能将公正性风险降到可接受的低程度。

表4－1描述了确定公正性风险水平可接受性的一种方法。

表4－1　对于公正性可接受的风险水平的确定

无公正性风险： 客观性极不可能受损害	微小的公正性风险： 客观性不大可能受损害	有一定的公正性风险： 客观性有可能受损害	高公正性风险： 客观性很可能受损害	最大公正性风险： 客观性几乎可以肯定受损害
审定或核查机构应有一个适当的评估风险过程	审定或核查机构应有一个适当的评估风险过程	审定或核查机构应有一个适当的评估风险过程	审定或核查机构应有一个适当的评估风险过程	不提供服务
	说明审定或核查的客观性	说明审定或核查的客观性	说明审定或核查的客观性	不提供服务

续表4－1

		说明提供服务结果的公正性	说明提供服务结果的公正性	不提供服务
			说明所提供服务的集团内不同法律实体的明显界限	不提供服务

4）公正性的保障措施

审定或核查机构应采取保障措施以确保减少或消除公正性风险。

保障措施可包括禁止规定、限制规定、披露、政策、程序、习惯做法、标准、规则、制度安排及环境条件。

这些应进行定期审查以确保其可持续性。

存在于执行审定或核查环境中的保障措施的例子：

a）与审定或核查机构及个体的名誉相联系的价值；

b）对关于独立性的专业标准和管理规定的符合性进行评估的认证方案；

c）与公正标准的符合性有关的审定或核查机构（如董事会董事）委员会和治理机构的总体监管；

d）公司治理的其他方面，包括支持审定或核查过程与人员公正性的审定或核查机构的文化；

e）管理审定员或核查员行为的职业行为规则、标准和准则；

f）制裁的增多、认可机构及其他提出制裁行动的可能性；

g）审定或核查机构所面对的法律责任。

存在于作为审定或核查机构管理制度一部分的审定或核查机构之中的保障措施的例子包括：

a）在审定或核查机构中保持专业性的环境及文化，以支持与审定员及核查员独立性一致的所有人员的行为；

b）与维持审定员或核查员的公正性有直接关系的政策、程序及惯例；

c）其他政策、程序及惯例，如员工轮班、内部审计及对有关技术问题进行内部商讨的要求；

d）人员雇用、培训、晋升、保留和奖励政策、程序及惯例，这些方面都强调公正性之重要，审定或核查机构人员可能面对的各种情况所造成的潜在风险以及审定员或核查员在适当考虑保障措施以减少或消除那些风险之后，对与其特定客户的相关的公正性进行评估的需要。

5）保障公正性的措施的描述方法

a）预防性的保障措施：如新进员工的入职课程就要强调公正性的重要性；

b）与在特定情况下产生的风险有关的保障措施：如反对审定或核查机构的家属与审定或核查机构客户之间存在某种雇用关系的禁令；

c）通过处罚违反者来达到阻止其他违反保障措施的效果的保障措施：如铁腕政策使认可机构立即中止或撤回认可。

进一步描述保障措施的方法是对被认为有损公正性的活动或关系进行限制的程度。例如：

a）绝对禁止：禁止对审定或核查机构已审定过的 GHG 项目进行审定；

b）允许此种活动或关系但限制其程度或形式：限制人员参加责任方对曾参与编制 GHG 声明的人员进行审定或核查；

c）允许此种活动或关系但要求其他减少或消除风险的政策或程序：如允许审定员或核查员向客户提供具体培训类型；

d）允许此种活动或关系但要求审定员有核查员将关于此种活动或关系的信息披露给审定或核查机构的管理层：如向审定或核查机构的管理层透露审定员或核查员向客户提供的所有私人关系的性质及从这种关系中收取的费用。

6）对人员的公正性管理要考虑的因素

a）可能导致或合理预计可能导致有偏见的审定或核查决定的压力和其他因素；即对审定员或核查员公正性的风险；

b）可以减少或消除那些压力及其他因素的保障措施；

c）那些压力及其他因素的意义和保障措施的有效性；

d）在考虑保障措施的有效性后，压力和其他因素可能达到危及或合理预计可能危及审定员或核查员作出有偏见的审定或核查决定能力的程度。

（4）对"能力"原则的理解

1）"能力"的定义

ISO 17021：2011 对"能力"的定义是指能够应用知识和技能实现预期结果的本领。

ISO 9000：2000 3.9.12 /ISO 9000：2005 3.1.6 对"能力"的定义是指经证实的应用知识和技能的本领。

ISO 19011：2002 3.14 对："能力"的定义是指经证实的个人素质以及经证实的应用知识和技能的本领。

ISO 17021：2006 4.3 对"能力"的定义是：经证实的应用知识和技能的本领。

ISO 19011 FDIS 3.17 对"能力"的定义是：能够应用知识和技能实现预期结果的本领。

2）对"能力"原则的理解

认证是一种技术评价活动，认证结果的可信性依赖于人的能力。人员的能力是认证有效性的根本保证。只有参与温室气体审定或核查的所有相关人员具有必要的技巧、经验、支持基础及才能，才能有效地完成审定或核查活动。

认证机构要建立人员能力分析与评价系统，通过制度来保障审定或核查人员的能力满足要求。

3）低碳认证机构如何贯彻实施"能力"原则

人力资源是认证机构最重要的资源，审定员或核查员又是从事温室气体审定或核查的认证机构中人力资源的重要组成部分。审定员或核查员的素质和能力直接关系到认证机构的生存和发展，关系到对客户的服务质量，关系到如何更好地满足客户的不断变化的需求和期望，关系到认证机构审定或核查的有效性和效率，关系到认证机构的竞争力。认证机构必须着力提高审定员/核查员的素质和能力。应从以下方面做好工作：

a）做好审定/核查人员选择和聘用入门把关工作。在审定/核查人员选择和聘用标准制定、人员选择上不能仅以注册资格作为条件，关键要考核实际能力。可通过面谈、考试、专业审定/核查作业指导书编写、专题报告编写、现场见证评价等方式，选择有能力而不是仅有资格的人员。

b）重点做好审定/核查人员的继续教育培训工作，分专业有针对性地开展培训的规划、策划、实施和考核工作。

c）建立并实施审核员的动态考核和激励机制。打破固有等级，实现审核人员分级管理、分级使用和差异化报酬。可将审定员/核查员分成三级管理，即A类审定/核查员（核心骨干、资深专家、专业技术带头人）、B类审定核查员（能够独立完成工作的主体人员）、C类审定/核查员（观察/试用人员）。以实际能力和水平为标准来使用审定/核查人员，并给予相应级别的待遇。让不同等级的审核员在使用、待遇上有差距，实施动态管理，每年进行一次考核，以促进审核员/检查员不断提高能力。

（5）对“根据事实做决定”原则的理解

可信的结论和正确的决定是建立在数据和信息分析的基础之上的。温室气体审定或核查声明是基于对责任方的温室气体声明所作出的客观审定或核查中而收集到的证据。认证机构及审定/核查员需要有科学的态度，以客观事实或正确的数据、信息为基础，再通过合乎逻辑的分析，作出判断、决策。认证机构要建立数据、信息的收集方法、传递渠道和职责，要运用正确的方法，包括统计技术对数据和信息进行分析、判断和决策；在审定和核查实施过程中通过变换方法验证结论的正确性，必要时及时修正审定和核查陈述。切忌主观推断和经验主义。

（6）对“公开性”原则的理解

1）信息公开的含义：一般意义上的“信息公开”概念主要出现于法学和政治学领域，是政府行政机关、立法、司法机构等行使公共权力的部门或组织，乃至一般企事业单位及团体，在国家基本法规定的范围内向本国公民公布有关信息，以回应公民知情权的法学和政治学行为。在不同的国家、地区，信息公开的涵义并不完全一致。首先是信息公开主体的不同。从各国或地区的立法例子看，信息公开主体从小到大有四个层次：如在美国和日本信息公开只适用于政府行政机关；在欧盟信息公开只适用于立法、行政与司法等国家机关；在新西兰信息公开只适用于国家机关和行使公开权力的其他组织；在南非信息公开适用于国家机关、行使公共权力的其他组织、一般企业或私人团体。西方国家规定信息公开，通常是要求行政机关做到信息公开，因为行政机关信息公开的内容最为宽泛，行使起来也最为困难；而立法、司法机关的信息公开，通常由宪法或一些基本法律明确规定，同时也由传统和习惯所决定。

从信息公开的范围来看，根据范围大小，世界各国或地区的信息公开制度分为大公开模式和小公开模式。前者是指行政机关在行政管理过程中主动或应利害关系人的申请充分向社会和公众开放的公开模式。在这种模式中，除非法律另有规定，任何公民都有权了解行政机关的有关信息和资料。小公开模式是指行政机关在行政管理过程中，应利害关系人申请，部分地公开信息和资料的公开模式。

2）信息为什么需要公开：信息公开是有关保障公民了解权和对了解权加以必要限制而组成的法律制度。这里的了解权是指个人或组织有权知悉并取得行政机关的档案资料和其他信息的权利。

3）信息公开应遵循的原则：信息公开应该遵循权力原则、公开原则、利益平衡原则、不收费原则、自由使用原则。

4）温室气体审定和核查要确保必要的信息公开：认证机构要将有关审定或核查情况

的信息及时地提供给或适当地透露给预期用户、客户或责任方，以便他们了解温室气体审定和核查的要求、方式、过程和结果。

5）处理好信息公开与保密的关系：信息保密和信息公开是一对矛盾，两方面均有其独立的要求，二者不可偏废。但二者又有紧密联系，需处理好其平衡关系。在符合法定要求的前提下，利用资源，满足保密与公开两方面要求，并明确其接口，进行协调一致的控制，可称之为信息保密和信息公开的均衡管理。

实施信息保密和信息公开均衡管理的目的是维护国家和人民的利益；对低碳认证而言则是为了提高审定与核查活动的有效性，具体体现在：

a）可以提高认证机构的声誉和可信度；

b）可以提高认证对象对认证价值的认可程度；

c）可以提高社会影响，即提高社会公众和相关机构使用温室气体审定和核查结果的信任度。

处理好有关温室气体审定和核查要求的信息保密与公开之间的平衡关系，能影响利益相关方的信任及对审定和核查价值的认知。但并不是所有的信息都要毫无保留地向相关方透露，审定或核查机构需要在诸如公开性与机密性原则之间找到适当的平衡。

实现信息保密和信息公开均衡管理的策划应考虑如下因素：

a）信息保密和信息公开相关的法律法规要求；

b）合格评定对象的要求或期望；

c）需要时，合格评定活动自身的需求；

d）惯例，不言而喻的保密与公开事项的潜在要求；

e）标准起草工作组的委托机构附加的认为必要的要求。

（7）对“保密性”原则的理解

1）秘密和保密的含义：所谓秘密，是与公开相对而言的，即是个人、集团和国家在一定时间和范围内，为保护自身的安全和利益，需要加以隐蔽、保护、限制、不让外界客体知悉的事项的通称。

所谓保密，是指对个人、集团、国家的不想让外界知道而且不能泄露出去的秘密进行隐蔽和保护的活动。它是伴随人类社会发展形成的一种意识和社会行为。

2）低碳认证与保密：保密性是温室气体审定和核查活动的一个特性。审定和核查的流程和要求决定了认证机构有机会接触到一些未公开的信息，认证机构为了获取合格评定对象的相关证据，享有查看和访问的权利，就需要对合格评定对象的所有者作出保密承诺，并负有保密责任。不妨从以下三点理解合格评定活动的保密性。

a）保密工作的客观性：国家、组织和个人的秘密是客观存在的，其保密意识和保密措施的实施也是普遍存在的，故认证活动中必然涉及秘密及保密事项。

b）保密工作的必要性：一是法律要求公民应履行保密义务。二是认证对象的所有者对保密工作有直接的要求，为满足“客户”要求，所以保密是必要的。

c）认证机构有保密的需求：认证机构有保密的意识，那是为获取审定和核查有效信息的需要，为增进相关方信任和提高对温室气体审定和核查价值的认同的需要。

故从保密工作的客观性、普遍性、必要性及机构的目的性决定了温室气体审定和核查活动的保密性。

3）保密要遵守的原则

a）提供信任原则：提供信任原则是认证保密活动要遵循的基本原则，认证机构应郑重承诺，并采取强有力的措施向认证对象提供“确保保密性信息不被泄露”的信任。

认证机构为达到获取温室气体审定和核查活动所需有效和必要信息的目的，必须对认证对象的专有信息进行保密。温室气体审定和核查对象分布范围很广，常涉及国家秘密、工作秘密和商业秘密。由于法定要求和行业约束等原因其涉密范围的识别、保密措施的实施、保密工作普遍和客观存在。认证机构在温室气体审定或核查活动中，如果泄密，影响了“客户”的安全和利益，客户就不会提供认证所需的全部信息，则不能达到认证机构的目的。认证机构应采取强有力的措施，给客户提供确保保密性信息不被泄露的信任。如何提供信任？认证机构可具有政策和相关安排，以确保其各个层次（包括代表其活动的委员会、外部机构或个人）对从事温室气体审定和核查活动时获得和产生的信息予以保密，并通过在法律上具有强制实施力的协议落实上述政策和安排，以赢得认证对象的信任。

b）责任性原则：责任性原则是从客体（组织和个人）的保密要求关联到主体（机构）责任的一条原则。认证机构对其温室气体审定和核查相关方提出的信息保密要求，有义不容辞的责任，并应在其职责中作出规定，通过履行职责予以兑现。

“任何组织和个人有权提出保护其专有信息（指未公开的信息）的要求”，作为温室气体审定或核查服务机构必须满足“客户”的要求。尤其是国家安全和利益、军事工程、高科技的组织，除法定要求外，“客户”本身可以另有特殊要求，作为从事认证服务的机构应予满足。至于组织和个人提出不正当、不合理的要求，影响审定或核查获取证据时应如何处置，不是本原则所包含的内容。

c）均衡管理原则：均衡管理是指信息保密和信息公开的均衡管理，这一原则就是通过正确处理信息保密和信息公开的关系：妥善解决信息保密和信息公开活动中出现的问题。

机构实施保密以减少或回避了自身的风险，即实现审定或核查活动中的有效性，也未影响“客户”的安全和利益。相关方得到了认证的服务，增强了对认证机构的信任，增强了对认证价值的认同，同时为社会公众提供信任。

d）低碳认证的保密要求：从事温室气体审核或核查的低碳认证机构在温室气体审定或核查活动中得到的或产生的保密信息需加以保密，不得以不适当的方式泄露。认证机构要制定相关文件，要求审定员或核查员签定保密协议，确保在实施审定和核查活动中不泄密。

二、一般要求

标准条文

5　一般要求

5.1　法律地位

审定或核查机构应对法律地位进行描述，如适用，包括所有者的姓名，若有不同，则包括控制该机构的人员姓名。

5.2 法律和合同事项

审定或核查机构应是法律实体，或法律实体的确定部分，以便其能对所有审定或核查活动负法律责任。

审定或核查机构应与每个客户就审定或核查服务条款达成依法强制执行的协议。

审定或核查机构应对审定或核查活动、决策及审定或核查声明保留权利和责任。

5.3 治理和管理的承诺

审定或核查机构应识别具有全面权利和责任的最高管理部门（如个体、集团、董事会），体现如下：

a）业务政策发展；

b）对政策和程序的执行情况的监督；

c）资金监督；

d）审定或核查活动的充分性；

e）申诉和投诉的解决方案；

f）审定或核查声明；

g）代表自身授权给委员会或个人按要求从事规定的活动；

h）合同安排；

i）为审定或核查活动提供充足的资源。

审定或核查机构应用文件证明其组织结构和相关的机制，表明管理人员和审定或核查人员的职责、权利及义务。如审定或核查机构是法律实体的规定部分，则其结构应包括权力线和与同一法律实体的其他部分的关系。

5.4 公正性

5.4.1 公正性承诺审定或核查机构应行事公正，并避免不可接受的利益冲突。

审定或核查机构：

a）应有最高管理层的允诺，以公正地进行审定或核查活动；

b）应公开声明其对审定或核查活动公正性的重要性的理解，说明如何管理利益冲突，如何确保审定或核查活动的客观性；

c）应有确保每个团队成员公正行事的正式规则和/或合同条件；

d）应记载如何管理审定或核查机构或其他关系中潜在的利益冲突情况和失去公正性的风险，通过以下途径：

1）识别和分析审定或核查活动中潜在的利益冲突，包括任何关系所产生的潜在冲突。

2）评估资金和收入来源以说明商业、金融或其他因素不会有损公正性。

3）要求与审定或核查有关的人员反映可能对他们或审定和核查机构带来潜在利益冲突的任何情况。

注：附件 B 提供了审定员或核查员公正性管理的指导信息。

5.4.2 避免利益冲突。

审定或核查机构：

a）不应雇佣任何有实质性或潜在利益冲突的人员；

b）不应审定和核查同一 GHG 项目的 GHG 声明，除非得到适当的 GHG 方案的允许；

c）如果审定或核查机构向支持GHG声明的责任方提供GHG咨询服务，则不应审定或核查该GHG声明；

d）如果与向支持GHG声明的责任方提供GHG咨询服务的单位之间的关系会对公正性带来不可接受的风险，则不应审定或核查GHG声明（见注1）；

e）若使用向支持GHG声明的责任方提供GHG咨询服务的单位所雇用的人员时，不应审定或核查GHG声明；

f）对审定或核查声明的审查和发行不得外包（见8.5）；

g）不得提供会对公正性带来不可接受的风险的产品或服务；

h）如果使用规定的GHG咨询服务，则不得声明或暗示对GHG声明的审定或核查可能更简单、容易、快速或成本更低（见注2）。

注1：在d）中描述的关系可能是基于所有权、管治、管理、人事、共享资源、财政、合同、市场营销及销售佣金的支付或其他新客户转介的诱因。

注2：如果（若培训与GHG的量化、GHG数据的监测或记录、GHG信息系统或内部审计服务有关）只限于提供在公共领域可随意得到的一般资料，则安排培训和作为训练员参加将不被视为GHG咨询服务（即训练员不应提供特定的组织或项目建议或解决方案）。

5.4.3 公正性监管机制

应通过一个独立于审定或核查机构运行之外的机制来确保公正性的实现。

注1：如果利益冲突、业务和操作问题有损于审定或核查机构的公正性，则可用于保护公正性的独立机制可以包括

——一个独立的委员会，

——包括公正性监管职能的GHG方案，或

——非执行董事。

5.5 赔偿责任和融资

审定或核查机构应说明其已对与其活动有关的金融风险进行了评估，并做出了足以支付由活动及其经营的领域产生负债的安排（如保险、储备）。

理解要点

（1）对温室气体审定或核查机构即低碳认证机构提出了一般的要求，包括机构的法律地位和法律责任要求、机构与客户签订服务合同和要求、机构的法人治理机制和管理承诺要求、公正性管理要求以及赔偿责任与风险控制要求。

（2）相关术语定义

1）审定或核查机构是指根据此国际标准对温室气体声明进行审定或核查的机构。审定或核查机构可以是个人。

2）温室气体咨询服务是指特定组织或特定项目的温室气体量化条款、温室气体数据监测或记录、温室气体信息系统或内部审计服务或支持温室气体声明的培训活动。

3）利益冲突是指在执行审定或核查活动时，由于其他活动或关系，公正性被或可能被妥协的情况。

（3）从事温室气体审定和核查的机构（以下简称认证机构）应具有明确的法律地位，是一个法律实体。认证机构可以是独立的法律实体，也可以是独立法律实体中明确界定的一部分。认证机构要为所从事的所有认证活动负法律责任。认证机构应在相关文件如管理手册中描述其法律地位，包括：所有者的姓名，若有不同，则包括控制该机构的人员姓名。

（4）温室气体审定或核查活动是一种经济鉴证类市场中介服务。认证机构与客户之间是一种服务和被服务的合同关系。认证机构在这项特殊的证明性活动中的服务中所拥有的权威来自一份具有法律执行效力的认证协议。因此认证机构要与客户签订一份正式的提供认证服务的协议，规定双方的责任和权利以及服务的内容和要求。认证机构应对审定或核查活动、决策及审定或核查声明保留权利和责任。

（5）认证机构应通过文件化的形式，明确其组织结构和相关的机制，表明管理人员和审定或核查人员的职责、权利及义务。如果审定或核查机构是法律实体的规定部分，则其结构应包括权力线和与同一法律实体的其他部分的关系。同时在文件中要明确其治理结构，特别是最高管理层的作用和职责，要体现以下信息：

1）与温室气体审定和核查相关的业务政策发展；

2）对政策和程序的执行情况的监督机制和措施；

3）资金监督机制；

4）确保审定或核查活动的充分性的机制和办法；

5）申诉和投诉的解决方案；

6）审定或核查声明的最终批准和证书签发；

7）最高管理层代表自身授权给专门委员会（如维护公正性委员会、技术委员会）或个人按要求从事规定的活动；

8）有关合同安排；

9）确保为审定或核查活动提供充足的资源。

（6）公正性管理

1）认证机构应行事公正，并避免不可接受的利益冲突，做到：

a）由最高管理层作出承诺，表明公正地进行审定或核查活动的原则和立场；

b）通过公开文件声明认证机构对审定或核查活动公正性的重要性的理解，说明如何管理利益冲突，如何确保审定或核查活动的客观性；

c）有确保每一独立承担审定和核查工作的小组能够公正行事的正式规则和/或合同条件；

d）记录如何管理审定或核查机构或其他关系中潜在的利益冲突情况和失去公正性的风险，并通过以下途径管理风险：

——识别和分析审定或核查活动中潜在的利益冲突，包括任何关系所产生的潜在冲突；

——评估资金和收入来源以说明商业、金融或其他因素不会有损公正性；

——要求与审定或核查有关的人员反映可能对他们或审定和核查机构带来潜在利益冲突的任何情况。

2）认证机构可采取以下措施避免利益冲突：

a）不聘用任何有实质性或潜在利益冲突的人员；

b）除得到适当的温室气体方案的允许外，不审定和核查同一温室气体项目的温室气体声明；

c）不接受本机构已经向支持温室气体声明的责任方提供了温室气体咨询服务的客户的审定或核查该温室气体声明的申请；

d）如果与咨询服务单位之间的关系或者与需要提供温室气体声明认证的责任方的关系是基于所有权、管治、管理、人事、共享资源、财政、合同、市场营销及销售佣金的支付或其他新客户转介的诱因，则不承接相关客户提出的温室气体审定或核查温室气体声明的认证；

e）如果使用有向支持温室气体声明的责任方提供温室气体咨询服务的单位所聘用的人员，则不接受相关责任方提出的审定或核查温室气体声明的申请；

f）对审定或核查声明的审查和申请认证决定活动不外包；

g）不提供会对公正性带来不可接受的风险的产品或服务；

h）不对外声明或向具体客户声明或暗示如果通过了本机构的咨询服务会对温室气体声明的审定或核查可能更简单、容易、快速或成本更低。（如果提供培训与温室气体的量化、温室气体数据的监测或记录、温室气体信息系统或内部审计服务有关，但只限于提供在公共领域可随意得到的一般资料或开展的公共培训，不提供特定的组织或项目建议或解决方案或不针对具体组织和项目开展的培训则可以受理申请并提供认证服务。）

三、能力要求

标准条文

6 能力

6.1 管理与人事

审定或核查机构应建立和维持程序

a）以确定其经营的每个部门所要求的能力；

b）以确定管理和支持人员在与审定或核查有关的活动中具备适当的能力；

c）确定核查员、核查员和技术专家具备适当的能力；

d）可以在他们的工作范围内针对审定或核查的有关活动、部门或领域的具体情况，获得相关的内部和外部的专门建议。

审定或核查机构应在识别和说明管理及人事能力中记载的以上程序的履行情况。

6.2 人员能力

审定或核查机构

a）应雇用具备足够能力管理审定或核查活动类型和范围的人员；

b）应雇用或获得足够数量的审定或核查队队长、审定员或核查员及技术专家以满足审定或核查活动所要求的范围、程度及活动量；

c）应雇用审定员、核查员及技术专家从事其有能力的特定审定或核查活动；

d）应使相应人员清楚相关的职务、职责和权限；

e）应规定选用、培训、正式授权和监督审定员或核查员的确定过程，并选择用于审定或核查过程的技术专家；

f）如有要求，应确保审定员、核查员和技术专家可获得有关 GHG 审定或核查过程、要求、方法、活动、其他相关 GHG 计划条款及适用的法律要求的最新信息及经证明的知识；

g）应确保准备编写审定或核查声明的团体或个人有能力对确认或核查过程，相关结果及团队的推荐进行评估；

h）应定期对涉及审定或核查的所有人员的表现状况进行监管（包括综合现场观察、审查审定或核查结果、报告及客户或市场的反馈），考虑他们的活动水平及与其活动有关的风险；

i）必要时，应确定培训需求并提供 GHG 审定或核查过程、要求、方法、活动及其他相关 GHG 计划要求的培训。

6.3 人员部署

6.3.1 一般情况

审定或核查机构应建立有能力的审定或核查团队且应提供适当的管理及配套服务。

如果一个人能满足审定或核查团队的所有要求，则可将其视为审定或核查团队。

6.3.2 审定或核查团队知识

审定或核查团队应对适用的 GHG 方案有详细的了解，包括其

a）资格要求；

b）如适用，在不同管辖区的执行情况；

c）审定或核查要求及指导方针。

审定或核查团队应能针对与审定或核查相关的事情用适当的语言有效地进行交流。

6.3.3 审定或核查团队的技术知识

审定或核查团队应具备足够的技术知识来评估 GHG 项目或组织的

a）具体 GHG 活动及技术；

b）GHG 源、汇或库的确定和选择；

c）量化、监测和报告，包括相关技术和部门的问题；

d）可能影响 GHG 声明实质性的情况，包括典型的和非典型的工作条件。

审定或核查团队应具备专门知识，对可能影响 GHG 项目或组织界线的财政、业务、合同或其他协议进行评估，包括任何与 GHG 声明有关的法律要求。

6.3.4 审定或核查团队的数据及信息审计知识

审定或核查团队应具备数据和信息审计知识，以评估 GHG 项目或组织的 GHG 声明，包括：

a）评估 GHG 信息系统，以确定工程倡导者或组织是否有效地识别、收集、分析和报告必要的数据从而确立可靠的 GHG 声明，并已系统地采取正确的行动解决任何与相关 GHG 计划或标准的要求相关的不符合的事宜的能力；

b）设计基于适当的约定保证等级之上的抽样调查的能力；

c）分析与数据和数据系统的使用相关的风险的能力；

d）识别数据和数据系统的故障的能力；

e）评估各种数据流对 GHG 实质性的影响的能力。

6.3.5 具体的GHG项目评审小组的能力

除了6.3.2，6.3.3和6.3.4中的要求之外，评审小组应具备对过程、程序及所用的方法进行评估的专门知识。

a）以选择、证明并量化基准线情景，包括基本假设；

b）以决定基准线情景的稳妥性；

c）以规定基准线情景和GHG项目的边界；

d）以说明基准线情景和GHG项目的活动、商品或服务的类型和水平之间的等效性；

e）以说明GHG项目活动是附加于基准线情景活动的；

f）以展示的对GHG计划要求的符合性，诸如漏损率和持久性的要求，如适当。

注： ISO 14064－2包括有关稳妥性原则和等效性原则的要求和指导意见。

除了6.3.2，6.3.3及6.3.4中的要求外，审定小组应了解可能对基准线情景的选择造成影响的相关行业趋势。

6.3.6 具体GHG项目核查小组的能力

除了6.3.2，6.3.3及6.3.4中的要求外，项目核查组应具备适用于对过程、程序或所用的方法进行评估的专门知识。

a）对审定的GHG项目规划和GHG项目实施之间的一致性进行评估；并

b）对审定的GHG项目规划当前的适当性进行确定，包括其基准线情景和基本假设。

6.3.7 具体审定或核查团队队长的能力

审定或核查组组长应具备：

a）对6.3.2，6.3.3，6.3.4，6.3.5和6.3.6中详细说明的能力的足够知识和技能（如适当）以管理审定或核查团队，从而达到审定或核查的目标。

b）经证明的执行审定或核查的能力；

c）经证明的管理审计团队的能力。

6.4 承包审定员或核查员的雇佣

审定或核查机构应具备能够证明其对合同审定员或核查员从事的审定或核查活动承担全部责任的程序或政策。

审定或核查机构应要求合同审定员或核查员签署书面协议，承诺遵守审定或核查机构的相应政策及程序。此协议应具有商业和其他利益方面的机密性和独立性，并且应要求合同审定员或核查员向审定或核查机构通报现在或先前的与客户、和（或）客户相关者的利益冲突。

注： 合同外部审定员或核查员作为审定或核查团队的一部分发挥职能，并在审定及核查机构对特定审定或核查活动的监督之下运行。根据此协议，合同审定员或核查员的用途未如6.6中描述的构成外包。

6.5 人事记录

审定或核查机构应维持最新的涉及审定或核查过程的每个人的能力记录，包括相关的教育、培训、经验、绩效监测、背景及专业地位。

6.6 外包

由于缺少 GHG 方案外包禁令，审定或核查机构可以外包但

a）应对审定或核查承担全部责任；

b）应要求外包机构提供独立的证据以证明符合国际标准及 ISO 14064－3；

c）应得到客户和责任方对于使用外包机构的允许；及

d）应有适当的记录协议。

注：外包是指与向审定或核查机构提供审定或核查服务的其他组织的合同安排，包括其他审定或核查机构。

理解要点

（1）对从事温室气体审定或核查的认证机构能力的 6 个方面的要求

1）关于认证机构人力资源管理的要求；

2）关于人员能力管理的要求；

3）关于人员的能力要求；

4）关于外聘人员或外包机构人员的能力要求；

5）关于人员的记录要求；

6）关于外包的管理要求。

（2）相关术语定义

1）审定员是指对执行和报告审定结果负有责任的有能力的独立人。

2）核查员是指对执行和报告核查结果负有责任的有能力的独立人。

3）技术专家是指为审定或核查团队提供专业知识或技能的人员。技术专家不在审定或核查团队中担任审定员或核查员。

4）专业知识或技能是指与需要审定或核查的组织或项目相关的知识或相关的语言或文化。

5）审定或核查团队是指执行审定或核查的，必要时可由技术专家提供证明的一个及其以上审定员或核查员。审定或核查团队中的一名审定员或核查员将被任命为审定或核查队队长。按我国的习惯，将其称为审定或核查小组，队长称为组长。

6）人员是指代表审定或核查机构或与其一起工作的人员。

（3）关于认证机构人力资源管理的要求

1）要建立并保持《人力资源管理程序》，内容包括：

a）确定本机构与从事低碳认证有关的所有人员的能力要求；

b）按照相关准则评价和确定与审定或核查有关的活动中的管理和支持人员是否具备适当的能力；

c）按照相关准则评价和确定核查员、核查员和技术专家具备适当的能力；

d）确保相关人员可以在他们的工作范围内针对审定或核查的有关活动、部门或领域的具体情况，获得相关的内部和外部的专门建议。

2）运行上述程序并对相关信息进行记录。包括不同岗位的管理和支持人员、审定员或核查员、技术专家、认证决定人员的能力准则及评价记录、使相关人员具备或保持能力的相关措施的记录、有关人员获得相关建议的记录。

（4）关于人员能力管理的要求

1）对人员能力的管理要求

a）聘用符合相关能力准则要求，且经过评价具备足够能力管理审定或核查活动类型和范围的人员；

b）根据本机构认可的专业领域，聘用或提供足够数量的审定或核查组长、审定员或核查员及技术专家，以满足审定或核查活动所要求的范围、程度及活动量；

c）聘用审定员、核查员及技术专家从事其有能力的特定审定或核查活动；

d）通过岗位描述，明确相应人员相关的职务、职责和权限；

e）规定选用、培训、正式授权和监督审定员或核查员的确定过程，并选择用于审定或核查过程的技术专家；

f）确保审定员、核查员和技术专家可获得有关温室气体审定或核查过程、要求、方法、活动、其他相关温室气体计划条款及适用的法律要求的最新信息以及经过证明的有用的相关知识；

g）确保准备编写审定或核查声明的小组或个人有能力对确认或核查过程、相关结果及小组的推荐意见进行评估；

h）定期对涉及审定或核查的所有人员的表现状况进行监督（包括综合现场观察、审查审定或核查结果、报告及客户或市场的反馈），考虑他们的活动水平及与其活动有关的风险；

i）确定培训需求并提供温室审定或核查过程、要求、方法、活动及其他相关温室气体计划要求的培训。

2）人员能力确定过程

有关从事低碳认证的认证机构的人员能力管理流程图可参考图4－2。

3）人员能力评价方法

人员的评价方法可以分为五大类：记录审查、意见反馈、面谈、观察和考试。每一类评价方法可以进一步细分。下面简要说明了每类评价方法及其对于知识和技能评价的用处和局限性。不太可能只用其中任何一种方法就能确认能力。

a）记录审查：有些记录可以显示知识，例如显示工作经历、审定或核查经历、教育和培训的简历或履历。有些记录可以显示技能，例如审定或核查陈述报告或工作经历、审定或核查经历、教育和培训的记录。单凭上述记录不太可能构成能力的充分证据。

其他记录是证实能力的直接证据，例如对审定员或核查员实施审定或核查的表现评价报告。

b）意见反馈：来自以前聘用机构的直接反馈可以显示知识和技能，但重要的是要注意有时原聘用机构会特意排除负面信息。

个人推荐函可以显示知识和技能。应聘者不大可能提供含有负面信息的个人推荐函。

同行的意见反馈可以显示知识和技能。这种反馈可能受到同行之间关系的影响。

客户的意见反馈可以显示知识和技能。对于审定员和核查员来说，这种反馈可能受到审定或核查结果的影响。

单凭意见反馈并不是令人满意的能力证据。

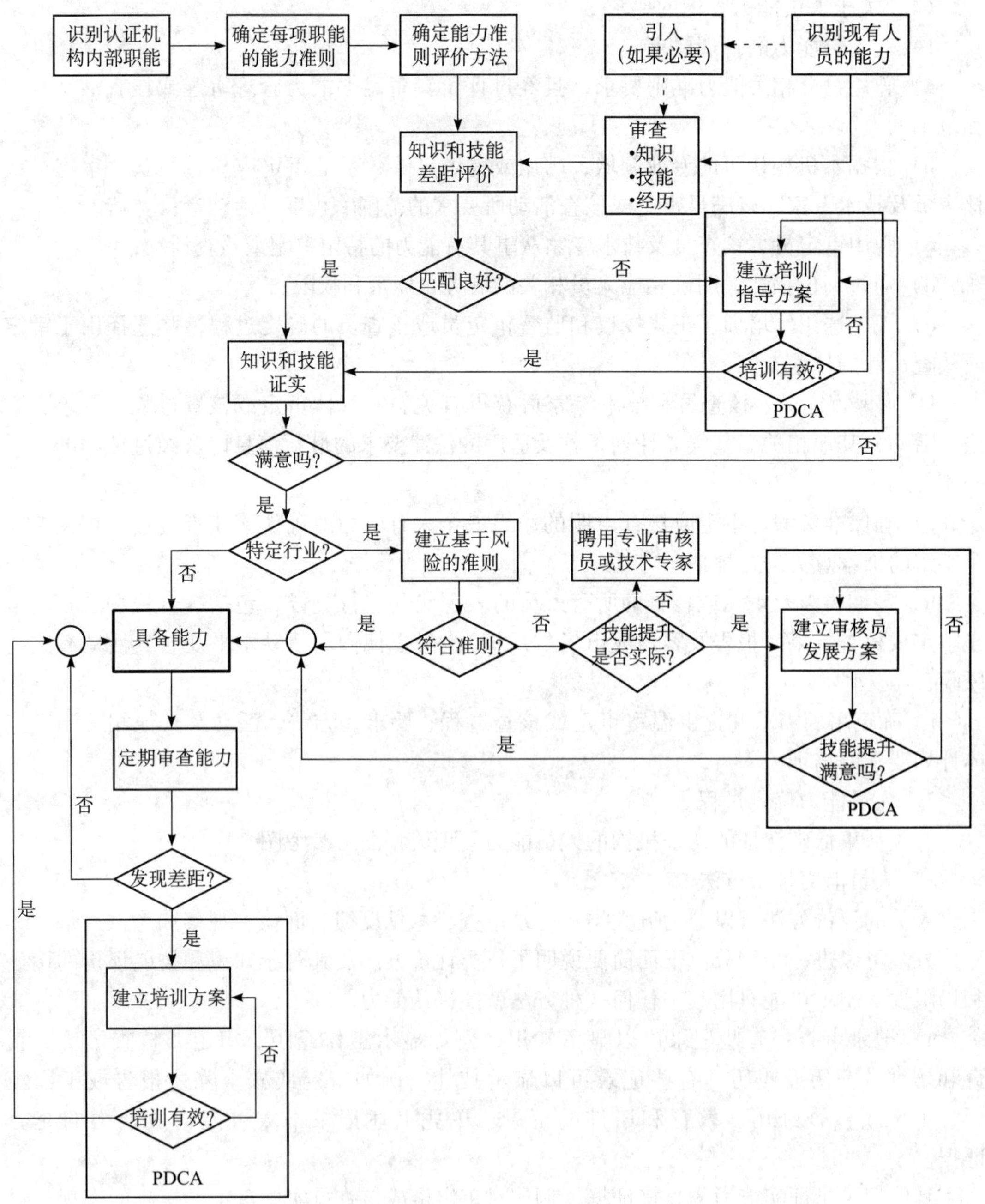

图4－2　从事低碳认证的认证机构的人员能力管理流程图

c）面谈：面谈可有助于询问出知识、技能方面的信息。人员招聘时的面谈可有助于从简历和过去的工作经历详细了解知识和技能的信息。在绩效考评中进行面谈，可以提供知识和技能的具体信息。

在实施了审定或核查后的评审中与审核组面谈，可以提供关于审核员知识和技能的有用信息。它可以使评审者有机会了解审核员为什么做出某项决定、选择某一审定或核查路径等。这一技巧可在见证审定或核查后使用，也可在之后评价书面审核报告时使用。这一技巧可能对确定与特定技术领域有关的能力尤其有用。

能力证实的直接证据可以通过依据规定的能力准则进行结构化的、并得到适当记录的面谈而获得。可以使用面谈来评估语言、沟通和人际技能。

d）观察：对人员实施任务的情况进行观察能够为能力（经证实的应用知识和技能来实现预期结果）提供直接证据。这种评价方法对所有职能、行政和管理人员以及审定或核查员及认证决定人员都有用。对审定或核查员实施的一次审定或核查进行见证的局限性在于这次特定审定或核查所具有的难易程度。

定期对一个人进行见证，有助于确认持续的能力。

e）考试：笔试可为知识以及技能（后者取决于方法）提供良好的文件化证据。口试可为知识提供良好的证据（取决于考官的能力），可提供关于技能的有限的结果。

实际操作考试可以提供关于知识和技能的平衡的结果（取决于考试过程和考官的能力）。实际操作考试的方法包括情景演练、案例分析、压力模拟或岗位实操考核等。

（5）关于人员的能力要求

认证机构应确保从事审定或核查的小组具备能力。以下分别为对小组的知识技能、具体的温室气体评审小组的能力、具体温室气体项目的核查小组能力、审定和核查小组组长的能力以及兼职审定和核查人员的能力的要求。

1）审定或核查小组应对适用的温室气体方案有详细的了解，包括：

a）资格要求：

b）在不同管辖区的执行情况；

c）审定或核查要求及指导方针；

d）能针对与审定或核查相关的事情用适当的语言有效地进行交流。

2）具备足够的技术知识来评估温室气体项目或组织的小组的技能要求：

a）具体温室气体活动及技术；

b）温室气体源、汇或库的确定和选择；

c）量化、监测和报告，包括相关技术和部门的问题；

d）可能影响温室气体声明实质性的情况，包括典型的和非典型的工作条件。

审定或核查小组应具备专门知识，对可能影响温室气体项目或组织界线的财政、业务、合同或其他协议进行评估，包括任何与温室气体声明有关的法律要求。

3）审定或核查小组应具备数据和信息审计知识，以评估温室气体项目或组织的温室气体声明，包括：

a）评估温室气体信息系统，以确定工程倡导者或组织是否有效地识别、收集、分析和报告必要的数据从而确立可靠的 GHG 声明，并已系统地采取正确的行动解决任何与相关温室气体计划或标准的要求相关的不符合的事宜的能力；

b）设计基于适当的约定保证等级之上的抽样调查的能力；

c）分析与数据和数据系统的使用相关的风险的能力；

d）识别数据和数据系统的故障的能力；

e）评估各种数据流对温室气体实质性的影响的能力。

4）除了上述知识和技能的要求之外，评审小组应具备对过程、程序及所用的方法进行评、估的专门知识，以便：

a）选择、证明并量化基准线情景，包括基本假设；

b）决定基准线情景的稳妥性；

c）规定基准线情景和温室气体项目的边界；

d）说明基准线情景和温室气体项目的活动、商品或服务的类型和水平之间的等效性；

e）说明温室气体项目活动是附加于基准线情景活动的；及

f）展示的对温室气体计划要求的符合性，诸如漏损率和持久性的要求，如适当。

除了上述a）~f）要求的知识和技能外，审定小组还应了解可能对基准线情景的选择造成影响的相关行业趋势。

5）除了上述1）和2）中要求的知识和技能外，项目核查组还应具备适用于对过程、程序或所用的方法进行评估的专门知识。以便：

a）对审定的温室气体项目规划和温室气体项目实施之间的一致性进行评估；

b）对审定的温室气体项目规划当前的适当性进行确定，包括其基准线情景和基本假设。

6）审定或核查组组长应具备以下能力：

a）具备上述1）~4）中详细说明的足够知识和技能，以便管理审定或核查小组并达到审定或核查的目标；

b）经证明的执行审定或核查的能力；

c）经证明的管理审计团队的能力。

（6）兼职审定和核查人员的能力及管理

认证机构应具备能够证明其对兼职审定员或核查员从事的审定或核查活动承担全部责任的程序或制度。要求兼职审定员或核查员签署书面协议，承诺遵守认证机构的相应制度及程序。该协议应具有商业和其他利益方面的机密性和独立性，并且应要求兼职审定员或核查员向认证机构通报现在或以前的与客户和（或）客户相关者的利益冲突。

兼职审定员或核查员作为审定或核查团队的一部分，发挥职能并在认证机构对特定审定或核查活动的监督之下运行。

（7）关于人员的记录要求

认证机构应建议审定和核查有关的每一人员的能力档案，并保持最新的涉及审定或核查过程的能力记录，包括相关的教育、培训、经验、绩效监测、背景及专业地位。

（8）关于外包的管理要求

当具体的温室气体方案对外包没有限制时，在认证机构不具备相关的专业能力时，可以将审定和核查活动外包，外包是指与向审定或核查机构提供审定或核查服务的其他组织的合同安排，包括其他审定或核查机构。但认证机构要做好外包过程的控制和管理，确保：

1）对审定或核查承担全部责任；

2）要求外包机构提供独立的证据以证明符合ISO 14064－3及其他国际标准的要求；

3）得到客户和责任方对于使用外包机构的允许；

4）有适当的记录协议。

四、交流与记录

标准条文

7 交流与记录

7.1 向客户或责任方提供的信息

审定或核查机构应向其客户或责任方提供以下信息：

a）审定或核查过程的详细描述（见注）；

b）审定或核查要求的变更及可能影响客户目标的相关 GHG 计划；

c）审定或核查活动及任务时间表；

d）审定或核查组成员的相关信息；

e）审定或核查费用信息；

f）参考审定或核查，管理授权用户使用的任何声明的政策；

g）有关处理投诉和起诉程序的信息。

注： 如适当且可用的情况下，审定或核查过程的描述包括审定或核查机构如何考虑先前的评估结果。

7.2 客户或责任方的责任沟通

审定或核查机构应通知预期客户或责任方其责任：

a）遵守审定或核查要求；

b）为审定或核查的执行做好所有的必要安排，包括检查证明文件条款和获得所有相关过程、领域、记录及人事的条款；

c）若可行，需制定条款，为观察员提供方便。

7.3 保密

机密性审定或核查机构应具备保护在审定或核查过程中得到的或产生的信息的机密性的政策和机制。政策应满足所有必要的强制执行的法律规定，应包括审定或核查机构及外包机构的人员和活动。

审定或核查机构，其他人员和外包机构应将审定或核查过程中得到或产生的，或除客户和责任方以外其他来源得到的审定或核查信息视为保密信息。

审定或核查机构在未经客户或责任方明确同意的情况下，不应将有关客户或责任方的信息泄露给第三方。

若根据一个相关 GHG 方案的披露条款的要求，须将信息公布于公开领域，则在此之前，如适用，审定或核查机构应通知客户和责任方。

审定或核查机构应提供和使用设备设施以确保对保密信息进行安全处理。

7.4 公开访问的信息

审定或核查机构应根据要求而维持和提供关于其活动及其所在行业的清楚、可追踪和准确的信息。

7.5 记录

审定或核查机构应维护和管理审定或核查活动的记录，包括：

a）申请信息及审定或核查范围；

b）审定或核查时间如何决定的原因；

c）完成审定或核查活动的确认，包括实质和非实质差异的结果和信息；

d）审定或核查声明；

e）投诉及申诉的记录，和任何后续的修改或修改行为。

审定或核查机构应安全地且保密地维护审定或核查记录，包括在运输、传输或转移过程中的记录。

审定或核查机构应根据 GHG 方案、合同、法律或其他管理制度要求保留审定或核查记录。

注：ISO 15489 - 1 提供记录管理制度的建立、运行和管理方面的指导意见。

理解要点

（1）有关信息的要求，包括 5 个方面。即：

1）向客户或责任方提供的信息；

2）对客户或责任方有关责任的信息沟通；

3）对信息的保密要求；

4）公开信息的要求；

5）对审定和核查相关的记录的管理要求。

（2）相关术语及定义

1）客户是指要求审定或核查的组织或个人。客户可能是责任方、温室气体方案管理者或其他利益相关人。

2）责任方是指负责温室气体声明条款和温室气体支持数据的人员。责任方可以是个人、组织或项目的代表和审定员或核查员的聘请人。审定员或核查员可以由客户或其他当事人聘请，如温室气体方案管理者。

（3）认证机构可通过公开文件或合同及其附件、审定或核查计划等向客户提供以下信息：

1）审定或核查过程的详细描述；如适当且可用的情况下，审定或核查过程的描述包括审定或核查机构如何考虑先前的评估结果（在公开文件中以流程并附加说明描述）；

2）审定或核查要求的变更及可能影响客户目标的相关温室气体计划（在公开文件中描述）；

3）审定或核查活动及任务时间表（在计划书中描述）；

4）审定或核查组成员的相关信息（在计划书中描述）；

5）审定或核查费用信息（在公开文件中给出收费标准，在合同中说明具体的费用额）；

6）参考审定或核查，管理授权用户使用的任何声明的政策（在公开文件中描述）；

7）有关处理投诉和起诉程序的信息（在公开文件中描述）。

（4）认证机构通过审定或核查通知书或审定或核查计划书，通知预期客户或责任方及其以下责任：

1）遵守审定或核查要求；

2）为审定或核查的执行做好所有的必要安排，包括检查证明文件条款和获得所有相关过程、领域、记录及人事的条款；

3）在有审定和核查小组以外的观察员（如政府机关、认可机构的人员）参加时，客户或责任方要为观察员提供方便。

（5）对信息的保密要求，这是保密性原则的具体体现：

1）认证机构要具备保护在审定或核查过程中得到的或产生的信息的保密性的制度和机制。认证机构通常是制定《保密管理程序》，并要求相关人员签署保密承诺，在现场审定或核查前向客户宣读并接受客户的监督。该程序要满足所有必要的强制执行的法律规定，包括认证机构及外包机构的人员和活动。

2）认证机构、其他人员（如兼职人员）和外包机构应将审定或核查过程中得到或产生的，或除客户或责任方以外其他来源得到的审定或核查信息视为保密信息。

3）认证机构在未经客户或责任方明确同意的情况下，不得将有关客户或责任方的信息泄露给第三方。

4）如果根据某个相关温室气体方案的披露条款的要求，必须将信息公布于公开领域，则在此之前，认证机构应通知客户和责任方。

5）认证机构应提供和使用设备设施以确保对保密信息进行安全处理。

（6）公开信息的要求：认证机构根据要求而维持和提供关于其活动及其所在行业的清楚、可追踪和准确的信息。通过网站或公开的公众可获取的公开文件对与审定和核查有关的流程、受理申请的条件、认证决定的条件、投诉申诉、收费标准、获得认证的客户的基本的可公开的信息予以公开。

（7）对审定和核查相关的记录的管理要求：

1）记录的内容要求：

认证机构应维护和管理审定或核查活动的记录，包括：

a）申请信息及审定或核查范围；

b）审定或核查时间如何决定的原因；

c）完成审定或核查活动的确认，包括实质和非实质差异的结果和信息；

d）审定或核查声明；

e）投诉及申诉的记录，和任何后续的修改或修改行为。

2）记录的管理要求：

a）认证机构要安全地、保密地维护审定或核查记录，包括在运输、传输或转移过程中的记录；

b）认证机构应根据温室气体方案、合同、法律或其他管理制度要求保留审定或核查记录。

ISO 15489 -1 提供记录管理制度的建立、运行和管理方面的指导意见，有兴趣的读者可参阅该标准。

五、申诉和投诉处理

标准条文

9 申诉

审定或核查机构

a）应具备对管理、评估、采取必要的纠正措施及做出申诉决定进行记录的一套程序；

b）应按要求公开地描述申诉处理程序；

c）应对各层申诉处理程序的所有决定负责；

d）应确保涉及申诉处理程序的人员不能是执行 GHG 声明的审定或核查声明及预制声明的人员；

e）应将收到申诉、申诉处理过程、涉及申诉处理过程的人员告知于申诉人，并应为其提供结果报告和正式通知；

f）应确保申诉决定未对申诉人造成歧视。

10　投诉

审定或核查机构

a）应具备对管理、评估、采取必要的纠正措施及做出投诉决定进行记录的一套程序；

b）应按要求公开地描述投诉处理程序；

c）应对各层投诉处理程序的所有决定负责；

d）应对投诉人和投诉对象保密；

e）收到投诉时，应确认投诉人是否与审定或核查机构负责的审定或核查活动有关；

f）在投诉处理程序中，不应使用与投诉有关的人员；

g）应将收到投诉、投诉处理过程、涉及投诉处理过程的人员告知于投诉人，并应为其提供结果报告和正式通知。

注：ISO 10002 提供投诉处理指导意见。

理解要点

（1）对申诉和投诉管理提出了要求。

（2）相关术语及定义

1）申诉是指由客户或责任方向审定或核查机构提出的对与审定或核查有关的已作决定进行重新考虑的要求。

2）投诉是指除申诉以外，由任何人或组织对审定或核查机构或认证机构表达的与此机构活动相关的不满，机构应作出答复。

（3）认证机构对申诉的管理要求

1）制定对管理、评估、采取必要的纠正措施及做出申诉决定进行记录的一套程序，如《申诉投诉处理程序》；

2）将申诉处理程序作为公开文件管理，以便客户和公众可获取；

3）对申诉处理的所有决定负责；

4）确保实施申诉处理程序的人员与执行该认证项目无关，即负责处理申诉的人员不是参加了该认证项目的审定或核查的人员；

5）将按理申诉、实施申诉处理以及可能涉及申诉处理过程的人员告知于申诉人，并为其提供结果报告和正式通知；

6）确保申诉决定未对申诉人造成歧视。

（4）认证机构对投诉的管理要求

1）制定对管理、评估、采取必要的纠正措施及做出投诉决定进行记录的一套程序，如《申诉投诉处理程序》；

2）按要求公开地描述投诉处理程序，并作为公开文件处理，可为客户或其他相关方所获取；

3）对各层投诉处理程序的所有决定负责；

4）对投诉人和投诉对象保密；

5）收到投诉时，应确认投诉人是否与审定或核查机构负责的审定或核查活动有关；

6）在投诉处理程序中，不使用与投诉有关的人员；

7）将受理投诉、投诉处理以及涉及投诉处理过程的人员告知于投诉人，并应为其提供结果报告和正式通知。

ISO 10002 提供投诉处理指导意见，有兴趣的读者可参阅该标准。

六、管理制度要求

标准条文

> **12　管理制度**
>
> 审定或核查机构应建立，实施和维持文件管理系统，此系统能支持并证明连续实现此国际标准的要求且还包括下列因素：
>
> a）管理制度政策；
>
> b）文件控制；
>
> c）记录控制；
>
> d）内部审计；
>
> e）纠正措施；
>
> f）预防措施；
>
> g）管理审查。
>
> 文件管理制度应包括有关记录的维护。
>
> **注：**此条款未暗示需要管理制度的认证或注册。

理解要点

（1）认证机构应建立文件化的管理系统，如《温室气体审定或核查质量管理手册》，以支持并证明本机构从事的温室气体审定或核查工作持续符合本标准的要求。但本标准并没有明确要求认证机构实施认可。

（2）该文件化的管理系统包括对以下信息的具体描述：

1）管理制度政策，即管理方针和目标；

2）文件控制，文件包括记录表格的制定、审批、发放、修订和外来文件及作废文件的管理；

3）记录控制，包括记录的编目、归档、储存、保管、借阅、报废、销毁要求；

4）内部审核，内审的目的、范围、依据、方案、人员要求、时间安排、流程方法和报告及不符合整改要求；

5）纠正措施，包括不符合原因分析、纠正措施必要性评价、纠正措施制定、纠正措施的实施和效果评价；

6）预防措施，包括潜在不符合的分析、预防措施的必要性评价、预防措施的制定和实施、实施效果评价。

7）管理评审，管理层对机构实施温室气体审定或核查工作的适宜性、充分性和有效性进行全面评价，并作出改进决定。

（3）管理制度文件样本

本标准第12章包含管理制度要求。管理制度文件可包含或涉及：

1）认证机构的法律地位描述，如适用，则包括所有者名称，如不同，则包括控制些机构的人员名称；

2）高级主管及其他能影响审定或核查机构职能质量的审定或核查人员的名称、资格、经验和职权范围；

3）本标准5.3所描述的组织性说明书，这一组织性说明书表明了高级主管的权利、责任的划分及职责的分配，尤其表明了负责评估人员和作出关于审定或核查声明决定的人员之间的关系。

4）实施管理评审的程序；

5）包括文件控制的管理程序；

6）审定或核查机构人员（包括审定员或核查员）招聘及培训程序及对其绩效进行监管；

7）合同人员名单及评估、记录和监管其能力的细节；

8）处理非一致性和确保所采取的纠正行动有效性的政策和程序；

9）执行审定及核查流程的政策和程序，包括：

a）发布审定及核查声明的条件；

b）执行审定及核查的程序；

10）处理申诉、投诉及纠纷的政策及程序；

11）执行内部审计的政策和程序。

第三节　组织和项目的低碳认证过程控制

一、准备

标准条文

8　审定或核查程序

8.1　总体情况

审定或核查过程应包括下列审定或核查过程阶段：

a）预接触；

b）方法；

c）审定或核查；

d）审定核查声明。

注：附件C表明了本国际标准及ISO 14064－3中审定和核查过程条款和要求之间的关系。

8.2 预接触

8.2.1 公正性

审定或核查机构应根据5.4的要求对从预期用户得到的信息进行审查以决定对公正性的潜在风险。

8.2.2 能力

审定或核查机构应按照第6章要求对预期用户的信息进行审查以决定审定或核查机构是否具备必要的能力、人员和资源来成功地完成预期任务。

8.2.3 协议

审定或核查机构应按照5.2的要求与客户达成具有法律强制性的协议。

审定或核查机构与客户之间的合同应考虑ISO 14064－3：2006中4.3的要求。

8.2.4 指定团队队长

审定或核查机构应根据6.3.7的要求指定审定或核查团队队长。

8.3 方法

8.3.1 选择审定或核查团队

审定或核查机构应按照第6章要求指定审定或核查查团队。

8.3.2 与客户和责任方沟通

审定或核查机构应按照7.1和7.2的要求与客户或责任方或两者都进行沟通。

审定或核查机构应将审定或核查团队成员的姓名告知于客户或责任方，要充分注意到对指定队员的反对。

审定或核查机构应考虑根据客户或责任方的反对意见，重新配置审定或核查团队。

8.3.3 计划

审定或核查机构应在制定审定或核查计划时对责任方的GHG信息进行审查，以符合ISO 14064－3：2006中4.4的要求。

审定或核查机构应制定符合ISO 14064－3：2006中4.4.2所要求的审定或核查计划。

审定或核查机构应制定符合ISO 14064－3：2006中4.4.3要求的抽样方案。审定或核查机构团队队长应批准审定或核查计划和抽样方案。

审定或核查机构应根据审定或核查计划和抽样方案详细说明具体活动和时间以完成审定或核查。

理解要点

（1）介绍了审定或核查过程及要求。

（2）有关准备工作包括：

1）初访，包括公正性分析与判断、申请评审、签订协议、组成审定或核查小组；

2）审定方法确定，包括确定审定或核查小组、与客户进行沟通、制定审定和核查计划。

（3）审定或核查过程包括以下阶段：

1）预接触，即对客户进行初访；

2）进行审定或核查策划和准备；

3）实施审定或核查；

4）编写和确定审定核查声明。

表4－2给出了ISO 14065和ISO 14064－3有关审定和核查程序的区别比较。

表4－2 ISO 14065和ISO 14064－3有关审定和核查程序的区别比较

要求	ISO 14065	ISO 14064－3
预接触		
竞争力	第6章	
公正性	5.4	
协议	5.2	4.3
指定组长	6.3.7	
方法		
选择团队	第6章	
与客户沟通	7.1，7.2	
计划		
信息核查		4.4.1
审定和核查计划		4.4.2
抽样计划		4.4.3
组长审批计划	8.33	
小组时间和活动	8.33	
审定或核查		
GHG声明评估		4.5，4.6，4.7
证据评估		4.8
审定或核查声明		
审查		4.8
发布	8.5	4.9
记录	7.5	4.10

（4）对初访（预接触）的要求

1）公正性评价：根据要求对从预期用户得到的信息进行审查以决定是否存在对公正性的潜在风险。

2）机构及相关人员的能力是否满足要求的评审——申请评审：按照要求对预期用户的信息进行审查以决定审定或核查机构是否具备必要的能力、人员和资源来成功地完成预期任务。

3）签定认证合同：按照要求与客户达成具有法律强制性的协议。认证机构与客户之间的合同应考虑ISO 14064－3：2006中4.3的要求。

4）指定审定或核查组长：应根据本标准6.3.7的要求指定审定或核查组长。

（5）审定或核查策划和准备：

1）选择审定或核查团队。

认证机构应按照要求指定审定或核查小组。

2）与客户和责任方进行现场审定或核查前的必要沟通。

a）认证机构按照要求与客户或责任方或两者都进行沟通。

b）认证机构应将审定或核查小组成员的姓名告知客户或责任方，充分注意客户对指定审定员或核查员的反对信息。

c）认证机构应考虑根据客户或责任方的反对意见，重新配置审定或核查小组。

3）制定审定或核查计划。

a）认证机构应在制定审定或核查计划时对责任方的温室气体信息进行审查，以符合ISO 14064－3：2006 中 4.4 的要求。

b）认证机构的审定或核查组长制定符合 ISO 14064－3：2006 中 4.4.2 所要求的审定或核查计划。

c）认证机构审定或核查组长制定符合 ISO 14064－3：2006 中 4.4.3 要求的抽样方案。

d）认证机构的主管温室气体审定或核查工作的负责人批准审定或核查计划和抽样方案。

e）认证机构根据审定或核查计划和抽样方案详细向客户说明具体活动和时间以完成审定或核查。

二、一般审定和核查

标准条文

8.4　审定或核查

审定或核查机构应根据 ISO 14064－3：2006 中 4.5，4.6 和 4.7 的要求评估 GHG 声明，考虑到 ISO 14064－3：2006 中 4.4.1，4.4.2 和 4.4.3 及本国际标准中 8.3 确定的信息咨询，审定或核查计划和数据采集计划。

审定或核查机构应评估所收集的审定或核查证据是否支持符合 ISO 14064－3：2006 中 4.8 规定的 GHG 声明。

8.5　审定或核查声明的审查和发布

审定或核查机构应确保不同于审定或核查团队的有能力人员。

a）确认所有审定或核查活动已完成，并

b）确定 GHG 声明是否未带有实质性差异，以及审定或核查活动是否在审定或核查过程的开始就提供符合 ISO 14064－3：2006 中 4.8 规定且经过同意的保证等级。

根据审定或核查结果，审定或核查机构应发布符合 ISO 14064－3：2006 中 4.9 规定的审定或核查声明。

8.6　记录

审定或核查机构应保持符合 7.5 和 ISO 14064－3：2006 中 4.10 要求的审定或核查记录。

8.7　审定或核查声明发布后发现的事实

如果审定或核查声明发布后，客户、责任方或 GHG 方案发现存在可能实质性地影响审定或核查声明的事实，则审定或核查机构应考虑采取适当行动，包括：

a）确定事实是否已在 GHG 声明中得到充分的披露；

b）考虑是否需要修改审定或核查声明；

c）与客户、责任方或 GHG 方案对事件进行讨论（在适当情况下）。

如审定或核查声明要求修改，则审定或核查机构应执行程序，公布修改过的审定或核查报告和修改过的审定或核查声明，并应特别说明修改原因。

理解要点

（1）描述了审定和核查过程并提出了要求。

（2）相关术语及定义

1）温室气体信息系统是指建立、管理和维持 GHG 信息的政策、进程和程序。

2）保证等级是指在审定或核查方面，预期用户所要求的保证程度。保证等级是审定员或核查员用来决定意于确定是否存在重大错误、遗漏或失实陈述的审定或核查的细节深度。ISO 14064 - 3 认可两种保证等级，即合理保证等级和有限保证等级，这将造成具有不同措辞的审定或核查声明。

3）实质性是指错误的、遗漏的或曲解的个人或集合能影响 GHG 声明且能影响预期用户决策的概念。设计审定或核查及抽样调查计划时使用实质性这一概念，以确定用于最小化风险的实质性程序类型，对于这种风险（检查风险），审定员或核查员不易发现存在的实质性差异。如果用于确认信息的实质性概念被遗漏或误说，则可能使预期用户严重曲解温室气体声明，从而影响他们作出结论。可接受的实质性应根据约定的保证等级由审定员或核查员或温室气体方案在约定的保证等级的基础上确定的。

4）实质性差异是指在温室气体声明中可能影响预期用户决定的实际性错误的、遗漏的和曲解的个体或集合。

5）审定声明是指根据温室气体项目规划审定，对预期用户提供的一份正式书面宣言，这为责任方的温室气体声明声明提供了保证。

6）核查声明是指根据核查，对预期用户提供的一份正式书面宣言，给预期用户的正式书面宣言，这为责任方的 GHG 声明声明提供了保证。

（3）审定或核查

1）认证机构根据 ISO 14064 - 3：2006 中“4.5 对温室气体信息系统及其控制的评价”、“4.6 对温室气体数据和信息的评价”、“4.7 根据审定或核查准则的评价”的要求评估温室气体声明，考虑到 ISO 14064 - 3：2006 中“4.4.1 概述”、“4.4.2 审定或核查计划”和“4.4.3 抽样计划”及本标准“8.3 方法”中确定的信息咨询，审定或核查计划和数据采集计划。

2）认证机构评估所收集的审定或核查证据是否支持符合 ISO 14064 - 3：2006 中“4.8 对温室气体声明的评估”条规定的温室气体声明。

（4）审定或核查声明的审查和发布

认证机构应确保不同于审定或核查小组的有能力人员：

1）确认所有审定或核查活动已完成；

2）确定 GHG 声明是否未带有实质性差异，以及审定或核查活动是否在审定或核查过程的开始就提供符合 ISO 14064 - 3：2006 中“4.8 对温室气体声明的评估”规定且经过同意的保证等级；

3）根据审定或核查结果，审定或核查机构应发布符合 ISO 14064 - 3：2006 中“4.9 审定和核查陈述”规定的审定或核查声明。

（5）对审定和核查记录的管理

认证机构应保持符合本标准“7.5 记录”和 ISO 14064 - 3：2006 中“4.10 审定或核查记录”要求的审定或核查记录。

（6）审定或核查后发现的情况的处理

如果审定或核查声明发布后，客户、责任方或温室气体方案发现存在可能实质性地影响审定或核查声明的事实，认证机构应考虑采取适当行动，包括：

1）确定事实是否已在温室气体声明中得到充分的披露；

2）在适当情况下与客户、责任方或温室气体方案对事件进行讨论；

3）考虑是否需要修改审定或核查声明；如审定或核查声明要求修改，则应执行相关程序的规定，公布修改过的审定或核查报告和修改过的审定或核查声明，并特别说明修改原因。

三、特殊审定和核查

标准条文

> **11　特殊审定或核查**
>
> 如果审定或核查机构有必要在一得到通知就马上对先前审定的或核查的 GHG 声明进行审定或核查，以作为对审定或核查声明发布后发现的投诉或事实的回应，则审定或核查机构
>
> a）应提前通知此种情况的客户、责任方或两者，在这种情况下将进行特殊审定或核查；且
>
> b）如果责任方缺少反对的机会，应在指派审定或核查团队队员时加以额外关照。

理解要点

（1）对提前较短时间通知的审核提出了要求。这种情况往往是获得认证的组织出现的问题，或者认证机构收到了对获得认证的组织的投诉所进行了特殊审定或核查，作为对审定或核查声明发布后发现的投诉或事实的回应。

（2）对特殊审定或核查的要求：

1）在分开文件或合同由说明此种情况的客户、责任方或两者，在什么条件下可能将进行特殊审定或核查；

2）如果责任方缺少反对的机会，应在指派审定或核查小组成员时加以额外关照，选择和确定能够胜任这类审核的人员，且与投诉无直接责任关系。

第四节　应用

具备本标准规定条件和法律地位的认证机构（温室气体审定或核查机构）依据本标准，要做好以下工作：

（1）建立文件化的管理系统。按照本标准的要求编制相关的管理制度、程序和手册，并确保其得到执行，按要求开展内部审核和管理评审，确保审定和核查工作的质量管理体系运行有效。

（2）建立人员能力分析与评价系统。选择、聘用具备能力和管理人员、支持人员、审定员或核查员及审定核查团队的组长，并通过培训使人员持续具备能力，同时实施动态考核。

（3）确定审定或核查流程。制订相关的程序，按本标准及 ISO 14064－3 的相关要求做好审定或核查工作。

（4）建立申诉投诉渠道处理机制，做好申诉投诉处理工作。

（5）识别信息，处理好保密与公开和均衡关系，做好信息管理工作。

读者可参考 ISO 17021：2011 对管理体系认证机构的要求，或参考 ISO 17065 对产品认证机构的要求来建立、运行管理体系，确保温室气体审定或核查以及低碳产品认证的正常有序进行。

第五章 其他相关标准（工具）介绍

第一节 GB/T 24062—2009《环境管理 将环境因素引入产品的设计和开发》简介

任何产品，包括商品和服务，都会产生碳排放，排放可能在产品的所有生命周期阶段或其中某一阶段，包括原材料获取，产品制造、经销、使用和报废产品的处置。排放碳可能有多有少，排放周期可能是短期的也可能是长期的。

顾客、使用者和开发者对产品的碳排放关注会日益增强，这一关注体现在政府、商业活动、消费者和自愿性组织有关可持续发展、经济政策、生态效率、节能、国际贸易及相关法律和标准的讨论和制定中，也体现在低碳经济条件下的产品和开发和设计的新方法中。这些方法可以改善资源利用效率和过程效率，促进潜在产品差异的改善，降低能源消耗，减少法律负担和潜在责任，并节约成本。

碳的排放实际上是一项重要的环境因素，与组织识别的“环境因素”中的“能源的使用”有关。组织要实现碳减排，走低碳经济的发展道路，一项重要的措施就是在产品设计时，预测或识别产品全生命周期内与碳排放有关（如能源消耗）的环境因素，并与其他环境因素相权衡，在产品设计中考虑其要求。

GB/T 24062—2009《环境管理 将环境因素引入产品的设计和开发》为组织在设计产品时如何考虑包括碳排放的环境因素提供了指南。

GB/T 24062—2009 在第 4 章“目的和潜在利益”中将其目的描述为“将环境因素引入产品的设计和开发旨在减少产品整个生命周期中产生的不利环境影响。在努力达到这个目的的过程中，组织及其竞争力、顾客和其他利益相关方都可以获得多方面的利益。”如果组织在产品初始设计时就从全生命周期的角度考虑产品所产生的碳排放情况，并通过环境友好的设计，从原材料节约、制造过程节能、产品使用的寿命周期长、使用节能、报废后可再生利用、可拆卸方面考虑，就实现了在设计上保证产品低碳的要求。

GB/T 24062—2009 第 5 章“战略方面的考量”要求组织从战略方面去考量将环境因素引入产品设计的重要性。将产品的低碳性作为实现组织战略目标中节能减排和低碳可持续发展战略的具体支撑。

GB/T 24062—2009 第 6 章“管理方面的考量”要求组织的管理者发挥作用并从产品的持续环境改进、供应链管理、创新等做出承诺，将环境因素引入产品的设计和开发中。

GB/T 24062—2009 第 7 章“产品方面的考量”指出产品可能包含一系列环境因素，并说明包括气候变化方面的环境因素，分析了与产品有关的环境因素和环境影响，在输入方面主要是材料和能源两方面；在输出方面强调了产品在生产和使用过程中的能源消耗和污染物的排放，因此产品的生命周期内都可能涉及碳排放的因素。本章从减少产品的重量与体积、改进能效、延长产品寿命、选择所使用的材料和工艺、资源节能、再生利用、能量回收等方面提出了一些指南。本章还从“提高材料效率”、“提高能效”、“节约使用土地”、“耐用性设计”、“再使用、回收和再生利用设计”、“避免产品中潜在的物质和材料”说明了设计方法。

GB/T 24062—2009 第 8 章“产品的设计开发过程”从产品设计开发模型、策划、概念设计、详细设计、测试/原型模型、市场投放、产品评审等各过程中如何关注产品环境进行了详细的说明。

这一标准给出的理念、方法和要求完全适用于在设计和开发产品时如何引入和考虑低碳的要求，是组织低碳措施的重要组成部分。

第二节　GB/T 24040—2008《环境管理　生命周期评价原则与框架》简介

生命周期评价是产品的碳足迹分析中使用的重要工具。为了做好产品的碳足迹盘查，无论是组织还是认证机构的检查人员都有必要理解生命周期理论。以下先介绍相关基础知识。

一、生命周期理论相关基础知识

1. 生命周期评价的概念

生命周期评价（life cycle assessment，LCA）是评价产品、工艺过程或活动从原材料的采集和加工到生产、运输、销售、使用、回收、养护、循环利用和最终处理整个生命周期系统有关的环境负荷的过程。ISO 14040 对 LCA 的定义是：汇总和评价一个产品、过程（或服务）体系在其整个生命周期的所有及产出对环境造成的和潜在的影响方法。LCA 突出强调产品的“生命周期”，有时也称为“生命周期分析”、“生命周期方法”、“摇篮到坟墓”、“生态衡算”等。产品的生命周期有 4 个阶段：生产（包括原料的利用）、销售/运输、使用和后处理（图 5－1 给出了产品的生命周期过程），在每个阶段产品以不同的方式和程度影响着环境。

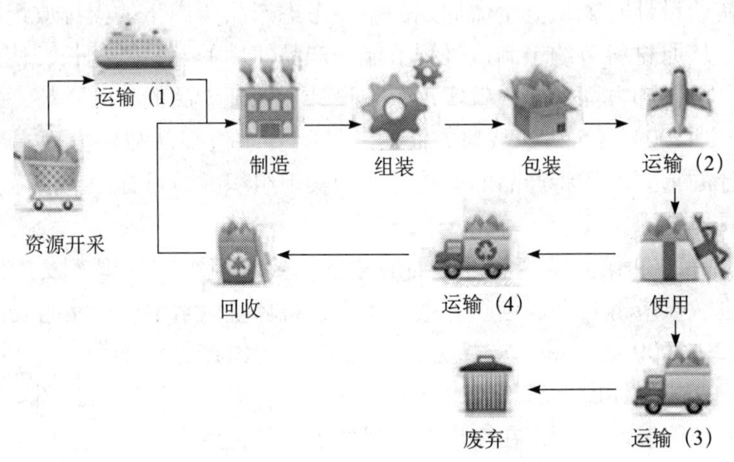

图 5－1　产品的生命周期过程

生命周期评价又是产业生态学的主要理论基础和分析方法。尽管生命周期评价主要应用于产品及产品系统评价，但在工业代谢分析和生态工业园建设等产业生态学领域也得到广泛应用。生命周期评价已被认为是21世纪最有潜力的可持续发展支持工具。在此基础上发展起来的一系列新的理念和方法，如生命周期设计（LCD）、生命周期工程（LCE）、生命周期核算（LCC）及为环境而设计（DFE）等正在各个领域进行研究和应用。

2. 生命周期评价的产生背景

生命周期评价（LCA）的思想萌芽最早出现于20世纪60年代末到70年代初。经过40多年的发展，目前已纳入ISO 14000环境管理系列标准而成为国际上环境管理和产品设计的一个重要支持工具。从其发展的历程来看，大致可以分为三个阶段，即萌芽阶段、探索阶段和迅速发展阶段。

（1）萌芽阶段（20世纪60年代末到70年代初）

生命周期评价最早出现在20世纪60年代末70年代初的美国。生命周期评价研究开始的标志是1969年由美国中西部资源研究所展开的针对可口可乐公司的饮料包装瓶进行评价的研究。该研究试图从最初的原材料采掘到最终的废弃物处理，进行全过程的跟踪与定量分析（从摇篮到坟墓）。这项研究使可口可乐公司抛弃了它过去长期使用的玻璃瓶，转而采用塑料瓶包装。当时把这一分析方法称为资源与环境状况分析（REPA）。自此，欧美一些国家的研究机构和私人咨询公司相继展开了类似的研究。这一时期的生命周期评价研究工作主要由工业企业发起，秘密进行，研究结果作为企业内部产品开发与管理的决策支持工具。并且大多数研究的对象是产品包装品。从1970年~1974年，整个REPA的研究焦点是包装品和废弃物问题。由于很多与产品有关的污染物排放与能源利用有关，这些研究工作普遍采用能源分析方法。

（2）探索阶段（20世纪70年代中期到80年代末）

20世纪70年代中期，美国政府开始积极支持并参与生命周期评价的研究。由于全球能源危机的出现，REPA有关能源分析的工作倍受关注。一方面人们认识到化石燃料将会用尽，必须进行有效的资源保护，另一方面认识到能源生产也是污染物的主要排放源。因此很多研究工作又从污染物排放转向于能源分析与规划，采用的方法更多为能源分析法。

进入20世纪80年代，案例发展缓慢，方法论研究兴起。后来一系列的REPA工作未能取得很好的研究结果，对此感兴趣的研究人员和研究项目逐渐减少，公众的兴趣也逐渐淡漠了。直到全球性的固体废弃物问题又一次成为公众瞩目的焦点，REPA又重新开始着重于计算固体废弃物产生量和原材料消耗量的研究。

（3）迅速发展阶段（20世纪80年代末期以后）

20世纪80年代末开始，是LCA研究快速增长时期。随着区域性与全球性环境问题的日益严重以及全球环境保护意识的加强，可持续发展思想的普及以及可持续行动计划的兴起，大量的REPA研究重新开始，公众和社会也开始日益关注这种研究结果。REPA研究涉及到研究机构、管理部门、工业企业、产品消费者等，但其使用REPA的目的和侧重点各不相同，而且所分析的产品和系统也变得越来越复杂，急需对REPA的方法进行研究和统一。1989年“荷兰国家居住、规划与环境部（VROM）”针对传统的“末端控制”环境政策，首次提出了制定面向产品的环境政策，即所谓的产品生命周期。该研究还提出，要对产品整个生命周期内的所有环境影响进行评价，同时也提出了要对生命周期评价的基本方法和数据进行标准化。1990 年由“国际环境毒理学与化学学会（SETAC）”首次主持召开了有关生命周期评价的国际研讨会。在该会议上首次提出了“生命周期评价（LCA）”的概念。在以后的几年里，SETAC 又主持和召开了多次学术研讨会，对生命周期评价从理论与方法上进行了广泛研究。1993 年国际标准化组织（ISO）开始起草 ISO 14000 国际标准，正式将生命周期评价纳入该体系。目前，已颁布了有关生命周期评价的多项标准。中国针对该标准采用等同转化的原则，现已颁布了两项国家标准：GB/T 24040《环境管理　生命周期评价　原则与框架》，GB/T 24041《环境管理　生命周期评价　目的与范围的确定和清单分析》。目前生命周期评价还不十分成熟，仍然有很多问题值得研究。如还没有比较完善的生命周期影响评价方法。

3. 生命周期评价方法

（1）生命周期评价技术框架

SETAC 提出的 LCA 方法论框架，将生命周期评价的基本结构归纳为四个有机联系部分：定义目标与确定范围；清单分析（Inventory analysis）；影响评价（Impact assessment）和改善评价（Improvement assessment）。其相互关系如图 5－2 所示。

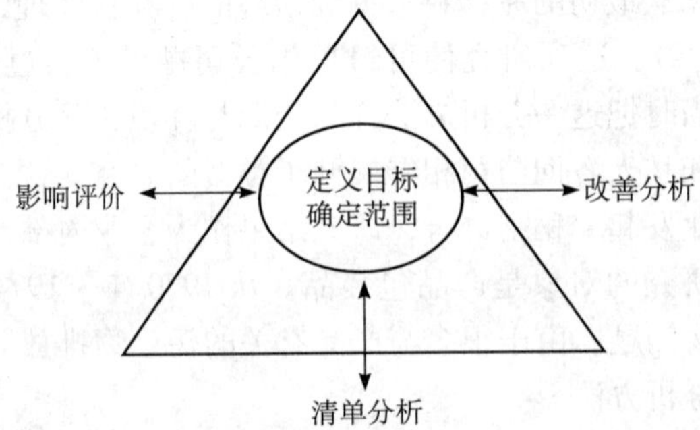

图 5－2　SETAC 生命周期评价技术框架

ISO 14040 将生命周期评价分为互相联系的、不断重复进行的四个步骤：目的与范围确定、清单分析、影响评价和结果解释。ISO 组织对 SETAC 框架的一个重要改进就是去掉了改善分析阶段。同时，增加了生命周期解释环节，对前三个互相联系的步骤进行解释。而这种解释是双向的，需要不断调整。

另外，ISO 14040 框架更加细化了 LCA 的步骤，更利于开展生命周期评价的研究与应用。如图 5－3 所示。

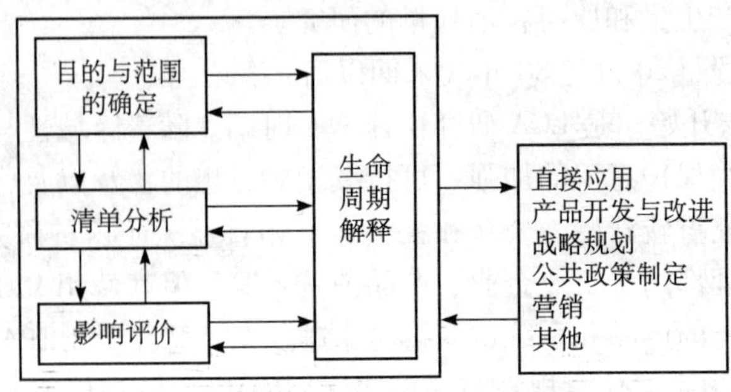

图 5－3　ISO 14040 生命周期评价框架

（2）确定目的与范围

生命周期评价的第一步是确定研究目的与界定研究范围。研究目的应包括一个明确的关于 LCA 的原因说明及未来后果的应用。目的应清楚表明，根据研究结果将做出什么决定、需要哪些信息、研究的详细程度即动机。研究范围定义了所研究的产品系统、边界、数据要求、假设及限制条件等。为了保证研究的广度和深度满足预定目标，范围应该被详细定义。由于 LCA 是一个反复的过程，在数据和信息的收集过程中，可能修正预先界定的范围来满足研究的目标。在某些情况下，也可能修正研究目标本身。

确定目的和范围具体说来应先确定产品系统和系统边界，包括了解产品的生产工艺，确定所要研究的系统边界。针对生产工艺各个部分收集所要研究的数据，其中收集的数据要有代表性、准确性、完整性。在确定研究范围时，要同时确定产品的功能单位，在清单分析中将收集的所有数据都要换算成功能单位，以便对产品系统的输入和输出进行标准化。

（3）清单分析

清单分析是 LCA 基本数据的一种表达，是进行生命周期影响评价的基础。清单分析是对产品、工艺或活动在其整个生命周期阶段的资源、能源消耗和向环境的排放（包括废气、废水、固体废物及其他环境释放物）进行数据量化分析。清单分析的核心是建立以产品功能单位表达的产品系统的输入和输出（即建立清单）。通常系统输入的是原材料和能源，输出的是产品和向空气、水体以及土壤等排放的废弃物（如废气、废水、废渣、噪声等）。清单分析的步骤包括数据收集的准备、数据收集、计算程序、清单分析中的分配方法以及清单分析结果等。

清单分析可以对所研究产品系统的每一过程单元的输入和输出进行详细清查，为诊断工艺流程物流、能流和废物流提供详细的数据支持。同时，清单分析也是影响评价阶段的基础。在获得初始的数据后就需要进行敏感性分析，从而确定系统边界是否合适。清单分析的方法论已在世界范围内进行了大量的研究和讨论。美国 EPA 制定了详细的有关操作指南，因此相对于其他组成来说，清单分析是目前 LCA 组成部分中发展最完善的一部分。

（4）生命周期影响评价

影响评价阶段实质上是对清单分析阶段的数据进行定性或定量排序的一个过程。影响评价目前还处于概念化阶段，还没有一个达成共识的方法。ISO、SETAC 和英国 EPA（environmental protection agency）都倾向于把影响评价定为一个“三步走”的模型，即影响分类（classify）、特征化（characterization）和量化（valuation）。分类是将从清单分析中得来的数据归到不同的环境影响类型。影响类型通常包括资源耗竭、生态影响和人类健康三大类。特征化即按照影响类型建立清单数据模型。特征化是分析与定量中的一步。量化即加权，是确定不同环境影响类型的相对贡献大小或权重，以期得到总的环境影响水平的过程。

根据 SETAC 和 ISO 关于 LCA 的影响评价阶段的概念框架，中国科学院生态环境研究中心建立了一个影响评价模型框架。该框架的基本思想是，通过评估每一具体环境交换对已确定的环境影响类型的贡献强度来解释清单数据。模型包括以下步骤：

计算环境交换的潜在影响值；数据标准化；环境影响加权；计算环境影响负荷和资源耗竭系数。

（5）生命周期解释

生命周期解释的目的是根据 LCA 前几个阶段的研究或清单分析的发现，以透明的方式来分析结果、形成结论、解释局限性、提出建议并报告生命周期解释的结果，尽可能提供对生命周期评价研究结果的易于理解的、完整的和一致的说明。根据 ISO 14043 的要求，生命周期解释主要包括三个要素，即识别、评估和报告。识别主要是基于清单分析和影响评价阶段的结果识别重大问题；评估是对整个生命周期评价过程中的完整性、敏感性和一致性进行检查；报告主要是得出结论，提出建议。目前清单分析的理论和方法相对比较成熟，影响评价的理论和方法正处于研究探索阶段，而改善评价的理论和方法目前研究较少。

二、GB/T 24040—2008 标准简介

GB/T 24040—2008 部分代替 GB/T 24040—1999、GB/T 24041—2000、GB/T 24042—2002、GB/T 24043—2002，名称为《环境管理　生命周期评价　原则与框架》，等同采用国际标准 ISO 14040：2006。该标准给出了与生命周期评价有关的 46 个定义，给出了生命周期评价（LCA）的七个原则（生命周期的观点、以环境为焦点、相对方法和功能单位、反复的方法、透明性、全面性、科学方法的优先性），明确了生命周期评价的四个阶段（确定目的和范围、清单分析、影响评价、解释），说明了生命周期评价的主要特征，给出了产品系统的总体概念，介绍了生命周期评价的方法学框架，对生命周期清单分析提出了要求，对如何进行生命周期影响评价作出了规定，还对生命周期解释、报告和鉴定性评审作出了规定。附录中给出了生命周期评价的应用领域（环境管理体系与环境绩效评价、环境标志和声明、将环境影响引入产品的设计和开发、产品标准中对环境因素的考虑指南、环境信息交流、组织和项目层次的温室气体排放和清除的量化、监测和报告以及对温室气体声明的审定和核查）。

1. 生命周期评价遵守的原则

（1）生命周期的观点。LCA 考虑产品的整个生命周期，即从原材料的获取、能源和材料的生产、产品制造和使用，到产品生命末期的处置及最终处置。

（2）以环境为焦点。关注产品系统中的环境因素和环境影响。

（3）相对的方法和功能单位。围绕功能单位构建一个相对的方法。

（4）反复的方法。是一种反复的技术，每一阶段都使用其他阶段的结果。

（5）透明性。

（6）全面性。考虑了自然环境、人类健康和所有属性或因素。

（7）科学方法的优先性。LCA 中的决策更适宜以自然科学为基础。

2. 生命周期评价的框架

生命周期评价的框架如图 5 -3 所示。

第三节　GB/T 24044—2008《环境管理　生命周期评价　要求和指南》简介

一、标准基本内容介绍

GB/T 24044—2008 部分代替 GB/T 24040—1999、GB/T 24041—2000、GB/T 24042—2002、GB/T 24043—2002，名称为《环境管理　生命周期评价　要求与指南》，等同采用 ISO 14044：2006。该标准给出了与生命周期评价有关的 46 个定义，详细说明了 LCA 方法学框架、生命周期清单分析（LCI）、生命周期影响评价（LCLA）、LCA 解释、报告、鉴

定性评审的原则、方法、程序和要求。

GB/T 24044—2008《环境管理 生命周期评价 要求与指南》包括的内容有：

（1）生命周期评价的目的和范围的确定；

（2）生命周期清单分析；

（3）生命周期影响评价；

（4）生命周期解释；

（5）生命周期报告和鉴定性评审；

（6）生命周期评价的局限性；

（7）生命周期评价各阶段的关系；

（8）价值选择和可选要素应用条件。

二、标准中有关“清单分析”要求的理解

GB/T 24044—2008 标准中 4.3 从数据收集、数据计算和分配进行了详细说明。

1. 清单分析的概念

清单分析是 LCA 基本数据的一种表达，是进行生命周期影响评价的基础。清单分析是对产品、工艺或活动在其整个生命周期阶段的资源、能源消耗和向环境的排放（包括废气、废水、固体废物及其他环境释放物）进行数据量化分析。一种产品的生命周期评价将涉及其每个部件的所有生命阶段，这包括从地球采集原材料和能源、把原材料加工成可使用的部件、中间产品的制造，将材料运输到每一个加工工序、所研究产品的制造、销售、使用和最终废弃物的处置（包括循环、回用、焚烧或填埋等）等过程。

清单分析的核心是建立以产品功能单位表达的产品系统的输入和输出（即建立清单）。通常系统输入的是原材料和能源，输出的是产品和向空气、水体以及土壤等排放的废弃物（如废气、废水、废渣、噪声等）。

2. 清单分析的步骤

清单分析的步骤包括数据收集的准备、数据收集、计算程序、清单分析中的分配方法以及清单分析结果等。

清单分析可以对所研究产品系统的每一过程单元的输入和输出进行详细清查，为诊断工艺流程、物流、能流和废物流提供详细的数据支持。同时，清单分析也是影响评价阶段的基础。在获得初始的数据的后就需要进行敏感性分析，从而确定系统边界是否合适。清单分析的方法论已在世界范围内进行了大量的研究和讨论。美国环保局（EPA）制定了详细的有关操作指南，因此相对于其他组成来说，清单分析是目前 LCA 组成部分中发展最完善的一部分。

3. 清单分析在碳足迹计算中的应用

（1）运用生命周期评价方法碳足迹计算的步骤：

1）建立商品生命周期流程——界定产品生命周期所有程序；

2）评估边界及重要水平——确定产品类别进行高阶计算；

3）收集数据信息——包括产品生命周期所有数据和排放量；

4）计算碳足迹——根据收集的数据进行碳足迹计算；

5）不确定性分析——评估碳足迹计算结果的准确性。

（2）运用生命周期理论估算碳足迹的方法可划分为两种：基于过程分析的自下而上的

方法和基于环境投入产出的自上而下的方法。

过程分析（PA）是一种自下而上的方法，它描述了产品从生产到消亡整个过程对环境的影响。基于生命周期的过程分析（PA-LAC）的自下而上的特性使得该方法会受到系统边界问题的困扰，如果用于碳足迹评估，需要定义合适的系统边界来减小计算误差。在估算政府、家庭或者企业碳足迹时，运用该方法会很麻烦。即使可以将评估对象根据生命周期将其划分为不同阶段，但计算结果却纷繁多杂，因为这个过程需要将个别产品的集合假设为一个更大的产品群，并且不同数据间通常是不连续的。

环境投入产出分析（EIO）提供一个自上而下的计算碳足迹的方法。投入产出表是经济核算表，它提供了部门所有的经济活动。由于该方法综合了连续的环境数据，可用于评估综合的结构性组织的碳足迹，其可将整个经济系统作为系统边界，这种整体性来源于详细的数据。环境投入产出分析方法最大的优势在于，如果模型选择合适，在计算过程中可以节省时间和人力。可以说，投入产出分析在宏观和微观系统计算碳足迹都具有优势。工业、商业、大的产品群、家庭、政府以及社会经济组织的平均公民碳足迹都可通过投入产出分析计算出来。

三、标准中有关“生命周期影响评价”的理解

GB/T 24044—2008 标准中 4.4 从生命周期影响评价的必备要素、可选要素、数据的质量分析提出了要求。

1. 生命周期影响评价的步骤

在 LCA 中，影响评价是对清单分析中所辨识出来的环境负荷的影响作定量或定性的描述和评价。影响评价方法目前正在发展中，一般都倾向于把影响评价作为一个“三步走”的模型，即影响分类、特征化和量化评价。

（1）影响分类

将从清单分析得来的数据归到不同的环境影响类型。影响类型通常包括资源耗竭、人类健康影响和生态影响 3 个大类。每一大类下又包含有许多小类，如在生态影响下又包含有全球变暖、臭氧层破坏、酸雨、光化学烟雾和富营养化等。另外，一种具体类型，可能会同时具有直接和间接两种影响效应。

（2）特征化

特征化是以环境过程的有关科学知识为基础，将每一种影响大类中的不同影响类型汇总。目前完成特征化的方法有负荷模型、当量模型等，重点是不同影响类型的当量系数的应用，对某一给定区域的实际影响量进行归一化，这样做是为了增加不同影响类型数据的可比性，然后为下一步的量化评价提供依据。

（3）量化评价

量化评价是确定不同影响类型的贡献大小，即权重，以便能得到一个数字化的可供比较的单一指标。

（4）改善评价

根据一定的评价标准，对影响评价结果做出分析解释，识别出产品的薄弱环节和潜在改善机会，为达到产品的生态最优化目的提出改进建议。

2. 生命周期评价工具简介

（1）GABI

GABI 是德国 Institut fur Kunststoffprufung und Kunst—stoffkunde 开发出的环境影响评估

软件，目前版本为 GaBi4，其数据库包括 800 种不同的能源与材料流程。每一种流程又可以让使用者自行发展出一套子系统。数据库中也提供 400 种的工业流程，归纳在十种基本流程中，如工业制造、物流、采矿、动力设备、服务、维修等。多功能的会话环境让使用者可自行输入或编辑资料。输出时提供能量、质量等多种对照表，也可以输出至微软 Excel 软件，适合有经验的 LCA 软件使用者，由于其内部采用图形界面设计，因此初学者也可轻易上手。

（2）LCAIT

LCAIT（LCA inventory tool）是瑞典 Chalmers Industriteknik 开发出的软件，它仅提供有限的数据库，包括能源、生产燃料及物流、化学物质、塑料、纸浆及纸制品等内容，其优点是可外接其他数据库，适合具有物质能量流动概念的非专业技术的初学者使用。

（3）PEMS

PEMS（pira environmental management system）是英国 Pira International 公司研发出来的软件，可以选择 109 种材料、49 种能源、37 种废弃物管理及 16 种物流等，来计算影响评估程度，参数主要采用欧洲的资料，且不可自行修改或编辑，输出资料可选择采用文字或图表。初学者及专业人士皆可适用。

（4）Simapro

Simapro 是荷兰 Pre Consultant 公司开发出的影响评估软件，是数据库最丰富的 LCA 软件之一。其特色为制造阶段的数据库最为详尽。且其可以选择图文输出方式，使用者操作更为简便。

（5）TEAM

TEAM 是美国 Ecobalance 公司开发的软件，其数据库分为 10 大类及 216 个小类个别资料文档。10 大类分别为：纸浆造纸、石化塑料、无机化学、铜、铝、其他金属、玻璃、能量转换、物流、废弃物管理等。使用者可自行定义及编辑资料或单位。因为其输出介面并未使用图形介面，使用者操作起来较不方便，此软件较适合生命周期评估的专家使用。

3. 生命周期评价方法应用举例

生命周期评价方法已经被广泛应用于制造业环境影响评价，许多国际知名通信企业也对自己的产品和系统进行了生命周期分析。本部分将简要介绍这些企业进行生命周期分析的过程和所取得的一些结论。

（1）Nokia 3G 手机生命周期分析案例

Nokia 于 2003 年对其一款 3G 手机进行了生命周期分析。在此次生命周期分析中，针对一次能源消耗（PEC）、全球变暖指数（GWP）、臭氧破坏潜力指数（ODP）、酸雨指数（AP）、人体健康损害指数（HTP）、光化氧化污染潜力（POCP）等环境影响方面对一款 3G 手机进行了生命周期评价。

分析功能单元设定为：一部 3G 手机（包含电池和充电器）、平均使用状态、寿命为 2 年。生命周期阶段涉及手机的原材料提取和加工、零部件制造、零部件运输、手机组装、手机运输、手机使用。由于缺乏数据的支持，生命周期末期阶段没有被包含到此次分析中来。这部手机具有最新的一些功能，例如蓝牙、摄像、游戏、MP3 等。手机的焊接全部实现无铅焊接。分析软件使用 Gabi3.0。在分析中设定了两种用户使用行为，如表 5－1 所示。

表 5-1 设定两种用户使用行为

适度使用行为	过度使用行为
使用部分手机功能	使用手机的全部功能
每次使用 95% 的电池电量	每次使用 100% 的电池电量
每 48h 充电 1.5h	每 24h 充电 10h
充电完毕，切断充电器电源	充电完毕，不切断充电器电源

分析过程不再详述，下面介绍一次能源消耗和全球变暖指数的分析结果。这部手机的电池容量是 850mA，充电器的待机消耗是 0.3W。适度使用者的电能消耗为 25.7MJ，过度使用者的电能消耗为 33.5MJ。使用阶段，适度使用者和过度使用者的能源消耗分别为 77MJ 和 101MJ，这个数据是一次能源数据，即产生 25.7MJ 的电能，发电厂则需要消耗 77MJ 一次能源。这种消耗包括电能生产时能源消耗和传输消耗等。通过对一次能源消耗的分析，可以得出以下结论：

1）对于适度使用的手机来说，产品制造阶段的一次能源消耗占产品全生命周期能耗的 60%；对于过度使用的手机来说，则占 54%。

2）在使用阶段，适度使用的手机一次能源消耗占全生命周期能耗的 29%，过度使用的手机一次能源消耗占全生命周期能耗的 35%。在使用阶段的能源消耗中，充电器待机能耗占重要比例。

3）在运输阶段，零部件运输到装配厂的一次能源消耗占总能源消耗的 6%，成品运输到消费者手中的一次能源消耗占总能源消耗的 5%。

4）印刷电路板（PWB）的制造是手机中一次能耗消耗最多的部件，PWB 原材料的消耗和制造消耗一次能耗占总能耗的 40%。IC 材料消耗和制造能源消耗也占有很大的比重。

（2）爱立信 3G 系统生命周期分析案例

爱立信于 2004 年对一套 3G 系统进行了环境影响生命周期分析，这个 3G 系统由 3G 手机、无线网络（无线基站和无线网络控制设备组成）和核心网（交换机、路由器、服务器和工作站组成）。同样包括传输设备如天溃和线缆；各种各样的站点设备如天线、环境控制设备及机房。这个研究不包括应用网络服务器。在这个研究中对 150 万个用户进行了调查和研究。

在这次生命周期分析中，多个环境影响指标被分析。在这里介绍一下与能耗关系最密切的全球变暖指数分析。以下这些结果是每个用户每年对全球变暖指标的分析结果：

1）3G 系统的运行（使用）阶段对全球变暖环境影响的贡献最大，约占生命周期总影响的 78%。

2）3G 设备（3G 终端、无线基站和其他无线网络控制设备等）的运行（使用）对全球变暖环境影响的比重占 60%，操作员办公活动对全球变暖环境影响的比重占 18%。

3）制造阶段，包括原材料获取、零部件和产品的制造、运输以及爱立信的办公活动，对全球变暖影响占 22%。在制造阶段，3G 系统中的手机是对全球变暖环境影响的最大贡献者。相对于一个基站来说，一部手机对环境的影响要小得多，但是由于每个用户都需要一部手机，而很多手机可以共享使用一个基站，平均下来，手机就成为制造阶段中对全球变暖环境影响最大的设备了。

4）3G 系统的生命周期末期阶段对全部环境影响的贡献为 -0.8%。这个负数说明废弃设备的回收利用给环境带来了积极的影响。

四、标准中有关“生命周期报告”的理解

GB/T 24044 标准在第 5 章“报告”中对报告的总体要求及要考虑的内容、第三方报告的附加要求、向公众公布的对比论断进行报告的要求给出了指南。第三方报告一般包括以下内容：

（1）对初始范围的修改及理由；

（2）系统边界，包括：系统基本流中的输入和输出的类型、边界确定准则；

（3）单元过程描述，包括所确定的分配方法；

（4）数据，包括数据的确定、每个数据的细节、数据质量要求；

（5）影响类型和类型选择。

第四节　英国 PAS 2060：2010《碳中和证明规范》简介

英国标准协会、英国认证机构协（ABCB）、英国能源与气候变化部（DECC）、环境管理与评估协会（IEMA）和国际碳减排和补偿联盟（ICROA）等共同编制了 PAS 2060：2010《碳中和证明规范》。内容包括：

（1）1 范围；

（2）2 规范性引用文件；

（3）3 术语和定义（29 个）；

（4）4 碳中和证明（2 条）；

（5）5 标的物及其温室气体排放（GHG）的测定与证实（3 条）；

（6）6 碳足迹量化（2 条）；

（7）7 碳中和承诺（对碳足迹管理计划确定要求）；

（8）8 实现温室气体的减排（3 条）；

（9）9 抵消剩余温室气体排放（2 条）；

（10）10 声明（关于碳中和）（4 条）；

（11）11 维持碳中和状态（2 条）；

（12）附录 A（规范性附录）关于符合 PAS 2060 碳中和的许用声明；

（13）附录 B（资料性附录）合格解释性陈述一览表。

PAS 2060 的全称是 Specification for the demonstration of carbon neutrality，即《碳中和证明规范》。由于目前缺乏实现碳中和状态的统一定义及公认的方法，某些企业将产品“漂绿”迎合消费者，引起了公众和媒体的质疑。因此，为恢复消费者对碳中和可信度的信心，鼓励对气候变化采取更多的有效行动。由英国标准协会协同英国能源及气候变化部、欧洲之星（Eurostar）、合作集团（Co-operative Group）等知名机构共同研发制定了 PAS 2060，力求建立清晰一致证明碳中和的要求，明确碳中和概念，确保有一致且可比较的方法来处理碳中和。

2010 年 4 月，英国标准协会发布了 PAS 2060：2010《碳中和证明规范》，旨在试图通过量化、减少和抵消源自特定标的物的室温气体排放的方式证明碳中和的任何实体，明确规定了需满足的要求。内容包括：碳中和证明、标的物及其温室气体的测定与证实、碳足迹量化、碳中和承诺、实现温室气体减排、抵消剩余温室气体排放、声明（关于碳中和）、维持碳中和状态等内容。

PAS 2060 通过提出统一碳中和定义和公定方法来提升碳中和证明的透明度。该规范给出了服务、商品、住宅、城镇、行动、项目的量化、降低和补偿温室气体排放的方法。规范由 11 章和 2 个附录组成。重点是第 6 ~ 10 章，其中详述了如何进行碳足迹的量化和文件化、如何进行碳中和承诺、温室气体排放降低和补偿。

PAS 2060：2010 主要引用《京都议定书》的要求，用来指导实体如何进行减少温室气体排放的声明，适用于地区政府、组织、公司（知名品牌公司）、俱乐部、社会团体、家庭和个人。声明减少温室气体排放有两种方式，一种是执行碳中和的声明方式；另一种是达到碳中和的声明方式。但不管如何声明，其认证一定要提供定量和定性的文件。认证体系需要满足标准 ISO 14065、EA－6/03、EN ISO 14064－3、EN 45011、EN ISO/IEC 17021 和 GHG Protocol。量化的工具采用 PAS 2050：2008，此评估规范是用来评价具体产品在某个生命周期或某给定时间段内的温室气体（GHG）排放总量的标准，包括八个方面：（1）从商品到商品及从商品到客户使用商品和服务的完整的温室气体排放评估的温室气体排放数据；（2）温室气体的范围；（3）全球增温数据的标准；（4）具体过程产生的温室气体排放的各项处置要求；（5）处理各类产品中碳储存的影响和其抵消过程；（6）可再生能源产生排放的数据要求和对这类排放的解释；（7）处理因土地利用变化，源于生物以及化石源产生的各类排放；（8）宣布达标。

碳中和声明的要求主要有：要有确定的碳中和声明的产品；需要使用公认的方法来对产品中的碳足迹进行量化；依据 PAS 2060 形成碳足迹的管理方法和对碳中和承诺进行声明；采取行动降低产品的碳足迹；对碳足迹量化的产品进行再量化，以保证产品未被改变，使用之前采用的方法确定剩余的温室气体排放；引入或考量之前的补偿计划以平衡剩余的温室气体排放；若对特定产品已经达到了碳中和，则依据 PAS 2060 的要求给出达到碳中和的声明。

规范的预期效果有：加强消费者保护；增加应对气候变化的行动；准确且可验证的碳中和声明，从而不会产生误导；减少贸易伙伴之间的混淆；增加企业实体改善其生产过程和产品方面碳管理的可能性，以应对来自客户方面的压力；增加公众、消费者、购买者和潜在购买者做出更明智选择的机会。

规范适用于任何实体，如地区或地方政府、社区、组织/公司或组织（包括品牌）的一部分、协会或社团、家庭、个人；适用于任何标的物的碳中和，如：活动、产品、服务、建筑、项目和主要开发项目、城镇、事件。

第六章　低碳措施与低碳技术

第一节　概述

低碳经济需要开发和使用低碳技术。从整个工业发展和城市建设而言，国家和地方低碳措施有：

（1）加大研究开发力度，提升节能减排和新能源领域科技创新能力。在能源高效转化、建筑节能与节能新材料、工业流程能源清洁高效利用、废弃物资源循环利用、环境污染控制与治理等领域的关键技术研发方面进行重点部署。在风能、太阳能、物资能等可再生能源以及先进核能、氢能与燃料电池等非化石能源领域加大研发投入。

（2）改变生活方式，建立资源节约型和环境友好型的消费模式。

（3）调整产业结构，实施循环经济，淘汰落后的高能耗的产能，降低高度低依赖化石能源的产业比例，改善生产模式；制定并实施行业节能技术政策；建立节能指标考核体系，明确各行业的节能标杆，推行对标管理；提高能源利用效率。

（4）开发新能源，降低化石能源比例，改变能源结构，并清洁使用化石能源。

（5）按照技术可行、经济合理的原则，研究提出我国低碳发展的技术路线图，促进高能效、低排放的技术研究和推广应用研究，逐步建立节能和能效、洁净煤和清洁能源、新能源和可再生能源以及自然碳汇等多元化的低碳技术体系；加快对燃煤高效发电技术、CO_2 捕获与封存、高性能电力存储、超高效热力泵、氢的生成运输和存储等技术研发，形成技术储备，为低碳转型和增长方式转变提供技术支撑。

近年来，低碳技术发展很快。无论是低碳认证的对象（组织或项目的责任者），还是实施低度碳认证的认证机构（以第三方身份从事组织或项目的碳排放减少或清除增加的审定或核查机构）及其审定或核查人员都有必要了解现行的与低碳有关的措施和技术。了解了这些知识和技术，低碳行动（包括组织和项目）的责任者能够更好地应用和实施，认证人员能够更好地实施审定和核查。

整体上看，实现温室气体减排目标的措施无外乎两个方面：一是减少碳排放；二是对已经排放的碳进行清除处理。碳排放的多少与能源消耗有最直接的关系，因此减少碳排放的措施包括：发展核电、水电、风电、太阳能、生物质能，减少化石能源的使用；实施建筑节能技术；推广和实施工业节能技术；发展循环经济；开发节能产品；提倡低碳消费；改变食物结构，发展低碳农业。对已经排放的碳实施清除、中和处理的措施包括：实施碳捕获与封存技术；开展植树造林，实现森林碳汇；开发和实施生物固碳技术等。

本章从认证的角度出发，主要就组织和项目的低碳认证中需要了解的知识和技术进行说明，主要就几种清洁能源相关的知识、国内外的建筑节能技术、工业企业节能技术以及碳清除的主要技术进行说明。

第二节　发展清洁能源

能源消费是导致全球二氧化碳排放增加的主要原因。我国是能源消耗大国，原规划在2020年总能耗达到30亿t标准煤的指标已经在2009年突破。在我国能源结构中，作为高碳能源的煤炭消费占我国能源消耗的78%，所产生的CO_2占我国总排放量的70%以上（全球能源供应产生的CO_2占人为排放量的3/4，生产每兆瓦时电力产生0.8t CO_2排放）。因此，发展绿色煤电技术和发展利用清洁能源是我国未来减少温室气体排放的主要措施。

近年来，美国、欧盟、日本和澳大利亚等国相继提出开展了名为未来电力（FutureGen）、氢能发电（HypoGen）、鹰计划（Eagle）以及零排放电站（ZeroGen）等计划，均以煤的高效发电、制氢、CO_2处理和近零排放为目标。

我国早在2004年由中国华能集团公司率先提出“绿色煤电计划”，旨在研究、开发、示范和推广实现CO_2进行捕集和埋存（CCS）的新型高效煤基能源系统。它是以整体煤气化联合循环（IGCC）为基础，以煤制氢、氢气轮机联合发电和燃料电池发电为主进行CO_2分离和处理的煤基能源系统。其关键技术包括：大型高效煤气化技术、煤气净化技术、氢气轮机发电技术、H_2和CO_2分离技术、CO_2储存技术、系统集成技术。“计划”分三个阶段完成。预计在2015年建成400MW级绿色煤电示范电站。

2007年8月，国家发改委发布了《可再生资源中长期发展规划》，规划提出，到2010年我国可再生能源年利用量将达到2.7亿t标准煤。其中，水电达到1.8亿kW，风电超过500万kW，生物质发电达到550万kW，太阳能发电达到30万kW；燃料乙醇和生物柴油年利用量分别达到200万t和20万t；沼气年利用量达到190亿m^3，太阳能热水器总集热面积达到1.5亿m^2。从2010年—2020年，我国可再生能源将有更大地发展。其中，水电将达到3亿kW，风电装机和生物质发电目标都是3 000万kW，太阳能发电达到180万kW；燃料乙醇和生物柴油年生产能力分别达到1 000万t和200万t；沼气年利用量达到443亿m^3，太阳能发电达到180万kW；太阳能热水器总集热面积达到3亿m^2。根据规划提出的目标，到2020年，我国一次能源消费结构可再生能源比例将由目前的7%提升到16%。

可见发展风能、核能、氢能、生物质能、太阳能、DME（二甲醚）燃料等清洁能源或可再生能源，是我国未来能源发展的主要方向，是应对气候变化的主要措施之一。以下分别简要介绍几种清洁能源。

一、风能

1. 定义

风能（wind energy）是指地球表面大量空气流动所产生的动能。由于地面各处受太阳辐照后气温变化不同和空气中水蒸气的含量不同，因而引起各地气压的差异，在水平方向高压空气向低压地区流动，即形成风。风能资源决定于风能密度和可利用的风能年累积小时数。风能密度是单位迎风面积可获得风的功率，与风速的三次方和空气密度成正比关系。据估算，全世界的风能总量约1 300亿kW，中国的风能总量约16亿kW。

2. 特点

风能量有有资源丰富、近乎无尽、广泛分布、干净与缓和温室效应的特点。风能存在地球表面一定范围内。经过长期测量、调查与统计得出的平均风能密度的概况称该范围内能利用的依据，通常以能密度线标示在地图上。

3. 产生

风是地球上的一种自然现象，它是由太阳辐射热引起的。太阳照射到地球表面，地球表面各处受热不同，产生温差，从而引起大气的对流运动形成风。风能就是空气的动能，风能的大小决定于风速和空气的密度。据估计到达地球的太阳能中虽然只有大约2%转化为风能，但其总量仍是十分可观的。全球的风能约为2.74×10^{9}MW，其中可利用的风能为2×10^{7}MW，比地球上可开发利用的水能总量还要大10倍。空气流动所形成的动能即为风能。风能是太阳能的一种转化形式。太阳的辐射造成地球表面受热不均，引起大气层中压力分布不均，空气沿水平方向运动形成风。风的形成是空气流动的结果。

4. 优缺点

（1）优点

1）风能为洁净的能量来源。

2）风能设施日趋进步，在适当地点，风力发电成本已低于发电机。风能设施多为不立体化设施，可保护陆地和生态。

3）风力发电是可再生能源，很环保。

（2）缺点

1）风力发电在生态上可能干扰鸟类，如美国堪萨斯州的松鸡在风车出现之后已渐渐消失。目前的解决方案是离岸发电，离岸发电价格较高但效率也高。

2）在一些地区，风力发电的经济性不足。许多地区的风力有间歇性，如台湾等地在电力需求较高的夏季及白日是风力较少的时间，要待压缩空气等储能技术发展才能解决。

3）风力发电需要大量土地兴建风力发电场，才可以生产比较多的能源。

4）进行风力发电时，风力发电机会发出庞大的噪声，所以要找一些空旷的地方来兴建。

5. 限制及弊端

（1）风速不稳定，产生的能量大小不稳定；

（2）风能利用受地理位置限制严重；

（3）风能的转换效率低；

（4）风能是新型能源，相应的使用设备不是很成熟。

6. 世界风能情况

（1）经济价值

利用风来产生电力所需的成本已经降低许多，即使不含其他外在的成本，在许多适当地点使用风力发电的成本已低于燃油的内燃机发电了。风力发电年增率在2002年时约25%，现在则是以38%的比例快速增长。2003年美国的风力发电增长就超过了所有发电机的平均增长率。自2004年起，风力发电在所有新式能源中已是最便宜的了。在2005年风力能源的成本已降到1990年代时的五分之一，而且随着大瓦数发电机的使用，下降趋势还会持续。

（2）部分国家或地区应用风能情况

1）西班牙

位于西班牙东北方Aragon的La Muela，总面积为$143.5km^2$。1980年起，新任市长看好充沛的东北风资源而极力推动风力发电。近 20 年来，已陆续建造 450 座风机（额定容量为 237MW），为地方带来丰富的利益。当地政府并借此规划完善的市镇福利，吸引了许多人移居至此，短短 5 年内，居民已由 4 000 人增加到 12 000 人。La Muela 已由不知名的荒野小镇变成众所皆知的观光休闲好去处。

2）法国

法国西北方的 Bouin 原本以临海所产之蚵及海盐著名，2004 年 7 月 1 日起，8 座风力发电机组正式运转，这 8 座风机与蚵、海盐三项，同时成为此镇之观光特色，吸引大批游客从各地涌进参观，带来丰厚的观光收入。

3）我国台湾地区

台湾地区苗栗县后龙镇好望角因地处滨海山丘制高点，早年就是眺望台湾海峡的好去处，近几年外商在邻近区域，设置了 21 座高 100m 的风力发电机，形成美不胜收的景致。该公司在 2003 年，看中苗栗沿海冬天强劲东北季风，着手在后龙、竹南等地设立风力发电机，其中后龙成立了大鹏风力发电场，建置 21 座风机，发电总装置容量达 42kW，是目前全台容量最大的风场，2006 年 6 月竣工启用后，俨然成为观光新景点，吸引不少人前往探访。好望角位在半天寮顶端居高临下，向北可看到 4、5 座风机，往南也可望见 3、4 座风机，加上海线铁路从山下行经，面临宽阔的台湾海峡，风景相当引人入胜，也成为欣赏风力发电机最佳景点之一。

7. 各国鼓励政策

风力发电自 20 世纪 80 年代开始受到欧美各国重视以来，至今全球风电发电量以每年 30% 的惊人速度快速成长。世界各国的再生能源推动制度，主要可分为：

（1）固定电价系统（fixed-price systems）：由政府制定再生能源优惠收购电价，由市场决定数量。其主要之方式包括：

1）设备补助（investment subsidies）：丹麦、德国及西班牙等在风力发电发展初期，皆采行设备补助的方式。

2）固定收购价格（fixed feed-in tariffs）：德国、丹麦及西班牙。

3）固定补贴价格（fixed-premium systems）。

4）税赋抵减（tax credits）：美国。

（2）固定电量系统（fixed quantity systems）：又称再生能源配比系统（renewable-quota system，美国称为 renewable portfolio standard），由政府规定再生能源发电量，由市场决定价格。其主要之方式包括：

1）竞比系统（tendering systems）：英国、爱尔兰及法国。

2）可交易绿色凭证系统（tradable green certificate systems）：英国、瑞典、比利时、意大利及日本。

两种推动制度之用意为形成保护市场，透过政府的力量让再生能源于电力市场上更具投资效益，而其最终目的为提升技术与降低成本，以确保再生能源未来能于自由市场中与传统能源竞争。

8. 我国风能发展前景

根据预计，未来几年亚洲和美洲将成为最具增长潜力的地区。中国的风电装机容量将实现每年 30% 的高速增长。2006 年国家发改委、科技部、财政部等 8 部门联合发布了《“十一五” 十大重点节能工程实施意见》。依据十项节能重点工程的标准以及政府支持环保节能产业的政策导向，未来工业设备节能更新改造、建筑节能、节油及石油替代以及可再生能源这几大节能领域将获得快速发展。

目前，根据行业杂志《风能世界》载录，我国市场最热的可再生能源就是风能、太阳能等产业。风能资源则更具有可再生、永不枯竭、无污染等特点，综合社会效益高。而且，风电技术开发最成熟、成本最低廉。根据“十一五”国家风电发展规划，2010 年全国风电装机容量达到 500 万 kW，2020 年全国风电装机容量达到 3 000 万 kW。而 2006 年年底，全国已建成和在建的约 91 个风电场，装机总容量仅 260 万 kW。风机市场前景诱人，发展空间广阔。

9. 我国风能资源储量与分布

我国位于亚洲大陆东部，濒临太平洋，季风强盛，内陆还有许多山系，地形复杂，加之青藏高原耸立我国西部，改变了海陆影响所引起的气压分布和大气环流，增加了我国季风的复杂性。冬季风来自西伯利亚和蒙古等中高纬度的内陆，那里空气十分严寒干燥冷空气积累到一定程度，在有利高空环流引导下，就会爆发南下俗称寒潮，在此频频南下的强冷空气控制和影响下，形成寒冷干燥的西北风侵袭我国北方各省（直辖市、自治区）。每年冬季总有多次大幅度降温的强冷空气南下，主要影响我国西北、东北和华北，直到次年春夏之交才消失。夏季风是来自太平洋的东南风、印度洋和南海的西南风，东南季风影响遍及我国东半壁，西南季风则影响西南各省和南部沿海，但风速远不及东南季风大。热带风暴是太平洋西部和南海热带海洋上形成的空气涡漩，是破坏力极大的海洋风暴，每年夏秋两季频繁侵袭我国，登陆我国南海之滨和东南沿海，热带风暴也能在上海以北登陆，但次数很少。

青藏高原地势高而开阔，冬季东南部盛行偏南风，东北部多为东北风，其他地区一般为偏西风，夏季大约以唐古拉山为界，以南盛行东南风，以北为东至东北风。我国幅员辽阔，陆疆总长达 2 万多公里，还有 18 000 多公里的海岸线，边缘海中有岛屿 5 000 多个，风能资源丰富。我国现有风电场场址的年平均风速均达到 6m/s 以上。一般认为，可将风电场风况分为三类：年平均风速 6m/s 以上时为较好；7m/s 以上为好；8m/s 以上为很好。可按风速频率曲线和机组功率曲线，估算国际标准大气状态下该机组的年发电量。我国相当于 6m/s 以上的地区，在全国范围内仅仅限于较少数几个地带。就内陆而言，大约仅占全国总面积的 1/100，主要分布在长江到南澳岛之间的东南沿海及其岛屿，这些地区是我国最大的风能资源区以及风能资源丰富区，包括山东、辽东半岛、黄海之滨、南澳岛以西的南海沿海、海南岛和南海诸岛，内蒙古从阴山山脉以北到大兴安岭以北、新疆达板城、阿拉山口、河西走廊、松花江下游、张家口北部等地区以及分布各地的高山山口和山顶。

根据全国气象台部分风能资料的统计和计算，中国风能分区及占全国面积的百分比见表 6－1。太阳辐射的能量到地球表面约有 2% 转化为风能，风能是地球上自然能源的一部分，我国风能潜力的估算如下：风能理论可开发总量（R），全国为 32.26 亿 kW，实际可开发利用量（R'），按总量的 1/ 10 估计，并考虑到风轮实际扫掠面积为计算气流正方形面积的 0.785 倍［1m 直径风轮面积为 $0.5^2 \times \pi = 0.785$（m^2）］，故实际可开发量为：$R' = 0.785R/10 = 2.53$（亿 kW）。

表 6-1　中国风能分区及占全国面积的百分比

指标	年有效风能密度 W/m²	年≥3m/s 累计小时数 h	年≥6m/s 累计小时数 h	占全国面积的百分比 %
丰富区	>200	>5 000	>2 200	8
较丰富区	150~200	4 000~5 000	1 500~2 200	18
可利用区	50~150	2 000~4 000	350~1 500	50
贫乏区	<50	<2 000	<350	24

10. 我国风能的发展现状

我国 10m 高度层的风能资源总储量为 32.26 亿 kW，其中实际可开发利用的风能资源储量为 2.53 亿 kW。

东南沿海及其附近岛屿是风能资源丰富地区，有效风能密度大于或等于 200W/m² 的等值线平行于海岸线；沿海岛屿有效风能密度在 300W/m² 以上，全年中风速大于或等于 3m/s 的时数约为 7 000h~8 000h，大于或等于 6m/s 的时数为 4 000h。

新疆北部、内蒙古、甘肃北部也是中国风能资源丰富地区，有效风能密度为 200W/m²~300W/m²，全年中风速大于或等于 3m/s 的时数为 5 000h 以上，全年中风速大于或等于 6m/s 的时数为 3 000h 以上。

黑龙江、吉林东部、河北北部及辽东半岛的风能资源也较好，有效风能密度在 200W/m² 以上，全年中风速大于和等于 3m/s 的时数为 5 000h，全年中风速大于和等于 6m/s 的时数为 3 000h。

青藏高原北部有效风能密度在 150W/m²~200W/m² 之间，全年风速大于和等于 3m/s 的时数为 4 000h~5 000h，全年风速大于和等于 6m/s 的时数为 3 000h；但青藏高原海拔高、空气密度小，所以有效风能密度也较低。

云南、贵州、四川、甘肃、陕西南部、河南、湖南西部、福建、广东、广西的山区及新疆塔里木盆地和西藏的雅鲁藏布江，为风能资源贫乏地区，有效风能密度在 50W/m² 以下，全年中风速大于和等于 3m/s 的时数在 2 000h 以下，全年中风速大于和等于 6m/s 的时数在 150h 以下，风能潜力很低。

二、核能

1. 定义

由于原子核内部结构发生变化而释放出的能量称为核能。

2. 核能发电

利用核反应堆中核裂变所释放出的热能进行发电的方式。它与火力发电极其相似。只是以核反应堆及蒸汽发生器来代替火力发电的锅炉，以核裂变能代替矿物燃料的化学能。除沸水堆外（见轻水堆），其他类型的动力堆都是一回路的冷却剂通过堆心加热，在蒸汽发生器中将热量传给二回路或三回路的水，然后形成蒸汽推动汽轮发电机。沸水堆则是一回路的冷却剂通过堆心加热变成 70 个大气压左右的过饱和蒸汽，经汽水分离并干燥后直接推动汽轮发电机。

即：核能→水和水蒸气的内能→发电机转子的机械能→电能。

核能发电利用铀燃料进行核分裂连锁反应所产生的热，将水加热成高温高压，利用产生的水蒸气推动蒸汽轮机并带动发电机。核反应所放出的热量较燃烧化石燃料所放出的能量要高很多（相差约百万倍），比较起来所以需要的燃料体积比火力电厂少很多。核能发电所使用的的铀－235 纯度只约占 3%～4%，其余皆为无法产生核分裂的铀－238。

举例而言，核电厂每年要用掉 80t 的核燃料，只要 2 支标准货柜就可以运载。如果换成燃煤，需要 515 万 t，每天要用 20t 的大卡车运 705 车才够。如果使用天然气，需要 143 万 t，相当于每天烧掉 20 万桶家用瓦斯。换算起来，刚好接近全台湾 692 万户的瓦斯用量。

3. 历史

核能发电的历史与动力堆的发展历史密切相关。动力堆的发展最初是出于军事需要。1954 年，前苏联建成世界上第一座装机容量为 5MW（电）的核电站。英、美等国也相继建成各种类型的核电站。到 1960 年，有 5 个国家建成 20 座核电站，装机容量 1 279MW（电）。由于核浓缩技术的发展，到 1966 年，核能发电的成本已低于火力发电的成本。核能发电真正迈入实用阶段。1978 年全世界 22 个国家和地区正在运行的 30MW（电）以上的核电站反应堆已达 200 多座，总装机容量已达 107 776MW（电）。20 世纪 80 年代因化石能源短缺日益突出，核能发电的进展更快。到 1991 年，全世界近 30 个国家和地区建成的核电机组为 423 套，总容量为 3.275 亿 kW，其发电量占全世界总发电量的约 16%。世界上第一座核电站——苏联奥布宁斯克核电站。中国大陆的核电起步较晚，20 世纪 80 年代才动工兴建核电站。中国自行设计建造的 30 万 kW（电）秦山核电站在 1991 年底投入运行。大亚湾核电站于 1987 年开工，于 1994 年全部并网发电。

4. 原理

核能发电的能量来自核反应堆中可裂变材料（核燃料）进行裂变反应所释放的裂变能。裂变反应指铀－235、钚－239、铀－233 等重元素在中子作用下分裂为两个碎片，同时放出中子和大量能量的过程。反应中，可裂变物的原子核吸收一个中子后发生裂变并放出两三个中子。若这些中子除去消耗，至少有一个中子能引起另一个原子核裂变，使裂变自持地进行，则这种反应称为链式裂变反应。实现链式反应是核能发电的前提。

5. 优缺点

（1）优点

1）核能发电不像化石燃料发电那样排放巨量的污染物质到大气中，因此核能发电不会造成空气污染。

2）核能发电不会产生加重地球温室效应的二氧化碳。

3）核能发电所使用的铀燃料，除了发电外，暂时没有其他的用途。

4）核燃料能量密度比起化石燃料高上几百万倍，故核能电厂所使用的燃料体积小，运输与储存都很方便，一座 1 000MW 的核能电厂一年只需 30t 的铀燃料，一航次的飞机就可以完成运送。

5）核能发电的成本中，燃料费用所占的比例较低，核能发电的成本较不易受到国际经济情势影响，故发电成本较其他发电方法为稳定。

（2）缺点

1）核能电厂会产生高低阶放射性废料，或者是使用过的核燃料，虽然所占体积不大，但因具有放射性，故必须慎重处理，且需面对相当大的政治困扰。

2）核能发电厂热效率较低，因而比一般化石燃料电厂排放更多废热到环境里，故核能电厂的热污染较严重。

3）核能电厂投资成本太大，电力公司的财务风险较高。

4）核能电厂较不适宜做尖峰、离峰之随载运转。

5）兴建核电厂较易引发政治歧见纷争。

6）核电厂的反应器内有大量的放射性物质，如果在事故中释放到外界环境，会对生态及民众造成伤害。

6. 我国核能发展的趋势

核电站只需消耗很少的核燃料，就可以产生大量的电能，每千瓦时电能的成本比火电站要低20%以上。核电站还可以大大减少燃料的运输量。例如，一座100万kW的火电站每年耗煤三四百万吨，而相同功率的核电站每年仅需铀燃料三四十吨。核电的另一个优势是干净、无污染，几乎是零排放，对于发展迅速环境压力较大的我国来说，是最合适的能源。

我国目前建成和在建的核电站总装机容量为870万kW，预计到2010年我国核电装机容量约为2 000万kW，2020年约为4 000万kW。到2050年，根据不同部门的估算，我国核电装机容量可以分为高中低三种方案：高方案为3.6亿kW（约占我国电力总装机容量的30%），中方案为2.4亿kW（约占中国电力总装机容量的20%），低方案为1.2亿kW（约占我国电力总装机容量的10%）。

我国国家发展改革委员会正在制定我国核电发展民用工业规划，准备到2020年我国电力总装机容量预计为9亿kW·h，核电的比重将占电力总容量的4%，即是我国核电在2020年时将为3 600万kW~4 000万kW。也就是说，到2020年我国将建成40座相当于大亚湾那样的百万千瓦级的核电站。

从核电发展总趋势来看，我国核电发展的技术路线和战略路线早已明确并正在执行，当前发展压水堆，中期发展快中子堆，远期发展聚变堆。具体地说就是，近期发展热中子反应堆核电站；为了充分利用铀资源，采用铀钚循环的技术路线，中期发展快中子增殖反应堆核电站；远期发展聚变堆核电站，从而基本上“永远”解决能源需求的矛盾。

三、氢能

1. 定义

氢原子在高温高压下聚变成一个氦原子反应所产生巨大的能量。是人类社会未来极重要的能源。

燃烧氢所获取的能量。氢燃烧时与空气中的氧结合生成水，不会造成污染，而且放出的热量是燃烧汽油放出热量的2.8倍。

氢能是通过氢气和氧气反应所产生的能量。氢能是氢的化学能，氢在地球上主要以化合态的形式出现，是宇宙中分布最广泛的物质，它构成了宇宙质量的75%，是二次能源。工业上生产氢的方式很多，常见的有水电解制氢、煤炭气化制氢、重油及天然气水蒸气催化转化制氢等。

2. 性质及特点

氢气（H_2）原子化合成水，但氢通常的单质形态是氢气（H_2），它是无色无味，极易燃烧的双原子的气体，氢气是最轻的气体。在0℃和一个大气压下，每升氢气只有0.0899g——仅相当于同体积空气重量的二十九分之二。氢是宇宙中最常见的元素，氢及其同位素占到了太阳总质量的84%，宇宙质量的75%都是氢。

氢具有高挥发性、高能量，是能源载体和燃料，同时氢在工业生产中也有广泛应用。现在工业每年用氢量为5 500亿 m^3，氢气与其他物质一起用来制造氨水和化肥，同时也应用到汽油精炼工艺、玻璃磨光、黄金焊接、气象气球探测及食品工业中。液态氢可以作为火箭燃料，因为氢的液化温度在 –253℃。

氢能在21世纪有可能在世界能源舞台上成为一种举足轻重的二次能源。它是一种极为优越的新能源，其主要优点有：燃烧热值高，每千克氢燃烧后的热量，约为汽油的3倍，酒精的3.9倍，焦炭的4.5倍。燃烧的产物是水，是世界上最干净的能源。资源丰富，氢气可以由水制取，而水是地球上最为丰富的资源，演绎了自然物质循环利用、持续发展的经典过程。

二次能源是联系一次能源和能源用户的中间纽带。二次能源又可分为"过程性能源"和"含能体能源"。当今电能就是应用最广的"过程性能源"；柴油、汽油则是应用最广的"含能体能源"。由于目前"过程性能源"尚不能大量地直接贮存，因此汽车、轮船、飞机等机动性强的现代交通运输工具就无法直接使用从发电厂输出来的电能，只能采用像柴油、汽油这类"含能体能源"。可见，过程性能源和含能体能源是不能互相替代的，各有自己的应用范围。人们将目光也投向寻求新的"含能体能源"，作为二次能源的电能，可从各种一次能源中生产出来，例如煤炭、石油、天然气、太阳能、风能、水力、潮汐能、地热能、核燃料等均可直接生产电能。而作为二次能源的汽油和柴油等则不然，生产它们几乎完全依靠化石燃料。随着化石燃料耗量的日益增加，其储量日益减少，终有一天这些资源将要枯竭，这就迫切需要寻找一种不依赖化石燃料的、储量丰富的新的含能体能源。氢能正是一种在常规能源危机的出现、在开发新的二次能源的同时人们期待的新的二次能源。

3. 前景

氢是宇宙中分布最广泛的物质，它构成了宇宙质量的75%，因此氢能被称为人类的终极能源。水是氢的大"仓库"，如把海水中的氢全部提取出来，将是地球上所有化石燃料热量的9 000倍。氢的燃烧效率非常高，只要在汽油中加入4%的氢气，就可使内燃机节油40%。目前，氢能技术在美国、日本、欧盟等国家和地区已进入系统实施阶段。

工业上生产氢的方式很多，常见的有水电解制氢、煤炭气化制氢、重油及天然气水蒸气催化转化制氢等。

4. 历史

氢能被视为21世纪最具发展潜力的清洁能源，人类对氢能应用自200年前就产生了兴趣，20世纪70年代以来，世界上许多国家和地区就广泛开展了氢能研究。

早在1970年，美国通用汽车公司的技术研究中心就提出了"氢经济"的概念。1976年美国斯坦福研究院就开展了氢经济的可行性研究。20世纪90年代中期以来多种因素的汇合增加了氢能经济的吸引力。这些因素包括：持久的城市空气污染、对较低或零废气排放的交通工具的需求、减少对外国石油进口的需要、CO_2 排放和全球气候变化、储存可再生电能供应的需求等。氢能作为一种清洁、高效、安全、可持续的新能源，被视为21世纪最具发展潜力的清洁能源，是人类的战略能源发展方向。世界各国如冰岛、中国、德国、日本和美国等不同的国家之间在氢能交通工具的商业化的方面已经出现了激烈的竞争。虽然其他利用形式是可能的（例如取暖、烹饪、发电、航行器、机车），但氢能在小汽车、卡车、公共汽车、出租车、摩托车和商业船上的应用已经成为焦点。

中国对氢能的研究与发展可以追溯到20世纪60年代初，中国科学家为发展本国的航天事业，对作为火箭燃料的液氢的生产、H_2/O_2 燃料电池的研制与开发进行了大量而有效的工作。将氢作为能源载体和新的能源系统进行开发，则是从20世纪70年代开始的。现在，为进一步开发氢能，推动氢能利用的发展，氢能技术已被列入《科技发展“十五”计划和2015年远景规划（能源领域)》。

5. 氢能的开发与利用

(1) 依靠氢能可上天

古代，秦始皇统一中国，他想长生不老，曾积极支持炼丹术。其实炼丹术士最早接触的就是氢的金属化合物。无奈多少帝王梦想长生不老，或幻想遨游太空，都受当时的科学技术水平所限，真是登天无梯。到后来，1869年俄国著名学者门捷列夫整理出化学元素周期表，他把氢元素放在周期表的首位，此后从氢出发，寻找与氢元素之间的关系，为众多的元素打下了基础，人们则氢的研究和利用也就更科学化了。至1928年，德国齐柏林公司利用氢的巨大浮力，制造了世界上第一艘“LZ－127齐柏林”号飞艇，首次把人们从德国运送到南美洲，实现了空中飞渡大西洋的航程。大约经过了十年的运行，航程16万多公里，使1.3万人领受了上天的滋味，这是氢气的奇迹。

然而，更先进的是20世纪50年代，美国利用液氢作超音速和亚音速飞机的燃料，使B57双引擎辍炸机改装了氢发动机，实现了氢能飞机上天。特别是1957前苏联宇航员加加林乘坐人造地球卫星遨游太空和1963年美国的宇宙飞船上天，紧接着1968年阿波罗号飞船实现了人类首次登上月球的创举。这一切都依靠着氢燃料的功劳。面向科学的21世纪，先进的高速远程氢能飞机和宇航飞船，商业运营的日子已为时不远。过去帝王的梦想将被现代的人们实现。

(2) 利用氢能可开车

以氢气代替汽油作汽车发动机的燃料，已经过日本、美国、德国等许多汽车公司的试验，技术是可行的，目前主要是廉价氢的来源问题。氢是一种高效燃料，每公斤氢燃烧所产生的能量为33.6kW·h，几乎等于汽车燃料的2.8倍。氢气燃烧不仅热值高，而且火焰传播速度快，点火能量低（容易点着)，所以氢能汽车比汽油汽车总的燃料利用效率可高20%。当然，氢的燃烧主要生成物是水，只有极少的氮氧化物，绝对没有汽油燃烧时产生的一氧化碳、二氧化碳和二氧化硫等污染环境的有害成分。氢能汽车是最清洁的理想交通工具。

氢能汽车的供氢问题，目前以金属氢化物为贮氢材料，释放氢气所需的热可由发动机冷却水和尾气余热提供。现在有两种氢能汽车，一种是全烧氢汽车，另一种为氢气与汽油混烧的掺氢汽车。掺氢汽车的发动机只要稍加改变或不改变，即可提高燃料利用率和减轻尾气污染。使用掺氢5%左右的汽车，平均热效率可提高15%，节约汽油30%左右。因此，近期多使用掺氢汽车，待氢气可以大量供应后，再推广全燃氢汽车。德国奔驰汽车公司已陆续推出各种燃氢汽车，其中有面包车、公共汽车、邮政车和小轿车。以燃氢面包车为例，使用200kg钛铁合金氢化物为燃料箱，代替65L汽油箱，可连续行车130多公里。德国奔驰公司制造的掺氢汽车，可在高速公路上行驶，车上使用的储氢箱也是钛铁合金氢化物。

掺氢汽车的特点是汽油和氢气的混合燃料可以在稀薄的贫油区工作，能改善整个发动机的燃烧状况。在中国许当城市交通拥挤，汽车发动机多处于部分负荷下运行、采用掺氢汽车尤为有利。特别是有些工业余氢（如合成氨生产）未能回收利用，若作为掺氢燃料，其经济效益和环境效益都是可观的。

（3）燃烧氢气能发电

大型电站，无论是水电、火电或核电，都是把发出的电送往电网，由电网输送给用户。但是各种用电户的负荷不同，电网有时是高峰，有时是低谷。为了调节峰荷，电网中常需要启动快和比较灵活的发电站，氢能发电就最适合抢演这个角色。利用氢气和氧气燃烧，组成氢氧发电机组。这种机组是火箭型内燃发动机配以发电机，它不需要复杂的蒸汽锅炉系统，因此结构简单，维修方便，启动迅速，要开即开，欲停即停。在电网低负荷时，还可吸收多余的电来进行电解水，生产氢和氧，以备高峰时发电用。这种调节作用对于电网运行是有利的。另外，氢和氧还可直接改变常规火力发电机组的运行状况，提高电站的发电能力。例如氢氧燃烧组成磁流体发电，利用液氢冷却发电装置，进而提高机组功率等。

更新的氢能发电方式是氢燃料电池。这是利用氢和氧（成空气）直接经过电化学反应而产生电能的装置。换言之，也是水电解槽产生氢和氧的逆反应。20 世纪 70 年代以来，日美等国加紧研究各种燃料电池，现已进入商业性开发阶段，日本已建立万千瓦级燃料电池发电站，美国有 30 多家厂商在开发燃料电池。德、英、法、荷、丹、意和奥地利等国也有 20 多家公司投入了燃料电池的研究，这种新型的发电方式已引起世界的关注。

燃料电池的简单原理是将燃料的化学能直接转换为电能，不需要进行燃烧，能源转换效率可达 60% ~80%，而且污染少，噪声小，装置可大可小，非常灵活。最早，这种发电装置很小，造价很高，主要用于航天业作电源。现在已大幅度降价，逐步转向地面应用。目前，燃料电池的种类很多，主要有以下几种：

1）磷酸盐型燃料电池

磷酸盐型燃料电池是最早的一类燃料电池，工艺流程基本成熟，美国和日本已分别建成 4500kW 及 11 000kW 的商用电站。这种燃料电池的操作温度为 200℃，最大电流密度可达到 150mA/cm^2，发电效率约 45%，燃料以氢、甲醇等为宜，氧化剂用空气，但催化剂为铂系列，目前发电成本尚高，每千瓦小时约 40 美分 ~50 美分。

2）融熔碳酸盐型燃料电池

融熔碳酸盐型燃料电池一般称为第二代燃料电池，其运行温度 650℃左右，发电效率约 55%，日本三菱公司已建成 10kW 级的发电装置。这种燃料电池的电解质是液态的，由于工作温度高，可以承受一氧化碳的存在，燃料用氢、一氧化碳、天然气等均可。氧化剂用空气。发电成本每千瓦小时可低于 40 美分。

3）固体氧化物型燃料电池

固体氧化物型燃料电池被认为是第三代燃料电池，其操作温度 1 000℃左右，发电效率可超过 60%，目前不少国家在研究，它适于建造大型发电站，美国西屋公司正在进行开发，可望发电成本每千瓦小时低于 20 美分。

此外，还有几种类型的燃料电池，如碱性燃料电池，运行温度约 200℃，发电效率也可高达 60%，且不用贵金属作催化剂，瑞典已开发 200kW 的一个装置用于潜艇。美国最早用于阿波罗飞船的一种小型燃料电池称为美国型，实为离子交换膜燃料电池，它的发电效率高达 75%，运行温度低于 100℃，但是必须以纯氧作氧化剂。后来，美国又研制一种用于氢能汽车的燃料电池，充一次氢可行 300km，时速可达 100km，这是一种可逆式质子交换膜燃料电池，发电效率最高达 80%。

燃料电池理想的燃料是氢气，因为它是电解制氢的逆反应。燃料电池的主要用途除建立固定电站外，特别适合作移动电源和车船的动力，因此也是今后氢能利用的孪生兄弟。

(4) 家庭用氢真方便

随着制氢技术的发展和化石能源的缺少，氢能利用迟早将进入家庭，首先是发达的大城市，它可以像输送城市煤气一样，通过氢气管道送往千家万户。每个用户则采用金属氢化物贮罐将氢气贮存，然后分别接通厨房灶具、浴室、氢气冰箱、空调机等，并且在车库内与汽车充氢设备连接。人们的生活靠一条氢能管道，可以代替煤气、暖气甚至电力管线，连汽车的加油站也省掉了。这样清洁方便的氢能系统，将给人们创造舒适的生活环境，减轻许多繁杂事务。

(5) 工业领域使用

氢能在工业领域（如切割，焊接）已有非常长的历史。特别是在首饰加工行业，有机玻璃制品火焰抛光，连铸坯切割，制药厂水针剂拉丝封口等领域的应用非常普及。

作为新能源，其安全性受到人们的普遍关注。从技术方面讲，氢的使用是绝对安全的。氢在空气中的扩散性很强，氢泄漏或燃烧时，可以很快地垂直升到空气中并消失得无影无踪，氢本身没有毒性及放射性，不会对人体产生伤害，也不会产生温室效应。科学家已经做过大量的氢能安全试验，证明氢是安全的燃料。如在汽车着火试验中，分别将装有氢气和天然汽油燃料罐点燃，结果氢气作为燃料的汽车着火后，氢气剧烈燃烧，但火焰总是向上冲，对汽车的损坏比较缓慢，车内人员有较长的时间逃生，而天然燃料的汽车着火后，由于天然气比空气重，火焰向汽车四周蔓延，很快包围了汽车，伤及车内人员的安全。

四、生物质能

1. 定义

生物质是指利用大气、水、土地等通过光合作用而产生的各种有机体，即一切有生命的可以生长的有机物质通称为生物质。它包括植物、动物和微生物。广义上讲生物质包括所有的植物、微生物以及以植物、微生物为食物的动物及其生产的废弃物。有代表性的生物质如农作物、农作物废弃物、木材、木材废弃物和动物粪便。狭义上讲生物质主要是指农林业生产过程中除粮食、果实以外的秸秆、树木等木质纤维素（简称木质素）、农产品加工业下脚料、农林废弃物及畜牧业生产过程中的禽畜粪便和废弃物等物质。特点是可再生性、低污染性、广泛分布性。

生物质能就是太阳能以化学能形式贮存在生物质中的能量形式，即以生物质（小麦、玉米、棉花、水稻秸杆、稻壳、林业加工剩余物等农林废弃物）为载体的能量。它直接或间接地来源于绿色植物的光合作用，可转化为常规的固态、液态和气态燃料，取之不尽、用之不竭，是一种可再生能源，同时也是唯一一种可再生的碳源。

2. 分类

依据来源的不同，可以将适合于能源利用的生物质分为林业资源、农业资源、生活污水和工业有机废水、城市固体废物和畜禽粪便共五大类。

(1) 林业生物质资源是指森林生长和林业生产过程提供的生物质能源，包括薪炭林、在森林抚育和间伐作业中的零散木材、残留的树枝、树叶和木屑等；木材采运和加工过程中的枝丫、锯末、木屑、梢头、板皮和截头等；林业副产品的废弃物，如果壳和果核等。

（2）农业生物质能资源是指农业作物（包括能源作物）；农业生产过程中的废弃物，如农作物收获时残留在农田内的农作物秸秆（玉米秸、高粱秸、麦秸、稻草、豆秸和棉秆等）；农业加工业的废弃物，如农业生产过程中剩余的稻壳等。能源植物泛指各种用以提供能源的植物，通常包括草本能源作物、油料作物、制取碳氢化合物植物和水生植物等几类。

（3）生活污水主要由城镇居民生活、商业和服务业的各种排水组成，如冷却水、洗浴排水、盥洗排水、洗衣排水、厨房排水、粪便污水等。工业有机废水主要是酒精、酿酒、制糖、食品、制药、造纸及屠宰等行业生产过程中排出的废水等，其中都富含有机物。

（4）城市固体废物主要是由城镇居民生活垃圾，商业、服务业垃圾和少量建筑业垃圾等固体废物构成。其组成成分比较复杂，受当地居民的平均生活水平、能源消费结构、城镇建设、自然条件、传统习惯以及季节变化等因素影响。

（5）畜禽粪便是畜禽排泄物的总称，它是其他形态生物质（主要是粮食、农作物秸秆和牧草等）的转化形式，包括畜禽排出的粪便、尿及其与垫草的混合物。

3. 生物质能的特点

（1）可再生性。生物质能属可再生资源，生物质能由于通过植物的光合作用可以再生，与风能、太阳能等同属可再生能源，资源丰富，可保证能源的永续利用。

（2）低污染性。生物质的硫含量、氮含量低、燃烧过程中生成的 SO_x、NO_x 较少；生物质作为燃料时，由于它在生长时需要的二氧化碳相当于它排放的二氧化碳的量，因而对大气的二氧化碳净排放量近似于零，可有效地减轻温室效应。

（3）广泛分布性。缺乏煤炭的地域，可充分利用生物质能。

（4）生物质燃料总量十分丰富。生物质能是世界第四大能源，仅次于煤炭、石油和天然气。根据生物学家估算，地球陆地每年生产 1 000 亿 t～1 250 亿 t 生物质；海洋年生产 500 亿 t 生物质。生物质能源的年生产量远远超过全世界总能源需求量，相当于目前世界总能耗的 10 倍。我国可开发为能源的生物质资源到 2010 年达 3 亿 t。随着农林业的发展，特别是炭薪林的推广，生物质资源还将越来越多。

4. 应用

可用于生产沼气、压缩成型固体燃料、气化生产燃气、气化发电、生产燃料酒精、热裂解生产生物柴油等。

沼气就是由生物质能转换的一种可燃气体，通常可以供农家用来烧饭、照明。

生物质能的利用主要有直接燃烧、热化学转换和生物化学转换等 3 种途径。生物质的直接燃烧在今后相当长的时间内仍将是我国生物质能利用的主要方式。当前改造热效率仅为 10% 左右的传统烧柴灶，推广效率可达 20%～30% 的节柴灶这种技术简单、易于推广、效益明显的节能措施，被国家列为农村新能源建设的重点任务之一。生物质的热化学转换是指在一定的温度和条件下，使生物质汽化、炭化、热解和催化液化，以生产气态燃料、液态燃料和化学物质的技术。生物质的生物化学转换包括有生物质——沼气转换和生物质——乙醇转换等。沼气转化是有机物质在厌氧环境中，通过微生物发酵产生一种以甲烷为主要成分的可燃性混合气体；乙醇转换是利用糖质、淀粉和纤维素等原料经发酵制成乙醇。

5. 利用现状

2006 年年底全国已经建设农村户用沼气池 1 870 万口，生活污水净化沼气池 14 万处，畜禽养殖场和工业废水沼气工程 2 000 多处，年产沼气约 90 亿 m^3，为近 8 000 万农村人口提供了优质生活燃料。

中国已经开发出多种固定床和流化床气化炉，以秸秆、木屑、稻壳、树枝为原料生产燃气。2006 年用于木材和农副产品烘干的有 800 多台，村镇级秸秆气化集中供气系统近 600 处，年生产生物质燃气 2 000 万 m^3。

6. 前景

中国 80% 人口生活在农村，秸秆和薪柴等生物质能是农村的主要生活燃料。尽管煤炭等商品能源在农村的使用迅速增加，但生物质能仍占有重要地位。1998 年农村生活用能总量 3.65 亿 t 标准煤，其中秸秆和薪柴为 2.07 亿 t 标准煤，占 56.7%。因此发展生物质能技术，为农村地区提供生活和生产用能，是帮助这些地区脱贫致富，实现小康目标的一项重要任务。

生物质能高新转换技术不仅能够大大加快村镇居民实现能源现代化进程，满足农民富裕后对优质能源的迫切需求，同时也可在乡镇企业等生产领域中得到应用。由于中国地广人多，常规能源不可能完全满足广大农村日益增长的需求，而且由于国际上正在制定各种有关环境问题的公约，限制二氧化碳等温室气体排放，这对以煤炭为主的我国是很不利的。因此，立足于农村现有的生物质资源，研究新型转换技术，开发新型装备既是农村发展的迫切需要，又是减少排放、保护环境、实施可持续发展战略的需要。

五、太阳能

1. 定义

太阳能是太阳以电磁辐射形式向宇宙空间发射的能量。

太阳能一般是指太阳光的辐射能量，在现代一般用作发电。自地球形成生物就主要以太阳提供的热和光生存，而自古人类也懂得以阳光晒干物件，并作为保存食物的方法，如制盐和晒咸鱼等。但在化石燃料减少下，才有意把太阳能进一步发展。太阳能的利用有被动式利用（光热转换）和光电转换两种方式。太阳能发电一种新兴的可再生能源。广义上的太阳能是地球上许多能量的来源，如风能、化学能、水的势能等。

2. 太阳能分类

（1）太阳能光伏

光伏板组件是一种暴露在阳光下便会产生直流电的发电装置，由几乎全部以半导体物料（例如硅）制成的薄身固体光伏电池组成。由于没有活动的部分，故可以长时间操作而不会导致任何损耗。简单的光伏电池可为手表及计算机提供能源，较复杂的光伏系统可为房屋提供照明，并为电网供电。光伏板组件可以制成不同形状，而组件又可连接，以产生更多电力。近年，天台及建筑物表面均会使用光伏板组件，甚至被用作窗户、天窗或遮蔽装置的一部分，这些光伏设施通常被称为附设于建筑物的光伏系统。

（2）太阳热能

现代的太阳热能科技将阳光聚合，并运用其能量产生热水、蒸汽和电力。除了运用适当的科技来收集太阳能外，建筑物也可利用太阳的光和热能，方法是在设计时加入合适的装备，例如巨型的向南窗户或使用能吸收及慢慢释放太阳热力的建筑材料。

3. 优缺点

（1）优点

1）普遍：太阳光普照大地，没有地域的限制，无论陆地或海洋，无论高山或岛屿，处处皆有，可直接开发和利用，且无须开采和运输。

2）无害：开发利用太阳能不会污染环境，它是最清洁能源之一，在环境污染越来越严重的今天，这一点是极其宝贵的。

3）巨大：每年到达地球表面上的太阳辐射能约相当于130万亿t标准煤，其总量属现今世界上可以开发的最大能源。

4）长久：根据目前太阳产生的核能速率估算，氢的贮量足够维持上百亿年，而地球的寿命也约为几十亿年，从这个意义上讲太阳的能量是用之不竭的。

（2）缺点

1）分散性。到达地球表面的太阳辐射的总量尽管很大，但是能流密度很低。平均说来，北回归线附近，夏季在天气较为晴朗的情况下，正午时太阳辐射的辐照度最大，在垂直于太阳光方向1m^2面积上接收到的太阳能平均有1 000W左右；若按全年日夜平均，则只有200W左右。而在冬季大致只有一半，阴天一般只有1/5左右，这样的能流密度是很低的。因此，在利用太阳能时，想要得到一定的转换功率，往往需要面积相当大的一套收集和转换设备，造价较高。

2）不稳定性。由于受到昼夜、季节、地理纬度和海拔高度等自然条件的限制以及晴、阴、云、雨等随机因素的影响，所以，到达某一地面的太阳辐照度既是间断的，又是极不稳定的，这给太阳能的大规模应用增加了难度。为了使太阳能成为连续、稳定的能源，从而最终成为能够与常规能源相竞争的替代能源，就必须很好地解决蓄能问题，即把晴朗白天的太阳辐射能尽量贮存起来，以供夜间或阴雨天使用，但目前蓄能也是太阳能利用中较为薄弱的环节之一。

3）效率低和成本高。目前太阳能利用的发展水平，有些方面在理论上是可行的，技术上也是成熟的。但有的太阳能利用装置，因为效率偏低，成本较高，总的来说，经济性还不能与常规能源相竞争。在今后相当一段时期内，太阳能利用的进一步发展，主要受到经济性的制约。

2010年的“黑色春天”成了一些太阳能热水器企业心中永远的痛。在许多企业看来，行业性下滑已经成为定局。据嘉兴太阳能协会秘书长徐朱灵介绍：“目前，嘉兴的海宁有真空管集热线360条，年产量可配套800万台太阳能热水器。今年以来产能严重过剩，产品积压，半停半工，甚至还出现了砸机当废铁卖的惨局。”

4. 太阳能的利用

间接利用太阳能：化石能源（光能—化学能）、生物质能（光能—化学能）。

直接利用太阳能：集热器（有平板型集热器、聚光式集热器）（光能—内能）。

太阳能电池：（光能—电能）一般应用在人造卫星、宇宙飞船、打火机、手表等方面。

目前，人类直接利用太阳能还处于初级阶段，主要有太阳能集热、太阳能热水系统、太阳能暖房、太阳能发电等方式。

（1）太阳能集热器

太阳能热水器装置通常包括太阳能集热器、储水箱、管道及抽水泵其他部件。另外在冬天需要热交换器和膨胀槽以及发电装置以备电厂不能供电之需。太阳能集热器（solar collector）是在太阳能热系统中，接受太阳辐射并向传热工质传递热量的装置。按传热工质可分为液体集热器和空气集热器。按采光方式可分为聚光型集热器和吸热型集热器两种。另外还有一种真空集热器：一个好的太阳能集热器应该能用 20 年～30 年。自从大约 1980 年以来所制作的集热器更应维持 40 年～50 年且很少进行维修。

（2）太阳能热水系统

早期最广泛的太阳能应用即用于将水加热，现今全世界已有数百万太阳能热水装置。太阳能热水系统主要元件包括收集器、储存装置及循环管路三部分。此外，可能还有辅助的能源装置（如电热器等）以供应无日照时使用，另外尚可能有强制循环用的水，以控制水位或控制电动部份或温度的装置以及接到负载的管路等。依循环方式太阳能热水系统可分两种：

1）自然循环式

此种型式的储存箱置于收集器上方。水在收集器中接受太阳辐射的加热，温度上升，造成收集器及储水箱中水温不同而产生密度差，因此引起浮力，此一热虹吸现象，促使水在储水箱及收集器中自然流动。由于密度差的关系，水流量与收集器的太阳能吸收量成正比。此种型式因不需循环水，维护甚为简单，故已被广泛采用。

2）强制循环式

热水系统使水在收集器与储水箱之间循环。当收集器顶端水温高于储水箱底部水温若干度时，控制装置将启动使水流动。水入口处设有止回阀以防止夜间水由收集器逆流，引起热损失。由此种型式的热水系统的流量可得知（因来自水的流量可知），容易预测性能，也可推算于若干时间内的加热水量。如在同样设计条件下，其较自然循环方式具有可以获得较高水温的长处，但因其必须利用水，故有电力、维护（如漏水等）以及控制装置时动时停、容易损坏等问题存在。因此，除大型热水系统或需要较高水温的情形，才选择强制循环式，一般大多用自然循环式热水器。

（3）暖房

利用太阳能作房间冬天暖房之用，在许多寒冷地区已使用多年。因寒带地区冬季气温甚低，室内必须有暖气设备，若欲节省大量化石能源的消耗，设法应用太阳辐射热。大多数太阳能暖房使用热水系统，也有使用热空气系统。太阳能暖房系统是由太阳能收集器、热储存装置、辅助能源系统，及室内暖房风扇系统所组成，其过程乃太阳辐射热传导，经收集器内的工作流体将热能储存，再供热至房间。辅助热源则可有装置在储热装置内、直接装设在房间内或装设于储存装置及房间之间等不同设计。当然也可不用储热装置而直接将热能用到暖房的直接式暖房设计，或者将太阳能直接用于热电或光电方式发电，再加热房间，或透过冷暖房的热装置方式供作暖房使用。最常用的暖房系统为太阳能热水装置，其将热水通至储热装置之中（固体、液体或相变化的储热系统），然后利用风扇将室内或室外空气驱动至此储热装置中吸热，再把此热空气传送至室内；或利用另一种液体流至储热装置中吸热，当热流体流至室内，在利用风扇吹送被加热空气至室内，而达到暖房效果。

（4）太阳能热发电

太阳能热发电是采用聚焦技术，将数平米甚至数千平米范围上的阳光集中到一条线状或点状，由于高温将介质加热并产生蒸汽，从而推动汽轮机工作并产生电力的过程。这和太阳能光伏发电是两种不同的太阳能发电形式。目前，太阳能热发电通常有三种形式：槽式、塔式和碟式。其中槽式是公认的最经济最成熟的技术。在美国，槽式太阳能热发电站已进入商业化运行阶段。在我国，目前进展较快的是由德州华园新能源应用技术研究所掌握核心技术参与的，位于新疆地区的，我国首座CSP槽式太阳能示范电站已经一次性试车成功，标志着国产化技术和设备已经达到了热发电的要求，并将进入产业化发展。这些国内外项目的成功实施，也必将为我国其他地区实施太阳能热发电站提供经验，为我国更多更快建设太阳能热发电站作出贡献。

（5）太阳能离网发电系统

太阳能离网发电系统包括：

1）太阳能控制器（光伏控制器和风光互补控制器）对所发的电能进行调节和控制，一方面把调整后的能量送往直流负载或交流负载；另一方面把多余的能量送往蓄电池组储存，当所发的电不能满足负载需要时，太阳能控制器又把蓄电池的电能送往负载；蓄电池充满电后，控制器要控制蓄电池不被过充。当蓄电池所储存的电能放完时，太阳能控制器要控制蓄电池不被过放电，保护蓄电池。控制器的性能不好时，对蓄电池的使用寿命影响很大，并最终影响系统的可靠性。

2）太阳能蓄电池组的任务是贮能，以便在夜间或阴雨天保证负载用电。

3）太阳能逆变器负责把直流电转换为交流电，供交流负荷使用。太阳能逆变器是光伏风力发电系统的核心部件。由于使用地区相对落后、偏僻，维护困难，为了提高光伏风力发电系统的整体性能，保证电站的长期稳定运行，对逆变器的可靠性提出了很高的要求。另外由于新能源发电成本较高，太阳能逆变器的高效运行也显得非常重要。

太阳能离网发电系统主要产品分类：a）光伏组件；b）风机；c）控制器；d）蓄电池组；e）逆变器；f）风力/光伏发电控制与逆变器一体化电源。

（6）太阳能并网发电系统

可再生能源并网发电系统是将光伏阵列、风力机以及燃料电池等产生的可再生能源不经过蓄电池储能，通过并网逆变器直接反向馈入电网的发电系统。

因为直接将电能输入电网，免除配置蓄电池，省掉了蓄电池储能和释放的过程，可以充分利用可再生能源所发出的电力，减小能量损耗，降低系统成本。并网发电系统能够并行使用市电和可再生能源作为本地交流负载的电源，降低整个系统的负载缺电率。同时，可再生能源并网系统可以对公用电网起到调峰作用。并网发电系统是太阳能风力发电的发展方向，代表了21世纪最具吸引力的能源利用技术。

太阳能并网发电系统主要产品分类：a）光伏并网逆变器；b）小型风力机并网逆变器；c）大型风机变流器（双馈变流器，全功率变流器）。

（7）空间太阳能电源

第一个空间太阳电池载于1958年发射的Vangtuard I，体装式结构，单晶Si衬底，效率约10%（28℃）。到了20世纪70年代，人们改善了电池结构，采用BSF、光刻技术及双层减反射膜等技术，使电池的效率增加到14%。在20世纪70年代和80年代，地面太阳电池大约每5.5年全球产量翻番；而空间太阳电池在空间环境下的性能，如抗辐射性能等得到了较大改善。由于20世纪80年代太阳电池的理论得到迅速发展，极大地促进了地面和空间太阳电池性能的改善。到了20世纪90年代，薄膜电池和Ⅲ-Ⅴ电池的研究发展很快，而且聚光阵结构也变得更经济，空间太阳电池市场竞争十分激烈。在继续研究更高性能的太阳电池，主要有两种途径：研究聚光电池和多带隙电池。

5. 开发途径

（1）光热利用。它的基本原理是将太阳辐射能收集起来，通过与物质的相互作用转换成热能加以利用。目前使用最多的太阳能收集装置，主要有平板型集热器、真空管集热器和聚焦集热器等三种。通常根据所能达到的温度和用途的不同，而把太阳能光热利用分为低温利用（$<200℃$）、中温利用（200℃～800℃）和高温利用（$>800℃$）。目前低温利用主要有太阳能热水器、太阳能干燥器、太阳能蒸馏器、太阳房、太阳能温室、太阳能空调制冷系统等，中温利用主要有太阳灶、太阳能热发电聚光集热装置等，高温利用主要有高温太阳炉等。

（2）太阳能发电。未来太阳能的大规模利用是用来发电。利用太阳能发电的方式有多种。目前已实用的主要有以下两种：

1）光—热—电转换。即利用太阳辐射所产生的热能发电。一般是用太阳能集热器将所吸收的热能转换为工质的蒸汽，然后由蒸汽驱动气轮机带动发电机发电。前一过程为光—热转换，后一过程为热—电转换。

2）光—电转换。其基本原理是利用光生伏打效应将太阳辐射能直接转换为电能，它的基本装置是太阳能电池。

（3）光化利用。这是一种利用太阳辐射能直接分解水制氢的光—化学转换方式。

（4）光生物利用。通过植物的光合作用来实现将太阳能转换成为生物质的过程。目前主要有速生植物（如薪炭林）、油料作物和巨型海藻。

6. 开发历史

据记载，人类利用太阳能已有3000多年的历史。将太阳能作为一种能源和动力加以利用，只有300多年的历史。真正将太阳能作为“近期急需的补充能源”，“未来能源结构的基础”，则是近来的事。20世纪70年代以来，太阳能科技突飞猛进，太阳能利用日新月异。近代太阳能利用历史可以从1615年法国工程师所罗门·德·考克斯在世界上发明第一台太阳能驱动的发动机算起。该发明是一台利用太阳能加热空气使其膨胀做功而抽水的机器。在1615年—1900年之间，世界上又研制成多台太阳能动力装置和一些其他太阳能装置。这些动力装置几乎全部采用聚光方式采集阳光，发动机功率不大，工质主要是水蒸气，价格昂贵，实用价值不大，大部分为太阳能爱好者个人研究制造。20世纪的100年间，太阳能科技发展历史大体可分为七个阶段。

（1）第一阶段（1900年～1920年）

这一阶段，世界上太阳能研究的重点仍是太阳能动力装置，但采用的聚光方式多样化，且开始采用平板集热器和低沸点工质，装置逐渐扩大，最大输出功率达73.64kW，实用目的比较明确，造价仍然很高。建造的典型装置有：1901年，在美国加州建成一台太阳能抽水装置，采用截头圆锥聚光器，功率为7.36kW；1902年～1908年，在美国建造了五套双循环太阳能发动机，采用平板集热器和低沸点工质；1913年，在埃及开罗以南建成一台由5个抛物槽镜组成的太阳能水泵，每个长62.5m，宽4m，总采光面积达1 250m^2。

（2）第二阶段（1920年～1945年）

在这20多年中，太阳能研究工作处于低潮，参加研究工作的人数和研究项目大为减少，其原因与矿物燃料的大量开发利用和发生第二次世界大战（1935—1945年）有关，而太阳能又不能解决当时对能源的急需，因此使太阳能研究工作逐渐受到冷落。

（3）第三阶段（1945 年～1965 年）

在第二次世界大战结束后的 20 年中，一些有远见的人士已经注意到石油和天然气资源正在迅速减少，呼吁人们重视这一问题，从而逐渐推动了太阳能研究工作的恢复和开展，并且成立太阳能学术组织，举办学术交流和展览会，再次兴起太阳能研究热潮。在这一阶段，太阳能研究工作取得一些重大进展，比较突出的有：1945 年，美国贝尔实验室研制成实用型硅太阳电池，为光伏发电大规模应用奠定了基础；1955 年，以色列泰伯等在第一次国际太阳能科学会议上提出选择性涂层的基础理论，并研制成实用的黑镍等选择性涂层，为高效集热器的发展创造了条件。此外，在这一阶段里还有其他一些重要成果，比较突出的有：1952 年，法国国家研究中心在比利牛斯山东部建成一座功率为 50kW 的太阳炉。1960 年，在美国佛罗里达建成世界上第一套用平板集热器供热的氨——水吸收式空调系统，制冷能力为 5 冷吨。1961 年，一台带有石英窗的斯特林发动机问世。在这一阶段里，加强了太阳能基础理论和基础材料的研究，取得了如太阳选择性涂层和硅太阳电池等技术上的重大突破。平板集热器有了很大的发展，技术上逐渐成熟。太阳能吸收式空调的研究取得进展，建成一批实验性太阳房。对难度较大的斯特林发动机和塔式太阳能热发电技术进行了初步研究。

（4）第四阶段（1965 年～1973 年）

这一阶段，太阳能的研究工作停滞不前，主要原因是太阳能利用技术处于成长阶段，尚不成熟，并且投资大，效果不理想，难以与常规能源竞争，因而得不到公众、企业和政府的重视和支持。

（5）第五阶段（1973 年～1980 年）

自从石油在世界能源结构中担当主角之后，石油就成了左右经济和决定一个国家生死存亡、发展和衰退的关键因素，1973 年 10 月爆发中东战争，石油输出国组织采取石油减产、提价等办法，支持中东人民的斗争，维护本国的利益。其结果是使那些依靠从中东地区大量进口廉价石油的国家，在经济上遭到沉重打击。于是，西方一些人惊呼：世界发生了“能源危机”（有的称“石油危机”）。这次“危机”在客观上使人们认识到：现有的能源结构必须彻底改变，应加速向未来能源结构过渡。从而使许多国家，尤其是工业发达国家，重新加强了对太阳能及其他可再生能源技术发展的支持，在世界上再次兴起了开发利用太阳能热潮。1973 年，美国制定了政府级阳光发电计划，太阳能研究经费大幅度增长，并且成立太阳能开发银行，促进太阳能产品的商业化。日本在 1974 年公布了政府制定的“阳光计划”，其中太阳能的研究开发项目有：太阳房 、工业太阳能系统、太阳热发电、太阳电池生产系统、分散型和大型光伏发电系统等。为实施这一计划，日本政府投入了大量人力、物力和财力。

20 世纪 70 年代初世界上出现的开发利用太阳能热潮，对我国也产生了巨大影响。一些有远见的科技人员，纷纷投身太阳能事业，积极向政府有关部门提建议，出书办刊，介绍国际上太阳能利用动态；在农村推广应用太阳灶，在城市研制开发太阳能热水器，空间用的太阳电池开始在地面应用。1975 年，在河南安阳召开“全国第一次太阳能利用工作经验交流大会”，进一步推动了我国太阳能事业的发展。这次会议之后，太阳能研究和推广工作纳入了我国政府计划，获得了专项经费和物资支持。一些大学和科研院所，纷纷设立太阳能课题组和研究室，有的地方开始筹建太阳能研究所。当时，我国也兴起了开发利用太阳能的热潮。这一时期，太阳能开发利用工作处于前所未有的大发展时期，具有以下特点：

1）各国加强了太阳能研究工作的计划性，不少国家制定了近期和远期阳光计划。开发利用太阳能成为政府行为，支持力度大大加强。国际间的合作十分活跃，一些第三世界国家开始积极参与太阳能开发利用工作。

2）研究领域不断扩大，研究工作日益深入，取得一批较大成果，如 CPC、真空集热管、非晶硅太阳电池、光解水制氢、太阳能热发电等。

3）各国制订的太阳能发展计划，普遍存在要求过高、过急问题，对实施过程中的困难估计不足，希望在较短的时间内取代矿物能源，实现大规模利用太阳能。例如，美国曾计划在 1985 年建造一座小型太阳能示范卫星电站，1995 年建成一座 500 万 kW 空间太阳能电站。事实上，这一计划后来进行了调整，至今空间太阳能电站还未升空。

4）太阳热水器、太阳电池等产品开始实现商业化，太阳能产业初步建立，但规模较小，经济效益尚不理想。

(6) 第六阶段（1980 年~1992 年）

20 世纪 70 年代兴起的开发利用太阳能热潮，进入 80 年代后不久开始落潮，逐渐进入低谷。世界上许多国家相继大幅度削减太阳能研究经费，其中美国最为突出。导致这种现象的主要原因是：世界石油价格大幅度回落，而太阳能产品价格居高不下，缺乏竞争力；太阳能技术没有重大突破，提高效率和降低成本的目标没有实现，以致动摇了一些人开发利用太阳能的信心；核电发展较快，对太阳能的发展起到了一定的抑制作用。受 20 世纪 80 年代国际上太阳能低落的影响，我国太阳能研究工作也受到一定程度的削弱，有人甚至提出，太阳能利用投资大、效果差、贮能难、占地广，认为太阳能是未来能源，主张外国研究成功后我国引进技术。虽然，持这种观点的人是少数，但十分有害，对我国太阳能事业的发展造成不良影响。这一阶段，虽然太阳能开发研究经费大幅度削减，但研究工作并未中断，有的项目还进展较大，而且促使人们认真地去审视以往的计划和制订的目标，调整研究工作重点，争取以较少的投入取得较大的成果。

(7) 第七阶段（1992 年至今）

由于大量燃烧矿物能源，造成了全球性的环境污染和生态破坏，对人类的生存和发展构成威胁。在这样背景下，1992 年联合国在巴西召开“世界环境与发展大会”，会议通过了《里约热内卢环境与发展宣言》、《21 世纪议程》和《联合国气候变化框架公约》等一系列重要文件，把环境与发展纳入统一的框架，确立了可持续发展的模式。这次会议之后，世界各国加强了清洁能源技术的开发，将利用太阳能与环境保护结合在一起，使太阳能利用工作走出低谷，逐渐得到加强。世界环发大会之后，我国政府对环境与发展十分重视，提出 10 条对策和措施，明确要“因地制宜地开发和推广太阳能、风能、地热能、潮汐能、生物质能等清洁能源”，制定了《中国 21 世纪议程》，进一步明确了太阳能重点发展项目。

1995 年原国家计委、原国家科委和原国家经贸委制定了《新能源和可再生能源发展纲要》（1996 年~2010 年），明确提出我国在 1996 年~2010 年新能源和可再生能源的发展目标、任务以及相应的对策和措施。这些文件的制定和实施，对进一步推动我国太阳能事业发挥了重要作用。1996 年，联合国在津巴布韦召开“世界太阳能高峰会议”，会后发表了《哈拉雷太阳能与持续发展宣言》，会上讨论了《世界太阳能 10 年行动计划》（1996 年~2005 年）、《国际太阳能公约》、《世界太阳能战略规划》等重要文件。这次会议进一步表明了联合国和世界各国对开发太阳能的坚定决心，要求全球共同行动，广泛利用太阳能。

1992 年以后，世界太阳能利用又进入一个发展期，其特点是太阳能利用与世界可持续发展和环境保护紧密结合，全球共同行动，为实现世界太阳能发展战略而努力；太阳能发展目标明确，重点突出，措施得力，有利于克服以往忽冷忽热、过热过急的弊端，保证太阳能事业的长期发展；在加大太阳能研究开发力度的同时，注意科技成果转化为生产力，发展太阳能产业，加速商业化进程，扩大太阳能利用领域和规模，经济效益逐渐提高；国际太阳能领域的合作空前活跃，规模扩大，效果明显。通过以上回顾可知，在 20 世纪 100 年间太阳能发展道路并不平坦，一般每次高潮期后都会出现低潮期，处于低潮的时间大约有 45 年。太阳能利用的发展历程与煤、石油、核能完全不同，人们对其认识差别大，反复多，发展时间长。这一方面说明太阳能开发难度大，短时间内很难实现大规模利用；另一方面也说明太阳能利用还受矿物能源供应，政治和战争等因素的影响，发展道路比较曲折。尽管如此，从总体来看，20 世纪取得的太阳能科技进步仍比以往任何一个世纪都快。

（8）第八阶段（未来）

全世界光伏板并网，贮能难的问题就有改善。

7. 开发现状

中国蕴藏着丰富的太阳能资源，太阳能利用前景广阔。目前，我国太阳能产业规模已位居世界第一，是全球太阳能热水器生产量和使用量最大的国家和重要的太阳能光伏电池生产国。我国比较成熟太阳能产品有两项：太阳能光伏发电系统和太阳能热水系统。

六、DME（二甲醚）燃料

1. DME（二甲醚）的性质

DME（二甲醚）是一种无色、无毒、环境友好的化合物。分子式为 CH_3OCH_3，其物理性能和液化石油气相似，其热值是液化石油气的 61%、柴油的 67%，相当于乙醇，是汽油的 67%。

2. DME 的制备

以天然气、煤、石油炼制中的渣油、石油焦、生物质和其他碳氢化合物作为原料生产。

（1）甲醇脱水由生成 DME（二甲醚），将煤氧化以后得到合成气，再通过催化合成甲醇、甲醇脱水由生成 DME（二甲醚）。

（2）通过相应的催化剂，在浆态床反应器中直接由合成气转化成 DME（二甲醚）。

3. 用途

（1）作为家用能源和采暖；

（2）作为燃气轮机的燃料；

（3）用作分布式电热冷联供系统的燃料；

（4）替代柴油；

（5）作为 DME 公共汽车和轿车的燃料。

4. 开发前景

DME 燃料对于我国未来能源战略具有重要意义，不仅在于它的资源优势和环保特性，可以在保证我国能源安全的同时，将环境危害降到最低，还是我国未来能源技术赶超世界先进水平、跨越式发展最有前途的领域之一，可以带动我国汽车工业、电力工业和民用燃料工业的发展。

第三节　推广建筑低碳技术

一、建筑物是主要能源消耗主体

根据美国能源署统计显示，2005 年全球一次能耗总量达成 147.1 亿 t 标准煤，而建筑一次能耗达到 45.3 亿 t 标准煤，最多的是美国建筑一次能耗占总能耗的 30%，中国占 12%。因此，建筑节能是降低温室气体排放的重要领域。

二、建筑节能技术

建筑节能是指在建筑中提高能源利用效率，用有限的资源和最小的能源消费代价取得最大的经济和社会效应。因此，建筑节能是贯彻可持续发展战略、实现国家节能规划目标、减排温室气体的重要措施，符合全球发展趋势。其解决途径只有两种：一方面通过开发利用可再生能源及节能建材等途径降低建筑能耗的需求；另一方面要提高能耗系统的效率，从而降低终端能源使用量。

1. 实现建筑节能的技术途径及动态

经估算，采取周密、有效的建筑技术措施可以降低 2/3 ~ 3/4 的建筑能耗。因此，在建筑规划设计、建造和使用过程中，在满足室内环境舒适、卫生、健康的条件下，采取合理有效的建筑节能技术，有利于实现建筑节能和环保共进的目标。日本最近提出“建筑的节能与环境共存设计”的概念便是这一思想的体现。一般来说，实现建筑节能的技术途径为尽量减少建筑内能源总需求量的同时，大力开发利用可再生的新能源，从而减少使用在建筑领域内易引起环境污染的能源。

（1）减少建筑内的能源总需求量

据统计，在发达国家，空调采暖能耗占建筑能耗的 65%。目前，我国的采暖空调和照明用能量近期增长速度已明显高于能量生产的增长速度，因此，减少建筑的冷、热及照明能耗是降低建筑能耗总量的重要内容，一般可从以下几方面实现。

1）建筑规划与设计。面对全球能源环境问题，不少全新的设计理念应运而生，如低能耗建筑、零能建筑和绿色建筑等，它们本质上都要求建筑师从整体综合设计概念出发，坚持与能源分析专家、环境专家、设备师和结构师紧密配合。在建筑规划和设计时，根据大范围的气候条件影响，针对建筑自身所处的具体环境气候特征，重视利用自然环境（如外界气流、雨水、湖泊和绿化、地形等）创造良好的建筑室内微气候，以尽量减少对建筑设备的依赖。具体措施可归纳为以下三个方面：①合理选择建筑的地址、采取合理的外部环境设计（主要方法有：在建筑周围布置树木、植被、水面、假山、围墙）；②合理设计建筑形体（包括建筑整体体量和建筑朝向的确定），以改善既有的微气候；③合理的建筑形体设计是充分利用建筑室外微环境来改善建筑室内微环境的关键部分，主要通过建筑各部件的结构构造设计和建筑内部空间的合理分隔设计得以实现。同时，可借助相关软件进行优化设计，如运用天正建筑（Ⅱ）中建筑阴影模拟，辅助设计建筑朝向和居住小区的道路、绿化、室外消闲空间及利用 CFD 软件，如：PHOENICS，Fluent 等，分析室内外空气流动是否通畅。

2）围护结构。建筑围护结构组成部件（屋顶、墙、地基、隔热材料、密封材料、门和窗、遮阳设施）的设计对建筑能耗、环境性能、室内空气质量与用户所处的视觉和热舒适环境有根本的影响。一般增大围护结构的费用仅为总投资的3%～6%，而节能却可达20%～40%。通过改善建筑物围护结构的热工性能，在夏季可减少室外热量传入室内，在冬季可减少室内热量的流失，使建筑热环境得以改善，从而减少建筑冷、热消耗。首先，提高围护结构各组成部件的热工性能，一般通过改变其组成材料的热工性能实行，如欧盟新研制的热二极管墙体（低费用的薄片热二极管只允许单方向的传热，可以产生隔热效果）和热工性能随季节动态变化的玻璃。然后，根据当地的气候、建筑的地理位置和朝向，以建筑能耗软件DOE－2.0的计算结果为指导，选择围护结构组合优化设计方法。最后，评估围护结构各部件与组合的技术经济可行性，以确定技术可行、经济合理的围护结构。

3）提高终端用户用能效率。高能效的采暖、空调系统与上述削减室内冷热负荷的措施并行，才能真正地减少采暖、空调能耗。首先，根据建筑的特点和功能，设计高能效的暖通空调设备系统，例如：热泵系统、蓄能系统和区域供热、供冷系统等。然后，在使用中采用能源管理和监控系统监督和调控室内的舒适度、室内空气品质和能耗情况。如欧洲国家通过传感器测量周边环境的温、湿度和日照强度，然后基于建筑动态模型预测采暖和空调负荷，控制暖通空调系统的运行。在其他的家电产品和办公设备方面，应尽量使用节能认证的产品。如美国一般鼓励采用“能源之星”的产品，而澳大利亚对耗能大的家电产品实施最低能效标准（MEPS）。

4）提高总的能源利用效率。从一次能源转换到建筑设备系统使用的终端能源的过程中，能源损失很大。因此，应从全过程（包括开采、处理、输送、储存、分配和终端利用）进行评价，才能全面反映能源利用效率和能源对环境的影响。建筑中的能耗设备，如空调、热水器、洗衣机等应选用能源效率高的能源供应。例如，作为燃料，天然气比电能的总能源效率更高。采用第二代能源系统，可充分利用不同品位热能，最大限度地提高能源利用效率，如热电联产（CHP）、冷热电联产（CCHP）。

（2）利用新能源

在节约能源、保护环境方面，新能源的利用起至关重要的作用。新能源通常指非常规的可再生能源，包括有太阳能、地热能、风能、生物质能等。人们对各种太阳能利用方式进行了广泛的探索，逐步明确了发展方向，使太阳能初步得到一些利用，如：①作为太阳能利用中的重要项目，太阳能热发电技术较为成熟，美国、以色列、澳大利亚等国投资兴建了一批试验性太阳能热发电站，以后可望实现太阳能热发电商业化；②随着太阳能光伏发电的发展，国外已建成不少光伏电站和“太阳屋顶”示范工程，将促进并网发电系统快速发展；③目前，全世界已有数万台光伏水泵在各地运行；④太阳热水器技术比较成熟，已具备相应的技术标准和规范，但仍需进一步地完善太阳热水器的功能，并加强太阳能建筑一体化建设；⑤被动式太阳能建筑因构造简单、造价低，已经得到较广泛应用，其设计技术已相对较为成熟，已有可供参考的设计手册；⑥太阳能吸收式制冷技术出现较早，目前已应用在大型空调领域；太阳能吸附式制冷目前处于样机研制和实验研究阶段；⑦太阳能干燥和太阳灶已得到一定的推广应用。但从总体而言，目前太阳能利用的规模还不大，技术尚不完善，商品化程度也较低，仍需要继续深入广泛地研究。在利用地热能时，一方面可利用高温地热能发电或直接用于采暖供热和热水供应；另一方面可借助地源热泵和地道风系统利用低温地热能。风能发电较适用于多风海岸线山区和易引起强风的高层建筑，在英国和香港已有成功的工程实例，但在建筑领域，较为常见的风能利用形式是自然通风方式。

2. **建筑节能新技术**

理想的节能建筑应在最少的能量消耗下满足以下三点：一是能够在不同季节、不同区域控制接收或阻止太阳辐射；二是能够在不同季节保持室内的舒适性；三是能够使室内实现必要的通风换气。目前，建筑节能的途径主要包括：尽量减少不可再生能源的消耗，提高能源的使用效率；减少建筑围护结构的能量损失；降低建筑设施运行的能耗。在这三个方面，高新技术起着决定性的作用。当然建筑节能也采用一些传统技术，但这些传统技术是在先进的试验论证和科学的理论分析的基础上才能用于现代化的建筑中。

（1）减少能源消耗，提高能源的使用效率

为了维持居住空间的环境质量，在寒冷的季节需要取暖以提高室内的温度，在炎热的季节需要制冷以降低室内的温度，干燥时需要加湿，潮湿时需要抽湿，而这些往往都需要消耗能源才能实现。从节能的角度讲，应提高供暖（制冷）系统的效率，它包括设备本身的效率、管网传送的效率、用户端的计量以及室内环境的控制装置的效率等。这些都要求相应的行业在设计、安装、运行质量、节能系统调节、设备材料以及经营管理模式等方面采用高新技术。如目前在供暖系统节能方面就有三种新技术：①利用计算机、平衡阀及其专用智能仪表对管网流量进行合理分配，既改善了供暖质量，又节约了能源；②在用户散热器上安设热量分配表和温度调节阀，用户可根据需要消耗和控制热能，以达到舒适和节能的双重效果；③采用新型的保温材料包敷送暖管道，以减少管道的热损失。近年来低温地板辐射技术已被证明节能效果比较好，它是采用交联聚乙烯（PEX）管作为通水管，用特殊方式双向循环盘于地面层内，冬天向管内供低温热水（地热、太阳能或各种低温余热提供）；夏天输入冷水可降低地表温度（目前国内只用于供暖）；该技术与对流散热为主的散热器相比，具有室内温度分布均匀，舒适、节能、易计量、维护方便等优点。

（2）减少建筑围护结构的能量损失

建筑物围护结构的能量损失主要来自三部分：外墙、门窗、屋顶。这三部分的节能技术是各国建筑界都非常关注的。主要发展方向是，开发高效、经济的保温、隔热材料和切实可行的构造技术，以提高围护结构的保温、隔热性能和密闭性能。

1）外墙节能技术。就墙体节能而言，传统的用重质单一材料增加墙体厚度来达到保温的作法已不能适应节能和环保的要求，而复合墙体越来越成为墙体的主流。复合墙体一般用块体材料或钢筋混凝土作为承重结构，与保温隔热材料复合，或在框架结构中用薄壁材料加以保温、隔热材料作为墙体。目前建筑用保温、隔热材料主要有岩棉、矿渣棉、玻璃棉、聚苯乙烯泡沫、膨胀珍珠岩、膨胀蛭石、加气混凝土及胶粉聚苯颗粒浆料等。这些材料的生产、制作都需要采用特殊的工艺、特殊的设备，而不是传统技术所能及的。值得一提的是胶粉聚苯颗粒浆料，它是将胶粉料和聚苯颗粒轻骨料加水搅拌成浆料，抹于墙体外表面，形成无空腔保温层。聚苯颗粒骨料是采用回收的废聚苯板经粉碎制成，而胶粉料掺有大量的粉煤灰，这是一种废物利用、节能环保的材料。墙体的复合技术有内附保温层、外附保温层和夹心保温层三种。我国采用夹心保温做法的较多；在欧洲各国，大多采用外附发泡聚苯板的作法，在德国，外保温建筑占建筑总量的80%，而其中70%均采用泡沫聚苯板。

2）门窗节能技术。门窗具有采光、通风和围护的作用，还在建筑艺术处理上起着很重要的作用。然而门窗又是最容易造成能量损失的部位。为了增大采光通风面积或表现现代建筑的性格特征，建筑物的门窗面积越来越大，更有全玻璃的幕墙建筑。这就对外维护结构的节能提出了更高的要求。目前，对门窗的节能处理主要是改善材料的保温隔热性能和提高门窗的密闭性能。从门窗材料来看，近些年出现了铝合金断热型材、铝木复合型材、钢塑整体挤出型材、塑木复合型材以及 UPVC 塑料型材等一些技术含量较高的节能产品。其中使用较广的是 UPVC 塑料型材，它所使用的原料是高分子材料——硬质聚氯乙烯。它不仅生产过程中能耗少、无污染，而且材料导热系数小，多腔体结构密封性好，因而保温隔热性能好。UPVC 塑料门窗在欧洲各国已经采用多年，在德国塑料门窗已经占了50%。我国 20 世纪 90 年代以后塑料门窗用量不断增大，正逐渐取代钢、铝合金等能耗大的材料。为了解决大面积玻璃造成能量损失过大的问题，人们运用了高新技术，将普通玻璃加工成中空玻璃、镀膜玻璃（包括反射玻璃、吸热玻璃）、高强度 LOW2E 防火玻璃（高强度低辐射镀膜防火玻璃）、采用磁控真空溅射方法镀制含金属银层的玻璃以及最特别的智能玻璃。智能玻璃能感知外界光的变化并做出反应，它有两类：一类是光致变色玻璃，在光照射时，玻璃会感光变暗，光线不易透过；停止光照射时，玻璃复明，光线可以透过；在太阳光强烈时，可以阻隔太阳辐射热；天阴时，玻璃变亮，太阳光又能进入室内。另一类是电致变色玻璃，在两片玻璃上镀有导电膜及变色物质，通过调节电压，促使变色物质变色，调整射入的太阳光（但因其生产成本高，现在还不能实际使用），这些玻璃都有很好的节能效果。

3）屋顶节能技术。屋顶的保温、隔热是围护结构节能的重点之一。在寒冷的地区屋顶设保温层，以阻止室内热量散失；在炎热的地区屋顶设置隔热降温层以阻止太阳的辐射热传至室内；而在冬冷夏热地区（黄河至长江流域），建筑节能则要冬、夏兼顾。保温常用的技术措施是在屋顶防水层下设置导热系数小的轻质材料用作保温，如膨胀珍珠岩、玻璃棉等（此为正铺法）；也可在屋面防水层以上设置聚苯乙烯泡沫（此为倒铺法）。在英国有另外一种保温层做法是，采用回收废纸制成纸纤维，这种纸纤维生产能耗极小，保温性能优良，纸纤维经过硼砂阻燃处理，也能防火。施工时，先将屋顶做成一个夹层，再将纸纤维喷吹入内，形成保温层。屋顶隔热降温的方法有：架空通风、屋顶蓄水或定时喷水、屋顶绿化等。以上做法都能不同程度地满足屋顶节能的要求，但目前最受推崇的是利用智能技术、生态技术来实现建筑节能的愿望，如太阳能集热屋顶和可控制的通风屋顶等。

4）呼吸幕墙技术。可大幅度降低建筑本体冷热负荷。

5）温控智能玻璃技术。温控智能玻璃可以随着室外温度的变化，控制可见光和红外线的透过率，从而控制室内温度和亮度，可减少空调的使用频率和强度，降低室内光污染和节能能源。

6）智能外遮阳技术。智能外遮阳自动跟踪太阳光线角度，根据室内照明自动调节遮阳装置，在保证室内照度要求的前提下，最大限度地遮挡太阳幅射。

7）智能自然通风技术。采用风向控制屋顶自然通风装置和自动控制的进风口，最大限度利用风压、热压的自然驱动力，降低人工制冷和风机水泵能耗。

8）相变材料蓄热吊顶技术。相变材料蓄热吊顶夜间蓄存室外低温空气质量，白天吸收热量，降低建筑能耗量。

（3）降低建筑设施运行的能耗

采暖、制冷和照明是建筑能耗的主要部分，降低这部分能耗将对节能起着重要的作用，在这方面一些成功的技术措施很有借鉴价值，如英国建筑研究院（英文缩写：BRE）的节能办公楼便是一例。办公楼在建筑围护方面采用了先进的节能控制系统，建筑内部采用通透式夹层，以便于自然通风；通过建筑物背面的格子窗进风，建筑物正面顶部墙上的格子窗排风，形成贯穿建筑物的自然通风。办公楼使用的是高效能冷热锅炉和常规锅炉，两种锅炉由计算机系统控制交替使用。通过埋置于地板内的采暖和制冷管道系统调节室温。该建筑还采用了地板下输入冷水通过散热器制冷的技术，通过在车库下面的深井用水泵从地下抽取冷水进入散热器，再由建筑物旁的另一回水井回灌。为了减少人工照明，办公楼采用了全方位组合型采光、照明系统，由建筑管理系统控制；每一单元都有日光，使用者和管理者通过检测器对系统遥控；在100座的演讲大厅，设置有两种形式的照明系统，允许有0%～100%的亮度，采用节能型管型荧光灯和白炽灯，使每个观众都能享有同样良好的视觉效果和适宜的温度。

（4）新能源的开发利用

在节约不可再生能源的同时，人类还在寻求开发利用新能源以适应人口增加和能源枯竭的现实，这是历史赋予现代人的使命，而新能源有效地开发利用必定要以高科技为依托。如开发利用太阳能、风能、潮汐能、水力、地热及其他可再生的自然界能源，必须借助于先进的技术手段，并且要不断地完善和提高，以达到更有效地利用这些能源。如人们在建筑上不仅能利用太阳能采暖，太阳能热水器还能将太阳能转化为电能，并且将光电产品与建筑构件合为一体，如光电屋面板、光电外墙板、光电遮阳板、光电窗间墙、光电天窗以及光电玻璃幕墙等，使耗能变成产能。

3. 建筑节能新材料的开发

（1）外墙保温及饰面系统（EIFS）

该系统是在20世纪70年代末的最后一次能源危机时期出现的，最先应用于商业建筑，随后开始了在民用建筑中的应用。今天，EIFS系统在商业建筑外墙使用中占17.0%，在民用建筑外墙使用中占3.5%，并且在民用建筑中的使用正以每年17.0%～18.0%的速度增长。此系统是多层复合的外墙保温系统，在民用建筑和商业建筑中都可以应用。ELFS系统包括以下几部分：主体部分是由聚苯乙烯泡沫塑料制成的保温板，一般是30mm～120mm厚，该部分以合成粘结剂或机械方式固定于建筑外墙；中间部分是持久的、防水的聚合物砂浆基层，此基层主要用于保温板上，以玻璃纤维网来增强并传达外力的作用；最外面部分是美观持久的表面覆盖层。为了防褪色、防裂，覆盖层材料一般采用丙烯酸共聚物涂料技术，此种涂料有多种颜色和质地可以选用，具有很强的耐久性和耐腐蚀能力。

（2）建筑保温绝热板系统（SIPS）

此材料可用于民用建筑和商业建筑，是高性能的墙体、楼板和屋面材料。板材的中间是聚苯乙烯泡沫或聚亚氨脂泡沫夹心层，一般120mm～240mm厚，两面根据需要可采用不同的平板面层，例如，在房屋建筑中两面可以采用工程化的胶合板类木制产品。用此材料建成的建筑具有强度高、保温效果好、造价低、施工简单、节约能源、保护环境的特点。SIPS一般1.2m宽，最大可以做到8m长，尺寸成系列化，很多工厂还可以根据工程需要按照实际尺寸定制，成套供应，承建商只需在工地现场进行组装即可，真正实现了住宅生产的产业化。

（3）隔热水泥模板外墙系统（ICFS）

该产品是一种绝缘模板系统，主要由循环利用的聚苯乙烯泡沫塑料和水泥类的胶凝材料制成模板，用于现场浇筑混凝土墙或基础。施工时在模板内部水平或垂直配筋，墙体建成后，该绝缘模板将作为永久墙体的一部分，形成在墙体外部和内部同时保温绝热的混凝土墙体。混凝土墙面外包的模板材料满足了建筑外墙所需的保温、隔声、防火等要求。

（4）先进复合结构保温墙体

高性能的保温墙体能够降低建筑本体负荷，降低建筑耗能量。

（5）相变材料储热墙体技术

白天蓄存日照能量，夜间释放热量，降低建筑能耗，减少室内温度波动范围。

（6）透明热阻材料组合墙体技术

具有透光性，在保温隔热的同时增加室内自然光量，降低人工照明强度。

4. 建筑室外环境优化

（1）生态绿化系统技术

有别于普通绿化，注重生物多样性和生物种类搭配，注重发挥绿化的生态功能。

（2）区域风光热预测技术

采用技术机模拟技术，优化建筑布局，取得最优的室外空气流通、日照、环境温度分布条件。

表6－2给出了国家推广应用的建筑节能技术。

表6－2 国家推广应用的建筑节能技术

技术分类		技术名称	主要技术性能及特点	适用范围
类别	类目			
新型保温隔热技术	外墙外保温技术	外墙外保温系统	由外墙专用挤塑板和专用界面剂等配套材料组成，采用粘钉结合的方式将保温层固定到基层墙面上，以聚合物砂浆作为保护层，耐碱玻纤网格布为增强层，高弹涂料作为装饰层。挤塑板密度≤35kg/m³，与保护层拉伸粘结强度≥0.25MPa	多层及100m以下的住宅和公共建筑的外墙
		外墙外保温系统	采用B1级聚苯乙烯泡沫塑料（EPS）板为保温材料，以玻纤网为加强层，以胶料和水泥混合为胶粘剂，以纯丙烯酸弹性涂料为面层，外涂防污染罩面组成。具有良好的粘接、装饰、防水性能，施工简便、灵活	抗震设防裂度不大于9度地区住宅和公共建筑的外墙
		无水泥基聚苯板薄抹灰外墙外保温体系	以阻燃型聚苯乙烯泡沫塑料板为保温材料，以粘接或粘钉结合的方式固定在外墙上，以无水泥高弹性纤维增强抹灰胶复合高强度纤网格布为增强防护面层，以抗开裂、抗撞击性好的厚质涂料、专用柔性面砖等材料为饰面层构成的外墙外保温系统。防护面层具有较高抗开裂性、抗冲击性、耐候性和低吸水率等特点	各类气候区住宅和公共建筑的外墙
		外墙保温复合材料应用技术	以胶粉聚苯颗粒保温浆料为保温层，用聚合物砂浆中间嵌以耐碱玻纤网格布为抗裂砂浆层，抹柔性腻子，涂弹性防水涂料为饰面层。具有利废、节能、无毒、容重轻、阻燃、保温隔热、施工方便等特点	节能率为50%的住宅和公共建筑的外墙

续表 6-2

技术分类		技术名称	主要技术性能及特点	适用范围
类别	类目			
新型保温隔热技术	外墙外保温技术	贴砌聚苯板外墙外保温体系	在基层表面满抹胶粉聚苯颗粒保温砂浆，用保温浆料贴砌聚苯板，外抹保温浆料，做抗裂砂浆层，饰面可为涂料。聚苯双面预先做界面砂浆处理。对于平整度差的基层有施工优势。较 EPS 板薄抹灰做法防火性能好	寒冷地区和严寒地区多层住宅和公共建筑的外墙
		现场喷涂硬泡聚氨酯外保温体系	在基层表面喷聚氨酯底漆，喷抹聚氨酯保温层，喷界面砂浆，抹胶粉聚苯颗粒找平层，外表做抗裂砂浆层。饰面可为涂料。保温性能好，可满足寒冷地区节能 65% 要求，可用于低能耗建筑。主要性能：系统抗拉强度≥0.1MPa，聚氨酯保温层导热系数≤0.025W/（m·K），其他性能符合 JGJ144—2004 规定	各类气候区住宅和公共建筑（层高不限）的外墙
		胶粉聚苯颗粒外墙外保温体系	将胶粉聚苯颗粒保温砂浆抹在基层墙体上，外表做玻纤网抗裂砂浆层和饰面层。耐侯和防火性能好，导热系数≤0.06W/（m·K），系统抗拉强度≥0.1MPa，其他性能符合 JG 158—2004 标准要求	除严寒地区以外的各类气候区住宅和公共建筑（层高不限）的外墙
		外墙外保温板应用技术	由水泥聚合物砂浆、玻璃纤维和阻燃型聚苯乙烯泡沫板等材料复合而成，集保温、防水、饰面等功能于一体，工厂预制加工，现场粘结铺设，用丙烯酸或硅酮型密封胶嵌缝。具有工业化程度高、现场施工简便、质量稳定、造价适中等优点	寒冷地区和严寒地区的住宅和公共建筑的外墙
		高层住宅现浇混凝土外墙外保温体系	分无网或有网两种做法。将无网聚苯板或有网聚苯板放置在大模板内侧，浇注混凝土后形成复合外保温墙体。无网做法用于涂料饰面，有网做法用于面砖饰面	各类气候区现浇混凝土剪力墙
		高层建筑聚苯板泡沫塑料板与砼复合保温外墙整体浇捣技术	以腹丝穿透型钢丝网架聚苯板为保温层，置于待浇混凝土基层墙体外侧一次浇筑成型（辅以锚固筋拉结），然后在钢丝网架聚苯板外表面抹聚合物砂浆作保护层，以防水弹性涂料为饰面层	夏热冬冷地区住宅和公共建筑的外墙，剪力墙高层建筑高度不宜超过 54m
		轻质复合外墙板及其建筑围护结构应用技术	由高强度轻质混凝土、钢筋焊接网、EPS 或 XPS 保温板、耐碱玻纤网格布、聚合物抗裂砂浆等多种材料工业化生产复合而成，集建筑物的外墙围护功能、保温功能和外墙装饰功能为一体的大幅面装配式外围护墙板。具有重量轻、保温效果好、节能、节材等特点	钢结构和框架结构的住宅和公共建筑外墙
		聚合物保温砂浆外墙外保温系统	由聚合物保温砂浆保温层、抗裂砂浆复合耐碱玻纤网或热镀锌电焊网防护层、涂料或面砖饰面层构成	夏热冬冷、夏热冬暖地区住宅和公共建筑的外墙

续表 6－2

技术分类		技术名称	主要技术性能及特点	适用范围
类别	类目			
新型保温隔热技术	外墙外保温技术	外墙外保温装饰系统	采用集油性和水性于一体的无机改性高聚物树脂为主体的胶粘剂、抹面胶浆（用于粘贴聚苯板做法）和聚苯颗粒保温浆料，具有粘贴强度高、整体效果好、施工简便等特点	不同气候区、不同基层住宅和公共建筑的外墙
		胶粉聚苯颗粒保温隔热灰浆应用技术	以聚苯颗粒、复合胶粉料、粉煤灰、硅酸盐纤维等为主要原料按一定配比混合而成。具有表观密度小、导热系数低、耐久性好、施工方便等特点。干密度≤230kg/m^3；导热系数≤0.59W/（m·K）；粘接强度≥0.05MPa；抗拉强度≥0.1MPa	夏热冬冷地区住宅和公共建筑的外墙，施工温度限5℃以上
		氟碳保温隔热墙面复合装饰板应用技术	以挤塑聚苯乙烯板为保温层，外表面复合氟碳铝塑板或涂有氟碳漆的纤维增强硅酸钙板，内表面复合无机树脂板。用粘接方式或用密封胶与外墙固定，用密封胶勾板缝。具有铝塑幕墙板装饰效果	各类气候区住宅和公共建筑的外墙
	屋面保温隔热技术	复合泡沫板－上人屋面彩色轻质防水隔热板应用技术	由有机和无机泡沫材料复合而成的轻质、高强、节能的屋面材料。外型为一砖体，集隔热、保温、节能、轻质、高强、防水、装饰、阻燃、环保等多功能为一体。简化了屋面隔热保温层、防水层、保护层及装饰层的施工	住宅和公共建筑的上人屋面
		屋面三合一系统	由保温（隔热）、防水和装饰复合组成有机整体，主要有两种类型：1）采用聚苯颗粒保温材料为主体［干密度378kg/m^3；导热系数0.086W/（m·K），以硅改性丙烯酸树脂和硅酸盐水泥等为粘接剂，配置成保温浆料现浇于屋面，再用抗裂弹性防水材料抹面，最后涂覆装饰层。2）将聚苯保温板与硅改性丙烯酸聚合物水泥砂浆预制块粘贴在硅改性丙烯酸聚合物水泥防水层上，最后用密封材料嵌缝。该系统将防水、保温和装饰层合为一体，简化施工工艺、缩短工期，降低成本，易于维修	住宅和公共建筑的屋面
		聚氨酯硬泡体防水隔热（保温）体系	现场连续喷涂聚氨酯硬泡体泡沫保温层，同时起保温隔热和防水作用，保温层表面做防护层。与其他传统材料比，除具有防水、隔热保温、节能和节材功能外，还具有隔音、轻质、防腐、施工简便、寿命长、造价低、综合性能好、适应性强等特点	各类气候区住宅和公共建筑的屋面
		改性聚氨酯硬泡体防水保温体系	改性聚氨酯经现场高压无氟喷涂成型的新型防水保温一体化材料，具有导热系数低、容重轻、抗压强度高、粘接力强、整体性好，使用寿命长、施工方便等特点	住宅和公共建筑的屋面
		改性硬泡聚氨酯防水保温系统	由现场喷涂硬泡聚氨酯材料与聚合物砂浆保护层复合而成，具有导热系数小、容重低、抗压强度高、不透水性好，防水保温功能以及施工简便等特点。聚合物砂浆抗裂保护层具有较高的强度和抗裂性，可提高防水保温层的耐久性	住宅和公共建筑的屋面

续表 6－2

技术分类		技术名称	主要技术性能及特点	适用范围
类别	类目			
新型保温隔热技术	屋面保温隔热技术	泡沫混凝土应用技术	以硅酸盐水泥、活性硅质材、粉煤灰为无机胶结料，以热聚合物表面活性剂为有机胶结料聚合而成的泡沫混凝土。具有轻质保温隔热、与基面结合力强、整体性好，不易起拱、裂缝等特点。系列产品干密度 $300kg/m^3$ ~ $900kg/m^3$，导热系数 0.077W/(m·K) ~0.24W/(m·K)，吸水率 8% ~22%	住宅和公共建筑屋面的保温层和找坡层
		保温复合屋面板应用技术	在三维空间网架中间填充 EPS 板，在芯板上、下部现浇细石混凝土，并在板下部混凝土层中施加预应力，形成预应力混凝土夹芯复合板。具有轻质、高强度和承重、保温、隔热、隔音一体化的特点。施工方便快捷，省工，省去模板，工程造价低	7、8 度地震设防区及非地震区各类气候区住宅和公共建筑的上人屋面和非上人屋面
	屋面及墙体保温隔热技术	全水基聚氨酯现场软发泡保温隔热材料应用技术	现场喷涂发泡形成的一种水基、低密度、憎水、开孔式塑料软发泡保温材料，导热系数 0.04W/（m·K），不含氟里昂和甲醛。可现场喷涂或在围护结构空腔内灌注	住宅和公共建筑的外墙和屋面
		聚氨酯彩色防水保温系统	以 193 彩色防水涂膜、聚氨酯泡沫塑料、纤维增强抗裂腻子组成的保温防水体系。彩色防水涂膜使聚氨酯泡沫塑料与基层与外层腻子粘接力增强；聚氨酯泡沫塑料以组合聚醚和聚氨酯为主的双组分材料，以专用设备现场喷涂，形成连续的泡沫体，防水保温性能好	不同气候区住宅和公共建筑的外墙和屋面
		金属中空复合板应用技术	采用“金属板—塑料中空芯板—金属板”三层结构型式，运用先进的“催化融合”复合技术制作而成，具有一定的隔热保温、隔声降噪、抗冲击、质轻、阻燃等物理力学性能，在生产和使用过程中无污染	住宅和公共建筑的幕墙、屋面、内墙、顶棚
		阻燃型防潮隔热膜应用技术	采用掺铜镀铝工艺，将有机、无机和高真空镀铝层复合而成高强度柔性薄膜，利用高反射低辐射原理，结合建筑物构造设计，形成空气间层，达到保温隔热目的。具有质轻、坚韧、耐老化、耐腐蚀、防潮抗霉、构造简单、施工方便、使用寿命长等特点	夏热冬冷、夏热冬暖、温和和部分寒冷地区的木、砖木、砼结构及钢结构住宅和公共建筑中的屋面、墙体、楼地面的防潮、隔热、保温
		环保型阻燃聚氨酯硬泡防水保温技术	采用特种配方的组合聚醚多元醇和改性的多异氰酸酯为双组份原料，通过专用的高压喷涂装置在屋面，墙体或其他基体上形成闭孔型硬泡结构层，具有低密度、高强度、高绝热、高阻燃、高粘结力、无污染等特点	各类气候区住宅和公共建筑的外墙和屋面

续表 6－2

技术分类		技术名称	主要技术性能及特点	适用范围
类别	类目			
新型保温隔热技术	屋面绿化隔热技术	复合无土基质草毯应用技术	无土基层采用牲畜类便、木屑、谷壳灰等农业有机废料加入生物药肥发酵消毒生产而成，代替植被泥土，草毯成活率达98%。自主筛选出4个系列（绿地系列、护坡系列、屋顶系列、运动场系列）8种草种配方，采用工厂化草床培育生产，一年可生产4次~5次。使用复合无土基质的草毯植被，全年无明显枯萎期，保持310天以上绿期。草毯铺设在屋面，起到隔热保温（建筑节能）和改善环境的作用	黄河流域以南地区和西南各省的城市住宅和公共建筑的屋顶植被绿化以及公路、堤坝护坡，庭院、道路、运动场等草坪建植
节能门窗及幕墙技术	塑料门窗技术	60系列平开节能塑料窗应用技术	60平开系列节能塑料窗可根据客户需求生产不同规格的产品，并可通过五金件的变换，实现多种开启方式。保温性能、抗风压性能、气密性性能、水密性能好，隔声性能良好	住宅和公共建筑
		新70系列平开节能塑料窗应用技术	主型材为5腔双密封结构，型材壁厚可视面壁厚3.0mm，不可视面壁厚2.8mm；可以安装双层、三层中空玻璃；通过连接材可实现90°、135°、180°（普通、增强）拼接。门窗各项性能优越，传热系数达到1.7W/（m^2·K）	住宅和公共建筑，特别有节能要求的建筑
		66系列平开三玻节能塑料窗应用技术	采用四腔三玻三密封结构，单框三玻窗，平均传热系数$K=1.8$W/（m^2·K）	严寒、寒冷、夏热冬冷地区的住宅与公共建筑
	铝合金门窗技术	建筑门窗高效节能系统技术	采用隔热型材等压腔构造、双组角结构、门窗与洞口弹性连接技术及腔体双道密封隔热等技术，提高了门窗整体结构强度、抗变形能力及热工性能，传热系数$K=2.6$W/（m^2·K）	住宅和公共建筑门窗，及围护结构中的采光顶及通风透光部位
		60系列平开节能铝塑复合窗应用技术	内外两侧选用T6063铝合金型材，中间用单腔或多腔设计的改性PVC腔室结构型材作为断热连接体，采用齿牙镶嵌机械复合，兼具铝合金门窗的高强度、装饰性和塑料窗的保温隔热性，可多种开启方式。保温性能、抗风压性能、气密性能、水密性能好，隔声性能良好	对装饰性有较高要求的住宅和公共建筑
		穿条灌注式60系列、70系列平开节能铝合金窗应用技术	为采用穿条灌注隔热建筑铝型材的双中空玻璃铝合金窗（可用LOW-E中空玻璃代替），结构形式可变化，有平开、内开下悬等多种开启方式。可实现双色装饰，室内型材、密封胶条可通用，是铝合金窗中隔热、保温、隔声、抗风压较好的一种结构形式	夏热冬冷、寒冷地区、严寒地区的住宅和公共建筑

续表6-2

技术分类		技术名称	主要技术性能及特点	适用范围
类别	类目			
节能门窗及幕墙技术	铝合金门窗技术	穿条式70系列内开、内开下悬节能铝合金窗应用技术	采用双玻LOW-E的穿条式节能窗，可平开、平开下悬，结构形式可根据需要改变，是铝合金窗节能保温型最通用的一种，保温、隔热、隔声、气密、水密、抗风压性能好	夏热冬冷、寒冷地区的高层、超高层住宅和公共建筑
		65系列平开断热铝合金窗应用技术	将强度高的铝合金与导热系数低的硬质聚氨酯泡沫塑料进行结合，优势互补。加以新颖的门窗密封技术，使铝合金窗的保温、隔声、抗风压、水密性和气密性能提高，减少热传导后的门窗 K 值可达 2.7W/（m^2·K），节能效果显著	住宅和公共建筑
		穿条式63系列平开节能铝合金窗应用技术	通过中间高强隔热玻璃纤维增强尼龙断桥结构，将内、外层铝合金型材相联结，并根据需要可进行表面彩色静电喷涂或氟碳喷涂处理。保温、隔热、隔声、气密、水密、抗风压性能好	住宅和公共建筑
	门窗配套件技术	三元乙丙橡胶密封条应用技术	充分利用分子主链呈饱和状态，不含化学活性高的碳—碳双键结构，几乎不发生臭氧老化断裂；具有耐候性、耐热性及低温特性及优良的耐水、水蒸气及化学药品性	住宅和公共建筑中的门窗、幕墙
	门窗五金件检测技术	内平开下悬窗五金系统检测设备应用技术	功能模块化，实现一机多能。采用不同功能的模块，可实现反复启闭、90°平开启闭、冲击、悬端吊重、撞击洞口、撞击障碍物等性能测试。光电技术控制旋转气缸实现多角度精确定位，电磁技术实现伸缩气缸直线运动精确定位。具有实时多任务处理功能的集成触摸屏的嵌入式控制系统，计量准确、可靠性好、操作简便等特点	住宅和公共建筑中的建筑节能门窗广泛采用的内平开下悬五金系统的性能测试
	节能幕墙技术	通风式双层节能幕墙应用技术	由外层幕墙、内层幕墙（窗）、进风装置、出风装置和遮阳系统构成。内、外层幕墙间形成上下贯通的空气通道，空气通道层间设置有进、出风装置。通过控制进出风装置，利用“温室效应”和热空气上升的“烟囱效应”等自然原理，控制空气在通道内有序流动，达到保温、隔热、换气的目的	抗震设防裂度不大于9度的住宅和公共建筑，特别是严寒和寒冷地区以及经常性沙尘暴地区的建筑
供暖和空调节能与计量技术	采暖节能技术	钢制管式散热器应用技术	采用薄壁低碳精密钢管为主材，内涂防蚀涂料，提高了耐蚀年限；采用激光自动焊接技术，造型新颖美观、装饰性强。具有耐压高（1.2MPa）、散热量大（546W，$\triangle t=64.5$℃）等特点	以热水、电能为热媒的住宅和公共建筑供暖系统
		钢制板式散热器应用技术	由1.25mm厚进口专用钢板生产，内腔采用防蚀涂料。具有承压高、重量轻、抗蚀能力强、散热性好、造型美观、专用接口可适应各种采暖系统安装要求的特点	以热水为热媒的多高层住宅和公共建筑供暖系统

续表 6-2

技术分类		技术名称	主要技术性能及特点	适用范围
类别	类目			
供暖和空调节能与计量技术	采暖节能技术	铜铝复合散热器应用技术	立管外部采用铝型材，内部水管采用铜管，用胀接使铜管和铝型材紧密结合，使散热器热效能得到加强。横水管内翻边，增强了产品的焊接强度，提高产品的可靠性。产品耐腐蚀，适用条件宽泛	以热水为热媒的多高层住宅和公共建筑供暖系统
		内腔无砂铸铁散热器应用技术	内腔表面粗糙度 $Ra<50\mu m$，有效解决了内腔粘砂问题，提高散热器热效率，质量轻，比普通片下降0.2kg/片～0.5kg/片。实现功能和装饰相统一，具有良好的节能和耐腐蚀性，满足分户热计量系统需求，是铸铁散热器更新换代产品	以热水为热媒的中高层住宅和公共建筑供暖系统
		数字控温重力循环电热水暖设备（智能化动态电热水暖设备）应用技术	具有动态供暖功能独立的新型分室智能型供暖设备。主要由远红外电热体、无噪音大散热量特制散热器、水介质、智能化控制系统、磁力直接荷载式安全阀构成。根据建筑物所需供暖热负荷进行设计和配置，自动调节设备的供热量，实现智能化动态供暖	有采暖要求地区的住宅和公共建筑
		散热器恒温控制器应用技术	采用低温石蜡和钢质结构制作的感温元件，彻底克服了产品发生泄漏失效的缺陷，提高了运行可靠性和控制精度。调温范围6℃～28℃，规格DN15～DN25，无动力自动调节	以热水为热媒的住宅和公共建筑供暖系统
		智能温控器分室控温节能采暖系统	由远程控制器或智能温控器，控温执行部件及散热器构成。依据生活工作规律及建筑物不同的使用功能，可编制分时段、控制不同室温的运行程序，达到按需供热。同时系统具有防冻保护功能和远程控制功能	供暖地区住宅和公共建筑
	空调制冷节能技术	网络中央空调应用技术	应用LC2000NT进行冷冻机群、空调设备及系统的网络控制，通过变水量、变水温、变风量，实现系统的安全、高效、节能运行	大、中型公共建筑的空调系统和数字楼宇的控制管理
		中央空调节能控制系统	应用模数控制技术，通过变频技术进行空调水系统的变水量运行，达到节能目的。可实现中央空调总体节能20%～40%	公共建筑集中空调控制系统
	热量计量技术	智能户用热量表应用技术	采用无磁式流量传感技术，实现流量的准确测量。采用外置A/D电路，配对pt1000传感器，使温度测量精度提高，运行稳定。具有流量、温度、温差测量、热值计算、数据显示、故障诊断等功能，计算器可在线编程	住宅和公共建筑的中小型供暖系统的供暖计量
		热（冷）计量表应用技术	通过测量流量和进出口温度，经过计算得到耗热量。流量计量采用自行设计的新型传感器，即单流量旋翼式流量计，分辨率和准确度高	住宅和公共建筑的中小型供暖系统的供暖计量

续表6－2

技术分类		技术名称	主要技术性能及特点	适用范围
类别	类目			
供暖和空调节能与计量技术	热量计量技术	温度法采暖热计量分配系统	依据各个房间的耗热量与室温有关的原理，对采暖用热量进行分配计量。不需要按户测量流量，不需改动室内采暖系统，应用简单、维修管理方便、易于实现供热小区的计算机数据采集等优点，其热费分摊结构与热量表分摊方法的分摊结构基本一致	住宅和公共建筑热水集中供暖系统
可再生能源利用技术	太阳能利用技术	太阳能集中热水供应成套技术	集热模块设计，采用“热二极管原理”，实现“承压联箱、热管、真空管”三个结合，镶嵌在建筑物坡屋面上。集热效率高，保温性能好，不炸管，安全可靠。太阳能与民用建筑紧密结合。采用集中的集热器、储水箱和辅助热源相结合，分户供水和分户计量，机械循环运行和变频恒压供热水。系统装置的日平均热效率≥50%	住宅和公共建筑的热水供应系统（集热器可安装于平、坡屋面），也可用于游泳池加热系统
		全天候平板太阳能热水系统成套技术	优先、充分地利用太阳能资源，并辅以常规能源，解决了热水系统的全天候运行问题；采用排空防冻技术，解决了平板太阳能集热器冬季防冻问题；系统自动控制，采用定温放水或温差循环方式全自动供应热水。日平均热效率≥50%，与建筑实现了一体化设计、安装	住宅和公共建筑的热水供应系统，也可用于游泳池加热系统
		可作为建筑屋面板的构件型太阳集热器/系统集成技术	由多块建筑构件型太阳能集热器组合成屋面集热阵列，既有屋面所需的保温、防水、隔热等功能，又满足搬运、起吊、安装、运输的机械强度和刚度，同时具有太阳能集热器收集、转化太阳能特性，实现平板太阳能集热器的建材化、模块化和个性化。系统平均效率≥50%，平均热损系数≤2W/（m^2·K）。可设计为二次回路抗冻太阳能系统	低层或多层的住宅和公共建筑热水供应系统，集热器可安装于平、坡屋面，以及墙面和阳台
	地能利用技术	浅层地能采集技术—中央液态冷热源环境系统	利用浅层地下存在相对恒温层的特性，采用竖孔技术，通过置于竖孔下的土壤换热装置，提取存在于周围土壤、砂石中的热量，从而实现为建筑物冬季供暖、夏季制冷、日常提供生活热水。系统每消耗1KW·h电可得到相当于4KW·h电的热（冷）量	住宅和公共建筑的采暖、空调、生活用水和景观水池调温等
		地温中央空调应用技术	利用水中（地下水、海水或城市工业废水、地表水等）低位能，不消耗水和污染水质。空调机组的冷凝温度低、耗能小、能效比高。满液蒸发器机组能效比达到4.9。机组采取综合防腐措施后可直接用海水作为热源	住宅和公共建筑室内采暖、空调及生活热水及中央空调采暖工程
		地温循环冷暖系统应用技术	将双回路地温交换器、热泵机组、冷暖末端连接成管路闭式循环的地温循环系统，利用土壤中的浅层恒温层地温资源，对建筑物进行冬季供暖和夏季供冷。具有热效率高、不受水资源限制等优点	住宅和公共建筑的室内采暖、空调及生活热水及中央空调采暖工程

续表 6-2

技术分类		技术名称	主要技术性能及特点	适用范围
类别	类目			
可再生能源利用技术	地能利用技术	利用地下（上）地温地源自动供暖制冷系统	通过表层地下水为载体，或将盘管埋在土壤中，以盘管内流动的介质为载体，将这些地温热源输送到水源热泵进行能量转换，冬季输出 45℃ ~65℃的热水，夏季输出 7℃ ~12℃的冷水，实现建筑物所需的供暖、供冷和生活热水的需求	住宅和公共建筑的室内采暖、空调及生活热水及中央空调采暖工程
		地源热泵技术集成及其应用	通过在地下埋设管道，构成“地热换热器”，使大地成为热泵系统的冷热源，地下冷却水采取闭式循环，具有热效率高、不受水资源限制等优点。与传统空调相比，该系统节能 25% ~50%，节水 1.5%	住宅和公共建筑的室内采暖、空调及生活热水及中央空调采暖工程
照明节能技术	照明控制技术	高效节能智能照明调控仪应用技术	由光控自动投切电路、动态补偿式抗干扰电路、跟压调压电路、移相触发电路和稳压电路构成。采用全自动光控技术，加入自动准确跟踪电网参数变化的调节模块，对照明电源进行分时段智能调控，可有效降低能耗，确保照明器具工作条件，延长照明器使用寿命	室外公共场所照明的线路控制和集中控制

第四节　实施节能技术与提高能源利用效率

我国工业企业的泵、风机、压缩机年耗能占全国工业用电量 40% 以上，相关设施设备的设计效率、系统运行效率和实际运行效率比国外发达国家低 30%。工业节能是实现低碳工业的的重要措施。低碳工业是以低能耗、低污染、低排放为基础的工业生产模式，是人类社会继农业文明、工业文明后的又一次重大进步。低碳工业实质是能源高效利用、清洁能源开发、追求绿色 GDP 的问题，核心是能源技术和减排技术创新、产业结构和制度创新以及人类生存发展观念的根本性转变。它是能源与经济以至价值观实行大变革的结果，可能将为逐步迈向生态文明走出一条新路，即摈弃 20 世纪的传统增长模式，直接应用新世纪的创新技术与创新机制，通过低碳工业这种经济模式与低碳生活方式，实现社会可持续发展。

从工业企业而言，可以采取的低碳措施有：

（1）实施能源管理体系认证，在生产过程中节约资源和能源。

节约资源与能源是减少碳足迹的直接途径之一，减少化石燃料的使用是减少温室气体排放的最有效途径。

（2）实施清洁生产，利用可再生资源，支持新能源的开发与应用减少碳足迹。

大力推广清洁能源和可再生资源，可大大降低碳足迹，如燃煤发电的碳排放量分别是天然气、太阳能、风能和水力发电的 2 倍、6 倍、40 倍与 200 倍。因此工业企业应支持相关的新能源项目如风力发电、垃圾发电和垃圾填埋沼气项目；利用热泵技术开发与应用地热能，利用地热能发电和直接供暖；研究与设计氢能应用设备、开发利用物资能等减少和替代化石燃料等不可再生资源消耗。

（3）在产品设计和开发中利用生命周期方法，分析并利用环境因素，开发节能低碳对环境友好的产品。

（4）实施节能改造，淘汰能耗高的工艺和设备。

利用国家推广的节能技术，实施节能改造，提高终端能源效率，减少单位产品的能耗。

（5）实施能源与工业的转换整合化技术。

打破不同行业之间的界限，按照系统最优化原则对发电、冶金、化工等生产过程中的物质和能量进行充分集成与优化，改善传统的工艺过程，达到系统的能源、环境、经济效益最优的目的。如以煤气化为核心的多联产系统、煤基—化工/电多联产系统、煤基—化工/钢铁/电能源系统、煤气化 + 天然气重整系统、煤气化 + 焦炉煤气、铁矿石 + 煤气化、冷热电三联供系统等。

国家发改委从 2008 年起先后发布了 4 批重点推广节能技术。表 6 – 3 给出了国家发改委 2008 年 5 月公布的重点推广节能技术。表 6 – 4 给出了 2011 年发布的第四批推广节能技术。

第五节　其他低碳技术

目前二氧化碳在大气中的含量水平为百万分之三百八十五，而其正以每年 3% 的速度增长。按这个速度发展，到 2100 年，空气中的二氧化碳的聚集量将达到百万分之一千一百，整个地球的气候条件将逐步接近史前年代，地球大气层和金星的大气层相类似，二氧化碳取代氮气成为主要成分，温室效应造成的高温将不适合任何动物的生存，人类社会则将在这一进程中崩溃。

造成这一切的主要原因在于人类的工业化进程使得碳的排放量已经远远超过了自然体系捕获碳的能力。如何阻止这一进程发展下去是个棘手的问题。作为补救措施之一，人类已经开始尝试将碳捕获与封存（CCS）作为一种产品推向前台，并已经在部分地区进行试点。

所谓固碳也叫碳封存，是指增加除大气之外的碳库碳含量的措施，包括物理固碳和生物固碳。物理固碳是将二氧化碳长期储存在开采过的油气井、煤层和深海里。生物固碳就是利用植物的光合作用，提高生态系统的碳吸收和储存能力，从而减少二氧化碳在大气中的浓度，减缓全球变暖趋势。

一、碳捕获与封存技术

1. 自然碳捕获

地球形成之初，大气层的主要成分是二氧化碳和甲烷，是个不适宜居住的星球。但自然改变了这一切。经过数亿年的时间，大部分二氧化碳都被“蓄碳池”体系所吸收。海水、绿色植被都是蓄碳池体系的组成部分。现今地球的海水里充满了远古时代的碳，其总量大约有 35 万亿吨。而经过数千万年的时间，地球上的原始森林也吸进了数万亿吨的二氧化碳。被植物所捕获到的大多数二氧化碳经过数十亿年的时间，都演变成更加固定的地质形态，包括石灰石、页岩，也包括煤炭、石油和天然气等碳氢化合物。

直到大约 500 年前，这种自然碳捕获的过程都进行得十分顺利。碳的循环在当时达到

表 6－3　国家发改委 2008 年 5 月公布的重点推广节能技术

序号	节能技术名称	适用范围	主要技术内容	技术条件	典型项目投资额	预计“十一五”期间推广比例	节能量		
							单位节能量	项目节能量	节能潜力
1	煤矿低浓度瓦斯发电技术	煤炭行业，矿井抽采瓦斯发电	以矿井抽采的低浓度瓦斯为燃料，通过低浓度瓦斯发电机组进行过氧燃烧发电	2 500kW～4 000kW	1 200 万元～2 000 万元	30% 以上	400t 标准煤/台年	2 000t～3 000t 标准煤/年	到 2010 年瓦斯气利用量达到 20 亿 m^3，相当于节约 195 万 t 标准煤
2	矸石电厂低真空供热技术	煤炭行业，矿山民用及办公建筑采暖	将汽轮发电机正常凝汽温度由 40℃ 提高至 80℃，通过热交换形成 55℃～60℃ 的循环水，从而实现低真空供热	3MW 汽轮发电机组	2×3MW 机组 1 170 万元	20%	每台机组节能量为 2 113t 标准煤/120 天采暖期	4 226t 标准煤/120 天采暖期	年节 240 000t 标准煤以上
3	选煤厂高效低能耗脱水设备	煤炭行业，大中型选煤厂	用隔膜压滤机代替过滤机分离煤泥中的水分，节省电力	选煤厂的脱水设备	300 万元	我国有 2 000 多台真空过滤机和圆盘真空过滤机需要更新换代	2. 5kW · h/t 原煤	1 700 万 kW · h	年节 5 亿 kW · h 以上
4	汽轮机通流部分现代化改造	电力行业，各种容量（50MW～600MW）和形式（纯凝、抽汽、空冷）的汽轮机	采用先进的汽轮机三维流场设计，结合四维精确设计对汽轮机通流部分及汽封系统进行优化改进	200MW 及以上的各种汽轮机组	1×300MW 机组 3 850 万元	应进行改造机组的 80%	供电煤耗率下降 15g/(kW · h)～20g/(kW · h)	供电煤耗下降 20g/(kW · h)；额定工况发电热耗率下降 7926kJ/(kW · h)；各缸效较改造前有较大幅度的提高	现役 300MW～600MW 汽轮机组在今后相当长的时期内是我国火力发电的主力机组，目前效率偏低、机组供电煤耗率偏高，通过通流部分改造提高经济性是一种重要手段

续表6-3

序号	节能技术名称	适用范围	主要技术内容	技术条件	典型项目投资额	预计“十一五”期间推广比例	节能量		
							单位节能量	项目节能量	节能潜力
5	汽轮机汽封改造	电力行业，火电厂汽轮机	在机组并网带初始负荷，主蒸汽压力达到一定值时，克服汽封内的弹簧力，使汽封关闭，使运行中汽封漏汽量减少，提高汽轮机的缸效率	125MW～600MW汽轮机	6台300MW机组3 000万元（每台机组约500万元）	采用叶顶可退让汽封、蜂窝式汽封和接触式汽封等技术进行改造，均为推荐采用技术，可解决存在汽封问题机组的60%以上	高压缸效率可提高2%～3%，中压缸效率可提高1%～2%	全厂6台机组年节约标准煤2万t	根据不同的汽轮机结构，在关键的几个部位，采用弹性可调汽封结构，均有利于改善和提高机组性能，并获得明显经济效果
6	燃煤锅炉气化微油点火技术	电力行业，适用于干燥无灰基挥发分含量高于18%的贫煤、烟煤、褐煤的锅炉	利用压缩空气的高速射流将燃料油直接击碎，雾化成超细油滴进行燃烧，用燃烧产生的热量对燃料加热	135MW～600MW机组	1台300MW 250万元	30%～40%	节油在80%以上，烟煤节油率在95%以上	节油量为700t/年	按2004年国内发电及供热用油量计算，若燃煤锅炉有1/3采用此技术，每年可节油200万t，节约80亿元
7	燃煤锅炉等离子煤粉点火技术	电力行业，煤粉锅炉	等离子发生器是利用空气做等离子的载体，用直流接触引弧放电的方法制造功率达150kW的等离子体，同时采用磁压缩及等离子体输送至需要进行点火的部位，完成持续长时间的点火和稳燃	机组容量包括50、100、125、135、150、200、330和600MW各等级的机组锅炉	2×600机组1 000万元	应采用此类点火装置锅炉的90%	某600MW机组节油80%	2×600MW机组年节燃油980t	采用等离子点火装置可以节约机组的燃料成本，特别是调峰机组节油效果也十分明显
8	凝汽器螺旋纽带除垢装置技术	电力行业，火力发电机组	螺旋纽带除垢装置具有自动除垢和强化换热作用，在凝汽器内安装后节煤、节水、减少污染物排放	凝汽器冷却水系统正常条件	200MW机组投资约600万元	25%～40%（五年）	减少发电煤耗3g/(kW·h)～8g/(kW·h)，节水10%	200MW机组年节煤4 000t标准煤以上，节水252 000t	全国200MW机组以上700台，年节煤210万t，节水1.264亿t

续表 6-3

序号	节能技术名称	适用范围	主要技术内容	技术条件	典型项目投资额	预计“十一五”期间推广比例	节能量		
							单位节能量	项目节能量	节能潜力
9	干式 TRT 技术（高炉炉顶余压余热发电）	钢铁行业，高炉炉顶余压发电	利用高炉炉顶煤气的余压余热导入透平膨胀机驱动发电机发电	400m^3 以上高炉（国家重点支持 1 000m^3 以上高炉）	2 000 万元～1.5 亿元	TRT 达到 100%，干式 TRT 达到 60%	50kW·h/t 铁	2 000 万 kW·h～1.6 亿kW·h	40 亿 kW·h
10	（高压）干熄焦技术（余热利用）	钢铁行业，钢铁生产企业焦化工序	惰性气体将吸收红焦的热量传给干熄焦余热锅炉产生蒸汽而发电和供热	熄焦能力 2×140t/h 及以上	约 2 亿元	10%～20%	75kW·h/t 焦	年发电量为 1.5 亿 kW·h/年	30 亿 kW·h
11	钢铁行业烧结余热发电技术	钢铁行业	利用钢铁行业的低温（200℃～400℃）废烟气产生蒸汽发电	200℃～400℃的低温烟气	1.7 亿元	10%～20%	12kW·h/t 烧结	年发电量为 1.4 亿 kW·h/年	12 亿 kW·h
12	转炉煤气高效回收利用技术	钢铁行业	采用电除尘净化转炉运转时的热烟气，并回收煤气，收集的除尘灰，进行热压块后又回到转炉中，作为转炉的冷却剂。转炉煤气干法烟气除尘处理、煤气回收及可以部分或全部补偿转炉炼钢过程中的能耗	大、中、小型转炉	1 亿元	我国现有大型转炉企业 19 家，中型转炉企业 42 家，预计 2010 年将有一半企业应用该技术	9.1kW·h/t 钢	年节电 1200 多万 kW·h	500 万 t 标准煤
13	蓄热式燃烧技术	钢铁行业	高温空气燃烧技术把回收烟气余热与高效燃烧及 NO_x 减排等技术有机地结合起来，达到节能减排的目的	通过蓄热系统对空气（煤气）预热，使进气温度提高到 1 000℃以上，实现高效燃烧	3 200 万元	2006—2010 年每年可改造 40 座加热炉，到 2010 年改造 200 座加热炉	热回收率达 80%，可节能 30% 以上	年节约 30 489.48t 标准煤	到 2010 年改造 200 座加热炉，实现节能约 500 万 t 标准煤

续表6-3

序号	节能技术名称	适用范围	主要技术内容	技术条件	典型项目投资额	预计“十一五”期间推广比例	节能量		
							单位节能量	项目节能量	节能潜力
14	低热值高炉煤气燃气-蒸汽联合循环发电	钢铁行业，企业自发电	合理、高效、无污染地利用钢铁厂剩余的低热值高炉煤气发电和供热	150MW 发电机组	56 200 万元	10%左右	1kW/m^3 高炉煤气	9.4 亿 kW·h/年	20 亿 kW·h
15	炼焦煤调湿风选技术	焦化厂备煤系统	采用流化床技术，利用焦炉烟道废气，对炼焦煤料水分进行调整，并按其粒度和密度的不同进行选择粉碎。达到提高焦炭质量、降低炼焦耗热量、节能减排等目的	焦炉烟道气利用、流化床技术、风动选择粉碎技术、煤调湿技术	120 万 t/年 ~ 150 万 t/年规模焦化厂、6 000 万元	30%	326MJ/t	100 万 t 焦化厂 434.7 × 10^6MJ/年（14.84 × 10^3t 标准煤/年）	34 267.8 × 10^6MJ/年（1 169.5 × 10^3t 标准煤/年）
16	能源管理中心技术	钢铁行业，联合大型企业	在钢铁生产全过程中对各类能源介质进行全面监视，分析并及时调度处理，及时进行能源使用情况分析、能源平衡预测，系统运行优化、专家系统运行、高速采集数据和反馈，实现能源系统的集中管理控制	有遥测、遥控的全套仪表、自动控制装置以及大量的电缆及桥架等，能源供应系统及所有用能设备必须配备有效准确的一次和二次检测装置，需要大量功能齐全的信号传输设施及计算机处理和集中控制中心	6 000 万元至 1 亿元	在未来 5 年 ~ 8 年内，选择 10 家条件成熟的大中型企业建设能源中心	吨钢综合能耗每年平均降低 1.6%	每年节能约 8.8 万 t 标准煤。每年约折合人民币 5 000 万元	年节能 1% 即为 6.5 万 t 标准煤

续表 6－3

序号	节能技术名称	适用范围	主要技术内容	技术条件	典型项目投资额	预计“十一五”期间推广比例	节能量		
							单位节能量	项目节能量	节能潜力
17	大型铝电解系列不停电（全电流）技术及成套装置	有色金属行业，所有电解铝企业，小容量单台设备也适合电解铜企业	采用大电流分流及大电流通、断技术控制电解槽大电流转移动态过程，完成电解槽在全电流状态下电流回路的切换，实现不停电大修	25 万 t320kA 电解槽铝电合一系列	500 万元 ~ 800 万元	100%	降低吨铝直流电耗 40kW · h 以上，减少自备电厂重油消耗 3000t 以上	年节电 1 000 万 kW · h 以上	节电 8 亿 kW · h ~ 15 亿 kW · h，减少自备电厂重油消耗 5 万 t ~ 15 万 t
18	大型高效充气机械搅拌式浮选机	有色金属、钢铁、非金属等资源开发行业	采用高比转数后倾叶片叶轮，循环量大、压头低，可显著降低浮选机的功率强度；采用低阻尼直悬式定子，定子悬空区域大，降低了运转功耗	大、中型选矿厂	1 000 万元 ~ 2 000 万元	大、中型企业达 80% 以上	功耗降低 15% ~ 20%	年节电 1 000 万 kW · h 以上	节电 2 亿 kW · h 以上
19	冶炼烟气余热回收－余热发电技术	有色金属、钢铁、水泥等行业	利用强制循环余热锅炉回收冶炼烟气余热，实现热电联产，最大限度提高余热蒸汽利用效率	大、中型冶炼厂	1 000 万元 ~ 5 000 万元	大、中型企业可达 85% 以上	降低吨铜（或其他金属）能耗 310kg	根据冶金炉的容量而定，如铜熔炼，回收能量 2t ~ 3t 汽/t 粗铜	年节 45 万 t 标准煤
20	氧气底吹熔炼技术	有色金属行业，年产粗铅 8 万 t ~ 12 万 t 企业	采用氧气底吹熔炼技术取代铅烧结工艺，实现自热熔炼，冶炼强度大大提高，显著节省能耗	大中型冶炼企业	1. 8 亿元	目前在建及在设计的有 10 家	吨铅生产能耗降低 150Kg 标准煤	年节 1. 2 万 t 标准煤	年节 19. 5 万 t 标准煤

续表 6－3

序号	节能技术名称	适用范围	主要技术内容	技术条件	典型项目投资额	预计“十一五”期间推广比例	节能量		
							单位节能量	项目节能量	节能潜力
21	矿热炉节能技术	有色金属行业，铁合金、电石等高耗能行业	1）矿热炉低压动态无功补偿技术通过连接在低压交流侧无功补偿和静止无功率发生器（SVG）的作用，有效降低了无功功率和谐波电流的流转路径和交换幅值，并同时减小三相功率不平衡，解决企业电耗高、效率低的问题	6 300kV·A 及以上大中型矿热炉	150 万元 ~ 350 万元	预计 30% 左右	按冶炼 75 硅铁计算，270 kW·h/t ~ 720kW·h/t	按 25 000kV·A 矿热炉计算 540 万 kW·h ~ 1 440 万kW·h	50 亿 kW·h 左右*
			2）组合式电极系统采用导电元件与电极平面接触方式，改变了铜瓦与电极的弧面接触，实现了导电方式的转变。电极压放系统采用液压卡钳、直接卡在电极的筋片上，结构简单，体积小	要求大中型矿热炉，电极壳制作安装精度高；导电元件与电极壳筋片之间紧密接触并能滑动	6 300kV·A 矿热炉 160 万元；12 500kV·A 矿热炉 250 万元；25 000kV·A 矿热炉 310 万元	预计 30% 左右	按冶炼 75 硅铁计算 400kW·h/t ~ 800kW·h/t	按 25 000kV·A 矿热炉计算 800 万 kW·h ~ 1 600 万 kW·h	50 亿 kW·h 左右*
22	水泥窑纯低温余热发电技术	建材行业，大中型水泥窑余热的回收和利用	利用水泥窑低于 350℃ 废气的余热生产 0.8MPa ~ 2.5MPa 的低压蒸汽，推动汽轮机做功发电	大中型新型干法水泥生产线	5 600 万元	40%	32kW·h/t. cl ~ 40kW·h/t. cl 余热发电能力	年节 22 000t 标准煤	年节 300 万 t 标准煤
23	玻璃熔窑余热发电技术	建材行业，浮法玻璃熔窑	将玻璃熔窑排放的余热转换为电能	浮法玻璃窑	5 000 万元	每年推广 5 条线，“十一五”末达 12%	节能 8%	年（7 200h）发电 4 000 万 kW·h	年发电 1.44 亿 kW·h

* 节能潜力按照目前 6 300kV·A 以上铁合金产能计算，不包括电石产能。

续表 6－3

序号	节能技术名称	适用范围	主要技术内容	技术条件	典型项目投资额	预计“十一五”期间推广比例	节能量		
							单位节能量	项目节能量	节能潜力
24	全氧燃烧技术	建材行业，玻璃纤维和玻璃窑炉	以纯氧代替空气，经过调压后，以一定的流量送入窑炉，与燃料进行燃烧	6 万 t 玻璃纤维池窑	1 000 万元（纯氧系统）	“十一五”末达到 10 条线	节能 50%	1 000 万标方天然气/年	12 000 万标方天然气/年
				浮法玻璃熔窑	1 亿元（耐火材料及纯氧系统）	浮法玻璃窑试点线	节能 20% ～30%	5 000t 重油	年节能 5 000t 重油
25	辊压机粉磨系统	建材行业，水泥生产线	采用高压挤压料层粉碎原理，配以适当的打散分级装置，明显降低能耗	水泥生产线	2 000 万元	80%	同比采用球磨机，节电 30% 以上（约 8kW · h/t ～10kW · h/t 水泥）	年节电 1 600 万 kW · h	年节电 8 亿 kW · h
26	立式磨装备及技术	建材行业，水泥、冶金等的物料粉磨领域	采用料床粉磨原理，有效提高粉磨效率，减少过粉磨现象，降低能耗	粉磨领域	1 800 万元	50%	比球磨系统节电 30%	年节电 840 万 kW · h	年节电 5 亿 kW · h
27	富氧燃烧技术	建材行业，工业窑炉*	用富氧代替空气助燃，可改善产品质量、降低能耗、减少污染	500t/d 浮法窑	100 万元	每年推广 10 条线，“十一五”末达 25%	节能 3% ～5%	年节约 1 000t 重油	每年推广 10 条线，“十一五”末达 25%，年节约 4 万 t 重油
28	油田机械用放空天然气回收液化工程	石油行业，带伴生气的油田	用制冷设备将油田伴生天然气液化回收	大中型油田	1.025 亿元	20% ～50%	油田伴生气和原油产量之比各地区差别较大	65 000t 标准煤/年	适合绝大部分带伴生气的油田

* 有关数据以浮法玻璃熔窑为例。

续表 6-3

序号	节能技术名称	适用范围	主要技术内容	技术条件	典型项目投资额	预计“十一五”期间推广比例	节能量		
							单位节能量	项目节能量	节能潜力
29	裂解炉空气预热节能技术	石化行业，石化裂解炉	充分利用装置余热资源加热裂解炉的助燃空气，达到节能目的	4 万 t/年乙烯生产能力	38 万元	90%	12kg 标油/t 乙烯	480t 标油/年	8 万 t 标油/年
30	新型变换气制碱技术	化工行业，联合制碱企业	采用低温循环制碱理论实现系统废液零排放，改三塔为单塔制碱节约能源	15 万 t/年 ~ 30 万 t/年制碱项目	1.5 亿元	50%	2 000MJ/t ~ 7 000MJ/t 碱	6 亿 MJ 年/ ~ 21 亿 MJ/年	适合所有变换气制碱企业
31	氨合成回路分子筛节能技术	化工行业，大中型合成氨装置	增设分子筛干燥器脱除合成气中的 H_2O、CO_2、CO 降低分离氨的冷量	采用离心式合成压缩机的装置	1 729 万元	40%	32kg 标准煤/t 氨	9 500t 标准煤/年	120 万 t 标准煤/年
32	大中型硫酸生产装置低温位热能回收技术	化工行业，大中型硫磺、硫铁矿制酸装置	采用 HRS 吸收塔直接将冷凝热及稀释热吸收转化成蒸汽供生产使用	20 万 t/年 ~ 40 万 t/年硫酸生产装置	800 万美元	占大型装置 71%	0.5t 蒸汽/t 酸	10 万 t 蒸汽/年 ~ 20 万 t 蒸汽/年	1 500 万 t 蒸汽/年
33	密闭环保节能型电石生产装置	化工行业，大型电石生产企业	提高炉料比电阻，从而提高电石炉自然功率因数，达到节约电能的目的	10 万 t/年电石生产装置	10 300 万元	30%	0.3t 标准煤/t 电石	3 万 t 标准煤/年	300 万 t 标准煤/年
34	合成氨节能改造综合技术	化工行业中小型氮肥装置	通过对原装置进行改造，实现能量的梯级利用，并采用先进成熟、适用的综合技术降低能耗	10 万 t/年合成氨企业	3 000 万元 ~ 6 000 万元	50%（估计值，各个氮肥生产企业的具体情况不一样，所需要采取的技术数量也不完全相同）	200kW·h/t ~ 400kW·h/t 氨	2 000kW·h/年 ~ 4 000kW·h/年	80 亿 kW·h/年

续表 6 – 3

序号	节能技术名称	适用范围	主要技术内容	技术条件	典型项目投资额	预计“十一五”期间推广比例	节能量		
							单位节能量	项目节能量	节能潜力
35	燃煤催化燃烧节能技术	化工行业各种工业用燃煤锅炉	通过提高炉内燃煤燃烧速率,使燃烧更充分,达到节能目的;优化燃煤颗粒的表面性能,促进煤中灰分与硫氧化物反应,达到脱硫作用;有效减少燃煤锅炉焦垢的生成并除焦、除垢、改善燃烧器工作状况	2. 5L/h ~ 5L/h 喷雾计量系统	2 万元	50%(估计值)	锅炉作为通用供热装置,用于大量种类的产品生产。一般节煤率约为 8% ~15%	节煤率 8% ~ 15% (35t/h ~ 130t/h 循环硫化床锅炉、煤粉炉),二氧化硫减排率 25% 左右	适合于所有循环硫化床、煤粉炉、链条炉等各种锅炉或工业窑炉
36	塑料动态成型加工节能技术	轻工行业,主要应用于塑料制品加工领域	将振动力场引入塑料塑化成型加工全过程,变传统塑料纯剪切稳态塑化输运机理为振动剪切动态塑化输运机理,达到缩短热机械历程、降低能耗、提高质量的目的 ·	改造传统塑料加工设备为塑料动态加工设备	2 600 台改造费用 2 080 万元	30%	每加工 1kg 塑料薄膜可节省 0. 35 度电;每加工 1kg 注塑制品可节电 0. 3kW · h	2 600 台改造后的塑料加工设备,年节电 16 275 万 kW · h	节电 20. 63 亿 kW · h
37	高浓度糖醇废水沼气发电技术	轻工行业,淀粉糖生产企业及生产过程中产生大量有机废水的行业	淀粉糖生产过程中产生的有机废水在进行厌氧处理过程中产生大量沼气,利用沼气发电,同时燃气发电机组产生的余热可以带动余热锅炉热水或蒸汽,组成热电冷三联供系统	500kW 的燃气发电机组	8 × 500kW 机组总投资为 4 200 万元(沼气发电部分为 1 387 万元)	<40%	每除去 1KgCOD 可产生 0. 35m³ 甲烷,发电 0. 58kW · h	年创经济效益 1 504 万元,年节约燃煤 1. 2 万 t,减排 2. 5 万 tCO_2	发电 2. 4 亿 kW · h/年
38	高效节能玻璃窑炉技术	轻工行业,适合日用玻璃行业	蓄热室由箱式蓄热室改进为多通道蓄热室;玻璃窑炉自动控制系统;采用池底鼓泡技术;余热回收利用	年产 23 万 t 玻璃窑炉生产线改造后达到年产 26 万 t	2 500 万元	30%	90kg 标准煤/t 产品	约 2 万 t 标准煤	30 万 t 标准煤

续表6－3

序号	节能技术名称	适用范围	主要技术内容	技术条件	典型项目投资额	预计“十一五”期间推广比例	节能量		
							单位节能量	项目节能量	节能潜力
39	锅炉烟道气饱充技术	轻工行业，精炼糖厂、甘蔗糖厂和甜菜糖厂	利用锅炉烟气中的 CO_2 与糖汁中的石灰反应生成 $CaCO_3$ 沉淀吸附非糖份，代替石灰窑煅烧石灰石	6 500t 甘蔗糖厂	150 万元	计划推广 30%	每榨季（120 天）节约 800t 标准煤/年	每年节约标准煤 800t	总节约 340 万 t 标准煤
40	管束干燥机废汽回收综合利用技术	轻工行业，玉米淀粉生产企业	将淀粉副产品烘干过程中产生的大量废汽，用于玉米浆浓缩生产	年产 15 万 t 玉米淀粉	350 万元	>40%	日节蒸汽 80t（折合标准煤 10.3t）	年节约蒸汽 24 000 t（折合标准煤 3 090t）	总节约蒸汽 280 万 t，折合标准煤 36 万 t
41	棉纺织企业智能空调系统节能技术	纺织行业，大中型纺织企业的风机水泵系统	用计算机模糊控制理论研发的智能软件对电器的运行效率曲线做出控制，结合各类检测设备，使系统合理运行	10 万锭产能规模棉纺企业	600 万元以内	15%（约 1 000 万锭产能，全行业产能约在 6 000 万锭以上）	节电 174kW · h/t 纱，3kW · h/百米	460 万 kW · h/年	4.6 亿 kW · h
42	染整企业节能集热技术	纺织行业，棉印染、针织染整、毛染整、丝印染、麻染整等各类染整企业	染整企业建筑设计风格有利于企业利用太阳能对工艺用水进行升温，从而减少各类染整企业对蒸汽的依赖	各类染整企业	1 400 万元	丝印染行业推广 10%（该行业 05 年丝织品产能 77.7 亿米）。如果推广到其他行业效果将更加显著	节标准煤 13kg/百米丝织品（2 400 万米年生产能力）	每年节 3 133 吨标准煤	约 10 万 t 标准煤
43	高温高压气流染色技术	纺织行业，染整企业	染液以雾化状在气液混合室内与被染织物完成上染过程，并且由循环气流牵引被染织物进行循环运动	年产 8 000t 针织物染整加工	2 000 万元	30%	节汽 2.7t/t 布，节水 81.2t/t 布	节约蒸汽 50% ~60%，节水 50% 以上	全国现有设备30 000多台，按每年 2% 的比例淘汰，年可节约蒸汽 23 万 t，节水1 200万 t

续表 6－3

序号	节能技术名称	适用范围	主要技术内容	技术条件	典型项目投资额	预计"十一五"期间推广比例	节能量		
							单位节能量	项目节能量	节能潜力
44	变频器调速节能技术	通用技术，电力、市政供水、冶金、石油、化工、采矿、煤炭、造纸、建材等。产品电压等级包括3kV、6kV、10kV 以及油田专用潜油电泵使用的1 600V～2 400V 产品	对电动机有矢量、磁场、直接转矩控制；有滑模变结构，模型参考自适应技术；有模糊控制、神经元网络，专家系统和各种各样的自优化、自诊断技术等	低压变频器：电压范围为交流1kV以下输入侧变频为 50Hz 或60Hz 负载侧频率达 600Hz；高压变频器：电压范围为交流1kV～35kV 输入侧频率 50Hz 或60Hz 负载侧频率达 600Hz	中压变频调速装置用于抽水泵站一台价格约 60万元人民币，用户一般可在 10个～14 个月内收回投资	随着国产大功率节能系统产品的开发及市场条件逐步趋于成熟，行业推广比例达30%左右	变频调速机术的主要功能就是提高电机效率减少网络冲击，降低电损耗	中压高性能变频调速装置节能可达 40%左右	国内急需节能调速改造的风机、水泵机械用的电动机总装机容量约 4 000 万 kW，按年平均运行4 000h，节电率 20%～25%计算，节电潜力为年 320亿 kW·h～400 亿 kW·h。急需进行节能调速的电动机，节电总数为年 500 亿 kW·h
			矿山提升机变频调速节电技术（仅用于高压）：采用变频器调速控制提升过程，减少起动电阻，避免通电线圈耗电	矿井上下高低压提升机	45 万元	50%以上	24 万 kW·h/年	24 万 kW·h/年	年节 3.92 亿 kW·h 以上
45	锅炉水处理防腐阻垢节能技术	通用技术，工业、采暖锅炉以及中央空调、工业冷却循环水处理	采用向循环水系统投加防腐阻垢剂的技术，除去系统原有老垢老锈，在锅炉壁表面形成保护膜，阻止氧化腐蚀，有效防止人为失水	适宜所有工业、采暖锅炉及中央空调、工业冷却循环水的水质处理	在供热采暖系统每 10 万 m^2 年投资约 2 万元；工业锅炉 5 000 元/（蒸吨·年）；中央空调和工业冷却循环水系统 40 元/（kW·a^{-1}）	60% 推广应用达到 15 亿 m^2；在中央空调和工业冷却循环水系统可覆盖全国约 10%的单位	平均每平方米供暖面积每采暖年度节煤≥5kg；节电≥20%；节盐 50%～90%，在中央空调和工业冷却循环水系统节能≥20%，节水 1 倍～3 倍，减排 1 倍～3 倍	一个采暖年度：节煤 2 000t，减少再生用盐 70t，节约热力除氧可耗蒸汽 600t	目前全国工业及供暖锅炉 54万台，且以每年 1 万台的速度增长。本技术可达到节能20%～30%；减少锅炉废水污染排放量 90%以上

续表 6－3

序号	节能技术名称	适用范围	主要技术内容	技术条件	典型项目投资额	预计“十一五”期间推广比例	节能量		
							单位节能量	项目节能量	节能潜力
46	聚氨酯硬泡体用于墙体保温配套技术	建筑行业，建筑墙体保温	通过在建筑物墙体上整体喷涂导热系数低的聚氨酯硬泡体，降低建筑物整体使用能耗	建筑面积 100 万 m^2	200 万元	30%	厚 50mm 聚氨酯保温层相当于：80mmEPS、90mm 矿棉、100mm 软木、280mm 木板、760mm 混凝土的节能量	以北京地区为例：每年 100 万平方米聚氨酯硬泡（厚 30mm）保温体系相当于节约 4.55 万吨标准煤、30 万 kW·h 电力、1.5 万吨水泥、0.56 亿块普砖，减少排放 0.546 万吨灰渣、59.1 吨烟尘，0.132 万吨二氧化碳和二氧化硫	全国每年新增房屋面积约 20 亿 m^2，保守计算按 5 亿 m^2 使用聚氨酯保温；全国还有 400 亿 m^2 旧建筑需要保温改造，如 10% 采用聚氨酯就是 40 亿 m^2。这些数据证明，推广聚氨酯保温节能潜力巨大
47	热泵节能技术	建筑行业，建筑物的采暖供冷	地源热泵技术是利用地下浅层地热，可供热又可制冷的高效节能系统	地源热泵新建办公、宿舍楼配套	1 000 万元	10% 以上	45kW·h/(m^2·年)	310 万 kW·h/年	91 亿 kW·h/年
			水源热泵技术是利用地下浅层水源和地表水源中的低温热能，实现低位热能向高位热能转移的一种技术	水源热泵	11 080.47 万元	淡水源热泵技术在建筑中规模化应用的示范城市 1 个，海水源热泵技术在建筑中规模化应用的示范城市 1 个	再生水热泵比常规空调系统节能 25% 以上，比分体家用空调（即空气源热泵）节能 40% 以上	每年替代标准煤 8 000 余吨	水源热泵技术的建筑累计 400 万 m^2

续表 6 – 3

序号	节能技术名称	适用范围	主要技术内容	技术条件	典型项目投资额	预计“十一五”期间推广比例	节能量		
							单位节能量	项目节能量	节能潜力
48	中央空调智能控制技术	通用技术，空调制冷系统	用人工智能模糊控制方式代替传统的静态控制方式，实现动态控制，达到节能目的	中央空调制冷系统	226 万元	30%	20%	节电量 187 万 kW·h/年	139 亿 kW·h/年
49	外动颚匀摆颚式破碎机	通用技术，广泛应用于有色、冶金、建材、化工、水利等领域的矿石或岩石破碎	通过外动颚技术、负悬挂机构、大偏心距、串级倾斜破碎腔结构，实现破碎机的低矮、大破碎比和高生产能力，降低功耗	矿岩石破碎系统	160 万元 ~ 350 万元	10% ~15%	功耗降低 47% ~55%	年节电 110 万 kW·h	节电 8.5 亿 kW·h
50	高效双盘磨浆机	通用技术，适合造纸行业、化纤行业化学木浆、机械浆、废纸浆等浆种的连续打浆工序	应用高效传动装置，配用高性能长寿命造纸打浆磨盘和先进的自动控制系统，实现恒功率或恒能耗控制	30 万 t 高档涂布白板纸项目	180 万元	75%	170 万 kW·h/(年·台)	510 万 kW·h/年	节电 4.59 亿 kW·h

表 6-4 国家发改委 2011 年 12 月发布第四批节能技术

序号	节能技术名称	适用范围	主要技术内容	典型项目				单位节能量	目前推广比例 %	预计 2015 年		
				适用的技术条件	项目建设规模	投资额 万元	项目节能量 tce/a			该技术在行业内的推广比例 %	总投入* 万元	节能能力 万 tce/a
1	综采工作面高效机械化矸石充填技术	煤炭行业，井工综采开采的矿井	采用自压式矸石充填机，以矸石充填巷道或采空区，替换出“三下”压煤，从而提高煤炭资源回采率和煤矸石的综合利用率，实现节能	拥有煤矸石充填巷道、采空区及“三下压煤”等区域	年产 150 万吨的生产矿井单位建立多工作面矸石运输系统，优化矸石辅助运输系统	4 076	128 000	0.71t 标准煤/t 矸石（按以矸换煤）	<1	10	128 000	420
2	配电网全网无功优化及协调控制技术	电力行业，县级供电企业配电网电压及无功协调控制及综合治理	全网电压无功监测，可以对变电站、线路、配变、客户端电压无功远程实时监测。全网电压无功协调控制，可实现变电站、线路、配变电压无功相邻协调、隔邻协调控制。既可满足本地无功需求，又能减少无功在电网中的流动，最大限度降低网损	已建设调度自动化系统；建设线路、配变电压无功调控设备监测；建设客户端电压监测；电压无功调控设备具备遥测、遥控功能	一座 35 kV 变电站及两条 10 kV 配电线路改造	50	84（年供电量约 2 亿 kW·h）	平均综合线损率降低 0.8%	<1	16	50 000	24

* 注：总投入指 2011—2015 年期间，推广率达到预计比例时，投入的资金总量。（下同）

续表 6-4

序号	节能技术名称	适用范围	主要技术内容	典型项目				单位节能量	目前推广比例 %	预计 2015 年		
				适用的技术条件	项目建设规模	投资额万元	项目节能量 tce/a			该技术在行业内的推广比例 %	总投入* 万元	节能能力 万 tce/a
3	新型节能导线应用技术	电力行业，110 kV 及以上架空输电线路	1）钢芯高导电率硬铝绞线：通过细晶强化和颗粒强化减少微观缺陷对导电率的影响，提高导电率 2）铝合金芯铝绞线和全铝合金绞线：通过铝基体的合金化的配方组合，及加工工艺及热处理的控制，使其导电率、强度、延伸率上得到明显提高	新建或技术改造的架空输电线路工程	新建 500 kV 双回输电线路工程，4 × JL/G1A－630/45 导线，全长 27 公里，输送容量 2 100 MW	与普通钢芯铝绞线相比投资额增加 390	487.6	18.07tce/(km·a)	<1	20	900 000（与普通钢芯铝绞线相比增加的投资额）	36
4	超临界及超超临界发电机组引风机小汽轮机驱动技术	电力行业，火电厂	采取将引风机与脱硫增压风机合并的联合风机方式，并采用小汽轮机驱动，替代原有的电动机，可以大幅降低厂用电率	燃煤发电厂大容量引风机	600 MW 及 1 000 MW 火力发电机组	3 350	4 829	0.87 gce/kWh	<1	20	450 000	24
5	非稳态余热回收及饱和蒸汽发电技术	钢铁、有色金属、石化等行业，生产过程中产生的不稳定余热资源回收	非稳态余热经高温除尘后进入余热锅炉，将热量传递给循环工质，循环工质吸收热量后变为蒸汽进入储热器，将非稳态的工况转化为稳态。稳态蒸汽进入机内除湿再热后进入饱和蒸汽汽轮机进行发电	适用对于电炉或转炉等尾部烟气的流量和温度周期性变化的余热资源的回收	装机 4 500 kW 的转炉饱和蒸汽余热电站	3 500	11 500	—	5	20（仅按在钢铁转炉和铜冶炼行业的应用进行估算）	100 000	57

续表 6-4

序号	节能技术名称	适用范围	主要技术内容	典型项目				单位节能量	目前推广比例 %	预计 2015 年		
				适用的技术条件	项目建设规模	投资额 万元	项目节能量 tce/a			该技术在行业内的推广比例 %	总投入* 万元	节能能力 万 tce/a
6	加热炉黑体技术强化辐射节能技术	钢铁行业，各种加热炉	将一定数量高辐射系数（0.95 以上）的黑体元件，安装在轧钢加热炉内炉顶和侧墙，增加辐射面积，增加有效辐射，提高加热质量，降低燃料消耗	炉膛温度 600℃以上的加热炉窑	150 万 t 中厚板轧钢加热炉	350	9 817	6.54 kgce/t	5	20	90 000	80
7	煤气化多联产燃气轮机发电技术	化工行业，煤化工领域	回收甲醇生产过程排放的弛放气中的氢气，作为燃气轮机的燃料进行发电，燃烧后排出的高温废气进入余热锅炉产生中低压蒸汽，用于生产工艺，实现节能	采用燃料为煤气和放空尾气（热值 2 400 千卡，属于中低热值）进行发电	燃气轮机装机规模 76 MW	120 000	138 200	31.9 kgce/t 甲醇	<5	20	120 000	140
8	新型导电铜瓦把持器电石炉节能技术	电石行业	采用新型导电铜瓦把持器技术，有效保证电石炉高效、安全、低耗能运行。关键技术包括导电铜瓦把持器技术、短网结构设计技术、直燃式回转气烧石灰窑和隧道烘干窑炉气利用技术	密闭式电石炉改造	2 台 21 000 kV·A，年产 9 万吨电石	12 000	32 670	113.4 kg/t 电石（与国家电石单位产品能耗限定值相比）	1	5	200 000	17

续表 6 - 4

序号	节能技术名称	适用范围	主要技术内容	典型项目				单位节能量	目前推广比例 %	预计 2015 年		
				适用的技术条件	项目建设规模	投资额 万元	项目节能量 tce/a			该技术在行业内的推广比例 %	总投入* 万元	节能能力 万 tce/a
9	新型吸收式热变换器技术	石化行业	利用石油化工生产过程中产生的低品位废热源作为驱动热源，通过吸收式热变换器技术将一部分热量转化成高品位热源回收加以利用，另一部分热源以更低温位排至大气环境中	石油化工生产过程中的废热 80℃ ~200℃	5 MW	610	1 669	蒸汽 27 300 t/a	<5	10	7 000	10
10	膨胀玻化微珠保温砂浆制备及应用技术	建材、铸造、陶瓷、石油化工以及农业、林业、交通、国防、军事、航空航天等诸多领域	以玻化微珠为保卫功能组分，配以水泥、可再分散乳胶粉、抗裂纤维及憎水剂等材料制成单组分砂浆，作为建筑物外墙保温材料，具有优异的保温隔热和防火特性	具有节能保温、防火要求的建筑	9.8 万 m^2 旧有建筑物综合节能改造中的 1 600 m^2 外墙保温节能改造	13	18.4	与岩棉相比，膨胀玻化微珠保温砂浆的生产过程节能 14.19 kgce/m^3。使用过程可节能 15% ~30%	<1	10	825 000	105
11	高固气比水泥悬浮预热分解技术	建材行业，水泥熟料煅烧领域并可拓展应用于粉体的换热与反应工程	1）采用高固气比预热技术，大幅提高气固换热效率，提升余热利用水平；2）采用外循环式高固气比分解炉技术，实现小体积、低温分解炉内碳酸盐的高分解率且炉内热稳定性大幅提高，SO_2 和 NO_x 等有害气体的排放量大幅降低	1）改造现有新型干法水泥烧成系统；2）新建水泥熟料烧成系统	2 500 t/d 水泥熟料生产线	3 500	19 500	14.3 kgce/t. cl	<1	5	550 000	90

续表 6－4

序号	节能技术名称	适用范围	主要技术内容	典型项目				单位节能量	目前推广比例%	预计 2015 年		
				适用的技术条件	项目建设规模	投资额万元	项目节能量 tce/a			该技术在行业内的推广比例%	总投入*万元	节能能力万 tce/a
12	铅蓄电池高效低能耗极板制造技术	轻工行业，启动型、密封式、动力型铅蓄电池以及卷绕式、超级铅蓄电池	采用铅带连铸连轧、扩展式板栅与冲孔（网）式板栅相结合的新型金属冷加工技术，可完全阻断铅蓄电池生产中可能产生的铅烟排放，同时大大地降低能耗和铅耗	采用铅带连铸连轧/连续冲网。其中摩托车电池铅带宽 110 mm，汽车电池带宽 160 mm	摩托车电池生产线 25 万 kVAh 和汽车电池生产线 50 万 kVAh	2 100	1 527	降低单位电池产量能耗 0.3 kW·h/kVAh	2	25	250 000	46
13	高红外发射率多孔陶瓷节能燃烧器技术	轻工行业，各种燃气灶具和燃烧器领域	使用高红外发射率多孔陶瓷板替代传统的铜等高耗能稀缺金属材料，并采用完全预混无焰燃烧技术，实现了产品制造、使用和废弃全流程的环保节能和低排放	民用与商用室内室外燃气灶、取暖、烧烤产品、工业加热采暖、干燥烘烤设备等	改造 480 台民用燃气灶	26.4	61.3	64 kgce/（台·年）	3	城镇推广 30%，农村地区推广 20%	60 000	135
14	高效放电回馈式电池化成技术	轻工行业，锂离子电池、镍氢电池、铅酸蓄电池生产过程中的电池极板化成和成品电池的化成充放电和补充电	蓄电池放电电能回馈到局部直流母线，放电电能通过局部母线互连，对其他充电设备提供电能。当蓄电池放电到公用母线的电能大于其他充电设备所需电能时，多余电能通过绿色逆变器对公司内部公用电网逆变，逆变电能以符合国家标准的方式返回电网	具有一定规模的蓄电池制造企业	日产 2 万只蓄电池生产线	1 286	1 500	节电率 18%	<1	30	120 000	180

续表 6－4

序号	节能技术名称	适用范围	主要技术内容	典型项目				单位节能量	目前推广比例%	预计 2015 年		
				适用的技术条件	项目建设规模	投资额万元	项目节能量 tce/a			该技术在行业内的推广比例%	总投入* 万元	节能能力万 tce/a
15	合成纤维熔纺长丝环吹冷却技术	纺织行业，化纤	针对合成纤维熔纺长丝（特别是涤纶超细旦长丝）冷却过程，采用独立的外环吹风方法对丝条进行冷却，替代单侧吹风冷却，减少冷却风量70%以上，显著降低了冷却环节能耗	单丝纤度为 dpf＝0.3	年产 10 000 t 涤纶长丝 POY	1 000	1 050	105 kgce/t 丝	10	40	50 000	11
16	曲叶型系列离心风机技术	建材（水泥）、电力（火电）、钢铁、有色金属、化工等行业	采用等减速设计方法将叶片设计为等减速曲叶型；改变气流由轴向到径向的气流转折角度，改变进风口端壁线；提高风机效率，节能效果较好	主要用于干法水泥生产线中的转炉风机、水泥磨风机、收尘风机、煤粉风机等	4 500 t/d 水泥窑生产线使用的窑尾风机、煤粉通风机、水泥磨尾风机	248	968	风机效率提高 4.5%	1	20	11 000	80
17	自密封旋转式管道补偿节能技术	通用机械，工业热网管道	1）利用旋转补偿方式使补偿距离扩大10倍，延长米大大缩短，降低能量损耗；2）高温高压环面与端面的自密封型式及新型端面密封材料，最高动态使用压力可达30 MPa，减少了补偿器的使用数量；3）消除管道轴向应力，降低高温高压管道对材质的要求，降低了工程造价；4）可使管道实现无应力连接，提高设备的安全性	动力蒸汽管道 $P \leqslant 10$ MPa、TN≤550℃、长度 $L＝580$m	动力蒸汽管道（9.8 MPa、550℃、长 558 m、12Cr1MoV、$\Phi426\times36$）	140	1 350	可降低管道热损5%（与传统管道补偿方式相比）	2	20	240 000	140

续表 6－4

序号	节能技术名称	适用范围	主要技术内容	典型项目				单位节能量	目前推广比例%	预计 2015 年		
				适用的技术条件	项目建设规模	投资额万元	项目节能量 tce/a			该技术在行业内的推广比例%	总投入*万元	节能能力万 tce/a
18	动态冰蓄冷技术	建筑行业，各种中央空调系统及工艺用冷系统	采用制冷剂直接与水进行热交换，使水结成絮状冰晶；同时，生成和溶化过程不需二次热交换，由此大大提高了空调的能效。冰浆的孔隙远大于固态冰，且与回水直接进行热交换，负荷响应性能好。总体移峰填谷能力优于传统冰蓄冷技术	中央空调	制冷机组额定功率 600 RT，蓄冷量 3 600 RTh，蓄冰槽 360 m^3 供冷面积 20 000 m^2	255	转移峰时电量 86 万 kW·h	平均转移峰时电量 41 000 kW·h/套·年	<1	5	2 340 000	全年转移峰时电量52亿 kW·h，减少电厂装机容量 1 180 万 kW
19	中央空调全自动清洗节能系统技术	建筑行业，各种建筑楼宇及工业厂房	采用纯物理方法，运用特殊球每天全自动清洗中央空调冷凝器 36 次，使中央空调冷凝器始终处于无任何结垢、清洁状态，杜绝人工化学水处理方法的使用。系统全自动运行，其自身不耗电，具有较好的节能减排效果	中央空调及水载式热交换器	2 台 450 冷吨、2 台 500 冷吨、2 台 1 100 冷吨中央空调节能技术改造	100	546	平均每冷吨节约电耗 15% 以上	<1	5	320 000	200

续表 6 - 4

序号	节能技术名称	适用范围	主要技术内容	典型项目				单位节能量	目前推广比例%	预计 2015 年		
				适用的技术条件	项目建设规模	投资额万元	项目节能量 tce/a			该技术在行业内的推广比例%	总投入*万元	节能能力万 tce/a
20	新型轮胎式集装箱门式起重机节能技术	交通行业，港口、中转站装卸集装箱或件杂货等	1）采用“四卷筒”组合驱动技术，实现整机重量的轻型化；2）通过电力驱动，满足 RTG 机动性要求；3）电动 RTG 采用变频调速、可编程控制器和现场总线控制组成电力驱动控制系统，实现调速、控制一体化。通过各项技术的组合实现节能降耗的目的	无条件限制，适用条件同通用轮胎式集装箱门式起重机	8 台轮胎式集装箱门式起重机	2 322	1 606	0.33 kgce/TEU	2	20	60 000	10
21	热管/蒸汽压缩复合制冷技术	通信、IT、金融等行业通信基站、信息中心机房等	在同一设备载体上实现分离式热管技术和蒸汽压缩式制冷技术的复合，优势互补，最大限度地利用室外自然冷源，从而达到节能的目的	全年或全年绝大部分时间需要制冷的建筑空间	总制冷量为 608 kW 的机房制冷系统	300	379	年平均节电率 35%	<1	20	250 000	30
22	过程能耗管控系统技术	建材、机械、交通等行业大型用能单位电、气、水等能源使用过程管理	电、水、气等能源过程参数实时测量并进行多测点时间同步，实现对用户生产设施主要用能设备的同步精确实时测量，对能源、用能设备与用能过程进行实时监测、分析和管控，发现并消除无效能耗，鉴别并管控低能效行为，以实现用能效率的持续改善	规模以上用能单位电、气、水等能源使用过程	年产 20 万 TEU 的集装箱工厂用电系统及压缩空气系统的全负载用能过程管控	800	3 990	生产能耗平均降低约 8%	<1	20	900 000	260

了一定的平衡：腐烂的植物或者火焰每排放一个二氧化碳分子，森林或海洋就会重新吸收一个同样的分子。空气中的二氧化碳浓度为百万分之二百七十。

然而，从公元1500年开始，这种平衡被逐渐打乱。由于农业的发展和对木材的需要耗尽了森林，地球吸进碳的能力逐步下降。更为重要的是，对能源需求贪得无厌的工业革命引发了碳氢化合物燃烧量的骤增，从而扭转了数亿年来碳储存的平衡。从18世纪末以来，人为的二氧化碳排放量已经从微不足道的每年1亿t上升到每年63亿t，大约比生物圈所能吸收的量多了一倍。由于每年进入大气层中的碳量比被捕获的碳量多出32亿t左右，所以大气层中碳的聚集量开始上升，增加到了现在的每百万分之三百八十以上。

皮尤全球气候研究中心研究员本·普雷斯顿说："即使人类今天停止了所有二氧化碳的排放，那么我们还得等上两三个世纪的时间，才能等到自然界的蓄碳池将已经在大气层中多余的二氧化碳吸收掉，让二氧化碳的聚集量恢复到工业化以前的水平。"

在这种背景下，人类开始了人为碳捕获与封存技术的尝试。

2. 碳捕获与封存技术（CCS）

碳捕捉与封存是将大型发电厂、钢铁厂、化工厂等排放源产生的二氧化碳收集起来，并用各种方法储存以避免其排放到大气中的一种技术。该技术包括二氧化碳捕捉、运输以及封存3个环节。

首先来讲碳捕捉，就是捕捉释放到大气中的二氧化碳。二氧化碳的捕捉方式主要有3种：燃烧前捕捉、富氧燃烧和燃烧后捕捉。无论采用哪种捕捉方法，简而言之就是将燃煤发电厂产生的气体收集起来，经过脱硫、氮氧化物等环节后，将二氧化碳分离并收集起来。

其次是碳封存，当二氧化碳被捕捉并将其压缩之后，压回到枯竭的油田或者其他安全的地下场所。比如在石油的开采过程中，需要注入二氧化碳，石油才能冒出来。关于这项技术的研究可以追溯至1975年，当时美国将二氧化碳注入地下以提高石油开采率，但将它作为一项存储二氧化碳以减少温室气体排放的环保工程，则开始于1989年的美国麻省理工大学。直至近年来，这项技术才得到更多的重视和研究。它被认为是一种有效减少空气中二氧化碳浓度的方法。

（1）定义、技术内容与原理

碳捕获与封存技术（CCS）是将化石燃料中的碳以二氧化碳的形式从工业或相关能源的排放源中分离出来，输送到封存地点，并使之长期与大气隔绝的技术。该技术主要包括：

1）二氧化碳的分离和捕获；

2）二氧化碳的运输；

3）二氧化碳的地质封存或海洋封存等。

简单的原理就是在煤燃烧的过程中，通过一定的化学反应将二氧化碳捕捉下来，使之不排放到大气中，再经过压缩、运输，将其封存在枯竭的油田和天然气领域或者其他安全的地下场所。这项技术被认为是短期之内应对气候变化最重要的技术之一，可为各国快速实现碳减排目标和发展新能源赢得时间。当然，被捕获的二氧化碳也可以变费为宝，用于罐装可乐。据能源研究机构统计，当前全球发电行业所排放的二氧化碳占全球总排放量的40%，而CCS技术的应用将能够使发电行业二氧化碳的排放量减少20%～40%。

（2）技术路径

二氧化碳捕获和封存技术在具体实践中同样分为“碳捕获”和“碳封存”两个步骤进行。对于碳捕获而言，人们现在已经掌握了三种主要的技术路径：燃烧后捕获（post-combustion）、燃烧前捕获（pre-combustion）和富氧燃烧捕获（oxyfuel-combustion）。

燃烧后捕获是指从化石燃料燃烧后产生的废气中采用液体溶剂和加热的方式将二氧化碳分离出来，而燃烧前捕获则是首先将化石燃料转化为氢气和二氧化碳的混合气体，然后二氧化碳被液体溶剂或固体吸附剂吸收，再通过加热或减压得以释放和集中。

现在美国有1100多家火力发电厂，通常采用燃后处理技术。

燃后处理技术有两种：一是有机氨技术，这是目前较成熟的技术，但是缺点是二氧化碳的捕捉效率只有90%，而且耗能较高。二是氨水吸收技术，氨水加上二氧化碳就变成小氮肥，小氮肥可以作为肥料用于农业生产。

与燃烧后捕获相比，燃料前捕获中碳的压力和浓度均相对较高。这使得碳的分离更为容易，同时也提供了进一步应用新型碳捕获技术的可能性。而如今正在实验室或试点项目中小规模使用的富氧燃烧技术，同样涉及燃料燃烧过程，但不同之处在于助燃剂是氧气而非空气。其燃烧后的废气也主要由水蒸气和高浓度的二氧化碳构成。

新建火力发电厂可以采用该技术，例如中国广东东莞在建的一个火力发电厂，该厂整体采用了煤气化循环发电技术。它的好处就是先将煤气化，煤气化后主要产生的是氢气、一氧化碳等，氢气燃烧就不会产生二氧化碳。

还有一种方法就是化学循环反应，这是正在试验的新技术。化学循环的方法就是如何提高火力发电厂排放气体中的二氧化碳含量，减少排放气体中的氮气含量。在研究中选择了铜、铁和镍等金属，让这些金属与空气发生氧化反应，变成氧化铜等，氮就被分离出来了；再把氧化铜与煤混合燃烧，把氧化铜中间的氧释放出来跟煤燃烧，产生了高纯度的二氧化碳，铜又被分离出来了，所以铜总是在不断地循环。

碳埋存技术的现实应用则需要首先寻找到适宜封存二氧化碳并使其与大气完全隔绝的地质层。而从地质学角度看，实际上有三类地质层均能用来埋存二氧化碳，其中最具吸引力的当属现有的油田和气田。基于人们对产油层和产气层的地质概况的深入了解，油田和气田已被证实可以容纳碳氢化合物。而更重要的是，将二氧化碳回注油田能显著提高油田采收率多达5%~15%，并可相应地延长油井生产寿命——这种“化腐朽为神奇”之术实质上已成功地帮助了不少产量日减的油田得以增产延寿。第二类地质层是不含碳氢化合物的圈闭（一种能阻止油气继续运移并能在其中聚集的场所），但它具有和含油层、含气层和煤层类似的结构。第三种就是底水—深度蓄水盐层，由于盐层的分布面积广大，因而被推举为一种长久的碳埋存解决方案。

（3）方法

业界有三种二氧化碳捕集方法，分别是燃烧前、燃烧后以及富氧燃烧。专家分析认为，燃烧前捕集适合于未来新建电厂，燃烧后捕集适用于现有电站改造。

（4）案例

中国开展的燃烧前捕集的案例就是华能的绿色煤电计划，燃烧后捕集的案例为华能北京热电厂，而富氧燃烧现在还在清华大学试验。

第一个为了实现温室气体减排目标的二氧化碳封存项目是在挪威实施的。该项目自1996年开始从天然气中分离二氧化碳，并将其注入800m深的海底盐沼池中封存。

尽管捕获、运输和存储过程的每一个环节都经过了验证和使用，但是，迄今为止，全循环的系统还没有试验过。全世界范围已有十多个碳捕获计划正在筹备中。2008 年 9 月，世界上第一个完整的碳捕获和存储技术示范项目在德国一家燃煤发电厂开始运转。该示范性试验项目建于德国北部 Schwarze Pumpe 发电厂旁边，每年将捕获 10 万 t 二氧化碳，随后将之压缩，埋藏在枯竭的 Altmark 天然气田表面以下 3 000m 的地方。该气田距离发电厂大约 200km。示范项目耗资 7 000 万欧元（5 700 万英镑），能够输出 12MW 的电力和 30MW 的热能，足以供应 1 000 多户家庭。

美国西弗吉尼亚州登山者（Mountaineer）项目将于 2009 年启动，有可能成为第一个把所有燃烧后捕获技术综合在一起的示范发电厂。这家发电厂只是一项更为雄心勃勃的计划的试验田。该计划从俄克拉荷马州一家燃煤发电厂捕获和存储二氧化碳，将于未来几年内开始运转，每年捕获 150 万吨二氧化碳，并掩埋于附近的油田。

3. 我国的发展情况

国家对 CCS 技术的发展给予了高度重视，CCS 技术作为前沿技术已被列入国家中长期科技发展规划；在国家科技部 2007 年的《中国应对气候变化科技专项行动》中，CCS 技术作为控制温室气体排放和减缓气候变化的技术重点被列入专项行动的四个主要活动领域之一。“十一五”期间，国家“863”计划也对发展 CCS 技术给予很大支持。2007 年 6 月国家发改委公布的《中国应对气候变化国家方案》中强调重点开发 CO_2 的捕获和封存技术，并加强国际间气候变化技术的研发、应用与转让。

我国与国际社会一起积极开展了 CCS 技术研究与项目合作。中国在碳捕获与封存方面积极与澳大利亚、英国等技术发达国家合作，积极发展碳捕获与储存的试点项目。

2007 年启动了“中欧碳捕获与封存合作行动（COACH）”，12 个欧方机构和 8 个中方机构参与了 COACH 行动。2007 年 11 月 20 日，启动了“燃煤发电二氧化碳低排放英中合作项目”。2008 年 1 月 25 日，中联煤层气有限责任公司以下简称“中联煤”与加拿大百达门公司、香港环能国际控股公司签署了“深煤层注入/埋藏二氧化碳开采煤层气技术研究”项目合作协议。自 2002 年以来，中联煤和加拿大阿尔伯达研究院已在山西省沁水盆地南部合作，成功实施了浅部煤层的 CO_2 单井注入试验。中国石油作为肩负经济、政治和社会责任的大型国企。为展现保护环境的良好社会形象，率先在国内开展了利用 CCS 技术提高油田采收率的研究与应用工作，于 2007 年 4 月启动了重大科技专项及资源综合利用研究”。

2008 年 7 月，中国华能集团与澳大利亚联邦科学工业研究组织（CSIRO）正式宣布在北京成立的燃煤电厂二氧化碳捕集示范工程建成投产。这项由华能控股的西安热工研究院设计完成的华能北京热电厂二氧化碳捕集示范工程，坐落于北京郊区，是中国首个燃煤电厂烟气二氧化碳捕集示范工程，预计其年回收二氧化碳能力可达为 3 000t。2009 年 3 月，神华集团表示正在研究利用碳捕获和封存技术减少煤制油项目的二氧化碳排放，目前正在进行示范项目的研究、开发和评估工作。神华集团位于鄂尔多斯的 100 万 t 直接煤制油示范项目配套的工程，将大大减少生产过程中二氧化碳的排放，以实现煤的清洁利用。研究表明，利用现代煤直接液化工艺，每生产 1 吨成品油，大概需要排放约 3t 左右的二氧化碳，其中大部分纯度很高，捕集的成本相对较低。

国内首个碳捕获和封存示范项目正在神华集团进行研发、评估。该项目为神华 100 万 t/年煤直接液化示范工程配套项目，将大大减少煤制油过程中排放的二氧化碳，以实现煤炭清洁转化。目前包括地质封存等各种封存方式都在考虑之列，项目预计 1 ~2 年内进行规模实施。

华能北京高碑店热电厂是我国目前唯一在热电厂实现工业级应用碳捕集技术的项目。该项目于 2008 年 7 月开始运行。高碑店热电厂每年约排放 400 万 t 二氧化碳，碳捕集系统能够捕集其中的 0.075%，约 3 000t，而捕集能耗占电厂能耗则在 30% 以上。显然，其捕集的二氧化碳并不多，“几乎不到 1%”。之所以如此，因为二氧化碳捕集装置的能耗一般都比较高，耗资比较大。

尽管多年来科学家一直认为，碳捕获和储存对于遏制气候变化来说是一项至关重要的技术，但到目前为止，该技术建设和运营成本昂贵，再加上二氧化碳会否逸出等问题在技术上存在不确定性，这一技术的发展一直受到限制。以 30 万 kW 规模的电站，一年捕集 100 万 t 二氧化碳为例，以往的电站投资大致在每千瓦 4 000 元，一旦加上 CCS 装置，其成本将变成每千瓦 8 000 元 ~10 000 元。这意味着 30 万 kW 的电站几乎增加一倍以上的投资，达 12 亿元之巨。

二、生物固碳技术

1. 定义

植物通过光合作用可以将大气中的二氧化碳转化为碳水化合物，并以有机碳的形式固定在植物体内或土壤中。生物固碳就是利用植物的光合作用，提高生态系统的碳吸收和储存能力，从而减少二氧化碳在大气中的浓度，减缓全球变暖趋势。

生物固碳技术是利用微生物和植物的光合作用，提高生态系统的碳吸收和储存能力，将二氧化碳资源化转化为碳水化合物和氧气，变废为宝，从而减少二氧化碳在大气中的浓度，减缓全球变暖趋势。是国际科学界公认的固定二氧化碳成本最低且副作用最少的方法，生物固碳在减缓气候变化、实现人类可持续发展方面具有重要的意义。

2. 工艺

生物固碳技术的工艺流程是：工业排放二氧化碳经过气源处理后进入光生物反应堆循环吸收，释放出氧气；不断循环吸收二氧化碳后，将达到浓度的藻液浓缩，上清液继续返回光生物反应器循环，浓缩液进行处理后，收获成品藻粉（见图 6 -1）。

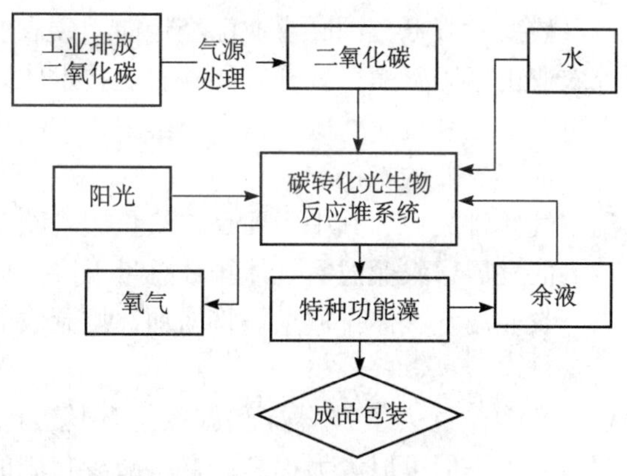

图 6 -1　生物固碳工艺流程

3. 开发利用

生物固碳包括通过土地利用变化、造林、再造林以及加强农业土壤吸收等措施，增加植物和土壤的固碳能力。生物固碳是固定大气中二氧化碳最便宜且副作用最少的方法，生物固碳在减缓气候变化、实现人类可持续发展方面具有重要的意义，也因此备受国际社会关注。

近年来国际已经开展了广泛的生物固碳技术开发与应用，主要包括以下三个方面：一是保护现有碳库，即通过生态系统管理技术，加强农业和林业的管理，从而保持生态系统的长期固碳能力；二是扩大碳库来增加固碳，主要是改变土地利用方式，并通过选种、育种和种植技术，增加植物的生产力，增加固碳能力；三是可持续地生产生物产品，如用生物质能替代化石能源等。

森林系统具有强大的碳吸收能力，草地与农田土壤有机碳库在固碳方面的作用也十分显著。森林是陆地生态系统的主体，具有显著的固碳功能，在减缓全球气候变化中有着不可替代的地位和作用。据估算，陆地碳汇中约有一半储存在森林生态系统中，中国森林储碳量在20世纪70年代末期约为43.8亿t，在最近20年，中国森林植被吸收二氧化碳的功能明显增强，20世纪90年代末期达到47.5亿t。但我国森林的平均碳密度仍远远低于世界平均水平，现有森林生态系统的实际储碳量也只达到潜在的植物储碳量的一半左右，固碳潜力还很大。

草地作为陆地植被巨大的碳库，在减少和固定二氧化碳过程中具有重要功能。在各种陆地生态系统中，气候变化将首先对草地生态系统产生影响。天然草地覆盖了几乎20%的陆地面积，中国是世界第二大草地大国，草地碳库蓄碳量将是十分可观的。从1980年到1994年，全国耕地土壤有机质从1.8%提高到了2.01%，平均每年提高0.014%，但仍具有很大的固碳潜力。假设采取综合措施，有望在30年内使土壤有机质提高30%～40%，仅耕地一项的固碳，就相当于美国和加拿大两国的总和。

我国陆地植被的固碳能力巨大，可为温室气体的减排提供重要保障。在保护天然林和天然草地的同时，应大力发展速生丰产用材林和建设稳产高产的人工草地，实施生态农业，充分利用边际土地发展生物质能。我国具有先进的选种、育种技术，今后还应从提高植物生产力和固碳能力的角度出发，加强草种和树种的培育，为温室气体减排提供保障。

另外，耕作土壤是有着巨大固碳潜力的碳库，应该通过各种技术来增加其固碳量，为温室气体减排和减缓全球气候变化服务。国际农业已经走向固碳农业，国际粮农组织、美国、欧盟等纷纷发起研究农业土壤固碳途径，开发固碳农业技术体系，加强评估国家农业固碳能力与固碳效益，以争取最大利益。将碳保留在土壤中，在减少二氧化碳等温室气体排放的同时增加了地力，保证了农业的稳产。

农业是全球重要的温室气体排放源，其中主要是二氧化碳。欧美国家由于畜牧业和农业的生产量稳定和管理技术的发展，农业温室气体排放总量下降。但发展中国家由于仍然是耕作农业，施肥强度高，农业温室气体排放量仍将增加，控制农业温室气体排放面临严峻挑战。

秸秆与粪肥都是农业废弃物，过去多被燃烧和施放与环境。国内最近的一些研究证实，施用秸秆还田和施用猪粪等不但可以大大提高产量，减少化肥的使用量，而且提高了土壤的有机碳库，从而提供了增加的碳库和减少了温室气体的排放。研究表明，农业有机废物配施化肥下的稻田生态系统效应，是通过改善土壤的物理结构和生物生境等来实现的。在这种条件下，土壤有机碳矿化潜力降低，产生甲烷细菌的多样性使甲烷产生和释放强度大大降低，稻田总的温室气体释放明显受到抑制。改善更低的养分、耕作制度和秸秆还田、粪肥利用等，被认为是减排温室气体的最有潜力的途径之一，但还需要对稻田的生态系统过程协同机制等基础问题进行研究。秸秆和粪肥等废弃物的利用，通过循环农业促进了稻田生产力的提高，可以起到生物固碳和提高循环碳库的作用，从而贡献于农业途径的温室气体减排。

第七章　组织和项目的低碳认证

第一节　认证与低碳认证

一、定义

认证，按照国际标准化组织（ISO）和国际电工委员会（IEC）的定义，是指由国家认可的认证机构证明一个组织的产品、服务、管理体系符合相关标准、技术规范（TS）或其强制性要求的合格评定活动。

合格评定是证实产品、过程、体系、人员或机构满足有关的规定要求的活动，从事合格评定服务的机构为合格评定机构。

认证是与产品、过程、体系或人员有关的第三方证明，第三方在经济和隶属关系上既独立于产品的提供方，又独立于产品的使用方。第三方的认证活动应该公开、公正、公平，并具有权威性。

认证的本质是通过具有独立性和专业性的第三方机构所进行的符合性评定和公示性证明活动，保障认证对象符合标准和技术规范的要求，并以此建立需求方对认证对象的信任，解决交易双方的信息不对称问题。

二、认证的作用

（1）指导消费者选购满意的商品和服务；

（2）给销售者带来信誉和更多的利润；

（3）帮助生产企业建立健全有效的管理体系，实现合规经营；

（4）节约大量检验费用和监测费用；

（5）国家可以将推行产品认证制度作为提高产品质量的重要手段；

（6）实行强制性的安全认证制度是国家保护消费者人身安全和健康的有效手段；

（7）提高产品在国际市场上的竞争能力；

（8）有利用提高企业的质量、环境、职业健康安全等管理绩效；

（9）有利用促进组织节能减排。

三、认证的分类

按性质认证可分为自愿性认证和强制性认证；

按对象可分为产品认证和管理体系认证。

低碳认证可分为组织碳排放验证、项目的碳排放核查和核证、产品的碳足迹验证。

四、低碳认证

低碳认证是由经过相关认可机构依据 ISO 14065 标准认可的认证机构，依据相关标准所开展的与碳减排和清除增加或产品的碳足迹有关的第三方合格评定活动。它包括：

（1）依据 ISO 14064 – 1 标准对组织的碳减排和清除增加相关的声明进行的认证；

（2）依据 ISO 14064－2 标准或联合国清洁发展机制（CDM）的要求对项目的碳减排和清除增加相关的声明进行的认证和量的确认；

（3）依据 ISO 14067 标准或英国标准 PAS 2050 对有关商品或服务的碳足迹声明进行的认证；或依据具体产品的碳排放标准进行的低碳产品认证。

认证的结果，对上述前两种而言，是颁发认证证书，对其声明的符合性真实性进行担保和确认；第三种属于产品认证的范畴，不仅要向生产商品或提供服务的组织颁发认证证书，还允许在产品上粘贴认证标志。

五、我国低碳认证需要解决的问题

从认证机构监管和认可层面，要依据 ISO 14065 建立碳排放和碳减排认证机构和人员能力评价体系、核查与认证技术体系、基础数据库、认证标准体系和监管体系在内的认证认可体系。

从认证制度建设看，要做好以下工作：

（1）既参照国际现有的标准体系建立统一的核算检查规范，又针对国内的实际发展情况，制定符合国情的行业标准，既能对国内的产业升级起到积极的促进作用，又要避免给企业造成过于严重的负担；

（2）鼓励先进企业开展低碳认证试点。引导有意识的企业参与低碳认证的数据收集和调查工作，为建立综合完整的数据库打下基础；

（3）推广低碳认证制度。加快低碳认证的探索研究，在更多的的行业和地方形成系统规范，让低碳认证成为符合地方和国家特色的指导性评价制度。

第二节　组织低碳认证过程及要求

一、定义

以政府、企业等为单位计算其在社会和生产活动中各环节直接或者间接排放的温室气体，称作碳盘查，也可称作“编制温室气体排放清单”。

由认证机构对组织碳盘查结果（“温室气体排放清单”和“温室气体声明”）进行确认并颁发认证证书的过程就是组织的低碳认证。

二、目的

（1）有利于对温室气体排放进行全面掌握与管理；

（2）提高社会形象；

（3）对于确认减排机会及应对气候变化决策起重要参考作用；

（4）发掘潜在的节能减排项目及 CDM（清洁发展机制）项目；

（5）积极应对国家政策及履行社会责任；

（6）为参与国内自愿减排交易做准备。

对于需要实施组织的低碳认证的政府及企业，首先要根据政府及企业的特点制定专门的编制指南，然后再根据该指南进行数据搜集及计算。再根据计算结果进行相关分析，使决策者对该政府和企业温室气体排放更加一目了然。最后为了证明碳盘查的可靠性，需要选定有资格的认证机构对排放清单进行核查，对其温室气体声明进行确认。

为了方便政府和企业对碳盘查的管理，根据需要，还可以为其温室气体排放创建数据库，以方便随时查询与更新。

三、程序

（1）开发碳盘查指南，包括：

1）确定碳排放计算标准；

2）开发计算方法学；

3）收集相关文献资料。

（2）排放量计算，包括：

1）资料收集；

2）温室气体排放计算。

（3）编写报告，包括：

1）排放结果分析；

2）根据开发的编制指南编写报告。

（4）编制组织的“温室气体声明”。

（5）核查，包括：

1）选定有资格的认证机构；

2）进行核查；

3）编写核查报告，确认组织的“温室气体声明”；

4）颁发认证证书。

图 7－1 给出了组织碳盘查的基本流程。

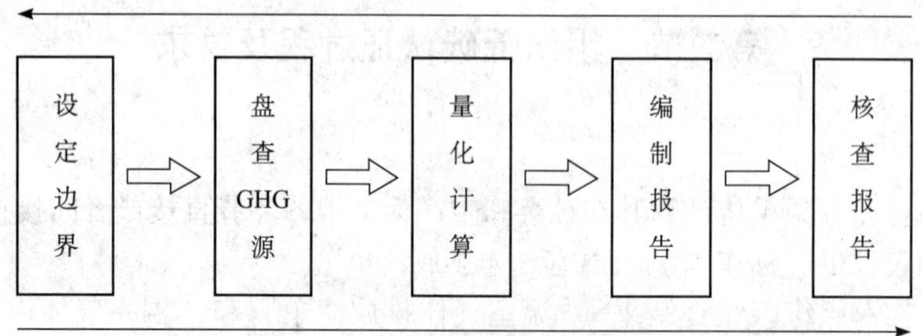

图 7－1　组织碳盘查的基本流程

四、组织自我核查

组织自我核查是组织实现低碳认证的基础。组织的碳核查可以分为以下八个步骤，并按照 PDCA 模型，构成一个持续改进的闭环。

1. 建立组织温室气体管理体系

组织可以结合自身的能力，选择自行进行碳核算或委托外部专业机构进行碳核查（通常称这种来自外部的碳核算活动为“碳审计”）。但无论是进行内部碳核算，还是委托外部碳审计，组织都需要先行建立起有效的温室气体管理体系。应该着眼于四个方面：组织总体的温室气体管理方针和政策；温室气体管理方面的职责和资源；对温室气体有关数据的收集、汇总和管理；对温室气体减量目标与减量方案的制定和执行。

在实际中，组织往往是结合质量管理体系等其他管理体系来建立自己的温室气体管理体系。ISO 14064－1 标准中用一个章节描述了对温室气体信息体系的要求，但其中的要求重信息、轻管理，严格上说并不是一个管理体系的要求。因此组织在建立自己的温室气体管理体系时，可以多参考其他管理体系标准（诸如 GB/T 19001、GB/T 24001 等）的要求。运行有效的温室气体管理体系，是得到有价值的温室气体核算成果的根本保证。因此，在对组织的温室气体报告进行第三方核查时，也包括对组织温室气体管理体系的充分性和有效性的评审。

2. 设定边界

在组织温室气体信息体系建立过程中，组织应对自身的排放情况进行识别和评审。但要对一个公司的温室气体的源和汇进行识别，必须先对组织温室气体的组织边界和运行边界进行设定。

组织边界又称物理边界或实体边界，是指组织的场所、活动和职责的范围。当组织有与其他组织共用的设施时，或者有参股子公司时，这样的设施和子公司的温室气体排放就需要按比例切分后并入企业的排放量内。

运行边界又称运营边界或营运边界，是指组织具体的排放源和清除汇的识别。运行边界的设定包括识别与组织的运行有关的 GHG 排放和清除，按直接排放、间接排放和其他间接排放进行分类，并选择哪些是需要量化和报告的其他间接排放。这三类排放通常称为范围 1、范围 2、范围 3。按照 WRI（世界资源研究所）/WBCSD（世界可持续发展工商理事会）的 GHG protocol（温室气体核算和报告标准）和 ISO 14064 - 1 标准的要求，范围 1、范围 2 的排放和清除必须计算，而范围 3 可选。

3. 识别温室气体排放源和清除汇

边界设定之后，就可以对设备设施层级的排放源和清除汇进行识别，然后根据源和汇的特性合并同类项目，归并到组织层面上。例如公司共有 10 台用电设备，排放源都是电力间接排放，而且用电也没有实现独立计量，因此就可以归并到一起，计入一个“设备用电”的排放源项目。

在组织层面上对温室气体排放源和清除汇进行归并的后，应按照运营边界的分类列入范围 1、范围 2、范围 3。对温室气体排放源和清除汇的识别和评审的要求是识别充分、归并合理、分类准确，以免造成由于分类不准确而导致在整个产业链上产生重复计算的可能。

4. 确定温室气体排放源和清除汇的量化方法

温室气体排放源和清除汇识别和评审完成之后，就要对每一项源和汇确定量化方法。确定量化方法的原则是结果准确、简便易行。通常的量化方法有三类：实际测量法、质量平衡或化学计量理论法、排放因子法。在实际应用中，绝大多数的排放源和清除汇都是采用排放因子法。其计算公式为：

$$\text{温室气体排放量} = \text{适当的活动数据} \times \text{排放因子}$$

例如，在考虑汽车发动机的平均工况环境之后，我们确定轿车类的排放因子如表 7 - 1 所示（资料来源《香港建筑物（商业、住宅或公共用途）的温室气体排放及减除的核算和报告指引》2010 版）。要计算某台轿车一段时间内的温室气体排放量，只要能获得这台轿车在这段时间内累计消耗了多少无铅汽油即可。确定了每一种温室气体排放源和清除汇的量化方法的后，应根据该量化方法确定应监控的活动数据是什么。然后在建立温室气体管理体系时，确保相应的活动数据能得到收集、汇总和上报。规定信息收集的渠道、方式、职责和程序。

表 7－1　轿车类的排放因子

CO_2	CH_4	N_2O
2. 360g/L 无铅汽油	1. 105kg/L 无铅汽油	0. 253g/L 无铅汽油

5. 量化和计算并形成温室气体清单

量化方法确定并收集一段时间的完整数据的后，就可以考虑进行量化和计算了。组织一般选择以年度（可以是自然年，也可以是企业自己确定的财政年）为时间跨度，来量化和报告自己的温室气体排放和清除的情况。

组织进行温室气体量化活动的目的除了进行外部披露之外，最主要还是为了给内部减排活动提供数据参照。因此，组织在第一次进行温室气体量化活动时，需要选定一个年度作为基准年（或者用多年平均作为基准年）。基准年的选定，除了要考虑可以获取数据用以进行量化和核算的外，最主要是考虑基准年的代表性。例如后续核查年度的边界设定应该与基准年是一致的，所选用的量化方法也应该是一致的。如果后续年度有变更，需要重新按照变更后的状况重新计算基准年的排放数据，以便保持可参照性。随后，即采用手工计算或者采用工具软件的方式进行计算。计算的过程和结果一般以温室气体清单的形式体现。

关于组织温室气体排放量化计算方面，有两点需要说明：一是物资燃烧所产生的碳排放应单独报告，其主要原因是物资中的碳库是非稳定的，是自然界自然碳循环。二是余热发电等项目，所产生的能源供外部单位使用的话，所产生的碳汇也应单独报告，而不能从组织的碳排放总量中扣除。这样的要求主要是在全产业链上进行核算时，范围 1 和范围 2 之间能实现传继性。另外，关于组织在厂区内景观植树等行动，虽然理论上确实可以实现一定的碳汇量，但由于在组织碳排放计算上没有考虑土地占用对植被破坏所产生的碳汇损失的机会成本，因此在计算上，也不能因为组织种了树就增加碳汇量。除非这个组织的主要生产活动就是碳汇林的运营。

6. 评估和减少核算数据的不确定性

对温室气体排放数据进行量化和计算并完成了温室气体清单的后，为了确保数据的准确度和可信度，需要对数据结果进行评估和控制，通常使用数据不确定性评估的方式进行。以量化方法的排放因子法为例，可以对不同来源与数据质量的活动数据和排放因子设定不同的不确定度相对值，如表 7－2 和表 7－3 所示。

有了这样的不确定度相对值，就可以分析某个具体设施层级排放源和清除汇量化数据的不确定度，然后可根据权重在企业层面上进行加权平均。最后可以得出组织总排放量数据的不确定性分析结果。如果最终的不确定性水平超过了预期设定的数值，则可以对设施层级的活动数据和排放因子进行进一步的优化和改进，以确保最终的不确定性水平符合预期规定。这些优化和改进行动诸如：用质量好的初级活动水平数据替代次级数据，如用一个输电线路的电表的实际测量数据替代某个根据设备使用说明书估算的电力消耗系数；采用质量更好的次级数据，即更有具体针对性的、更近的和更完整的数据；采用质量更好的排放因子，即更接近场景情况，来自更权威公布机构的数据；改进量化方法和计算的模型，使之更具有代表性。由于各组织在进行不确定性分析时，所设定的活动数据和排放因子的不确定度相对值存在差异，因此对于不同组织的量化结果数据的不确定性指标数值，相互之间一般不具备可比性。但对于某一企业，基于同一基准年的不同年度的量化结果数据的不确定性指标，仍有很大的纵向比较价值。

7. 编制温室气体报告，并与外部进行信息交流

组织为了向外部报告自己的温室气体盘查（碳核算）结果，并交流自己温室气体管理的有关信息，需要编写组织温室气体报告。温室气体报告可以以单行本形式编制，也可以纳入组织年度《社会责任报告》（又名：可持续发展报告、企业公民报告、非财务报告等），作为一个独立的章节。基准年的温室气体报告包含有基准年的边界设定、排放源和清除汇的识别和归并、温室气体排放和清除量的计算结果、量化方法学的采用说明以及数据不确定性的评估结果等相关内容。后续年度的温室气体报告，除了包含有相应年度的温室气体排放和清除的数据和其他信息之外，还应包含基准年的温室气体清单在内，以便可以进行相应的数据分析。同时后续年度的报告中，还应包含有对组织温室气体方针、战略和已参与或拟参与的任何温室气体计划的说明，组织温室气体减量目标指标、减量计划和方案，以及方案实施与所取得的任何绩效的说明。必要时还应包含对基准年温室气体清单进行重新计算的结果的描述。

温室气体报告编制完成后，应对报告进行必要的审核和修正，以避免错误和遗漏。然后由组织的高层批准后发布，作为组织正式对外部披露的温室气体信息。

表 7－2　活动数据不确定性

活动数据特性	使用经溯源校准的设备实际测量值	使用经简易比对校准的设备实际测量值	物料平衡或化学计算数值	基于既往统计结果的预估值	经验预估值
相对不确定度	1%	2%	3%	4%	5%

表 7－3　排放因子不确定性

排放因子来源	采用自我发展或制造商提供的排放因子	采用区域或同行业经论证的因子	国家公布的排放因子	国际通用或其他国家的排放因子	经验预估值
相对不确定度	1%	2%	3%	4%	5%

8. 温室气体减量目标和减量方案的策划和实施

通常，组织对基准年进行温室气体盘查活动是基于现状的调查和核算，可以不涉及温室气体的减量化考虑。但应看到，对温室气体的排放和清除数据进行核算，其目的是为减量化行动提供数据参照。因此在后续年度内，企业的温室气体管理体系应充分考虑企业温室气体的减量化（ISO 14064－1 标准中对减量化要求是可选项而不是必选项）。

对温室气体减量化的管理可以参照 ISO 14001 和 IECQ QC 080000［注：由国际电工技术委员会（international electrotechnical commission，IEC）下设的国际电子零件认证制度（IEC quality assessment system for electronic components，IECQ）所核准的有害物质管理（hazardous substance process management，HSPM）标准，IECQ QC 080000 是 IEC/IECQ 在 2005 年 10 月公布的有害物质管理系统技术标准］等标准所提出的持续改进模型。具体地说，是需要先建立一个中长期的减量化渐进计划，然后每年度设定减量化目标和指标，通过能源审计和就近年度的设施层级排放和清除量盘查结果，识别和确定减量潜力区域，在组织范围内实施减量方案的征集、分析和筛选，确定出可行的、投入产出比较佳的减量方案并执行，最后监测、量化、分析并巩固减量化成果，和对优秀经验进行总结并予以推广。

五、认证机构的核查过程和要求

本书第三章第二节的“应用”和第五章第三节进行了详细的说明，本节不再重复。

第三节 项目低碳认证过程及要求

一、定义

按照 CDM（清洁发展机制）的要求，项目的碳盘查包括核查和核证两个主要阶段。

核查是指经营实体对经注册 CDM 项目在一定阶段的减排量进行周期性的独立评估和最终确定。核证是指该指定经营实体以书面形式保证某一个 CDM 项目活动实现了经核实的减排量。

按照 ISO 14064 －2 和 ISO 14064 －3 的要求，项目的低碳认证包括审定和核查两个阶段。

审定是根据约定的审定准则对一个 GHG 项目策划中 GHG 声明进行系统的、独立的评价，并形成文件的过程。核查是根据共同约定的核查准则对 GHG 声明进行系统的、独立的评价，并形成文件的过程。

二、CDM 项目的碳核查和核证过程和要求

一个典型的 CDM（清洁发展机制）项目从开始准备到最终完成减排交易，需要经过如下一些主要阶段：

1. 项目识别（PIN）

这是 CDM 项目开发和实施的第一步。这一阶段属于 CDM 项目的概念设计阶段。项目的类型、规模等的选择将对项目实施过程中适用的规则和程序、项目的交易成本、项目是否能够顺利注册、实施并获得减排量等产生重要影响。

2. 项目设计（PDD）

项目设计文件包括的内容有：项目活动概述、基准线方法学的应用、项目活动的持续时间/计入期、监测方法学的应用和监测计划、温室气体排放的计算、环境影响、利益相关者的意见。

项目设计文件还包括 4 个附件：附件 1 项目参与者的联系信息、附件 2 公共资金信息、附件 3 基准线信息、附件 4 监测计划。

3. 参与国的批准

所谓批准是指参与项目的各缔约方批准该项目作为 CDM 项目，而非一般意义上的项目批准。一个 CDM 项目要进行注册，必须由参加该项目的每个缔约方的国家 CDM 主管机构出具对该项目的批准函。前一个阶段完成的项目设计文件等技术支持文件对于项目能否顺利获得批准具有重要影响。

根据我国政府颁发的《清洁发展机制项目运行管理办法》，国家发展和改革委员会是我国的国家 CDM 主管机构，国家发改委依据国家 CDM 审核理事会的审核结果批准 CDM

项目，并代表中国政府出具项目批准书。

4. 项目审定（validation）

一个项目只有通过审定程序，才能成为合法的 CDM 项目。因此，相关的技术准备工作完成之后，项目参与者应该选择合适的经营实体并与的签约，委托其进行 CDM 项目的审定（validation）工作。该经营实体主要基于项目建议者所提交的项目设计文件和 CDM 的相关要求，对项目活动进行审查和评价，审查的内容主要包括：是否符合 CDM 的参与要求；是否征求了当地利益相关者的意见，对其进行了总结并且给予了适当的考虑；是否进行了项目的环境影响评价，并且提交了相关文件；项目活动预期可以带来额外的温室气体减排效益如何；是否采用了经过执行理事会批准的并适合本项目的基准线和监测方法学。

除了审查项目设计文件之外，经营实体在审定 CDM 项目的过程中还将安排一个 30 天的评论期，以听取各缔约方、各利益相关者、《联合国气候变化框架公约》认可的非政府组织对项目的评论，同时应将这些评论公诸于众。

在评论期结束的后，经营实体将根据各种信息完成对该项目的审定报告（validation report)，确定该项目是否被认可，同时将核实的结果通知项目的参与方。如果不认可该项目，还应该给出原因。

5. 项目注册（registration）

如果签约的经营实体认为一个建议的项目符合 CDM 项目的核实要求，则它就会以审定报告的形式向 CDM 执行理事会提出项目注册申请。审定报告中需要包含项目设计文件、东道国的书面批准以及它如何处理所收到的公众关于该项目设计文件的评论。在向执行理事会提交审定报告的同时，该经营实体还应该将该报告公诸于众。

CDM 执行理事会接到要求注册的申请 8 周内，如果没有项目的参与者或者至少 3 名执行理事会的成员要求对该项目活动进行审查，则认为该项目自动注册成功。如果项目参与者或者至少 3 名执行理事会的成员要求，执行理事会应该对该项目进行审查。但是，审查应该仅限于与审查要求有关的事项。而且，最终的审查结论应不迟于提出审查要求的后的第二次理事会会议。

如果审查通过，该项目即可进行注册。如果审查发现该项目不符合 CDM 的有关要求，也并不意味着该项目完全失去了作为 CDM 项目的资格。经过适当修改的项目，如果符合了 CDM 关于核实和注册的有关规定，仍然可以作为合格的 CDM 项目进行注册。

只有当 CDM 项目通过了执行理事会的注册，该项目方可产生法律与交易意义上的减排量。

6. 监测与报告

完成注册的 CDM 项目即可进入具体的实施阶段。要确定项目的减排量，需要对项目的实际排放进行监测。根据规定，在 CDM 项目的设计文件中，必须包含相应的监测计划，以确保项目减排量计算的准确、透明和可核查性。同时，监测计划所应用的方法学必须是经过批准的方法学，并且获得经营实体的认可。因此，这个阶段的主要活动是，项目建议者严格依据经过注册的项目设计文件中的监测计划，对项目的实施活动进行监测，并向负责核查与核证项目减排量的经营实体报告监测结果。这个阶段的工作主要由项目参与者负责，并接受经营实体的监督和检查。

监测中需要获取的数据和信息包括：估计项目边界内排放所需的数据、确定基准线所需的数据、关于泄漏的数据。

项目参与者应严格按照计划进行监测并按期向实施核查与核证任务的经营实体提交监测报告。

7. 减排量的核查和核证（verification and certification）

实施了监测计划并提交了监测报告以后，CDM 项目就进入了减排量的核查与核证阶段。根据经核查的监测数据、经过注册的计算程序和方法，经营实体可以计算出 CDM 项目的减排量。

如果指定经营实体认为监测方法正确，而且项目的文档完备且透明，它就可以向项目的参与方、相关缔约方和执行理事会提交核证报告。核证报告需要向公众公开。

8. 减排量的签发

核证项目减排量的下一步是签发项目所产生的 CERs。指定经营实体提交给执行理事会的核证报告实际上就是一个申请，请求签发与核查减排量相等的 CERs。

如果在执行理事会收到签发请求的日起 15 天内，有任一参与项目的缔约方或者至少三个执行理事会的成员提出需要对签发 CERs 的申请进行审查，则执行理事会应该在收到请求的下一次会议上决定是否对其进行审查。审查内容将局限在指定经营实体是否有欺骗、渎职行为及其资格问题。而且，审查应该在做出决定的 30 天内完成并将其决定通知相关各方。如果没有收到此类请求，则可以认为签发 CERs 的请求自动得到了批准。

9. 减排量销售合同的签订与执行

这是 CDM 项目实施过程中极其重要的一个环节，是 CDM 赖以存在的核心条件，是减排量价值得以实现的最终步骤。其主要活动是指项目实体将经过核证的减排量销售给《联合国气候变化框架公约》附件 1 国家的相关机构并收回资金的全部过程。目前，国际碳市场中的主要买家包括日本、荷兰、英国、德国、西班牙、奥地利、意大利、世界银行和加拿大等，既包括政府，也包括公共和私人部门等。2004 年 1 月到 2005 年 4 月期间，国际市场上 CERs 的交易价格大致为每吨 CO_2 当量 3 美元 ~ 7 美元，因项目类型、合作方式、合同条款等不同而形成价格上的差异。一般而言，卖方能够提供的关于 CERs 的确定性越大，CERs 的价格也就越高。需要说明的是，随着议定书的生效，CERs 的国际市场价格也在逐步走高，大部分目前交易的价格约在 7 美元以上。

减排量（CER）既不是实物商品，也不是技术商品，而是一种信用商品；CER 的交易谈判、合同签订与执行既有与传统商品相似的地方，也有其特殊的处。项目公司应当对此有足够的重视，应当聘请专业的代理机构处理此类事务以降低风险、提高效率。

三、依据 ISO 14064－2 的项目低碳认证的过程和要求

本书第三章第四节和第四章第三节对项目的低碳认证过程进行了详细说明，本节不再重复。

第八章　英国 PAS 2050：2008《商品和服务在生命周期内的温室气体排放评价规范》的理解与应用

第一节　产品的碳足迹及其验证

一、碳足迹和产品的碳足迹

英国 PAS 2060 的定义：碳足迹是根据公认的方法计算得到的，某标的物在特定周期或与特定产品单元或服务实例相关的，直接或间接产生的温室气体排放绝对值总和。

“碳足迹”来源于一个英语单词“carbon footprint”。打个比方，一个人开着车子在马路上转一圈就留下了一个碳足迹。总的来说“碳足迹”就是指一个人的能源意识和行为对自然界产生的影响。它表示一个人或者团体的“碳耗用量”。“碳”就是石油、煤炭、木材等由碳元素构成的自然资源。“碳”耗用得多，导致地球暖化的元凶“二氧化碳”也制造得多，“碳足迹”就大，反之“碳足迹”就小。

我国台湾地区有关机构将“碳足迹”定义为：在一项服务或产品的整个生命周期过程所直接与间接产生的二氧化碳排放量。直接是指以燃烧石化燃料为大宗，如汽车用油、家用瓦斯、电力消耗等是指能源性的消耗，会直接产生二氧化碳排放的项目。间接是指以产品原料消耗为主，如开饮机、荤食、免洗餐具等，是指为了生产产品或处理废弃产品，因此而间接产生出二氧化碳的过程。

碳足迹通常也被称为“碳耗用量”，是指一种新开发的，用于测量机构或个人因每日消耗能源而产生的二氧化碳排放对环境影响的指标。作为对抗气候变化的重要武器，企业和个人通过确定自己的“碳足迹”，了解“碳排量”，进而去控制和约束个人和企业的行为以达到减少碳排量的目的。

产品/服务的碳足迹是指某个产品/服务在其整个生命周期内各种温室气体排放，即从原材料获取、生产（或提供服务）、分销、使用直至废弃物的处置/再生利用等所有阶段的温室气体排放。

要分别考虑产品生命周期的两种形态（见图 8 - 1）：

（1）从商业到消费者（B2C）——完全生命周期

在计算 B2C 商品的碳足迹时，典型的过程图步骤包括那些在以下所阐述的步骤。从原材料，通过制造、分销和零售，到消费者使用，以及最终处置和/或再生利用。

（2）从商业到商业（B2B）——基本生命周期

从商业到商业的碳足迹停留在该产品被提供给另一个制造商的节点上，这符合 ISO 14040 标准 3）中描述的“摇篮—大门”的方法。因此，B2B 商品的生命周期只包括从原材料通过生产直到产品到达一个新的组织，包括分销和运输到客户所在地。它不包括额外的生产步骤、最终的产品分销、零售、消费者使用以及处置/再生利用。

B2B——从商业到商业

商业到商业，企业对企业，从摇篮到大门（客户），适用于供应链产品

B2B

B2C——从商业到消费者

商业到消费者，企业对消费者，从摇篮到坟墓，适用于最终产品

B2C

图 8-1　产品生命周期的两种形态

“碳足迹”也称碳指纹（carbon fingerprint）和碳排量（carbon emissions），最早流行于英国。为了形象而准确地衡量温室气体排放对气候及人类生活的影响，环保组织和学者进行相关研究时提出了比喻式新词“碳足迹”。它是指个体、家庭、团体（公司）或产品（装置）在其整个生命周期中所释放的温室气体总量，即“碳耗用量”，是用来测量由每日耗能所产生的 CO_2 排放对环境影响的新指标，常以产生的 CO_2 吨数为计算标准表示。以“足迹”为喻，形象、新颖、生动，说明每个人生活过程的每一步均有自己的碳足迹（即温室气体排放量），均会在大气环境不断增多的温室气体中留下自己或轻或重的痕迹，即“人过留痕”。“碳足迹”可总括为一个人的能源意识和行为对自然环境产生的影响，即个人的能源消耗量和污染排放量。这里的“碳”是指木材、石油、煤炭、天然气等自然资源中所含有的碳元素。显然，碳耗用量越大，碳足迹就越大，导致全球变暖的元凶 CO_2 也越多，对温室效应的贡献越大。

“碳足迹”概念的意义在于注重从个体角度看碳排量，有意让人们认识到减少碳排量不仅是政府和企业等的行为，而是人人有责；提醒人们直接和间接污染均与自己行为有关；在于鼓励人们养成高效节制的低碳生活方式和环保的生活习惯，这是现代公民在享现代生活时所应担起的无可逃避的道德责任。

按产生方式或重要性程度碳足迹可分为第一碳足迹和第二碳足迹。

第一碳足迹（the primary footprint），也称主要碳足迹、直接碳足迹，是指生产生活中直接使用化石能源排放的 CO_2（等价物）的消耗量，需直接加以控制。如飞机是最大的碳排放制造者，一个经常坐飞机出行的人会有较多的第一碳足迹，因飞机飞行会耗大量燃油，排出大量 CO_2。第二碳足迹（the secondary footprint），也称次要碳足迹、间接碳足迹，是指消费者使用各类产（商）品或某项服务时在生产、制造、使用、运输、维修、回收与销毁等整个生命周期内，释放出的 CO_2（等价物）总量，即间接排放 CO_2。如消费一瓶普通瓶装水，会因其生产和运输过程中产生的 CO_2 排放而带来第二碳足迹；制造企业在其供应链（采购、生产、仓储和运输）中，仓储和运输会产生大量 CO_2（即第二碳足迹）。

按应用层次类型可分为个人的碳足迹、产品的碳足迹、企业的碳足迹、国家/城市的碳足迹。个人的碳足迹是针对每个人日常生活中的衣、食、住、行所导致的碳排放量加以

估算的过程。目前国际上的估算方法主要有两种：由上而下（top-down）与由下而上（bottom-up）。由上而下是以家户收支调查为基础，辅以环境投入产出分析，计算出一国中各家庭或各收入阶层碳足迹的平均概况。而由下而上则是利用碳足迹计算器，依个人日常生活中实际消费、交通型态为估算依据。产品的碳足迹是以单一产品制造、使用和废弃阶段，在整个从“摇篮到坟墓”的过程中，因燃料使用所导致温室气体排放的量。相对于产品的碳足迹，企业的碳足迹还包括非生产性活动，如相关投资的碳排放量，也是企业的碳足迹所需计算的范围。国家/城市的碳足迹，着眼于整个国家的总体物质与能源的耗用所产生的排放量，并着眼于间接与直接、进口与出口所造成排放量的差异分析，以检视是否此类碳遗漏是否符合环境正义的原则。

二、产品的碳足迹验证（认证）

1. 商品或服务的碳足迹验证的主要依据

碳足迹验证是在产品层面全生命周期水平上的测度，属于自下而上的碳核算体系，目前标准有很多，最为完整的，也是全球首个产品的碳足迹方法标准是英国的 PAS 2050。

在全球 PAS 2050 被企业广泛用来评价其商品和服务的温室气体排放。

产品的碳足迹的量化采用 PAS 2050：2008 作为指导，用于评估各种商品和服务在生命周期内的温室气体（GHG）排放。生命周期内的 GHG 排放是指各种商品和服务的制造/建立、改变、运输、储存、使用、提供、再利用或处置等过程的一部分产生的排放。

ISO 14064 – 3 阐述了碳足迹验证过程。它规定了核查策划、评估程序和评估温室气体等要素。

2. 商品或服务的碳足迹验证的基本步骤

任何组织的商品或服务的碳足迹的验证都有经过以下五个基本步骤：

（1）绘制一张过程图（流程图）；

（2）检查边界并确定优先顺序，选择计算中要包括的气体排放源；

（3）收集燃料用量数据，查询碳排放因子；

（4）计算碳足迹；

（5）检查不确定性。

3. 实施商品或服务的碳足迹验证的意义

（1）分析产品从摇篮到坟墓整个生命周期阶段产生温室气体的总排放量，经换算以二氧化碳当量表示，并以碳标签呈现；

（2）生产厂商进行产品的碳足迹盘查过程，可以了解产品由原料获取、制造、配送销售、使用及废弃回收等阶段所产生的碳排放量，并找出产品本身、制造过程及供应链中碳排放减量的机会；

（3）可以进一步降低消费者在使用及废弃回收阶段的碳排放量。

4. 碳足迹标签示意

图 8 – 2 给出了我国台湾地区碳足迹标签示意图及说明。

图 8 – 3 给出了我国台湾地区商品包装上碳标签示意及说明。

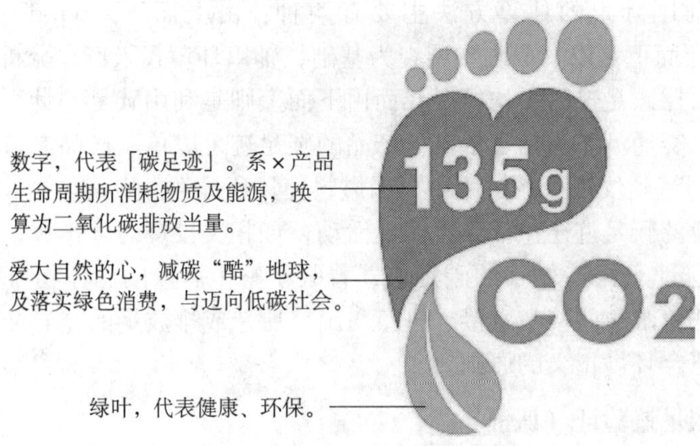

数字，代表「碳足迹」。系×产品生命周期所消耗物质及能源，换算为二氧化碳排放当量。

135g

爱大自然的心，减碳“酷”地球，及落实绿色消费，与迈向低碳社会。

CO_2

绿叶，代表健康、环保。

图 8-2 我国台湾地区碳足迹标签示意图及说明

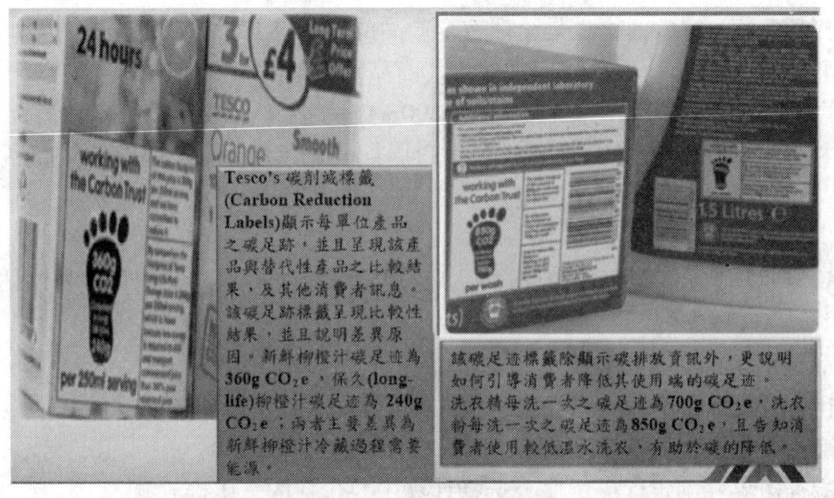

图 8-3 我国台湾地区商品包装上碳标签示意及说明

第二节 英国 PAS 2050：2008 简介

2008 年英国标准协会、碳基金会和英国环境、食品与农村事务部联合发布新标准 PAS 2050：2008《商品和服务在生命周期内的温室气体排放评价规范》。

一、总体说明

气候变化已经被确定为未来几十年中国家、政府、企业和个人面临的最大挑战之一。过去和现在的行动，包括 CO_2 和其他温室气体的排放将会对全球气候产生影响，这些温室气体的排放是通过人类活动如化石燃料的燃烧、化学过程的排放和其他人为的温室气体来源产生的。

从全球、国家或组织的层面上看，这些组织机构的温室气体排放量源于企业内部、企业之间以及国家之间的供应链。GHG 排放量与商品和服务有关，它反映了发生在商品和服务的整个生命周期内的工艺流程、材料和决策的影响。

PAS 2050 的制定是为了实现广泛的社会和行业想用一种统一的方法来评价商品和服务

在生命周期内的温室气体排放量的愿望。温室气体生命周期内的排放量是商品和服务在生产、改造、运输、储存、使用、供应、回收利用或销毁等过程中排放的。PAS 2050 认识到组织的这一潜力，即他们用这种方法为他们在生产供应链中所产生的温室气体排放量提供更好的认识，并且对使用 PAS 2050 产生的结果的对比和传达提供一个通用的基准。尽管在这一标准中没有关于通讯技术的通讯或标准化的规定，本标准支持其商品和服务在生命周期内的温室气体排放量评价，随后将会公布并通报给利益相关者，包括消费者。当实施这一标准的组织选择传递温室气体排放评价的具体结果时，需要将提供本标准中指定的其他有效信息。

二、标准制定的背景

PAS 2050 建立在现有的生命周期评价方法上，该方法是由 ISO 14040 和 ISO 14044 通过指定商品和服务的温室气体排放量评价要求制定的。这些要求进一步阐明了与商品和服务的温室气体排放评价有关的上述标准的执行，而且建立处理温室气体评价的实质方面的原则和技术，包括：

（1）企业对企业、企业对消费者全面评估商品和服务的温室气体排放时部分温室气体评估数据的使用；

（2）温室气体包含的范围；

（3）全球变暖的潜在数据标准；

（4）源于土地使用的变更以及生物和化石碳源排放物的处理；

（5）对产品碳储存和碳抵消影响的处理；

（6）对特定工艺产生的温室气体排放物的处理要求；

（7）可再生能源发电产生的排放物的数据要求及核算。

PAS 2050 的目的是通过提供一个明确的且一致的商品和服务全生命周期内温室气体排放物的评价方法，从而使组织、企业和其他利益相关者受益。本标准提供如下利益：

对于提供商品和服务的组织，PAS 2050：

（1）允许商品和服务在现有的生命周期内温室气体排放物的内部评估；

（2）在商品和服务相关的生命周期内 GHG 排放的基础上，推进可替代产品配置、采购和生产方法、原材料的选择以及供应商的选择的评估；

（3）为不断发展中的方案提供一个基准，旨在减少温室气体排放；

（4）允许商品和服务用一种通用的、经过验证的标准方法对生命周期内温室气体排放的比较；

（5）支持公布企业责任。

对商品和服务的消费者，PAS 2050：

（1）为报告和传达生命周期内温室气体排放评价的结果提供一个共同的基准，这一基准支持对认识的对比和一致性；

（2）当指定采购决策和使用商品和服务时，为更多的消费者提供一个机会去了解全生命周期内的温室气体排放。

三、标准内容

PAS 2050：2008 包括以下十章和六个附录，即：

（1）1 范围；

(2) 2 规范性引用文件（5 个）；

(3) 3 术语和定义（50 个）；

(4) 4 原则和实施（5 条，其中原则 5 个）；

(5) 5 排放源、抵消和分析单位（8 个大条款）；

(6) 6 系统边界（5 个大条款）；

(7) 7 数据（11 个大条款）；

(8) 8 排放的分配（4 个大条款）；

(9) 9 产品温室气体排放的计算（5 个步骤）；

(10) 10 符合性声明（4 条）；

(11) 附录 A 全球增温潜势；

(12) 附录 B 产品使用阶段和最终处置阶段排放影响的加权平均值的计算（规范性）；

(13) 附录 C 产品中碳存储影响的加权平均值计算（规范性）；

(14) 附录 D 可再生利用材料输入产生排放的计算（规范性）；

(15) 附录 E 所选国家的土地利用变化的默认值（规范性）；

(16) 附录 F 本标准中英国标准与中国国家标准或国际标准对照表。

PAS 2050：2008 给出了碳足迹评价的程序和要求，用于计算产品和服务在整个生命周期内（从原材料的获取，到生产、分销、使用和废弃后的处理）温室气体排放量；宗旨是帮助企业在管理自身生产过程中所形成的温室气体排放量，寻找在产品设计、生产和供应等过程中降低温室气体排放的机会，帮助企业降低产品或服务的 CO_2 排放量，最终开发出更小碳足迹的新产品。

四、与生命周期评价方法的关系

PAS 2050：2008 建立在现有的生命周期评价方法的基础上，这些方法是建立在 ISO 14040 和 ISO 14044 并通过明确规定各种商品和服务的生命周期内 GHG（温室气体）排放有关的标准实施过程，并另外制定了其他的原则和技术手段，这些原则和技术手段是针对 GHG 评估的关键方面，其中包括：

(1) 整个商品和服务 GHG 排放评价中部分 GHG 排放评价数据的企业到企业（B2B 是英文 Business To Business 的缩写，是企业对企业的间的营销关系）以及企业到客户（B2C 是英文 business-to-consumer 的缩写，而其中文简称为“商对客”）的使用；

(2) 温室气体的范围；

(3) 全球增温潜势数据的标准；

(4) 处理因土地利用变化、源于生物以及化石碳源产生的各种排放处理方法；

(5) 产品中碳储存的影响处理方法和抵消；

(6) 特定工艺中产生 GHG 排放的各项处置要求；

(7) 可再生能源产生排放的数据要求和对这类排放的解释；

(8) 符合性声明。

企业可利用该标准对其产品/服务在整个生命周期内的碳足迹进行评价，并在评价后加贴碳标识。该标准的宗旨是帮助企业在管理自身生产过程中所形成的温室气体排放的同时，寻找在产品设计、生产和供应等过程中降低温室气体排放的可能，以帮助企业降低产品或服务的二氧化碳排放量，最终开发出更低碳足迹的新产品。

PAS 2050 于 2008 年 10 月公告后即成为国际推动碳足迹计算的主要参考依据，亦成为国际标准化组织（ISO）制定产品的碳足迹标准（ISO 14067）的重要参考文件。

五、碳足迹计算方法学

PAS 2050 明确了产品的碳足迹评价的九个步骤及要求。这九个步骤是：选择适宜产品；确定适宜的供应商，必要时给予供应商一定的技术支持；确定产品/服务的碳足迹评价模式；确定系统边界；收集数据；供秤产品的气体排放分配；碳足迹评价计算；不确定性检查；符合性声明的编写。

在具体的碳足迹量化过程中，根据 PAS 2050：2008，其计算流程分三步：第一步是启动阶段，包括设定目标、选择产品和供应商参与；第二步是产品的碳足迹计算，包括过程编辑、核查及优先顺序确定、数据收集、碳足迹计算和不确定性检查；第三步是后续过程，包括审定结果、减排通报并公布减排。而这些流程都需要第三方对碳足迹审定。

碳足迹的基本计算公式有很多，如：

家庭用电产品的二氧化碳排放量（kg）=耗电量×0.785；

200km 以内的飞机飞行的二氧化碳排放量（kg）=公里数×0.275；

200km 到 1 000km 以内的飞机飞行的二氧化碳排放量（kg）=（公里数－200）×0.105＋55；

1 000km 以上的飞机飞行的二氧化碳排放量（kg）=公里数×0.139；

开车的二氧化碳排放量（kg）=耗油公升数×0.785；等等。

案例 1　空调器温室气体排放计算

某工厂位于广东省东莞市，有一台空调设备，用电实现独立计量，2008 年全年总计用电 6 250kW·h，这台设备 2008 年全年产生的温室气体排放是多少（其中公共电网的排放因子列于表 8－1 所示）？

表 8－1　公共电网排放因子

公共电网	OM tCO_2/（MW·h）	BM tCO_2/（MW·h）
华北区域电网	1.058 5	0.906 6
东北区域电网	1.198 3	0.810 8
华东区域电网	0.941 1	0.786 9
华中区域电网	1.252 6	0.636 3
西北区域电网	1.032 9	0.649 1
南方区域电网	0.985 3	0.571 4
海南省电网	0.934 9	0.756 8

确定此排放属第二类排放，广东省属于华南区域电网，排放因子 OM 为 0.985 3［tCO_2/（MW·h）］，则排放气体折算为二氧化碳当量为：6.25×0.985 3=6.158tCO_2e。

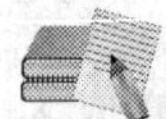

案例2　单一设备年碳排放量计算

某工厂有一台柴油发电机，2008 年全年总计耗油 175t，这台设备 2008 年全年产生的温室气体排放是多少（其中固定燃料燃烧类排放因子如表 8－2 所示）？

表 8－2　固定燃料燃烧类排放因子

燃料	CO_2	CH_4	N_2O
天然气	1 880g/m^3	0.048g/m^3 (1.104CO_2e) [a]	0.02g/m^3 (5.92CO_2e) [b]
蒸馏（轻）油	2 830g/L	0.006g/L (0.138CO_2e)	0.013g/L (3.848CO_2e)
蒸余（重）	3 090g/L	0.12g/L	0.013g/L
油		(2.76CO_2e)	(3.848CO_2e)
煤（传统锅炉）	2 480g/kg	0.015g/kg (0.345CO_2e)	0.11g/kg (32.56CO_2e)
煤（流体化床）	2 480g/kg	0.015g/kg (0.345CO_2e)	2.11g/kg (624.56CO_2e)
丙烷加热器	1 530g/L	0.03g/L (0.69CO_2e)	—
柴油马达（固定）	2 730g/L	0.26g/L (5.98CO_2e)	0.40g/L (118.4CO_2e)

[a] 依据联合国 IPCC 第三次评估报告（TAR）1CH_4 =23CO_2 当量（CO_2e）。

[b] 依据联合国 IPCC 第三次评估报告（TAR）1N_2O =296CO_2 当量（CO_2e）。

资料来源：加拿大森林产品公会（FPAC 2001）

确定此排放属于一类排放，排放因子按照“柴油马达”的排放因子选择，分别为：2 720g/L（CO_2）、5.98g/LCO_2e（CH_4）和 118.4g/LCO_2e（N_2O），175t 的柴油为 208 333L（密度重取 0.84g/cm^3），则排放温室气体折算为二氧化碳当量为 208 333 ×（2 720 + 5.98 + 118.4）/ 1 000 000 = 592.578tCO_2e。

第三节　英国 PAS 2050：2008 条文解读

PAS 2050 是目前世界上普遍采用的产品的碳足迹评价标准。本节对此标准作一个解读。

标准条文

1　范围

本标准根据关键的生命周期评价技术方法和原则对各种商品和服务（统称为产品）在生命周期内的 GHG 排放评价要求作了明确的规定。本标准适用于那些评估产品在整个生命周期内的GHG排放的机构，而且还适用于那些评估产品从“摇篮到大门”的GHG排放的组织。

对如何确定系统边界、该系统边界内的与产品有关的GHG排放源、完成分析所需的数据要求以及计算方法作了明确规定。

本标准仅阐明了全球变暖这一单独的环境影响，而不涉及提供产品过程中产生的其他潜在的社会、经济和环境影响，如：非温室气体排放、酸化、富营养化、毒性、生物多样性、劳动标准或其他与产品生命周期有关的社会、经济和环境影响。用本标准计算出的各种产品在生命周期内的GHG排放量无法提供一个有关这些产品的总体环境影响指标，因为这类影响可源于其他类别的生命周期评价。

本标准不包括商品和服务的具体产品类别的规则；然而，正如本标准所规定的：只要可能就要采用那些筛选出的商品和服务的具体产品类别的规则，而这些规则是根据BS ISO 14025标准制定的。

本标准另一个目的是使产品之间的GHG排放具有可比性，并能够通报这一信息。但是，本标准没有对通报的要求作出规定。

理解要点

（1）技术基础是关键生命周期评估技术和原则。

（2）目的：

——为商品和服务在生命周期内的温室气体排放的评价指定要求。

——给予产品之间的温室气体排放比较，并能进行信息传递。

（3）适用范围是适用于组织评价在全生命周期内产品的温室气体排放以及产品从摇篮到大门的温室气体排放。

（4）“指定要求”的内涵是以确定系统边界、系统边界内产品相关的温室气体排放源、进行分析的数据要求以及结果分析。

（5）内容范围：

——致力于单一的全球变暖的作用类别，而不评估产品供应产生的其他潜在的社会、经济和环境影响。

——不包含商品和服务的特定范畴的规定。

标准条文

2 规范性引用文件

在使用本标准时，以下参考文件是必不可少的。凡是注日期的引用文件，只有该引用版才适用。凡是不注日期的引用文件，其最新版本（包括任何修改文件）适用于本标准。

BS EN ISO 14021 环境管理 环境标志和声明 自我环境声明（Ⅱ型环境标志）

BS EN ISO 14044：2006 环境管理 生命周期评价 要求与指南，4.3.4.3

BS EN ISO/IEC 17050－1 达标评价 供方的达标声明 第1部分：一般要求

ISO/TS 14048：2002 环境管理 生命周期评价 数据文件编制格式，5.2.2

IPCC 2006 国家温室气体清单指南。国家温室气体清单计划，政府间气候变化专门

委员会

注：IPCC 2006 的后续修改文件也适用。

IPCC 2007 气候变化 2007：自然科学基础。政府间气候变化专业委员会《第四次评估报告》第一工作组的报告［Solomon，S.，D. Qin，M. Manning，Z. Chen，M. Marquis，K. B. Averyt，M. Tignor 和 H. L. Miller（编辑）］。剑桥大学出版社，剑桥，英国和美国纽约，996 页，第 2 章，表 2.14

注：IPCC 2007 的后续修改文件也适用。

理解要点

列出了被规范引用的英国转化的几个国际标准和政府间气候变化专门委员会的报告。其中 ISO 14021 和 ISO 14044 我国已转化为国家标准。

ISO 14021：1999　环境管理　环境标志和声明　自我环境声明（Ⅱ型环境标志）

ISO 14044：2006　环境管理　生命周期评价　要求和指南

ISO/IEC 17050－1：2004　合格评定　供应商的合格声明　第 1 部分：一般要求

ISO/TS 14048：2002　环境管理　生物圈评价　数据文件格式

2006 年 4 月　政府间气候变化专门委员会　《IPCC 国家温室气体清单指南》

2007 年 1 月　政府间气候变化专门委员会　《第一工作组第四次评估报告　气候变化 2007：物理科学基础》

标准条文

3　术语和定义

以下术语和定义适用于本标准。

3.1　分配

将过程或产品系统中的输入和输出流分配到所研究的产品系统以及一个或更多的其他产品系统中。［BS EN ISO 14044：2006，3.17］

3.2　生命周期内的温室气体排放预测

某个产品（关于产品的定义，见 3.37）的温室气体（关于温室气体的定义，见 3.26）排放的初始估值，该估值是采用次级数据（关于次级数据的定义，见 3.43）或初级数据（关于初级活动水平数据的定义，见 3.36）和次级数据相结合而计算的，适用于产品生命周期内的所有过程。

3.3　源于生物的

从生物质中提取的、但非化石的或源自化石的（关于化石的定义，见 3.22）。

3.4　生物质

从生物中提取的物质，但不包括嵌入地质构造中的物质或转变为化石的物质。［CEN/TR 14980：2004，4.3］

3.5　从商业到商业的

某一方向另一方（非终端用户）提供各种输入，包括产品。

3.6　从商业到消费者的

一方向终端用户提供各种输入，包括产品。

3.7　资产性商品

各类资产，诸如在产品生命周期内使用的机械、设备和建筑物。

3.8　二氧化碳当量（CO_2e）

在辐射强迫上与某种 GHG 质量相当的二氧化碳的量。[BS ISO 14064－1：2006，2.19]

注1：GHG 二氧化碳当量等于给定气体的质量乘以它的全球增温潜势（见3.25关于全球增温潜势的定义）。

注2：二氧化碳之外的温室气体按其单位辐射强迫换算成二氧化碳当量值，换算时采用政府间气候变化专业委员会（IPCC）定义的100年全球增温潜势。

3.9　固碳

去除大气中的碳。

3.10　碳存储

以一种非气体形式保留源于生物的或大气的碳。

3.11　热电联产（CHP）

在单个过程中同时产生可用的热能、电能和/或机械能。

3.12　有能力的人员

接受过培训、具有经验或知识并满足其他条件的人员，该人员有权获得足以使之完成某项规定任务所需的各种工具、设备和信息。

3.13　消耗品

实现某个过程所需的某种辅助输入，但它却不构成产品或该过程产生的共生产品的有形部分。

注1：消耗品包括润滑油、各种工具和在某个过程中其他易磨损的输入部件。消耗品在以下方面有别于基本资产：消耗品的预期生命周期为一年或不足一年，或需要在一年或不足一年内进行补充或更换。

注2：某个产品生命周期内的燃料和能源输入不视为消耗品。

3.14　消费者

商品或服务的使用者。

3.15　共生产品

同一单元过程或产品系统中产出的任何两种或两种以上的产品。[BS EN ISO 14044：2006，3.10]

注：只要在某个单元过程中产出两种或两种以上的产品，这些产品可被视为共生产品，在这种情况下，只有产出其他产品时才能产生本产品。

3.16　数据质量

数据在满足所声明的要求方面的能力特性。[BS EN ISO 14044：2006，3.19]

3.17　下游排放

某产品生命周期内的相关过程中那些被实施本标准的机构拥有或运营的后续过程中产生的 GHG 排放。

3.18　经济价值

生产中的产品、共生产品或废物的市场价值（关于废物的定义，见3.50）。

3.19 排放因子

释放的温室气体量，用二氧化碳当量与相关的活动单位表示。

注：例如，$kgCO_2e$/单位输入。排放因子可从二次数据源中得到。

3.20 排放

最终导致温室气体进入大气的向空气中的释放、向水和土壤中的排放。

3.21 向环境延伸的输入－输出（EEIO）分析

通过经济流分析，估算在某个经济体内来自各行业的温室气体排放（和其他环境影响）的方法。

注：可替代项，诸如：经济输入－输出生命周期评价（EIO-LCA）、基于输入输出的生命周期评价（IOLCA）以及混合生命周期评价（HLCA）是指开展 EEIO 分析的不同方法。

3.22 化石

从化石燃料或另一种化石源中提取的，包括泥碳［IPCC 2006 国家温室气体清单指南中术语表，第 2 款］。

3.23 功能单位

用作基准单位的量化的产品系统性能。［BS EN ISO 14044：2006，3.20］

3.24 温室气体排放

GHG 向大气中的释放。

3.25 全球增温潜势（GWP）

将单位质量的某种 GHG 在给定时间段内辐射强迫的影响与等量二氧化碳辐射强度影响相关联的系数。［BS ISO 14064－1：2006，2.18］

注：二氧化碳的 GWP 值定为 1，而其他气体的 GWP 则按相对于源自化石碳源的二氧化碳的 GWP 值表示。附录 A 包括了由政府间气候变化专门委员会提供的 100 年期间的全球增温潜势。在本标准规定的特定环境下，源于生物碳源的二氧化碳 GWP 值被赋予零。

3.26 温室气体（GHGs）

大气层中自然存在的和由于人类活动产生的能够吸收和散发由地球表面、大气层和云层所产生的、波长在红外光谱内的辐射的气态成分。

注：本标准包括的温室气体在附录 A 中作了规定。

3.27 输入

进入一个单元过程的产品、物质或能量流。［BS EN ISO 14040：2006，3.21］

3.28 中间产品

在系统中还需要作为其他单元过程的输入而发生继续转化的某个过程单元的产出。

3.29 国际参考生命周期数据系统（ILCD）

为使欧洲协调一致并保证生命周期数据和研究的质量而由欧盟委员会联合研究中心提供的一系列涉及质量、方法、术语、文件记录和评审要求的技术指南文件。

3.30 生命周期

产品系统中前后衔接的一系列阶段，从自然界或从自然资源中获取原材料，直至生命周期结束，包括任何回收利用或回收活动。［BS EN ISO 14040：2006，3.1］

3.31　生命周期评价（LCA）

对一个产品系统生命周期内的输入、输出及其潜在环境影响的汇编和评价。［BS EN ISO 14040：2006，3.2］

3.32　生命周期温室气体排放

在某个产品的特定系统边界内，该产品生命周期内所有阶段产生的温室气体排放总量。

注：本标准包括在该产品的生命周期边界内作为各过程一部分而释放出的所有排放，这些过程包括产品的获取、产生、改变、运输、储存、运行、使用直至产品的处置。

3.33　实质性贡献

任一大于某个产品生命周期内温室气体排放估测值1%的温室气体排放源的贡献。

注：设定一个1%的限定值是因为不必将生命周期内非常微小的温室气体排放源像更重要的排放源那样同样重视。

3.34　抵消

宣称与某过程或产品相关联的GHG减排的机制，通过一个去除或阻止与被评价产品生命周期无关的GHG排放过程来实现。

注：一个例子是购买京都议定书下的清洁发展机制项目所产生的经核证的减排量。

3.35　输出

离开一个单元过程的产品、物质或能量。［改写 BS EN ISO 14044：2006，3.25］

注：材料可包括原材料、中间产品、共生产品、产品和排放。

3.36　初级活动水平数据

对于某个产品生命周期活动的定量测量。乘以排放因子后得到某过程所产生的GHG排放量。

注1：初级活动水平数据的例子包括使用的能源总量、生产所需的材料、提供的服务或受影响的土地面积。

注2：初级活动水平数据源通常好于次级数据源，因为这些数据将反映某个过程的特定性质/效率以及与该过程有关的GHG排放。

注3：初级活动水平数据不包括排放因子。

3.37　产品

任何商品或服务。

注：服务分为有形和无形两部分，它包括如下几个方面：

a）在顾客提供的有形产品（例如维修的汽车）上所完成的活动；

b）在顾客提供的无形产品（例如为纳税所进行的收入申报）上所完成的活动；

c）无形产品的支付（例如知识传授方面的信息提供）提供无形产品；

d）为顾客创造氛围（例如在宾馆和饭店）；

e）软件由信息组成，通常是无形产品并可以方法、论文或程序的形式存在。［改写 BS ISO 14040：2006，3.9］

3.38　产品种类

具有同等功能的产品组群。［BS ISO 14025：2006，3.12］

3.39　产品种类规则（PCR）

对一个或多个产品种类进行Ⅲ型环境声明所必须满足的一套具体的的规则、要求和指南。[BS ISO 14025：2006，3.5]

3.40　产品系统

拥有基本流和产品流，同时具有一种或多种特定功能，并能模拟产品生命周期的单元过程的集合。[BS EN ISO 14040：2006，3.28]

3.41　原材料

用于生产某种产品的初级和次级材料。

注：次级材料包括可再生利用材料。[BS EN ISO 14040：2006，3.15]

3.42　可再生能源

来自非化石的能源（风能、太阳能、地热、海浪、潮汐、水电、生物质能、垃圾填埋气、污水处理厂废气和沼气）。[改写指令2001/77/EC，第2条［4］]

3.43　次级数据

从产品生命周期所包括的过程中直接测量以外的来源获得的数据。

注：当无法获得初级活动水平数据或者获得初级活动水平数据不切实际时，则使用次级数据。

3.44　系统边界

通过一组准则确定哪些单元过程属于产品系统的一部分。［BS EN ISO 14040：2006，3.32］

3.45　单元过程

一个生命周期的最小部分，在进行生命周期评价时，对其进行数据分析。

3.46　上游排放

某产品生命周期内的相关过程中那些被实施本标准的机构拥有、运行或控制之前的过程中产生的GHG排放。

3.47　使用阶段

某产品生命周期中，提供给消费者之后与产品报废之前的那一时段。

注：对于服务，使用阶段包括提供服务。

3.48　使用概要

确定使用阶段所产生的GHG排放的准则。

3.49　可用的能源

通过取代另一种能源来满足需求的能源。

注：例如，当利用CHP机组产热以满足对热量的需求（这种需求以前是由另一种形式的能源来满足，或者满足新的热量需求将需要更多的能源输入）时，来自CHP的热量则提供了有用的能源。只要来自CHP的热量不是用来满足需求而是被散失掉（如排入大气），那么这种热量将不被视为有用的能源（在这种情况下，来自CHP的排放将不被视为产生热量）。

3.50　废物

持有者抛弃或打算抛弃或被要求抛弃的材料、共生产品、产品或排放物。

理解要点

列出了涉及的50个术语的定义。有的来自于ISO的其他标准，有的对其他文献中的定义进行了改编。PAS 2050中在引用ISO标准时前面加了BS或BS EN，表明是英国转化的ISO标准，为了方便理解，直接使用ISO标准号。

标准条文

4 原则和实施

4.1 总要求

评价产品的GHG排放应使用LCA技术。除非另有说明，评估产品生命周期的GHG排放应使用归因法，即描述归因于提供特定数量的产品功能单元的输入及其相关的排放。

注：BS EN ISO 14040和BS EN ISO 14044详细说明了LCA技术。如果这些标准所描述的方法不符合本标准的要求，则优先考虑本标准的要求。

理解要点

（1）说明了产品的温室气体排放评价是基于生命周期评价技术。有关生命周期评价的标准ISO 14040和ISO 14044的主要内容，本书前面的章节进行了专门的介绍。

（2）产品在生命周期内的温室气体排放使用归因方法，即通过描述投入与它们的相关排放量时，将其归因于产品功能单元的给定数额的交付。

标准条文

4.2 原则

声明符合本标准的组织应确保产品生命周期内温室气体排放评价的完整性，并应表明在进行评估时已考虑下列原则：

a）适应性：选择适合于评估产品所产生的GHG排放的GHG排放源、碳存储、数据和方法；

b）完整性：包括所有指定的、对评估产品的GHG排放有实质性贡献的GHG排放和存储；

c）一致性：能够对有关GHG信息进行有意义的比较；

d）准确性：尽可能地减少误差和不确定性；

e）透明度：只要把依照本标准开展的生命周期GHG排放评价的结果通报给第三方，那么通报这些结果的组织应披露与GHG排放的有关信息，足以使第三方有信心作出相关的决定。

注：上述原则根据BS ISO 14064－1：2006第3款。

理解要点

（1）碳储存：以一种非大气气体形式保存来自生物或大气中的碳。

（2）给出了组织在依据PAS 2050规范进行产品生命周期内的温室气体评价时应当遵守的五项原则，即适应性、完整性、一致性、准确性和透明性。适用性要求在进行产品的温室气体排放评价时，温室气体来源、碳储存、数据和方法与所评价的产品相适应；完整性要求在评价时考虑所有与该产品有关的温室气体排放和储存；一致性要求相关的信息具有可比性；准确性要求在评价过程中要减少偏差和不确定性；透明性要求对有关产品的温室气体信息能够被第三方所获取，并增强第三方作决定的信心。

（3）要求声明符合本标准的组织需确认产品在生命周期内的温室气体排放评价是完整的。

标准条文

> **4.3　产品区分**
>
> 本标准规定的GHG排放评价应适用于进行评价的产品。只要正在对类似的产品进行评价时，应对提供给第三方的每个产品进行单独的评价，但在第三方无法区分类似产品之间的差别时除外。

理解要点

（1）产品：任何商品和服务。服务有有形和无形的成分。例如，一项服务的提供可能涉及以下部分：

1）用于提供给消费者的有形产品（例如待修的汽车）上的活动；

2）用于提供给消费者的无形产品（例如需要准备纳税申报的利润表）的活动；

3）无形产品的交付（例如知识传输方面的信息的传递）；

4）消费者环境的创造（例如酒店和餐馆）；

5）软件包含信息且通常是无形的，可表现为方法、协议或程序形式。

（2）要求产品的温室气体排放评价须针对某一种具体产品单独进行评价，而不是针对某类产品，除非这类产品不同规格型号之间没有区别。如可针对羊角面包进行碳足迹评价，而不能简单针对面包进行碳足迹评价。再如可针对某一品牌的某种型号的笔记本电脑进行碳足迹评价，而不能简单笼统对笔记本电脑进行碳足迹评价，因为不同规格型号和不同品牌和笔记本电脑的碳足迹可能不一样。因此在评价产品的碳足迹时，在选择产品的过程中要关注产品的差异性。

标准条文

> **4.4　支持数据**
>
> 用于生命周期内GHG排放评价的数据（包括但不限于产品和过程的边界、材料、排放因子和排放量以及本标准所要求的其他数据）应形成文件并记录，并以便于分析和核查的格式进行保存，保存时间应为五年或产品预期寿命两者中的最长时间。
>
> **注：**无论选择何种形式的核查，都宜提供数据记录以支持所宣称的符合性。进行符合性自我核查采用的基础支持数据与另一方核查或独立的第三方认证所要求的没有区别（见10）。

理解要点

（1）排放因子：释放的温室气体量，用二氧化碳当量与相关的活动单位表示。例如，每单位投入产生的CO_2当量数，排放因子数据可从辅助数据源中获取。

（2）说明了产品温室气体排放评价所需要数据包括的范畴，包括但不限于：

1）产品和工艺流程边界方面的数据；

2）材料方面的数据；

3）排放因子相关的数据；

4）排放物方面的数据；

5）其他要求的数据。

（3）说明了数据记录、保存格式的要求及数据保存的目的，以便对产品五年或预期寿命更多的分析和核查。

标准条文

4.5 本标准的实施

产品在生命周期的内 GHG 排放评价应以下述方式进行：

a）从商业到消费者的评价，包括产品在整个生命周期内所产生的排放；

b）从商业到商业的评价，包括直到输入到达一个新的组织之前所释放的 GHG 排放（包括所有上游排放）。

注1：上述两种方法分别称为“从摇篮到坟墓”的方法（见 BS EN ISO 14044）和“从摇篮到大门”的方法（见 BS EN ISO 14040）。

注2：对于从商业到商业的评价，关于产品生命周期中的一部分产生排放的评价见6.2。

理解要点

（1）相关术语

1）生命周期：产品系统中前后衔接的一系列阶段，从自然界或从自然资源中获取原材料，直至生命周期结束，包括任何回收利用或回收活动。

2）生命周期评价（LCA）：对一个产品系统生命周期内的输入、输出及其潜在环境影响的汇编和评价。

3）生命周期内温室气体排放量：在某个产品的特定系统边界内，该产品生命周期内所有阶段产生的温室气体排放总量。

包括在该产品的生命周期边界内作为各过程一部分而释放出的所有排放，这些过程包括产品的获取、产生、改变、运输、储存、运行、使用直至产品的处置。

4）从商业到商业的：某一方向另一方（非终端用户）提供各种输入，包括产品。

5）从商业到消费者的：一方向终端用户提供各种输入，包括产品。

（2）规定了产品在生命周期的温室气体排放基于以下两种情况之一：

1）从商业到消费者的（Business-to-consumer，B2C），即原料厂商/运输→产品制造→配送/零售→消费者使用→废弃物处理/回收。

2）从商业到商业的（Business-to-business，B2B），即原料厂商/运输→产品制造→配送/企业客户。

（3）第一种情况是完全生命周期内的评价，称为“摇篮到坟墓”方法；第二种情况为基本生命周期内或部分生命周期内的评价，称为“摇篮到门”方法。

标准条文

5 排放源、抵消和分析单位

5.1 GHG 排放的范围

生命周期内 GHG 排放评价应包括附录 A 中列出的气体。

5.1.1 全球增温潜势（GWP）

除非本标准另有规定，GHG 排放应按温室气体的质量衡量，并应利用 IPCC 最新的 100 年全球增温潜势（GWP）系数（附录 A）转换成 CO_2 当量排放。

注：例如，甲烷的 GWP 系数为 25，那么根据其 GWP，1 千克的甲烷相当于 25 千克的 CO_2 当量。

5.1.2 航空器排放

目前没有乘数或其他修正应用在航空器运输所产生排放的 GWP 上。

注：一旦对于所采取的方法在科学上达成共识，在今后修订本标准时将进一步考虑对飞机排放应用某个乘数。

理解要点

（1）全球变暖潜能值（GWP）：将单位质量的某种 GHG 在给定时间段内辐射强迫的影响与等量二氧化碳辐射强度影响相关联的系数。指定 CO_2 的 GWP 值为 1，其他气体的 GWP 值表示为对应于来自化石碳源的 CO_2GWP 值。附录 A 包含 100 年期间的全球变暖潜能值，是由国家气候变化专门委员会提供的。来自生物源的 CO_2 的 GWP 值规定为 0，具体在该 PAS 中有规定。这一术语是用来描述一种温室气体单位相对于一个 CO_2 当量单位在 100 年内产生的影响。

（2）生命周期内的温室气体排放预测：某个产品的温室气体排放的初始估值，该估值是采用次级数据或初级数据和次级数据相结合而计算的，适用于产品生命周期内的所有过程。

（3）规定了产品生命周期内温室气体排放评价应考虑的气体。本书附录 2 中列出了这些气体的名称及全球变暖潜能值（GWP）。

（4）由于按照辐射强迫得到的航空非 CO_2 排放影响的相对大小尚存在相当大的不确定性，因此评价中不包括该系数。

标准条文

5.2 GHG 排放的评价期

对各种产品生命周期内 GHG 排放的影响进行评价应评价该产品形成后 100 年内 GHG 排放的 CO_2 当量影响（即 100 年的评价期）。

除了使用阶段（见 6.4.8）和最后处置阶段（见 6.4.9）外，在产品所有生命周期阶段产生的排放应被视为在 100 年评价期开始时排出的单一排放。

当使用阶段或最后处置阶段产生的所有 GHG 排放发生在产品形成后的一年之内时，这些排放应按 100 年评价期开始时的单一排放处理。当使用阶段或最后处置阶段产生的排放发生超过一年以上时，则应使用一个系数来表示 100 年评价期内大气中现存排放的加权平均时间（关于使用阶段的排放，见6.4.8.1和附录B；关于最后处置阶段的排放，见6.4.9.1和附录B）。

注：使用阶段和最后处置阶段发生一年以上的排放例子包括长寿命灯泡使用阶段的排放，或产品在后期阶段进行最后处置所产生的排放（如一年之后填埋或焚烧产生的排放）。

产品中碳存储的影响如5.4所述。

理解要点

（1）相关术语

1）排放因子：释放的温室气体量，用二氧化碳当量与相关的活动单位表示。例如，每单位投入产生的CO_2当量数，排放因子数据可从辅助数据源中获取。

2）碳储存：以一种非气体形式保留源于生物的或大气的碳。

3）使用阶段：某产品生命周期中，提供给消费者之后与产品报废之前的那一时段。对于服务，使用阶段包括该服务的提供。

（2）规定了产品生命周期内温室气体排放的影响评价的时间段是自该产品形成的100年间该温室气体排放的二氧化碳当量影响。

（3）产品生命周期内的原材料获取和加工、产品制造、运输和分销阶段的排放量应作为100年评估期开始期间的排放物的单一释放。

（4）在产品生命周期的使用阶段和最终处理阶段的时间段以一年为基础，当：

1）使用阶段或最后销毁阶段产生的所有的温室气体排放发生在产品形成后的一年以内时，则将那些排放物作为100年评估期开始期间的排放物的单一释放；

2）使用阶段和最后销毁阶段超过一年以后时，在使用阶段的排放或在后来产品的最终销毁阶段产生的排放，则取一个因子表示100年评估期间大气中的排放物存在的加权平均时间。

（5）“100年评估期”的来历

IPCC报告中规定用全球增温潜势（GWP）这一术语是用来描述一种温室气体单位相对于一个二氧化碳当量单位在一百年内产生的影响。

100年的评价期是指在产品形成之后，PAS 2050：2008对100年期间产品在生命周期内的温室气体排放影响作出评价。

（6）使用阶段和使用概要

“使用阶段”描述当终端消费者所使用产品时的活动和能源消耗。这可以包括与储存相关的能源（如制冷），或与应用相关的能源（如灯泡照明用电）。

“使用概要”描述终端消费者的平均行为，如被扔掉的食物产品的平均百分比。

标准条文

5.3 GHG排放源

评价应包括在产品生命周期内各种过程、输入和输出所产生的GHG排放，包括但不限于：

a）能源利用（包括能源，如电力，这些能源本身是利用与 GHG 相关的排放过程而生产的）；

b）燃烧过程；

c）化学反应；

d）制冷剂的损失和其他逃逸气体；

e）运行；

f）服务提供和交付；

g）土地利用变化；

h）牲畜和其他农业过程；

i）废物。

注：对于从商业到商业的评价，见 6.2 关于产品生命周期一部分所产生排放的评估，数据源见第 7 章。

5.3.1 化石和生物碳源产生的 CO_2 排放

化石碳源产生的 CO_2 排放应包括在产品生命周期内 GHG 排放的计算中。生物碳源产生的 CO_2 排放应被排除在产品生命周期内 GHG 排放的计算之外，除非 CO_2 源于土地利用变化（见 5.5）。

5.3.2 化石和生物碳源产生的非 CO_2 排放

化石和生物碳源产生的非 CO_2 排放应包括在产品生命周期内 GHG 排放的计算中。应订正来自生物碳源的非 CO_2 排放的 GWP 系数，以考虑生物碳源产生 CO_2 的固化。

理解要点

（1）相关术语和定义

1）源于生物的：从生物质中提取的、但非化石的或源自化石的（关于化石的定义，见 3.22）。

2）废物：持有者抛弃或打算抛弃或被要求抛弃的材料、共生产品、产品或排放物。

（2）规定了在评价产品的温室气体排放时要考虑的排放源，包括：产品生命周期内的投入和产出、生产过程的温室气体排放。列举了需要考虑的可能有温室气体排放的部分过程，并不是所有产品都包括这些过程，也不是只限于这些过程，如：

1）能源的生产和使用过程；

2）燃烧过程；

3）化学反应过程；

4）制冷剂流失与其他逃逸气体；

5）运行过程；

6）服务的供给和交付；

7）土地利用变化；

8）生物和其他农业过程；

9）废弃物处理过程。

（3）对源于化石和生物碳源的 CO_2 排放量和非 CO_2 的其他温室气体的排放量，在产品生命周期内的温室气体排放计算中如何考虑作出了规定：

1）来自化石碳源的 CO_2 排放量应包含在产品生命周期内温室气体排放的计算中；

2）除当 CO_2 来源于土地利用变化时外；来自生物碳源的 CO_2 排放量不应含在产品生命周期内温室气体排放量的计算当中；

3）来自化石和生物碳源的非 CO_2 排放量都应包含在产品生命周期内的温室气体排放量计算当中；

4）源于生物碳源的非 CO_2 排放的全球变暖潜能值因子应更正为考虑到导致生物碳源的 CO_2 的封存。

标准条文

5.4　产品中的碳存储

如果大气中的 CO_2 被某产品吸收且该产品不是一种生物，根据 5.4.3 和 5.4.4 所述的条件，该产品生命周期内 GHG 排放的评价应包括这一碳存储在 100 年评价期间的影响。

如果生物碳构成了产品的一部分，产品生命周期内 GHG 排放的评价则应包括这一碳存储在 100 年评价期间的影响，但要符合 5.4.1 和 5.4.4 所述的条件。

注：如果生物碳构成产品的一部分或全部（如桌子的木材纤维），或如果大气中的碳在其生命周期内被产品吸收（如水泥），则可能产生碳存储。

理解要点

（1）对产品本身中的碳在该产品生命周期内温室气体排放量评价中如何考虑作出了规定：

1）当大气中的 CO_2 被产品在其生命周期内获取，碳成为产品的组成元素之一，或在产品形成过程中 CO_2 作为一种物质与其他物质发生化学反应，且该产品不是活的有机体（动物或植物）时，则该产品中的碳（如水泥是由碳酸钙作为主要原料生产的，其中的碳酸是由 CO_2 与水发生化学反应生成）在 100 年评估期间碳储存的影响应包含在该产品在生命周期内温室气体排放量评价中；

2）当生物源的碳形成产品的一部分时（如桌子由木材作为原料生产的，木材是树加工的，树在生长过程中发生光合作用，能吸收（储存）CO_2；但由于做桌子砍了树，就减少了对 CO_2 的吸收），在 100 年评估期间这部分碳储存的影响应包含在产品在生命周期内温室气体排放评价中。

（2）一些由植物碳（而非化石碳）组成的产品实际上能存储碳，它们从大气中去除温室气体，所以产生的排放量为“负值”。本条款包含以下方面的详细情况，即何时计算存储的碳以及如何计算碳存储的效益。

1）产品在以下条件中可声明能获得存储效益：

a）该产品不是食品（供人食用的）或（动物）饲料，为简化应用，本标准在计算食品中的碳存储方面没有要求。

b）50% 以上的植物部分的质量在生产出来后（诸如桌子等木制家具）的一年或一年以上的时间内从大气中被清除，对此不考虑产品中的碳存储。

c）将特别制造或再生利用/再利用的那些含植物碳的材料输入该产品。如果不制造该产品，则存储产生的效益是额外的。

例如，已经营的森林的木材制作的产品将在碳存储方面获得效益。但是，用天然林、没有经营的森林（如原始雨林）制作的产品将不能获得碳存储带来的效益。

这是一个关键的要求：无论如何，只有当材料中储存了原本发生的碳储量之外增加的碳时，本标准才允许考虑碳存储的效益。

2）计算产品的碳存储需要理解这些产品在100年内的状态。在这期间，某些产品可能燃烧（释放CO_2）；某些产品可能最终成为废物（释放或不释放CO_2）；某些产品将被再生利用；某些将继续保留为原产品。

在这些不同的情况下，重要的是要了解，在100年的时期内，产品中有多少碳以CO_2的形式释放，以及释放的时间。在这100年的初期，以CO_2的形式释放的碳对碳存储评价产生的影响小得多，对产品在整个100年内保留的碳所产生的影响则大得多。

只要一种产品被再生利用，该产品的碳存储效益即终止。但是使用再生利用材料的产品可获得碳存储效益（只要你能够证明制造再生利用材料的目的是用于该产品）。

标准条文

5.4.1　符合进行生物碳存储评价条件的产品

对于下述包含生物碳的产品，产品生命周期内GHG排放的评估应包括碳存储的影响，但条件是：

a）不是人类或动物摄入的产品（即不是食品或饲料）；

b）产品中有超过50%的生物碳在产品生产一年或一年以后会保留在产品中；

c）含有生物碳的材料通过以下方式获得：

i）人类活动产生的一种输入，导致其形成的目的是利用它作为一种过程的输入（如已经营的森林）；或

ii）回收或再利用的一种输入，其中包含的材料被证实符合上述（i）。

注1：a）的目的是限制对非食品类产品进行碳存储评估的需求；b）的目的是确保对于短寿命的生物产品无需执行这项规定；c）的目的是确保产品中的生物碳存储是在没有任何人为干预之外产生的。

注2：产品中的生物碳存储取决于产品的类型、平均生命周期、回收率及其处置方式（如填埋、焚烧）。

注3：虽然森林经营活动也许通过森林生物量的保持导致额外的碳储保留在人工管理林中，但这一潜在的存储源未纳入本标准的范围。

理解要点

（1）对含有生物源碳的产品在其生命周期内的温室气体评价中如何确定其碳储存的影响作出了规定。

只要符合以下条件之一，碳储存的影响应包含在产品在生命周期内温室气体排放评价中：

1）产品不用于人或动物的摄取（即非食物或饲料），此条的目的是限制需要量以进行非食品项目的碳储存评估；

2）除产品生产一年或一年以上时来自大气的碳外，产品中来自生物源的碳的质量仍超过50%，此条的目的是确保这一条件无需作为具有短期寿命的生物源的产品的补充；

3）含有生物碳的材料是人类活动结果的投入，其导致碳储存的形成目的是利用它作为过程的投入（例如管理林业）；或者是回收或再利用的投入，其包含证明符合人类活动结果的投入的材料，此条的目的是确保产品中的生物碳的储存是额外的，在没有人干预的情况下也可能出现；

（2）产品中生物碳的储存根据产品类型、平均寿命、再循环速率和处理途径（例如填埋、焚烧）的不同而不同。

（3）尽管森林管理活动通过保持森林生物量可能会导致在管理森林中的碳储量增加，这种潜在的储存来源不含在本标准规定的范围内。

标准条文

5.4.2　存储的生物碳的处理方法

5.4.2.1　处置生物碳时的处理方法

当以阻止部分或全部生物碳在100年评价期内重新排放到大气中的方式处置产品时，出于本标准之目的，不会重新排放到大气中的那部分生物碳则应被视为储存的碳（评价方法见5.4.3）。

5.4.2.2　回收材料中生物碳的处理

当产品在100年评价期内被回收时，那么碳存储的影响应根据直到回收发生时产生的回收材料产品予以确定。

注：据此，使用回收生物材料制造的某产品的碳存储受益于储存在回收材料中的碳。

5.4.2.3　含生物碳产品所产生 CO_2 排放的处理

当含生物碳产品降解并释放 CO_2 到大气中时，那么生物碳产生的 CO_2 排放不应纳入与产品有关的排放评估。

注：通过计算加权平均的100年评价期所储存的碳，含生物碳的产品产生的 CO_2 排放包括在生命周期内GHG排放的评估中（见5.4.3），并无需包括在此。

5.4.2.4　含生物碳的产品所产生的非 CO_2 温室气体排放的处理

包含生物碳的产品在100年评价期内产生的非 CO_2 温室气体排放应构成被评估产品在生命周期内排放的一部分。当非 CO_2 温室气体排放被捕获并用于能源回收时，则应按照8.2.3来处理这些排放。

注：产品以任何形式或在任何地点（如填埋）的分解都可能产生非 CO_2 排放，如甲烷。

理解要点

对清除过程中生物碳、再循环材料中的生物碳、产生于含生物碳的产品的 CO_2 排放量、含生物碳产品的非 CO_2 温室气体排放等生物碳存储在生命周期内的温室气体排放如何处理作出了规定：

（1）当产品以清除过程中生物碳方式处理，以防止100年评估期间部分或全部生物碳排放到大气中时，没被释放到大气中的那部分生物碳应作为储存碳；

（2）当产品在100年评估期间被回收利用时，该产品的碳储存的影响应确定为引起再循环材料达到回收利用发生的点；

（3）当包含生物碳源的产品被降解并释放 CO_2 到大气中时，产生于生物碳的 CO_2 排放量不应包含在产品相关排放量评价中，理由是生物碳的产品产生的 CO_2 排放量计入包括在 100 年评估期间通过对存储碳进行加权平均计算得出的生命周期内温室气体排放评价中；

（4）在 100 年评估期间含生物碳源的产品产生的非 CO_2 温室气体（如 CH_4 可能会以任何形式或在任何地方例如在垃圾填埋场通过产品的分解产生）排放量应为该气体生命周期内排放量的一部分。当非 CO_2 温室气体排放量被捕获并用于能源回收利用，对这类排放量的处理量的处理参照 8.2.3“废弃物产生的甲烷排放物的燃烧”的要求计算温室气体排放量。

标准条文

5.4.3　碳存储的 CO_2 影响计算方法

5.4.3.1　生物碳存储的加权平均值和产品吸收的大气 CO_2

碳存储的影响应根据产品中生物碳（以 CO_2 计）的加权平均值或产品吸收的并在 100 年评价期内不会重新排放到大气中的大气 CO_2 来确定。计算碳存储的影响的加权平均值应采用附录 C 给出的方法。

5.4.3.2　包括碳存储的 GHG 影响

应按照 5.4.3.1 计算加权平均的碳存储的影响，以负的 CO_2 当量值而纳入产品生命周期内 GHG 排放评价。

理解要点

（1）碳存储的影响应由产品中的生物碳（作为 CO_2 衡量），或被产品占据且在 100 年评估期间不会再释放到大气中的 CO_2 的加权平均确定。

（2）计算产品的碳存储需要理解这些产品在 100 年内的状态。在这期间，某些产品可能燃烧（释放 CO_2）；某些产品可能最终成为废物（释放或不释放 CO_2）；某些产品将被再生利用；某些将继续保留为原产品。

在这些不同的情况下，重要的是要了解，在 100 年的时期内，产品中有多少碳以 CO_2 的形式释放，以及释放的时间。在这 100 年的初期，以 CO_2 的形式释放的碳对碳存储评价产生的影响小得多，对产品在整个 100 年内保留的碳所产生的影响则大得多。

只要一种产品被再生利用，该产品的碳存储效益即终止。但是使用再生利用材料的产品可获得碳存储效益（只要你能够证明制造再生利用材料的目的是用于该产品）。

（3）产品中碳储量的加权平均影响计算

1）在产品的生命周期中，碳储量或大气中碳的吸收发生在 100 年评估期间时，其影响应反映 100 年评估期间碳储存的加权平均时间。

2）若一种产品的全碳储存的利益存在于产品形成后的 2 年～25 年（之后碳储存益处不会再出现），100 年评估期间 CO_2 储存利益的权重因子应按下式计算：

$$权重因子=\frac{(0.76\times t_0)}{100}$$

式中：t_0——产品形成后其存在全碳储存利益的年数。

3）在2）中未包含的情况中，应用于100年评估期间二氧化碳储存利益的权重因子应按下式计算：

$$权重因子 = \frac{\sum_{i=1}^{100}(x_i)}{100}$$

式中：i——储存发生的每一年；

x——任一年i中余留的总储存量所占比例。

例如，如果一种产品在其形成后5年时间内储存生物碳，那么在接下来的5年内碳储存会递减，产品中代表碳储存的加权平均时间的权重因子按下式计算：

$$\frac{(1+1+1+1+1+0.8+0.6+0.4+0.2+0)}{100}=0.07$$

在这个例子中，100%的碳储存利益发生在第一个5年中，然后，在接下来5年内，碳储量每年减少20%。因此，为反映100年评估期间产品中生物碳储存的加权平均影响，储存在产品中的以二氧化碳当量表示的生物碳总量应乘以一个因子0.07。

（4）按照加权平均计算方法计算的加权平均碳存储的影响应作为一个负的二氧化碳当量值计入源于产品生命周期中的二氧化碳排放量评价中。

标准条文

5.4.4　记录碳存储评价的基础数据

当产品在生命周期内的GHG排放评价包括碳存储的影响时，则碳存储影响计算所依据的数据源以及100年评价期内产品的碳存储说明应被记录并保存（见4.4）。

理解要点

这是对碳存储评价基础记录的要求。即当产品在生命周期内的温室气体排放评价包含存储碳的影响时，应记录并保存这一数据来源连同产品在100年评估期间CO_2存储简况。

标准条文

5.5　土地利用变化的内涵及处理

对于来自农业活动向产品生命周期的任何输入，应评价直接土地利用变化所产生的GHG排放，并且直接土地利用变化所产生的GHG排放应纳入该产品GHG排放的评价。

GHG排放发生的原因是直接土地利用发生了变化，故其评估应根据IPCC国家温室气体清单指南中的有关章节（见第2款）。土地利用变化影响评价应包括所有直接土地利用在1990年1月1日之后发生的变化。直接土地利用发生变化引起的GHG排放总量应列入因该土地产生的产品GHG排放。产生于土地利用变化的排放总量的二十分之一（5%）应列入这些产品的GHG排放，在土地利用发生变化之后20年内逐年计入。

注1：当能够证明土地利用变化是于根据本标准进行评价前20多年发生时，则不得将土地利用变化产生的排放纳入评价，因为所有因土地利用变化造成的排放已假定是在应用本标准之前发生的。

注 2：直接土地利用变化指的是将非农业用地转换成农业用地，作为生产农业产品的一个后果或对该片土地产品的输入。间接土地利用变化指的是将非农业用地转换成农业用地，作为在其他地方改变农业耕作的一个后果。

注 3：虽然 GHG 排放也产生自间接的土地利用变化，但是计算这类排放所需的方法和数据没有得到充分开发。因此，对间接土地利用变化产生的排放所作的评估没有列入本标准。在本标准未来版本中将考虑纳入间接土地利用变化。

注 4：假定在土地利用变化发生之前，该片土地产生的净 GHG 排放为零。

理解要点

（1）对于来自农业活动的产品在生命周期内的任何投入，都应对直接产生于土地利用变化的温室气体排放进行评价，并且它应包含在产品温室气体排放评价中。

应根据有关国家使用的最新的《IPCC 国家温室气体清单指南》或最高等级的方法（经同行评审的最新科学结论）（参见本标准 7.8 和 IPCC 指南第 2 款），纳入和评估牲畜及其粪便或土壤的非 CO_2 排放。

（2）由于直接土地利用变化产生的温室气体排放应依照《IPCC 国家气候变化排放清单》的有关章节进行评价。

在 1990 年 1 月 1 日或者之后，如果产品的供应链将非农业用地直接转变成农业用地，则必须把与土地利用变化有关的温室气体排放纳入碳足迹的计算。如果土地利用变化的时间未知，可假定它：

1）发生在土地被确认用于农业时的最早一年的 1 月 1 日；

2）发生在本年度。

当土地利用的变化发生在 1990 年 1 月 1 日或之后，假定土地利用变化产生的总的温室气体排放量在 20 年内每年以同等量释放。

当有证明土地利用变化发生在依照本标准进行评价前的 20 年之前，则这片土地利用变化的排放量不计入评价中，尽管假定所有来自土地利用变化的排放量都发生在本标准应用之前。

（3）直接土地利用变化是指为生产农业产品或在土地上投入产品的非农业用地向农业用地的转换。间接土地利用变化是指导致别处农业实践的变更的非农业用地向农业用地的转换。

（4）当温室气体也来自间接土地利用变化时，计算这些排放量的方法和数据要求发展还不完善。因此，来自间接土地利用变化的排放评价未包含在本标准中，它在本标准未来修订时会作考虑。

（5）假定在土地利用变化发生之前，来自土地的净温室气体排放量为 0。

（6）计算

1）确定土地利用发生变化的国家；

2）参考本标准附录 E 中表 E.1 所选国家的默认土地利用变化值，以找到适当的排放因子［单位：吨 CO_2e/（公顷·年）］，如果是未知的，使用最高的排放因子。

3）应注意土地利用变化产生的温室气体排放是根据农业的排放量单独计算的。还要注意到虽然本标准包含（例如）将森林转换成年度耕地而产生的排放，但是它不包括现有农业系统中土壤碳的变化。

（7）示例（农业排放 + 土地利用的变化）

从阿根廷进口的小麦；1980 年从林地转变成的农田：

——小麦排放因子：如果不能找到阿根廷特有的可信数据，则使用 IPCC 的平均值。

——土地利用变化的排放量 =0。

从阿根廷进口的小麦；1995 年从林地转换成的农田：

——小麦排放因子：同上。

——土地利用变化的排放量 =17 吨 CO_2 当量/（公顷・年）（根据 PAS 2050 表 E. 1）。该值为每年的量，一直计算至 2014 年（含）。

标准条文

5. 5. 1　农产品的有限溯源性

部分国家因土地利用变化而产生的 GHG 排放按以往和当前的土地利用情况参见附录 E。确定 1990 年 1 月 1 日之后发生的因土地利用变化而产生的 GHG 时，应采用下列分级方式：

a）如果农作物生产国是已知的，且以往土地利用情况是已知的，则因土地利用变化产生的温室气体排放就应是该国先前土地利用与当前土地利用发生改变而造成的排放；

b）如果农作物生产国是已知的，而以前土地利用情况是未知的，则因土地利用变化产生的温室气体排放就应是该国因土地利用变化而产生的的最高潜在排放；

c）如果农作物生产国未知的，则因土地利用变化产生的温室气体排放就应是所有国家因土地利用变化而产生的最高潜在排放（即应假定与土地利用变化相关的 GHG 排放相当于那些在马来西亚因林地转换成年度耕地而产生的排放）。

注：如果某项输入对土地利用变化的影响无法确定，由于要求采用最差等级的数据，可采用激励措施，鼓励报告农产品的原产地。这种方法应比由于对农产品溯源不足而采用平均数据的方法优先使用，因为采用平均数据的方法会鼓励人们对土地利用变化影响较高的地区报告质量差的数据。

理解要点

（1）规定了对于农产品而言，追踪其土地利用变化带来的温室气体排放量的计算规定：

1）对于附录 E 中所选定的国家，通过以前和现在的土地利用，来自土地利用变化的温室气体排放量按附录 E 中的说明计算。

2）如确定来自土地利用变化的温室气体排放量发生在 1990 年 1 月 1 日以后，则：

a）如果已知农作物生产地区及以往的土地利用情况，那么来自土地利用变化的温室气体排放应为该地区由以往土地利用到现在土地利用的变化所导致的温室气体排放量的变化；

b）如果已知农作物生产地区，但以往的土地利用情况并不清楚，那么来自土地利用变化的温室气体排放不包括在该地区土地利用变化产生的最大潜在排放量之内；

c）如果农作物生产地区不明，则由于土地利用变化所产生的温室气体排放量应按所有地区土地利用变化产生的最大潜能排放量确定；

（2）由于当一项投入所带来的的土地利用变化的影响不能确定时，需要最基础的数据，这就要求政府提供一个激励政策，以促进农产品生产者记录其产品的来源。在农产品有限的可追溯性的情况下，采用这种方法应当优先考虑，因为使用平均数据的方法可能会导致那些土地利用变化大的影响区域提出有关贫困情况的报告。

标准条文

5.5.2 土地利用变化时间有限认知

如果无法证明土地利用变化发生的时间是在1990年1月1日之前，则应假定土地利用变化发生日期为下列两个年份之一：

a）能够证明土地利用变化发生的最早年份的1月1日；

b）正在进行GHG排放评价年份的1月1日。

5.5.3 记录土地利用变化类型和时间

与产品输入有关的土地利用变化的数据来源、地点和时间应由实施本标准的组织予以记录和保存（见4.4）。

注：对先前土地利用的认知可以通过利用一系列信息来源加以确认，如卫星图像和土地勘查数据。凡没有记录的，可利用当地对先前土地利用的知识。

理解要点

（1）明确了如果没有证据表明土地利用变化的时间为1990年1月1日前时如何确定土地利用变化时间的要求。

（2）规定了对土地利用变化的形式和时间记录的要求。

标准条文

5.6 现有农业系统中土壤碳变化的处理

非因直接土地利用变化而产生的土壤碳含量差异（见5.5），无论是排放或固化，根据本标准不应纳入GHG排放评价。

注1：上述要求是指下列变化，如耕种技术、作物种类和与农业用地有关的其他管理行为，并非指5.5中已包括的土地利用变化对碳排放的影响。

注2：虽然认识到土壤可在碳循环方面发挥重要作用，土壤既是碳源又是碳汇，但是关于不同技术对农业系统产生影响方面却存在着相当大的不确定性。出于这个原因，因土壤碳变化引起的排放和固化不在本标准的范围之内。土壤碳储存是否予以列入将在今后修订本标准时作进一步考虑。

理解要点

规定了在计算产品生命周期内温室气体排放时对现有农业系统中土壤的含碳量的处理要求：

（1）管人们已认识到土壤在碳循环中发挥着重要作用，土壤既是碳源也是碳汇。但对于农业系统中不同技术的影响存在很大的不确定性，因此，土壤中碳的变化所产生的排放和封存不计在相关产品的温室气体评价范围之内；

（2）除了由于直接土地利用变化产生的碳变化外，诸如耕作技术、作物类型和与其他农业用地有关的管理活动等排放或封存引起的土壤含碳量的变化，不计算在相关产品在生命周期内的温室气体评价中。

标准条文

5.7 抵消

在声明该产品的碳减排量时，GHG排放抵消机制（包括但不限于自愿抵消方案或者国内或国际公认的抵销机制）不得用于产品生命周期内的任何一部分。

注：本标准意在反映出在实施抵销GHG排放外部措施之前生产过程中的碳密度大小。利用GHG排放较低的能源可以降低排放系数，如可再生能源发电（见7.9.3），或配备碳捕获和储存的常规热力发电，它们都不是一种抵消形式。

理解要点

（1）抵消：宣称与某过程或产品相关联的GHG减排的机制，通过一个去除或阻止与被评价产品生命周期无关的GHG排放过程来实现。例如购买核证减排量，它是根据《京都议定书》的清洁机制发展项目制定的。

（2）体现的是在实施额外措施补偿温室气体排放之前生产过程的温室气体强度。因此温室气体抵消机制（包括自愿抵消机制或国家或国际公认的抵消机制等）不能用在产品任何一个生命周期点上。也就是说，组织通过温室气体抵消机制所减少的碳排放不计算在其产品生命周期内的温室气体减排量中。

标准条文

5.8 分析单位

产品生命周期内的GHG排放评价应按每产品功能单位产生的CO_2e质量的方式进行报告。功能单位应报告两个有效数字。

如果产品计量通常是按不同的单位大小提供的，则GHG排放的计算应与该单位大小成比例（如，每公斤或每公升销售的商品，或者每月或每年提供的服务）。

注1：对于服务，相应的报告单位可按时间确定（如与互联网服务相关的年排放量），或者按事件确定（如与饭店住宿相关的每晚排放量）。

注2：功能单位可根据评估活动的目的而有所不同。例如，内部组织报告的功能单位可与通报消费者的功能单位有所不同。

理解要点

（1）功能单位：用作基准单位的量化的产品系统性能。

（2）产品在生命周期内的温室气体排放评价用两位有效数字对产品的每个功能单位给出二氧化碳当量质量；根据评价活动的目的不同，功能单元可能不一样。例如内部组织报告的功能单元可能不同于传达给消费者的功能单元。

（3）一个产品通常可用一个变量的单位大小为基础，其温室气体的计算应与该单位大小成比例（例如，售出的每千克或每升商品，或者每月或每年提供的服务）。

（4）对于服务业而言，合适的记录单位可在时间（如一项互联网服务的年排放量）

或事件（如与酒店住宿相关的每晚排放量）的基础上确定。

标准条文

6　系统边界

6.1　设定系统边界

当根据 BS ISO 14025 制定的某个相关的产品种类规则（PCR）存在并适用于考虑中的产品，而且 PCR 的系统边界与本条款设定的系统边界并不冲突，PCR 规定的边界条件应成为该产品的系统边界。

当根据 BS ISO 14025 制定的 PCR 不适用于正在考虑的产品，则应根据 6.4 清晰地界定每个产品的系统边界及其所依赖的各个流程。

注 1：应该考虑系统边界中不同流程将对产品 GHG 排放总量做出的实质贡献（见 6.3）。

注 2：关于现有 PCR 清单，可浏览以下网址：www.environdec.com。

理解要点

（1）相关术语和定义

1）系统边界：通过一组准则确定哪些单元过程属于产品系统的一部分。

2）产品类别：具有同等功能的产品组群。

3）产品分类规则（PCRs）：对一个或多个产品种类进行Ⅲ型环境声明所必须满足的一套具体的的规则、要求和指南。

产品种类规则（PCR）是一套具体规定、要求和指南，用于编写环境声明，是针对一组或多组能够达到同等功能的产品的。PCR 提供了一套一致的、国际公认的方法，用于定义产品生命周期。这种规则属新生事物，涉及的产品种类数量仍很有限。要检查计算碳足迹的产品是否存在对应的 PCR，请读者参阅 www.environdec.com 中有关 PCR 一节。

4）实质性贡献：任一大于某个产品生命周期内温室气体排放估测值 1% 的温室气体排放源的贡献。

1% 的物质门槛已成立，以生命周期内温室气体非常轻微的排放源不必要与更重要的温室气体源同等对待。

（2）ISO 14025：2006《环境管理　环境标志和声明　Ⅲ型环境声明　原则和程序》是有关Ⅲ型环境声明，该标准要求制定相关产品类别规则（PCR）。

（3）有关系统边界的确定是以相关产品类别规则（PCR）是否是为考虑中的产品出现而存在而不同：

1）当 PCR 是为考虑中的产品出现而存在，且 PCR 中系统边界与本条款建立的系统边界不相冲突时，PCR 中指定的边界条件将形成产品的系统边界。

2）当 PCR 不是为考虑中的产品出现而制定时，每个产品以及它的基本工艺过程的系统边界由依照本标准 6.4 进行明确定义。

标准条文

6.2　针对从商业到商业的部分 GHG 排放信息

以商业到商业的方式提供的或利用的输入，其 GHG 排放评价的系统边界应包括该输入到达一个新的组织之前（含到达点）发生的所有排放（包括所有上游排放）。下游排放不应纳入到从商业到商业的 GHG 排放评价的系统边界内。

注：部分 GHG 排放评价的目的是促进在产品供应链中提供一致的 GHG 排放信息，并简化本标准的实施。供应链的这一“从摇篮到大门”的视角允许在供应的不同阶段实现 GHG 排放的递增，直至产品提供给消费者为止（只要 GHG 排放评价包括整个生命周期的排放）。

6.2.1 部分 GHG 排放评价信息的使用

部分 GHG 排放评估信息不应当作产品生命周期内 GHG 排放的全面评价信息披露给消费者。

注1：部分 GHG 排放评价信息宜披露给其他组织，以便于其利用经过部分 GHG 排放评价的产品，作为一个流程的输入，只要这个流程不是产品的使用阶段或产品使用阶段的下游。

注2：例如，与随后供应给面包店的面粉的生产过程有关的 GHG 排放评价不包括各后续流程产生的排放，虽然面粉通过后续流程被提供给其后的商业。但是，向消费者供应面包的面包店要评价该产品整个生命周期的 GHG 排放。

6.2.2 部分 GHG 排放评价信息的通报

当部分 GHG 排放评价中的数据提供给某个第三方时，该数据应符合 ISO/TS 14048 的 5.2.2，而且部分 GHG 排放评价中包括的排放源范围也应提供给该第三方。

理解要点

（1）相关术语及定义

1）从商业到商业的：某一方向另一方（非终端用户）提供各种输入，包括产品。

2）下游排放：某产品生命周期内的相关过程中那些被实施本标准的机构拥有或运营的后续过程中产生的 GHG 排放。

（2）给出了企业对企业（供应链的“从摇篮到大门”）即产品在基本生命周期（部分生命周期）内温室气体排放信息的相关要求。

1）部分温室气体排放评价的目的是在产品供应链内促进连续的温室气体排放信息的提供，同时简化本标准的实施。

供应链的“从摇篮到大门”的观点允许在供应链的不同阶段温室气体排放的额外增加直到产品提供给消费者为止（此时温室气体评价包含整个生命周期内产生的排放量）。

对于提供或使用企业到企业方式的一项投入来说，温室气体排放评估系统范围应包含所有已发生的到达或包括投入达到新的配置点的排放物（包含所有上游排放）。

2）下游排放不应含在进行企业到企业评估的温室气体排放评估范围内。

3）部分温室气体排放评价资料应传给可能会是使用该产品的其他组织，因为在这个过程不是产品的使用阶段或使用阶段的下游时，部分温室气体评价可以作为过程的投入进行实施。例如与面包店用面粉的生产有关的温室气体排放评价不包括其随后面包制作和销售过程的排放，在随后过程中面粉会提供给随后的业务。但是，一个面包店供应面包给消费者应评估产品在整个生命周期内的温室气体的排放。

4）由于企业到企业的温室气体评价不是产品完整生命周期（从摇篮到坟墓）的温室

气体评价，该部分温室气体排放评价信息的“使用部分”代表该产品在生命周期内（企业到企业）排放的一个整体评价。为了防止误导消费者，避免将企业对上游产品的使用（作为原料进行加工）所产生温室气体排放量当成消费者使用阶段的温室气体排放量，因此该温室气体排放评价信息不应透漏给消费者。

（3）ISO/TS 14048 标准的名称是《环境管理　生物圈评价　数据文件格式》。

（4）当一项部分温室气体排放评价数据传送给第三方时，该数据应符合 ISO/TS 14048 中 5.2.2 的规定，且含在其中的排放源范围也应传送给第三方。

标准条文

> **6.3　实质性贡献和阈值**
>
> 根据本标准所作的计算应包括系统边界内的所有排放，这些排放有可能对该产品生命周期 GHG 排放做出实质性贡献。
>
> **注：**对产品生命周期 GHG 排放源的初步评价可利用二次数据或通过 EEIO 方法进行。这种初步评价可提供产品生命周期内 GHG 关键排放源的总体概况，并能够确定 GHG 排放评价的主要贡献者。
>
> 对产品生命周期内的 GHG 排放，除了使用阶段的排放，GHG 排放评价应包括：
>
> a）预计对功能单位的生命周期内 GHG 排放做出实质贡献的所有排放源；
>
> b）至少占到预计功能单位生命周期内 GHG 排放的 95%；
>
> c）只要某个单一 GHG 排放源占到了产品生命周期 GHG 潜在排放的 50% 以上，95% 这一阈值规则应用于与该产品预计生命周期内 GHG 排放相关的其余 GHG 排放。
>
> 对产品使用阶段的 GHG 排放，GHG 排放评价应包括：
>
> a）可能对使用阶段排放做出实质贡献的所有排放源；
>
> b）至少占到使用阶段生命周期内潜在排放的 95%。
>
> 如果已确定的预计生命周期内 GHG 排放不到 100%，经评价的排放则应相应提高，以便根据第 9 章体现与功能单位有关的 100% 的 GHG 排放。

理解要点

（1）对材料在温室气体排放中的贡献及阈值作出了规定：

1）对一个产品在生命周期内的温室气体排放源的初步评估可用二次数据或通过 EEIO 方法进行。这项初步评估可以为温室气体排放评价提供该产品生命周期内温室气体排放的主要来源概况，并确定温室气体排放评估的主要贡献者。依照本标准进行的计算应包含系统范围内所有排放量，这有可能包括材料对产品在生命周期内温室气体排放的贡献。

EEIO 方法是通过经济统计分析估算在某个经济体内来自各自行业的温室气体排放（或其他环境影响）的方法。

2）对于一个产品在生命周期内产生的温室气体排放，除了使用阶段产生的那些外，温室气体排放评估应包括：

a）所有预期会对功能单元的生命周期内温室气体排放做出物质贡献的排放源；

b）功能单元 95% 以上的预期生命周期温室气体排放；

c）当温室气体的单一排放源占产品预期生命周期内温室气体排放的 50% 以上时，95% 限额规定应适用于和产品预期生命周期内 GHG 排放相关的其余的温室气体排放。

3）对于一个产品使用阶段产生的温室气体排放，温室气体排放评估应包括：

a）所有可能为使用阶段的排放做物质贡献的排放源；

b）使用阶段的潜在生命周期排放量的95%以上。

（2）当小于100%的预期生命周期温室气体排放量确定时，根据第9章“产品温室气体排放量的计算”的规定，评估的排放量应扩大到功能单元相关的温室气体排放量的100%。

标准条文

6.4 系统边界

为评价产品生命周期内GHG排放而界定系统边界时，应遵循下列规则。

注：虽然系统边界是按照下列规则予以界定，但是并非所有产品都具有每种类别的流程或排放。

6.4.1 原材料

用于原材料转变的所有流程的GHG排放应纳入评估，包括所有能源消耗源或直接GHG排放源。

注1：原材料的GHG排放包括但不限于：原材料（固体、液体和气体，如铁、石油和天然气）开采或提炼所产生的GHG排放，包括机械、消耗品以及勘探和开发所产生的排放；原材料提取和预处理每个阶段产生的废弃物（见6.4.3）。

注2：农业排放包括，例如，农业、渔业和林业产生的GHG排放，包括化肥产生的排放（如施用氮肥产生的N_2O排放以及化肥生产产生的排放）；直接土地利用变化和能源强度日益增加的大气条件产生的排放（如温室供暖）；作物产生的排放（如水稻种植产生的甲烷）以及畜牧（饲养牛产生的甲烷）。

注3：原材料没有经过任何外部过程转变时，与其相关的GHG排放为零，例如：提炼前的铁矿石。

理解要点

（1）对产品生命周期内的温室气体排放确定系统边界作出了规定，包括原材料、能源、主要商品、制造过程和服务提供、经营场所运营、运输、储存、使用、以及最终报废处置。尽管本标准给出了这些方面，但并不是所有产品或服务都包括这些过程和排放。

（2）来自原材料运输过程中的温室气体排放应包含在评价中，其中包括所有能源消费来源或直接温室气体排放源。来自原材料的温室气体排放量包括但不仅限于：

1）从采矿或开采原材料（固体、液体和气体，如铁、石油、天然气）产生的温室气体排放量，包括来自机械、消费品以及勘探和开发的排放量。

2）原材料的提取和前处理阶段产生的废弃物。

3）农产品（作为原料）生产过程中排放包括：

a）来自农业、渔业和林业的排放，其中包括肥料的排放（例如氮肥应用产生的N_2O排放和化肥生产过程产生的排放）；

b）来自直接土地利用变化和能源密集型大气增加状况中的排放（例如温室加热）；

c）来自农作物的排放物（例如水稻种植产生的沼气）和家畜的排放物（例如来自牛的甲烷）。

4）原材料在它们没有经过任何外在的工艺改造（如铁矿石还未提炼）时，其相关的温室气体排放量为零。

标准条文

6.4.2　能源

与产品生命周期内能源供应和使用相关的GHG排放应列入能源供应系统产生的排放。

注：能源产生的排放包括能源生命周期产生的排放。这包括在能源消费点上产生的排放（如煤和天然气燃烧产生的排放）及能源供应所产生的排放，包括发电和产热，以及运输燃料所产生的排放；上游排放（如燃油开采并运输到发电厂或其他燃烧厂）；下游排放（如核电厂运行所产生的废弃物处理）；以及用作燃料的生物质的种植与加工。

理解要点

（1）上游排放：某产品生命周期内的相关过程中那些被实施本标准的机构拥有、运行或控制之前的过程中产生的GHG排放。

（2）产品在其生命周期内，与能源的提供和利用有关的温室气体排放应计入来自能源供应系统的排放中。能源排放量包括来自能源生命周期的排放。具体有：

1）在能源消费点上的排放（例如煤和天然气的燃烧产生的排放）；

2）能源供给过程中产生的排放，其中包括电力和热力发电以及运输燃料的产生的排放；

3）上游（燃料开采和运输过程）的排放（例如从采矿和燃料运输到电力发电或其他燃烧设备）；

4）下游（发电后废弃物处理过程）的排放（例如核电发电机运行产生的废弃物的处理）；

5）作为燃料使用的生物的种植及加工过程的排放。

（3）与能源相关的排放可以来自于燃料燃烧、发电或供热。能源排放因子应纳入与能源输入完整生命周期有关的所有排放量，其中包括：原材料的开采、精制和运输（如煤炭、石油、天然气）、发电、配送、能源消耗、废物的处置等过程的排放。

（4）可根据不同能源的生产方式来区别处理不同的能源来源。

1）现场生产并使用：从初级活动水平数据中计算排放因子，而且必须纳入源自燃料输入生命周期的排放量。

2）场外生产：使用供应商或其他可靠的原始来源提供的排放因子。

3）可再生电力：要使用可再生电力特定排放因子（相对于国家电网均值）只能是在满足下列两个条件的情况：

a）某个特定过程利用现场生成的可再生能源或相当于同类可再生能源电量；以及

b）该可再生能源仍未计入任何其他排放因子（即纳入国家电网的平均值）。

该规则主要是确保避免可再生能源的重复计算。可再生能源经常会作为零排放电力来源自动纳入国家平均值。

4）生物质/生物燃料：包括生产产生的排放量，但不包括任何基于植物中的碳成分所

产生的 CO_2 排放。

（5）若燃料是从废物中生产获得，相关的排放量即为废物转化为燃料过程中造成的排放。

（6）若燃料是从植物物质生产获得，则排放量包括生产和使用该燃料产生的整个生命周期的排放量。

标准条文

6.4.3　资产性商品

用于产品生命周期内资产性商品生产所产生的 GHG 排放不应纳入产品生命周期内 GHG 排放评价。

注：关于资产性商品所产生排放的处理方法将在本标准的未来修订版本中作进一步的考虑。

理解要点

（1）资产性商品：各类资产，诸如在产品生命周期内使用的机械、设备和建筑物。

（2）用于产品生命周期的资产性商品（如设备、工装模具、工具、生产装置本身）在生命周期内的生产过程产生的 GHG 排放不应含在产品生命周期内温室气体排放评价中。基于以下理由：

1）目前缺乏碳足迹数据确定资产性商品排放是实质性的行业；

2）分析的成本/复杂性。

标准条文

6.4.4　制造与服务提供

制造和提供服务所产生的 GHG 排放是产品生命周期的一部分，包括了与消耗品使用相关的排放，应纳入产品生命周期的 GHG 排放评价。

如果一个流程是用于制作新产品的原型，则与原型制作有关活动的排放应分配给该流程的所有最终产品和共生产品。

理解要点

（1）共生产品：同一单元过程或产品系统中产出的任何两种或两种以上的产品。当两种或多种产品由同一工艺过程生产时，只有当一种产品在另一种产品生产不出时也不能生产时，这一种产品才可以看作是副产品。

（2）作为产品生命周期一部分的制造过程和服务提供过程产生的温室气体排放，包括与消费品的使用有关的排放，应包含在产品生命周期内的温室气体排放评价中。

（3）当一个过程用于还原一个新产品时，与还原活动有关的排放应归为由此过程产生的产品和共生产品（副产品）。

标准条文

6.4.5　设施运行

设施运行所产生的 GHG 排放，包括工厂、仓库、中央配给中心、办公室、零售店等所产生的排放，应纳入产品生命周期 GHG 排放评价。

注：运行包括对场所的照明、加热、冷却、通风、湿度控制和其他环境控制。分配运行所产生排放的相应方法（如仓库）是用产品停留时间和所占空间作为划分的基础。

理解要点

生产经营场所（包括工厂、仓库、中央供应中心、办公室、零售售票处等）运营（如生产经营场所的照明、加热、冷却、通风、湿度控制和其他环境控制等）产生的温室气体排放，包含在产品生命周期内温室气体排放评价中。

标准条文

6.4.6 运输

公路、空中、水上、轨道或其他运输方式所产生的GHG排放属产品生命周期的一部分，应纳入产品生命周期内GHG排放评价。

注1：关于运输过程中与环境控制要求有关的排放（如冷藏运输），见6.4.7。

注2：运输所产生的GHG排放包括与运输燃料有关的排放（如管道、传输网络和其他燃料运输活动所产生的排放）。

注3：运输所产生的GHG排放包括与单个流程有关运输所产生的排放，如投料、产品和共生产品在工厂内的移动（如通过传送带或其他本地化运输方式）。

注4：如果产品是分销给不同的销售点（如一个国家的不同地点），则与运输有关的排放各点不一，因为运输要求不同。出现这种情况时，除非掌握更多具体数据，有关组织机构宜根据每个国家产品平均分销量计算与产品运输有关GHG的平均释放量。只要同样产品以相同形式销售给多个国家，则可使用具体国家的数据，或者可以通过每个国家的产品销量对平均值进行加权计算。

理解要点

（1）无论采取何种运输方式（道路、空气、水、铁路或其他运输方式），在产品及其原材料的生命周期由运输造成的所有温室气体排放量要纳入产品的温室气体排放评价中。

（2）运输排放因子应包括与生产和运输所需燃料相关的排放。

（3）若产品配送到不同地点，而且运输距离不同，要根据选定期间各国国内产品平均配送距离计算平均温室气体排放量，除非有更多的具体数据。

（4）运输产生的温室气体排放量包括与单一过程如投入活动、工厂内的产品和副产品（例如，通过输送带或其他本地化运输方法）相关的输送产生的排放量。

（5）运输过程中与产品保存有关的环境控制要求有关的排放量（如冷藏运输）不在运输范围之中。

（6）当该产品连同其他产品一并运输时，运输产生的各种排放则根据物理质量或体积（无论哪一种构成制约因素）进行分配。例如，如果用载重为2吨的箱式卡车运送1t重的羊角面包和1t其他面包，则运输阶段排放量的50%分配给羊角面包。

标准条文

6.4.7 储存

储存所产生的GHG排放应纳入产品生命周期GHG排放评价，其中包括：

a）在产品生命周期中任何一个点上的输入的储存，包括原材料；

b）与产品生命周期内任何一个点上的产品有关的环境控制（如致冷、供暖、湿度控制和其他控制）（关于可储存产品的工厂的经营，包括环境控制，见6.4.5）；

c）使用阶段产品的储存（见6.4.8）；

d）再利用或回收活动之前的储存（见8.5）。

注：在6.4.7下确定的GHG排放涉及6.4.5中尚未涵盖的储存活动。

理解要点

产品在储存阶段产生的温室气体排放应包含在产品生命周期内的温室气体排放评价中，储存包括：

（1）在产品生命周期的任一点中，包括原材料在内的投入的储存；

（2）在产品生命周期的任一点中，与产品质量保证相关的环境控制（例如冷却、加热、湿度控制或其他控制）；

（3）使用阶段产品的存储；

（4）再利用或回收活动前的存储。

标准条文

6.4.8 使用阶段

商品使用或提供服务所产生的GHG排放应纳入产品生命周期GHG排放评价，但符合6.2关于商业到商业评价的规定。与产品使用阶段使用能源有关的排放因子应根据6.4.2予以确定。

注：除非能够证明采用不同排放因子更能代表产品的能源使用特点，否则能源使用所产生GHG排放的计算是根据具体国家年平均能源排放因子。例如，如果使用阶段包括了消费者与所评价产品有关的电力消耗，则可使用该国家年平均电力排放因子；如果相同产品供应多个国际市场，则在使用阶段产品所用能源排放因子是接受产品供应国家的平均排放因子，并按不同国家供应产品的比例进行加权计算。

6.4.8.1 使用阶段GHG排放时期

应包括100年评价期内产品使用阶段的全部排放。只要某产品在使用阶段随着时间推移排放温室气体，在评价该产品的温室气体排放过程中则应包括100年评价期内预测产生的总排放量。应将某个因子应用到这些排放，以体现它们在100年评价期内存在于大气中的加权平均时间（见附录B）。

6.4.8.2 使用概要的基础

确定产品使用阶段的使用概要应以一套边界定义为基础。建立使用概要基础的优先顺序应为：

a）规范被评价产品使用阶段的产品种类规则（PCR）；

b）规范被评价产品使用阶段的已公布的国际标准；

c）规范被评价产品使用阶段的已公布的国家指南；

d）规范被评价产品使用阶段的已公布的产业指南。

根据上述a）～d)，如果没有确定产品使用阶段的方法，评价该产品温室气体排放的组织则应建立确定该产品使用阶段的方法。

如果能源在使用阶段产生排放，使用概要则应记录产品所使用的每一种能源的排放因子和排放因子的出处。对单个国家而言，如果排放因子不是年平均排放因子，则应记录和保留确定排放因子的过程（见4.4）。

注1：生产厂家为实现功能单位（如：炉灶在某个特定时间、特定温度下烹饪）推荐的方法可为确定某个产品使用阶段提供一个依据。但是，实际使用方式可能不同于推荐的方法，而且使用概要应设法代表实际的使用方式。

注2：预计PCR和其他公布的材料将随着时间的推移而日趋形成使用阶段排放评价的根据。

6.4.8.3 记录产品使用阶段的计算依据

应记录并保留评价产品使用阶段的根据（见4.4）。

6.4.8.4 某个产品对其他产品使用阶段的影响

当某个产品的运行或应用引起其他产品使用阶段产生的温室气体排放发生变化（增加或减少）时，该种变化则不属于被评价产品生命周期温室气体排放的评价范围。

理解要点

（1）相关术语定义

1）使用阶段：某产品生命周期中，提供给消费者之后与产品报废之前的那一时段。

2）使用概要：确定使用阶段所产生的GHG排放的准则。

（2）使用商品或提供服务产生的温室气体排放应包含在产品生命周期内GHG排放评价中，遵守6.2关于企业对企业评价的规定。

（3）与产品使用阶段所用能源相关的排放因子应依照6.4.2确定。能源使用产生的温室气体排放量的计算是基于国家特定的用能年平均排放因子，除非可以证明另外一种不同的排放因子可以更好地表示产品的能源使用特性。例如，使用阶段包括与该评定产品相关的消费者用电量，国家特定的用电年平均排放因子；若一个相同的产品被供应到多个国际市场，在使用阶段产品的用能排放因子为这些被提供产品的国家的平均排放因子，通过不同国家所供产品的比例进行加权。

（4）在100年评估期间，来源于产品使用阶段的所有排放均应包含在内。产品使用阶段导致温室气体随时间的释放时，预计发生在100年评估期间的总排放量应包含在该产品的温室气体排放评价中。

（5）适用于这些排放量的因子来反映100年评估期间这些排放物在大气中存在的加权平均时间的确定：

1）一般规定：当一个产品使用阶段或最终处理阶段产生的排放量发生在产品成型一年以后但在100年评估期内时，这些排放量的影响应反映100年评估期间排放物在大气中停留的加权平均时间。这里提到的公式相当于IPCC 2007的第2条表4.14［脚注（a）］中列出的方法的一个简化。IPCC方法的全面实施会使结果更精确。IPCC 2007的第2条表4.14［脚注（a）］提到的方法仅适用于CO_2排放，而这里提出的概算适用于本公用规范中评价的GWP数据。因此，这个概算法没有包含重要的非CO_2组成部分的产品的总二氧化碳当量排放量精确。

2）延迟的单一释放：当在使用阶段或最终处理阶段，产品产生的排放量在其形成后的25年内作为一个单一的排放发生时，用于温室气体排放的权重因子应能反映排放量的延迟年数（即从产品成型到排放物的单一释放之间的年数），可用下式计算：

$$权重因子 = \frac{100 - (0.76 \times t_0)}{100}$$

式中：t_0——产品的形成到排放物的单独释放之间的年数。

3）延迟释放：在上述2）中未包含的案例中，应用于释放到大气中的温室气体排放的权重因子应按下式计算：

$$权重因子 = \frac{\sum_{i=1}^{100} x_i(100 - i)}{100}$$

式中：i——排放发生的每一年；

x——在任一年 i 内产生的排放量占总排放量的比例。

注：例如，如果使用阶段被延迟到产品成型后10年，且相应的总排放量在接下来的5年均匀释放，那么代表这些排放量在大气中停留的加权平均时间的权重因子应为：

$$\frac{(0.2\times(100-11))+(0.2\times(100-12))+(0.2\times(100-13))+(0.2\times(100-14))+(0.2\times(100-15))}{100}$$

$=0.87$

在这个例子中，100年评估期间使用阶段释放的温室气体量用二氧化碳当量表示，它还要乘以一个因子0.87来反映这些排放量在100年评估期间停留在大气中的加权平均时间。

（6）产品使用阶段使用配置的确定应基于一层次的边界定义。关于使用配置基础的优先顺序应为：

1）产品分类规则（PCRs），指定正在评估产品的一个使用阶段；

2）已公布的国际标准，指定正在评估产品的一个使用阶段；

3）已公布的国家准则，指定正在评估产品的一个使用阶段；

4）已公布的工业准则，指定正在评估产品的一个使用阶段。

如果没有与上述1）~4）一致的确定产品使用阶段的方法，应由进行产品GHG排放评价的组织来制定。

（7）凡在产品使用阶段由于该产品消耗能源使用产生的排放，使用配置文件应记下产品所用的每一种能源形式的排放因子及其来源。当排放因子不是一个单一地区的年平均排放因子，应记录并保存排放因子的确定。制造商关于实现该功能单元（例如在指定时间和温度下烤箱的烹饪）的推荐方法可能会为产品使用阶段的确定提供一个基础。但是，实际使用模式可能与那些推荐的不同，而且使用配置应以实际使用模式为准。

（8）应记录和保存要评估的产品使用阶段的计算依据。

（9）如果产品的的经营或应用导致另一产品使用阶段产生的温室气体排放量变化（增加或减少）时，这一变化不包含在被评定的产品生命周期内温室气体排放量评价中。

标准条文

6.4.9 最终处置的 GHG 排放

根据6.2商业对商业的评价，最终处置（如通过填埋、焚烧、掩埋、污水的方式处置废弃物）产生的温室气体排放应纳入产品生命周期内温室气体排放评价。

注：6.4.9确定的GHG排放涉及附录D尚未包括的废物排放。

6.4.9.1 最终处置阶段 GHG 排放的时期

应包括100年评价期内最终处置阶段产生的所有GHG排放。如果材料或产品的最终处置阶段随着时间推移引起GHG排放（如垃圾填埋场食物垃圾的腐烂），在100年评价期内预测产生的总排放则应纳入被处置产品的温室气体排放评价。这些排放应乘以一个因子，以体现100年评价期内排放存在于大气中的加权平均时间（见附录B）。

6.4.9.2 最终处置之后的活动

当最终处置阶段的排放被转移至另一个系统（如垃圾填埋场产生甲烷的燃烧、废弃木材纤维的燃烧），对引起排放的产品的温室气体排放评价应体现8.2所述的转移排放。

理解要点

（1）最终处置过程产生的温室气体排放（如通过填埋、焚烧、掩埋、废水等处理的废弃物）应包括在该产品生命周期内温室气体排放评价范围内。

（2）当在填埋场自然分解时或当被焚化时，废物产生各种排放。

1）填埋：废物中植物碳的 CO_2 排放不包括在内，即：植物碳排放的GWP值被赋予零；非化石碳产生的 CO_2 排放包括在产品的碳足迹中，其GWP值被赋予1；废物任何部分产生的所有非 CO_2 排放均包括在内并被赋予相应的GWP值，在植物生长期间吸收的任何 CO_2 的净值。

2）焚化与甲烷燃烧：当甲烷被收集并用于发电时，将产生有用的能源，排放不包括在该产品的碳足迹中并被分配给所生产的能源部分（作为另一种产品生命周期的输入）；当产生的甲烷未用于发电时，则无能源回收，化石碳（并非植物碳）产生的排放包括在该产品的碳足迹中（如同填埋）。

（3）100年评估期间，产品使用阶段产生的所有排放物应包含在该产品生命周期内的温室气体排放量内。产品使用极端导致温室气体随时间的释放时，发生在100年评估期间的总排放量应包含在产品温室气体排放评估中。

一个因子应适用于这些排放物，它们能反映100年评估期间在大气中停留的加权平均时间，上条的解释中给出了这一因子的计算方法。

（4）如果最终处理产生的排放量被转到另外一个系统时（如垃圾填埋、木材纤维燃烧产生的甲烷的燃烧），由应对产生这些排放物的产品的温室气体排放评价能够反映这一转化产生的排放。

标准条文

6.5 系统边界排除

产品生命周期的系统边界应排除与以下方面有关的温室气体排放：

a）输入到各个过程和/或预处理过程的人体体能（如：人工采摘而不是机械采摘水果）；

b）将消费者运往零售采购地点并从零售采购地点运回；

c）将雇员运送到规定的工作地点，并从规定的工作地点运回；以及

d）提供运输服务的牲畜。

理解要点

（1）系统边界的关键原则是列入所有的“实质性”排放，即由选定的商品或服务在生产、使用并处置或再生利用的过程中直接或间接产生的排放。

（2）可使非实质性排放排除在外，即占排放总量不到1%的任何单一来源。但是，非实质性排放源的总的比例不得超过整个产品的碳足迹的5%。

（3）什么不予列入系统边界：

1）非实质排放源（不足碳足迹总量的1%）；

2）输入过程的人力，例如，如果水果是用手摘的而不是用机械；

3）消费者到零售点的交通产生的碳排放；

4）动物提供的运输（如发展中国家将农场动物用于农业或矿业）。

标准条文

7 数据

7.1 概述

记录的与产品有关的数据应包括该产品系统边界范围内的所有温室气体排放。

理解要点

对数据作出了规定。要求有关产品的记录数据应包括所有在该产品的系统边界内产生的温室气体排放量。

标准条文

7.2 数据质量规则

在确定温室气体排放评价过程中所使用的初级活动水平数据和二次数据时，应优先考虑以下方面：

a）关于时间覆盖面：应优先考虑数据的年份和收集数据的最短时间期限，以及针对具体被评价产品的时间数据；

b）关于地理特点：应优先考虑收集数据所在的地理区域（如区、国家、区域），以及针对具有地理特性的产品的具体数据；

c）关于技术覆盖面：应优先考虑数据是否针对具体某项技术或一套混合技术，以及针对产品的具体技术数据；

d）关于信息的准确性（如数据、模式和假设），应优先考虑最准确的数据；

e）关于精确性：应优先考虑每一种数据表示值的变率（如方差）范围，以及更精确（即具有最低统计方差）的数据。此外，应考虑以下方面：

f）完整性：占所测量数据的百分比以及数据的代表性程度（采样范围是否足够大？测量的周期性是否足够长？诸如此类）；

g）一致性：在分析的各个部分中是否以统一的方式开展了数据选择，这需要作出定性评价；

h）再现性：有关方法和数据值的信息能在多大程度上允许独立的专人再现研究报告的结果，这需要作出定性评价；

i）数据来源，涉及数据的初级性质或二次性质。

注1：根据 BS EN ISO 14044：2006，4. 2. 3. 6. 2。

注2：温室气体排放评价宜尽可能使用现有的质量最好的数据，以减少偏差和不确定性。可根据一个数据评分框架确定最好的数据，该框架能够综合数据质量的不同属性。

理解要点

（1）相关术语和定义

1）数据质量：数据在满足所声明的要求方面的能力特性。

2）初级活动水平数据：对于某个产品生命周期活动的定量测量。初级活动水平数据乘以排放因子后得到某过程所产生的 GHG 排放量。初级活动水平数据的例子包括使用的能源总量、生产所需的材料、提供的服务或受影响的土地面积。初级活动水平数据源通常好于次级数据源，因为这些数据将反映某个过程的特定性质/效率以及与该过程有关的 GHG 排放。初级活动水平数据不包括排放因子。

3）排放因子：释放的温室气体量，用二氧化碳当量与相关的活动单位表示。例如，$kgCO_2e$/单位输入。排放因子可从二次数据源中得到。

排放因子是一种联系，可将这些数量转换成温室气体排放量：“单位”活动水平数据排放的温室气体数量（如每千克输入量或每千瓦时能源使用量的千克温室气体）。

4）初级数据：是指针对具体产品生命周期由内部或者是由供应链中别人所做的直接测量。

5）次级数据：也称二次数据，是指从产品生命周期所包括的过程中直接测量以外的来源获得的数据。但是一种对同类过程或材料的平均或通用测量（如行业协会的行业报告或汇总数据）。

（2）温室气体排放评价应用这些数据，只要是通过使用最佳数据完成的可行性数据，它们就可以减少偏差和不确定性。最佳数据的确定可由一个数据得分框架得到，这一框架允许不同的数据质量属性结合起来。本条款提出了数据质量标准，包括：

1）当对用于温室气体排放评价的主要活动数据和二次数据进行标识时，应遵守的顺序优先原则：

a）关于时间相关范围：数据年龄和数据收集时间的最小长度、被评价产品的特定时间的数据应优先考虑；

b）关于地理的特殊性：所收集数据的地理区域（如区、国家、地区）、被评价产品特定区域的数据应优先考虑；

c）关于技术范围：不管数据是否与产品的某一特定技术或技术组合有关，被评价产品的特定技术数据应优先考虑；

d）关于资料的准确性（例如，数据、模型和假定）：最准确的数据应优先考虑；

e）关于精确性：每个数据表达的数值变量的测量（如方差），更精确的数据（如具有最小统计方差）应优先考虑。

2）对数据质量还应考虑：完整性、一致性、重复性、参照基础或二次数据的数据源。

标准条文

7.3 初级活动水平数据

应从实施本标准的组织所拥有、运行或控制的那些过程中收集初级活动水平数据。初级活动水平数据要求不应用于下游的排放源。

如果实施本标准的组织在向另一个组织或终端用户提供产品和输入之前对该产品或输入的上游温室气体排放未达到10%或10%以上的贡献率，那么初级活动水平数据的要求应用于第一个上游供应商所拥有、运行或控制的那些过程产生的排放，但该供应商对该产品或输入的上游温室气体排放的贡献达到10%或10%以上。

应收集各个单独过程的初级活动水平数据，或收集发生过程的场所的初级活动水平数据，而且这些初级活动水平数据应代表为其收集数据的过程。只要需要，应根据8.1在共生产品之间进行分配。

当实施上述要求而有必要对温室气体排放进行物理测量（如测量牲畜排放的甲烷或者施肥所排放的一氧化二氮），上述关于获得初级活动水平数据的要求则不适用。

注1：如果某个组织对提供给它的产品提出附加条件，如一个零售商对提供给它的产品质量和包装方式做出规定，这作为证据证明执行本标准的组织对上游过程进行了控制。在这种情况下，关于初级活动水平数据的要求适用于执行本标准组织的上游过程。

注2：对于不受执行本标准的组织控制的运行，获取这些运行的初级活动水平数据（即上游排放）将提高该组织区分其产品与其他产品温室气体评价的能力。

注3：初级活动水平数据的例子如测量某个过程中的能源消耗或材料的使用，或交通运输过程中的燃料使用。

注4：为了体现代表性，初级活动水平数据应反映过程中通常遇到的被评价产品特定的条件。例如，如果某个产品需要冷藏，那么与冷藏有关的初级活动水平数据（如所使用的能源量值和制冷剂的泄漏量）应反映制冷的长期运行，而不是反映与典型能耗或制冷剂泄漏较高（如8月）或较低（如1月）时期有关的初级活动水平数据。

注5：牲畜的排放、牲畜的粪便和所在土壤被视为次级数据（参见7.4）。

理解要点

（1）共生产品：同一单元过程或产品系统中产出的任何两种或两种以上的产品。当两种或多种产品由同一工艺过程生产时，只有当一种产品在另一种产品生产不出时也不能生产时，这一种产品才可以看作是副产品。

（2）要求初级活动水平数据应用于所有过程和材料，即产生碳足迹的组织所拥有、所经营或所控制的过程和材料。对于未对产品排放做出显著贡献的零售商或其他组织，需要第一个（最近的）上游供应商所控制过程和材料的初级活动水平数据。这类数据应比较容易测量，并必需保证碳足迹结果是针对一定产品的。下游温室气体排放源不需要初级活动水平数据（例如消费者的使用、处置等）。

（3）一般情况下，尽可能多地使用初级活动水平数据，因为这类数据可使人更好地了解实际排放情况，并有助于找到提高效率的真正机会。

（4）初级活动水平数据可由内部团队或由第三方（如顾问）对整个供应链进行收集。在实践中，这样做有助于在供应链的每个部分至少能与一个人对话，保证过程图的正确，保证收集到足量的数据。组织内也许已有这一数据，或者可能需要对这一数据作出新的分析。在某些情况下，收集初级活动水平数据可能需要安装新的数据收集仪器，如测量仪表。

（5）通用活动水平数据如图 8－4 所示。

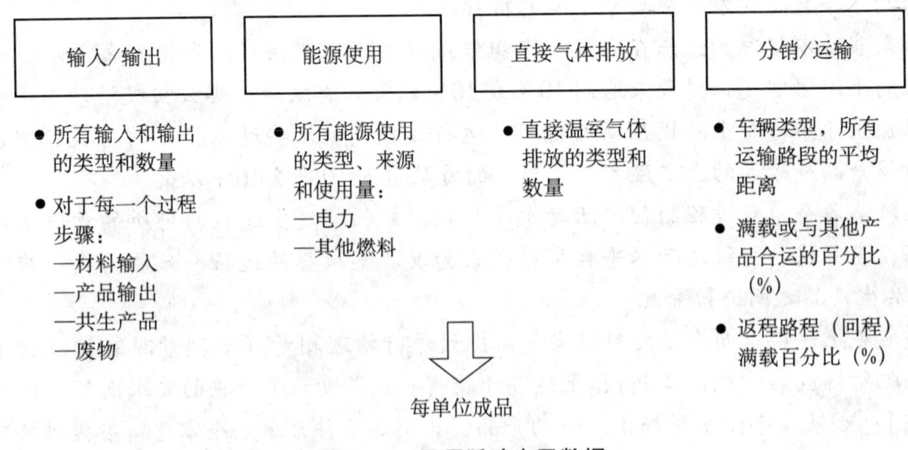

图 8－4　通用活动水平数据

（6）对主要活动数据的责任主体、如何获得、要求、条件作出了明确规定。

标准条文

7.4　次级数据

如果不要求初级活动数据，则应使用次级数据作为输入。

7.4.1　用部分 GHG 评价信息作为次级数据

只要经核查后符合本标准的数据可供各项输入用于被评价产品的生命周期（如部分 GHG 排放信息，参见 6.2），应优先考虑使用该数据而非其他次级数据。

7.4.2　其他的次级数据

如果没有符合 7.4.1 规定的次级数据，则应采用数据质量规则（见 7.2）选择最相关的次级数据的出处。在确定次级数据的出处时［见 7.2i)］应认识到，优先考虑经同行评审的出版物的次级数据以及其他合格出处的数据（如国家政府、联合国正式出版物和得到联合国支持的组织的出版物），而不是其他来源的次级数据。

注：根据有关 ILCD 的结构和范围的最终协定，在今后修订 PAS 时将考虑把 ILCD 的参考文献作为二次数据的出处。

理解要点

（1）次级数据：从产品生命周期所包括的过程中直接测量以外的来源获得的数据。

（2）次级数据用于不需要原始活动数据的投入。

（3）优先使用的次级数据：当证实符合本标准的数据对被评价的产品生命周期内投入是适用的（例如部分温室气体排放资料）时，该数据的使用应优先于其他次级助数据。

（4）当优先使用的次级数据不可用时，应用 7.2 的规定选择次级数据最相关的来源。

建议使用现有的其他来源且经过检验的 PAS 数据（如完成了 PAS 2050 产品的碳足迹达标的供应商）。否则，使用经同行评审过出版物中的数据，以及其他合格来源（如国家政府、联合国正式出版物和由联合国支持的机构的出版物）的数据。

已用于计算产品的碳足迹的数据库类型：

1）多行业生命周期数据库，既有商业的，也有公开提供的（请注意其中部分数据集也可通过商业性 LCA 软件程序加以调用）；

2）行业数据库；

3）国家数据来源，例如政府机构，如英国环境、食品及农村事务部；

4）关于欧盟提供的 LCA 数据库清单，可登录 http：//lca. jrc. ec. europa. eu/lcainfohub/databaseList. vm 网站。部分数据库是免费的，还有一些收取许可费。随着时间的推移，会有更多的数据库可供查用，如国际参考生命周期数据系统（ILCD），其中将包含部分材料和过程的生命周期清单数据集。重要的是要确认数据来源对正在分析的时段具有尽可能的代表性。在任何情况下，从任何数据库所选的数据均应参照 7.2 所界定的质量准则加以评价，即符合现有的 ISO 14044 数据质量准则。

标准条文

7.5　产品生命周期内发生的变化

7.5.1　临时的计划外变化

如果某个产品生命周期发生计划外的变化，导致 GHG 生命周期排放评价的增加超过 10%，并历时 3 个月以上，应对有关该产品生命周期内 GHG 排放重新评价。

7.5.2　计划内的变化

如果某个产品生命周期内 GHG 排放计划内的变化导致评价结果增加了 5% 或 5% 以上，而且变化期超过 3 个月，则应对有关该产品生命周期内 GHG 排放重新评价。

理解要点

对产品在生命周期内的临时的无计划变化和有计划的变化导致对与产品有关的生命周期温室气体排放进行重新评估的要求。

标准条文

7.6　产品生命周期产生排放的可变性

如果与某个产品生命周期有关的 GHG 排放随着时间推移发生变化，则应在一个时段内收集数据，时间长度足以建立与该产品生命周期有关的平均 GHG 排放。

如果某种产品是连续生产的，有关 GHG 排放的评价则应持续至少一年。如果根据时间来区分某种产品（如季节产品），则GHG排放的评价应包含与该产品的生产有关的那个特定时期（见4.3、7.2和7.5）。

注1： 当历史数据可获取时，宜根据历史数据通报平均结果。

注2： 能源生命周期内GHG排放，尤其是电力可能随时间发生变化。当发生这种情况，宜使用代表与能源有关的最新GHG排放估算的数据。

理解要点

对产品在生命周期内排放量是变化的情况下，如何确定其温室气体排放量作了规定：

（1）当与产品生命周期有关的温室气体排放量随时间变化时，应收集一个时间段内的数据以充分确定产品生命周期相关的平均温室气体排放量，此处所称平均结果应由可用的历史数据确定。

（2）当一种产品是持续制造时，温室气体排放量的评价至少应包括一年。

（3）若产品随时间的不同有区别（例如季节性的产品），温室气体排放量评价应包括产品生产相关的特定时期；能量特别是电能的来源的生命周期温室气体排放量可能会随时间变化。此时，应使用与能量来源有关的温室气体排放量最新评估数据。

标准条文

7.7 数据采样

如果某个过程的输入有多种来源，并且排放数据是从某个产品GHG排放评价中使用的具有代表性来源的某个样本中收集的，样本的使用则应符合7.2规定的数据质量要求。

注： 合适的数据采样例子包括：

a）某个银行可包括其中具有代表性的分行的数据，而不是所有分行的数据；

b）某个面粉厂可包括谷物的代表性样本数据，而非提供谷物的所有农场的样本数据；

c）如果某个工厂拥有生产同一产品的多条生产线，该厂可包括这些生产线具有代表性样本的数据。

理解要点

对数据的采集提出了要求，即：当一个过程的投入来自多个来源（同一原料有多个供应商），且评估数据是从用于产品的温室气体排放评价的来源的一个有代表性的样本收集得到时，样本的使用应符合7.2中关于数据的要求。如：银行可能包括来自它的分行的一个典型样本的数据，但不是所有分行；又如面粉厂可能包括来自粮食来源的一个典型样本的数据，但不是所有提供粮食的农场；再如，当一个工厂有很多生产相同产品的生产线时，它可能包括来自这些生产线的一个有典型样本的数据。

标准条文

7.8 牲畜和土壤的非CO_2排放数据

牲畜及其粪便或土壤产生的非CO_2温室气体排放估算应使用按照7.2规定数据质

量的以下两种方法的任何一种：

a）IPCC 国家温室气体清单指南规定的最高等级的方法（见第 2 款）；或

b）产生排放的国家所使用的最高等级的方法。

注：在评价农业产品产生的温室气体排放时，如果实施本标准的组织依靠次级数据，它们宜确认该次级数据源是否包括直接土地使用变化所产生的排放，或是否需要单独计算这一排放。

理解要点

规定了牲畜和土壤的非 CO_2 排放数据的两种确定方法。

标准条文

7.9 燃料、电和热排放数据

燃料和能源数据应包括：

a）所使用的能源量；以及

b）基于所使用能源的能源输入平均排放因子（如千克 CO_2e/千克燃料、千克 CO_2e/MJ 电力或热量）。

应根据 6.4.2 确定与某个产品生命周期内使用的燃料和能源有关的排放。

7.9.1 现场生产的电和热

现场生产和使用的电和/或热，应通过使用本标准描述的方法计算电和/或热的排放因子，其中包括燃料输入排放和上游排放。

理解要点

（1）对与产品在生命周期内的燃料和能源（包括现场的电力和热力发电、异地的电力和热力发电、可再生发电、生物质能和生物燃料）生产或提供所产生的温室气体排放数据的确定作出了规定。

（2）燃料和能源数据应包括：

1）能源用量；

2）基于所用能源来源的能源投入的平均排放因子（如 kgCO_2e/kg 燃料、kgCO_2e/MJ 电或热）产品在生命周期内与所用燃料和能源有关的排放量。

（3）凡是产品生产过程中使用的电和（或）热是在场区内产生并使用时，其排放因子应用本标准给出的方法进行计算，其中包括来自燃料投入和上游排放的排放量。

标准条文

7.9.2 现场外生产的电和热

在场外生产的电和/或热，应使用的排放因子是以下两种情况之一：

a）对于某个独立源（即：不属于较大能源传输系统的组成部分）提供的电和热，应是与该来源有关的排放因子（如从 CHP 购买热量、根据 8.1 和 8.3 计算的排放因子）；

b）对于通过某个更大的能源传输系统提供的电和热，应是尽可能具体针对该产品系统的次级数据（如用电国家电力供应的平均排放因子）。

理解要点

（1）热电联产（CHP）：在单个过程中同时产生可用的热能、电能和/或机械能。这一排放分配量因 CHP 输入类型的不同而异：

1）锅炉型（如燃煤、薪柴、固体燃料）：按该过程特定的热－电比率计算，每兆焦电力转换为每兆焦热量的排放比为 2.5∶1。因此，如果某个 CHP 电厂产生 100MJ 的电力和 100MJ 的热量而排放 350kg 的 CO_2 当量，则应当把 250kg 的 CO_2 当量分配给电力并应当把 100kg 的 CO_2 当量分配给热力。

2）涡轮机（如以天然气为燃料）：按该过程特定的热—电比率计算，每兆焦电力转换为每兆焦热量的排放比为 2∶1。

（2）规定了当电和（或）热为异地产生时，所用的排放因子的确定要求。即如果是通过非公共供电或供热系统（单独的供电供热系统）提供电或热时，则按那一来源相关的排放因子确定；对于通过公共供电或供热系统提供电或热时，则按诸如所用电能所在的国家的平均电能供应排放因子相关辅助数据确定。

标准条文

7.9.3 与可再生电力生产有关的 GHG 排放

7.9.3.1 特定的可再生能源排放因子的符合条件

一个针对特定的可再生能源排放因子应仅限用于使用可再生能源的一个过程，只有当以下两者都满足时：

a）使用能源的过程（即：使用现场生产的可再生能源），或使用生产的相当数量的同类能源（即：使用通过能使不同种类的能源当量相结合的能源输送网提供的可再生能源）。另一个过程虽不使用生产的该能源，但却声明它是可再生能源；以及

b）可再生能源的生产不影响使用同类能源的其他过程或组织的排放因子（如可再生电力）。

当不能满足条件 a）或 b）时，应使用国家可再生能源平均能源排放因子。

注 1：能源来自可再生能源的证明宜独立于其他核查或交易机制。

注 2：在很多情况下，生产可再生能源的排放因子被自动纳入国家平均能源排放因子。例如，可再生能源电力在国家电力排放因子报告中通常被认为是一种零排放电力。若一个公司因购买可再生能源电力（如通过购买“绿色电价”）而宣布一个低排放因子，而该因子被列在国家报表中，则电力的低排放效益将会被重复计算。一些国家（如英国）尚未充分开发出具体方法，用以报告可再生能源发电对国家电力排放因子的影响，不足以单独计算出平均电网供电量和针对特定电价的供电量。

理解要点

（1）可再生能源：来自非化石的能源（风能、太阳能、地热、海浪、潮汐、水电、生物质能、垃圾填埋气、污水处理厂废气和沼气）。

（2）对什么情况下按可再生能源的排放因子确定，以及来自可再生电能的温室气体排放量评价的系统边界的确定。

（3）在许多情况下，可再生能源发电的排放因子是自动注册入国家平均能量排放因子的。例如，在国家电力排放因素的报告中，可再生能源通常被假定为零排放的电力来源；

如果一个公司要求可再生电能的低排放因子（例如通过购买“绿色关税”），这也包含在国家报告中，可能会出现电能的低排放利益的重复计算。在一些国家（如英国），报告可再生能源发电对国家电能排放因子的影响的方法已得到充分发展，以分别解释电力供应的电网平均电价和具体关税。

标准条文

7.9.4　生物质和生物燃料的排放

使用生物质产生的排放（如与生物质混合燃烧、生物柴油、生物乙醇）应包括生产燃料产生的 GHG 排放，但应排除燃料生物碳成分产生的 CO_2。

注 1：利用废物（如烹饪用过的食用油）生产生物燃料，燃料生产排放的 GHG 是将废弃物转化为燃料所产生的排放。

注 2：生物燃料不是用废弃物生产的（如用油菜籽或棕榈油生产生物柴油；用小麦、甜菜、甘蔗或玉米生产乙醇），则与生物燃料使用有关的 GHG 排放包括生物燃料生命周期边界内出现的排放源。

理解要点

（1）相关术语和定义

1）源于生物的：从生物质中提取的、但非化石的或源自化石的（关于化石的定义，见 3.22）。

2）生物质：从生物中提取的物质，但不包括嵌入地质构造中的物质或转变为化石的物质。

（2）生物质能使用产生的排放（例如生物质、生物柴油、生物乙醇的共烧）应包括燃料的生产所产生的温室气体排放，且不应包括来自燃料的生物碳成分的 CO_2 排放。

（3）当生物燃料是由废弃物产生时（例如烹饪油，在它已被用于一个烹饪过程中后），燃料的生产产生的温室气体排放量就是那些来自废弃燃料的转化的排放量。

（4）当生物燃料不是由废弃物产生时（例如生物柴油产生于油菜籽或棕榈油，乙醇产生与小麦、甜菜、甘蔗或玉米），与生物燃料使用有关的温室气体排放包括在生物燃料生命周期边界内产生的排放源。

标准条文

7.10　分析的有效期

执行本标准所取得的结果有效期最长为两年，除非被评价的产生 GHG 排放的产品生命周期发生了变化（见 7.5），在此类情况下时效终止。

注：分析的有效期将随产品生命周期的特征而有所不同。

理解要点

（1）一个分析的有效时间长度根据产品生命周期的特点会有所不同。

（2）实施的结果最长有效期为两年。

（3）被评估的产品在生命周期内有变化时有效期终止。

标准条文

7.11 信息公开

7.11.1 系统边界

如果使用阶段亦构成按本标准开展某项评价的一部分，并向第三方（如消费者）通报评价结果，则应提供用于产品GHG排放评价的有关系统边界的说明。该说明应包括针对系统边界做出的各项决定以及用PCR作为系统边界的情况（如适用）。

在对某一产品生命周期GHG排放的评价进行通报时或者通报之前应对其系统边界进行说明。

7.11.2 使用阶段分析

如果使用阶段亦构成按本标准所开展某项评价的一部分，并向第三方（如消费者）通报评价结果，则应提供使用概要。在向第三方通报使用阶段排放时或之前，应提供有关使用概要。

注：使用概要不必与评价结果的通报放在同一地点。但是，应放到容易获取的地方（如网站）。

7.11.3 碳存储评价

向第三方（如消费者）通报某一产品生命周期GHG排放的评价结果（包括对碳存储影响的评价），则应提供关于计算碳存储影响（包括该产品的排放标准）依据的完整说明。

在通报这类产品生命周期GHG排放评价时或通报之前，应提供计算碳存储影响的依据。

注：关于使用阶段的计算或碳存储评价的依据的披露不必与向第三方通报使用阶段排放的地点或时间相同。例如，使用阶段计算或碳存储评价的依据可以通过某个网站提供。

7.11.4 次级数据的来源

如果在采用本标准过程中使用了次级数据，应对次级数据的出处予以说明。有关次级数据来源的说明应在通报产品生命周期GHG排放评价结果时或之前予以提供。

注：关于次级数据的说明不必与通报评价结果时所在的地点相同。例如，使用阶段计算或碳存储评价的依据可通过某个网站提供。

理解要点

对有关系统边界、使用阶段分析、碳储存评价、次级数据来源的信息描述和传递作出了规定。

在下述情况下需要提供一个充分的描述：

（1）当使用阶段的排放量形成本标准实施的评价的一部分并传达给第三方时：

1）曾用于产品温室气体排放评价的系统范围的描述仍有效。

2）使用配置的描述应是有效的。

（2）当包括碳储存影响评价的产品在生命周期内GHG排放评估被传递到第三方时。

（3）当辅助数据用于本标准的应用时。

标准条文

8 排放的分配

8.1 总要求

除非本标准另作说明，分配方法应按 8. 1. 1 所述。

8.1.1 针对共生产品的分配

共生产品分配排放量的优先顺序应为：

a）将待分配的单位过程分解为两个或者两个以上的子过程，然后收集与这些子过程有关的输入和输出数据；或者

b）扩大该产品系统，以纳入与共生产品相关的额外功能，其中

i）能够判别被考虑的过程的一个或多个共生产品替代的产品；以及

ii）与替代产品有关的可避免的 GHG 排放代表了所提供可避免产品产生的平均排放。

注 1：例如，某个过程产生联产电力输往一个更大的输电系统，这一电力联产所避免的排放可按电网电力 GHG 排放的平均强度计算。

注 2：见 BS EN ISO 14044：2006，4. 3. 4. 2（a）。

如果证明上述两种方法均不可行，该过程产生的 GHG 排放则应按共生产品的经济价值比例在共生产品之间分配（即经济分配）。

8.1.2 记录分配假设

共生产品排放量分配的方法应由实施本标准的组织记录在案。如果按扩大产品系统的方法［见 8. 1. 1b)］执行共生产品的分配，实施本标准的组织应记录针对扩大后的产品系统范围和排放做出的各种假设。

理解要点

（1）相关术语和定义

1）共生产品：同一单元过程或产品系统中产出的任何两种或两种以上的产品。当两种或多种产品由同一工艺过程生产时，只有当一种产品在另一种产品生产不出时也不能生产时，这一种产品才可以看作是副产品。

2）分配额：将过程或产品系统中的输入和输出流分配到所研究的产品系统以及一个或更多的其他产品系统中。

（2）分配涉及把某个单一过程产生的温室气体排放划分给该过程的不同输出部分。

（3）只要为某个特定产品的生命周期做出贡献的某个过程产生一种以上的有用产品，即某个共生产品或副产品（而非废物），则需要对排放进行分配。共生产品具有经济价值并可出售。有鉴于此，共生产品代表其他的分离产品。

（4）首先将该过程细分为若干个子过程，每个子过程只有一项输出。如果做不到，则应扩展系统，以便包括替代产品的影响（如因某个与产品相关的过程也发电而可避免外界供电）。

当这些避免措施既不可能，也非切实可行时，则应把温室气体排放按照共生产品的经济价值比例进行分配（经济分配），除非本标准另有规定。

在前面提到的羊角面包的示例中，除了面粉（相关的产品输入）以外，磨面过程产生

两种共生产品——牲畜饲料和麦胚。照此示例举一反三，假设磨面过程不足以细分成可产生分离输出的子过程，而且因无法为这两个共生产品的任何一个分别确定单一的排放转移/可避免产品而无法采用系统扩展的方法。在这种情况下，可采用经济分配的方法：即面粉生产过程中产生的温室气体排放（以及相关的输入）可根据各自的收益由这些产品共同分担（如表8－3所示）。因此，在上述示例中，面粉生产过程中产生的温室气体排放可按收入分配给三种产品：78%分配给面粉、20%分配给麦胚、2%分配给动物饲料。

表8－3　共生产品之间的排放分配

产品或副产品	每吨小麦加工后的输出 t	输出物单价（人民币） 元/t	每吨小麦总价值 元	占总收入的比例 %
面粉	0.8	2 012.08	1 609.66	78
麦胚	0.1	4 024.16	402.42	20
牲畜饲料	0.1	503.02	50.3	2
合计	1.0	不适用	2 062.38	100

标准条文

8.2　源自废物的排放

废物导致GHG排放（如在填埋场处置的有机物），其排放应按如下方式处理：

8.2.1　废物的CO_2排放

废物的生物碳部分产生CO_2排放，此排放量应被赋予零GWP值。废物的化石碳部分产生CO_2排放，此排放GWP值应赋予1，而且应将其列入产生废物产品生命周期内的GHG排放。

8.2.2　废物的非CO_2排放

废物的生物碳和化石碳部分产生非CO_2排放，此排放应被赋予附录A中所列的一个恰当的GWP值，并应将其列入产生废物产品的生命周期内的GHG排放。

8.2.3　废物甲烷排放的燃烧

8.2.3.1　具有能源回收的甲烷燃烧

废物产生的甲烷燃烧产生有用的能源时：

a）废物生物部分产生的甲烷燃烧不会产生温室气体排放；

b）废物化石部分产生甲烷燃烧，GHG排放应分配给有用的能源。

注：关于CHP排放的处理，见8.3。8.2.3.2没有能源回收的甲烷燃烧。

甲烷燃烧并非用于生产有用能源（即油汽田火炬燃烧）时：

a）废物生物部分产生的甲烷燃烧不会产生GHG排放；

b）当废物化石部分产生的甲烷燃烧时，GHG排放应分配给产生废物产品的生命周期。

理解要点

（1）废弃物：持有者抛弃或打算抛弃或被要求抛弃的材料、共生产品、产品或排放物。

（2）当在填埋场自然分解时或当被焚化时，废物产生各种排放。规定的方法是按下述各种材料和处置工艺有区别地处理各种排放。

（3）对废弃物采取填埋处理时的温室气体计算：

1）废物中生物碳的 CO_2 排放不包括在内，即：植物碳排放的 GWP 值被赋予零（0）；

2）非化石碳产生的 CO_2 排放包括在产品的碳足迹中，其 GWP 值被赋予 1；

3）废物任何部分产生的所有非 CO_2 排放均包括在内并被赋予相应的 GWP 值（参见本标准的附录 A），在植物生长期间吸收的任何 CO_2 的净值。

（4）对废弃物采取焚化与甲烷燃烧时的温室气体计算。

1）当甲烷被收集并用于发电时，将产生有用的能源，排放不包括在该产品的碳足迹中并被分配给所生产的能源部分（作为另一种产品生命周期的输入）；

2）当产生的甲烷未用于发电时，则无能源回收，化石碳（并非植物碳）产生的排放包括在该产品的碳足迹中（如同填埋）。

标准条文

8.3 能源的排放（CHP 排放）

CHP 产生的能源输往一个更大的系统（如将电输到国家电网），所避免的输出能源产生的 GHG 排放应按 8.1.1 评价。

某些或所有 CHP 的热和电生产被一个以上的过程使用，CHP 排放在减去 8.1.1 计算的任何可避免的负担值后应在所用的热和电之间分配。这种分配应按照每种形式的有用能源量的比例乘以以热力和电力方式提供的与每个有用的能源单位有关的 GHG 排放强度。GHG 排放强度应为：

a）若是锅炉式 CHP 系统（如煤、薪材、固体燃料），每兆焦电力排放量与每兆焦热力排放量之比为 2.5∶1；

b）若是涡轮式 CHP 系统（如天然气、垃圾填埋气体），每兆焦电力排放量与每兆焦热力排放量之比为 2.0∶1。

注： CHP 热力和电力的排放分配取决于每种 CHP 系统不同过程热电比率。例如，锅炉式 CHP 系统以 1∶6 的电热比例提供有用的能源，CHP 系统中产生的 2.5 个排放单位将分配给每个电力单位，而 1 个排放单位将分配给每个热力单位。在此示例中，虽然 CHP 系统有用的电热力是 1∶6，但是相应的 GHG 排放比率却是 2.5∶6。这些结果根据 CHP 系统的不同热电比率的不同而变化。

理解要点

（1）术语和定义

1）有效能源

通过取代另一种能源来满足需求的能源。例如，利用热电联产机组产热，以满足原本要用另一种形式的能源实现的热量需求，或满足可能需要额外能源投入的新的需求，那么热电联产机组的产热就成为有效能源。如果其产热不是满足要求，而是消散（例如排放到大气中），则该热量不是有效能源（在这种情况下，供热过程中没有来自热电联产机组的排放物）。

2）热电联产（CHP）

在单个过程中同时产生可用的热能、电能和（或）机械能。

(2) 热电联产（CHP）中的温室气体排放计算

根据每一种能源所提供的有用能源量，把 CHP 源的总排放分配给电力和热能。这一排放分配量因 CHP 输入类型的不同而异：

1) 锅炉型（如：燃煤、薪柴、固体燃料）

按该过程特定的热-电比率计算，每兆焦电力转换为每兆焦热量的排放比为 2.5：1。因此，如果某个 CHP 电厂产生 100MJ 的电力和 100MJ 的热量而排放 350kg 的 CO_2 当量，则应当把 250kg 的 CO_2 当量分配给电力并应当把 100kg 的 CO_2 当量分配给热力。

2) 涡轮机（如：以天然气为燃料）

同样，按该过程特定的热-电比率计算，每兆焦电力转换为每兆焦热量的排放比为 2：1。

标准条文

8.4 源自运输的排放

一个以上的产品正在由一种运输系统（如一辆卡车、轮船、航空器、火车）运输，运输系统的排放应在产品中分配，分配的依据是：

a) 重量是该运输系统的限制因素：处于运输途中不同产品的相对重量；

b) 体积是该运输系统的限制因素：处于运输途中不同产品的相对体积。

运输排放应包括与交通工具全程空载返程有关的排放量，或运输工具返程中部分路段空载的排放量。

理解要点

(1) 当该产品连同其他产品一并运输时，运输产生的各种排放则根据物理质量或体积（无论哪一种构成制约因素）进行分配。例如，如果用载重为 2t 的箱式卡车运送 1t 重的羊角面包和 1t 其他面包，则运输阶段排放量的 50% 分配给羊角面包。

(2) 车辆在它的回程或部分回程不运输产品时，其运输排放量应包括与一个车辆的回程相关的排放量。

标准条文

8.5 再生材料的利用和回收

关于评价再生材料产生排放的方法应遵循附录 D 中的规定。

理解要点

附录 D 给出了可再生材料产生的排放量评价方法。

(1) 来自相同的产品体系再生量温室气体排放量计算

当一个产品的生命周期包括材料的投入且再生物质源于相同的产品体系时，该材料产生的排放量应反映产品具体的再生量和（或）回收率，回收率的计算如下：

$$回收率 = (1-R_1) \times E_V + (R_1 \times E_R) + (1-R_2) \times E_D$$

式中：

R_1——再生物质投入所占比例；

R_2——产品中在生命的最后再生的材料所占比例；

E_R——每单位材料中，再生材料投入产生的排放量；

E_V——每单位材料中，纯净原材料投入产生的排放量；

E_D——每单位材料中，废弃材料处理产生的排放量。

1）与系统平均投入量和再循环率有关的材料投入：若一个产品的生命周期包含这样一项材料投入，它包括系统回收量所占平均比例并且以该产品类别的平均回收率进行回收，来自相同的产品体系的再生量的计算应反映系统平均回收量和回收率。假定材料在一个稳态系统中是可循环利用的，这对那些在使用中的其总量随时间增加或减少的材料是不适用的。

2）与产品特定回收量和（或）回收率有关的材料投入：若一个产品的生命周期包含这样一项材料投入，即产品中指定的回收物和（或）材料所占比例有一个不同于该产品类别的平均回收率的回收率，该材料产生的排放量应反映产品特定的回收量和（或）回收率。

3）产品特定回收量和（或）回收率的表达：当与产品特定回收量和（或）回收率有关的排放量是根据来自相同的产品体系的再生量确定时，实施本标准的组织应记下产品特定回收量和（或）回收率值。

（2）其他类型的回收

当一个产品的生命周期包括一项含有非来自相同的产品体系的再生量中所述的回收量的材料投入时，该材料产生的排放量应用与 ISO 14044：2006 中 4. 3. 4. 3. 相符的方法进行评价。

（3）回收处理依据记录

当产品在生命周期内温室气体排放评价包括材料的回收利用产生的排放量时，在评估与回收有关的温室气体排放时采取的方法应作记录并保存。

标准条文

8.6 关于与再利用和再制造有关的排放的处理

如果某个产品得到再利用，该产品的 GHG 排放应按如下方式确定：

a）应确定生命周期 GHG 排放，但使用阶段排放除外；

b）a）项计算的排放应除以产品预计再利用的次数；

c）为了适合再利用，与产品再制造有关的所有排放应纳入评价。

每次利用或再利用的排放应等于 b）项计算的排放量加上使用阶段和每次利用或再利用的再生产阶段所产生的所有排放量之和。

理解要点

规定了与重复利用和再制造有关的温室气体排放量计算要求。

（1）产品生命周期温室气体排放总量（不包括产品的使用阶段）除以该产品预期的可再利用次数，包括与为使该产品能被再次利用所需的任何再生产有关的各种排放。

（2）将上述值再加上一次使用阶段的各排放量，最后得出某个产品的碳足迹，它仅占产品生命周期排放的一部分，需再加上一个完整使用阶段的那些排放。

例如，如果某个轮胎在其生命周期内最多可反复进行四次翻新处理，则产生了 5 个有明显区别的使用阶段，其中四次需要采取再生产步骤。为了计算产品在某个生命周期内的温室气体的排放总量：

1）计算除使用阶段外所有生命周期的排放。为了简化，假设为100gCO_2当量；

2）加上4个再生产步骤的排放：假定每次翻新处理产生25gCO_2当量的排放，总排放量为：四个再生产步骤乘以25等于100gCO_2当量；因此，一个轮胎完整生命周期内总排放量为200gCO_2当量；

3）总排放量除以预期使用的次数：200/5 = 40gCO_2当量；

因此，某个轮胎使用阶段的排放量应当再加上生命周期内排放总量（40gCO_2当量）。

标准条文

9 产品温室气体排放量的计算

下列方法应用于计算每个功能单元的温室气体排放量：

1）原始活动数据和辅助数据应通过乘以活动数排放因子转换为温室气体排放量，记为产品每一功能单元的温室气体排放量。

2）温室气体排放数据通过乘以单一温室气体排放的GWP值转化为二氧化碳当量排放量，用相应的GWP值表示。任何按5.2计算的延迟排放量的公布的影响应包含在这一步中。

3）与产品相关且按5.4计算的碳储存的影响应表示为二氧化碳当量，且从上面第2）计算的总量中扣除。

4）结果应加在一起，每一功能单元以二氧化碳当量排放量为单位的温室气体排放量。计算出的结果应为：

a）企业对消费者：来自产品的完整生命周期内温室气体排放量（包括使用阶段），及单独的使用阶段温室气体排放量；

b）企业对企业：发生在或包含投入到达一个新的系统的那点时的排放量，其中所有的上游排放。

5）温室气体排放量还应可以通过除以所估计的排放量进行缩放，以满足那些未包含在分析内的任何微型的原材料或活动。其中，估计的排放量的计算用于预期生命周期温室气体排放。

理解要点

（1）术语和定义

1）产品。任何商品和服务。

服务有有形和无形的成分。例如，一项服务的提供可能涉及以下部分：

a）用于提供给消费者的有形产品（例如待修的汽车）上的活动；

b）用于提供给消费者的无形产品（例如需要准备纳税申报的利润表）的活动；

c）无形产品的交付（例如知识传输方面的信息的传递）；

d）消费者环境的创造（例如酒店和餐馆）；

e）软件包含信息且通常是无形的，可表现为方法、协议或程序形式。

2）消费者：商品和服务的使用者。

3）二氧化碳当量：用于比较一种温室气体与二氧化碳辐射力的度量单位。

4）企业对企业：从包括产品在内的投入的提供方到另一个不是终端用户的一方。

5）企业对消费者：从包括产品在内的投入的提供方到终端用户。

6）功能单元：生产系统的量化性能，用作参考单位。

（2）对产品温室气体排放量的计算作出了明确的规定，不再解释。

标准条文

10 符合性声明

10.1 概述

应根据BS EN ISO/IEC 17050－1做出的规定和10.4规定的此项声明的格式，在主要文件中或在为产品提供的包装上公布符合本标准的声明。该声明应包括宣布达标组织的明确身份。

注：根据BS EN ISO/IEC 17000规定的相关定义，本标准使用的“认证”这一术语描述了由独立的第三方认证机构颁发的证明文件。“声明”这个术语（有适当的资格）用作识别本标准所接受的其他观点。

理解要点

（1）按照ISO/IEC 17000给出的相关定义，“认证”在本标准中用于描述经独立的第三方认证机构认证的证明文件的签发。“公开宣布的”适合用于确认本标准中采纳的其他选项。

（2）应根据ISO/IEC 17050－1：2004《合格评定　供应商的合格声明　第1部分：一般要求》做出的规定和本标准10.4规定的此项声明的格式，在主要文件中或在为产品提供的包装上公布符合本标准的声明。该声明应包括宣布达标组织的明确身份。

标准条文

10.2 声明的范围

在宣布符合本标准的声明时，该组织应符合本标准中的所有规定。

理解要点

宣称符合本标准要求的组织应符合本标准中的所有要求。

标准条文

10.3 声明的依据

10.3.1 概述

声明应确定所用的达标类型：

a）依照10.3.2开展的独立的第三方认证；

b）依照10.3.3开展的其他方的核查；或者

c）依照10.3.4实施的自我核查。

注：注意根据10.3.2用于支持向第三方通报计算结果所宣布的达标声明最有可能获得消费者的信任。

10.3.2 独立的第三方认证

凡寻求证明其GHG计算结果已经过独立认证后符合本标准的组织应由一个独立的

按本标准评价和认证。

10.3.3 其他方核查

凡那些使用有资格的并已加入独立的第三方之外的认证参与方提供的其他方法的组织本身应满意：所有这些参与方有能力证明达到针对认证机构要求所制定的各项公认标准。

注：关于此类标准的范例，见 BS EN ISO/IEC 17021 和 BS EN 45011。

10.3.4 自我核查

在开展自我核查时，各组织应能够证明这些计算结果是根据本标准开展的，而且向任何感兴趣方提供支持文件。自我核查的方法以及展示计算结果的方法应采用 BS EN ISO 14021 的规定。

注：对于那些既不采用独立的第三方认证，也不采用其他方核查的组织，可依靠自我核查作为一种现实的选择。为此，各组织宜意识到：当受到质疑时可能需要外部核查，并且消费者可能对此选择缺乏信心。

理解要点

通常，为了确保采取的行动或作出的决定都是以正确一致的分析为基础，有效的方法是检验产品的碳足迹。然而，所需的验证等级取决于预定的目标。

向消费者公布的，则验证的等级须高于仅供内部使用的数据。

根据如何使用产品的碳足迹，确定了三个检验等级：

（1）独立的第三方认证

国际公认的认可机构（例如英国皇家认可委员会——UKAS、中国合格评定国家认可委员会——CNAS）认可的第三方独立认证机构。而后，审核员将审议碳足迹评估过程、核实数据源和计算的结果，并确认本标准是否得到正确使用以及评估是否取得一致。对外发布碳足迹结果可推荐此种认证，在任何情况下这种方式可能是理想的，以确保根据正确的信息作出各项决策。

（2）其他方核查

非认可的第三方应按照认证机构公认的标准进行论证，并按要求支持外部核查。这种方法的可信度可能低于得到完全认可的认证机构所给予的可信度。

（3）自我核查

如果选择自我核查，就要按照 ISO 14021 中所述的方法。注意，碳足迹的用户可能不太信任此项选择。

当公司愿意公开通报碳足迹时，则非常鼓励开展独立的认证工作。有资质的专家所作的第三方认证还能使人们有平和的心态，即根据确凿的分析作出各项后续决定（如：减少排放和降低成本、选择供应商、改换收据和中止产品）。

标准条文

10.4 声明基础的识别

符合本标准的所有声明应包括声明基础的识别，并采用以下适当的信息公开格式：

a）对于根据 10.3.2 作为认证依据的符合性声明：

“［插入“声明者的名称”］根据本标准计算的温室气体排放量经［插入“认证机构的名称”］认证。”

b）对于根据 10.3.3 基于其他方评价的达标声明：

“［插入“声明者明确的身份”］根据本标准计算的温室气体排放量经［插入“认证机构明确的身份”］声明。”

c）对于根据 10.3.4 基于自我核查的符合性声明：

“［插入“声明者的身份”］根据本标准计算的温室气体排放量是自我声明的。”

理解要点

对第三方认证、其他方核查、自我核查后的声明的描述格式作出规定。

第四节　如何依据 PAS 2050：2008 评价商品和服务的碳足迹

为了便于使用 PAS 2050 标准，英国标准化协会等编制并发布了《PAS 2050 规范使用指南——如何评价商品和服务的碳足迹》。当前，在中国境内的外资认证机构和我国部分认证机构正是参照这一指南实施商品和服务的碳足迹的。本节参考《PAS 2050 规范使用指南》说明如何依据 PAS 2050 评价商品和服务的碳足迹。

一、理论说明

如前所述，“碳足迹”是用于衡量一个产品对全球变暖和气候变化有多大影响和评价某项活动因消耗能源而产生的温室气体排放对环境影响的一项指标，以产生的 CO_2 量来衡量，产生的 CO_2 量越多，碳足迹就越大，反之则碳足迹就越小。碳足迹代表在一个产品或一项服务的整个生命周期内所产生的 CO_2 及其他温室气体的总量。产品的生命周期过程，通常是指从原材料的获取、产品生产（或提供服务）、产品包装、分销运输、使用和处置、再生利用等所有阶段，也就是“从摇篮到坟墓”的概念。但是对于许多中间产品而言，在进行碳足迹核算时，可以将产品的生命周期定义为“从摇篮到大门”，也就是从原材料提取到完成本身的加工，再把产品送至下游加工工厂的大门。

1. 产品的碳足迹的计算方法

产品的碳足迹是指某个产品（或某项服务）在整个生命周期过程中所释放的直接和间接的温室气体总量。目前已知的温室气体有 100 多种，但是产品的碳足迹计量中是《京都议定书》要求减排的六类温室气体：二氧化碳（CO_2）、甲烷（CH_4）、氧化亚氮（N_2O）、六氟化硫（SF_6）、全氟碳化物（PFCs）和氢氟碳化物（HFCs）。产品的碳足迹是一个实用的衡量指标。通过对产品的碳足迹的核算，企业可以了解产品在整个生命周期过程中的碳排放源，从而制定相应的减排计划和目标。此外，通过对产品的环境影响之一的温室效应进行量化评价，产品的碳足迹核算也为比较同类或是不同类别产品的环境绩效和环境成本提供了依据。由于产品的碳足迹核算是对产品整个生命周期各个环节的能耗、物耗和排放进行核定，因而产品的碳足迹核算所反映出的信息，对企业内部以及供应链进行碳足迹管理，对产品进行低碳设计与改造，提供了依据和参考。

2. 如何进行产品的碳足迹核算

（1）产品生命周期评估

进行产品的碳足迹评估，需要使用生命周期评价（LCA）方法。LCA 是评价一个产品系统生命周期整个阶段（从原材料的提取、加工，一直到产品生产、包装、市场营销、使用、再使用和产品维护，直至再循环和最终废物处置）的环境影响的工具（UNEP 的定义）。按照 ISO 14040 的定义，生命周期评估的基本内容和步骤主要由 4 部分组成：定义分析目的和确定分析范围、建立和分析生命周期清单、影响评价和结果解释。

生命周期评价的基础是生命周期清单（life cycle inventory，LCI）。LCI 是 LCA 基本数据的一种表达，即产品在其整个生命周期阶段的资源、能源消耗和向环境的排放（包括废气、废水、固体废弃物及其他环境释放物）数据目录。通过建立以产品功能分析单位为表达的产品系统（产品的过程树）的输入和输出，分析者已经可以了解企业的物耗和能耗以及环境表现。

所谓影响评价，实质上则是对清单分析阶段的数据进行定性或定量排序的一个过程。根据需要，影响评价可以分为三个阶段，即影响分类（classify）、特征化（characterization）和量化（valuation）。

所谓影响分类，就是将从清单分析中得来的数据归到不同的环境影响类型，目前包括资源耗竭、生态影响和人类健康三大类，在每个大类下又包含有许多亚类。如在生态影响这一大类下包含有全球变暖潜能值 GWP（也就是我们所说的温室效应）、臭氧层破坏、酸雨、光化学烟雾、水体富营养化、淤泥、水中废物、栖息地改变、土壤致密性、离子辐射和噪声等亚类。所谓特征化，即按照影响类型建立清单数据模型。特征化是通过环境模型将经过分类的物理、化学、生物和毒理学数据描述的各种环境干预，换算成一定的环境效应评分。例如，我们所说的产品的碳足迹，就是将归类于全球变暖中的清单物质乘以特征化因子（温室效应因子）而最终得到。

通过生命周期清单的建立以及对清单的分析（影响归类和特征化），就可以得到产品的环境足迹。例如，了解一个产品在生命周期过程中的碳足迹、水足迹、能量足迹、对臭氧层的破坏等，就可对产品的环境影响有客观的认识。产品之间的环境影响是有差别的。例如，A 产品的碳足迹低，但水足迹高；B 产品的碳足迹高，但水足迹低。因此，如果需要对不同产品的环境影响进行比较，还需要进行下一步工作，也就是量化。所谓量化就是加权评估，就是在特征化的基础上，将各项环境影响再乘以权重因子（根据环境影响的重要性等），最终得到产品环境影响的单一数值，从而可以对产品之间的环境影响进行比较。但是，由于在量化评估的过程中，使用的权重因子具有相当大的主观性。因此，目前在进行 LCA 评价时，并不主张将结果进行量化。

从上述对生命周期评估方法的介绍中了解到，通过 LCA 评估，产品的能耗、物耗和排放在各个阶段的数据都得以量化，并按照环境影响类型进行归类和特征化。因此，利用 LCA 的结果，可以进行单元过程贡献分析，了解哪些环节对产品的环境足迹影响较大；也可以进行清单数据敏感性分析，了解哪些材料、资源或是能源的使用对产品的环境足迹较大。

LCA 的这些功能，使得 LCA 成为进行绿色设计以及环境和经济效益评价的辅助工具。以某公司的女士长款衬衫的碳足迹核算结果为例，通过单元贡献评价，了解到该款衬衫的使用阶段碳足迹较高；通过清单敏感度分析，发现运输方式以及染色工艺（深色与浅色）

对结果的影响较大。这些都为未来制定减排目标、进行绿色设计等打下基础。

（2）产品的碳足迹核算

根据上述对生命周期评估方法的阐述，产品的碳足迹核算就是建立产品的生命周期清单 LCI，然后对其中归类于全球变暖的数据进行特征化，最终得出碳足迹。因此，进行产品的碳足迹评估可以按照 ISO 14040 和 ISO 14044 标准进行。由于在《京都议定书》之后建立的一系列温室气体减排的政策框架和市场机制，特别是一些国家和地区的产品碳标识法规和产品碳标签体系的执行和运行，使得产品的碳足迹核算逐渐普遍起来。考虑到生命周期评估方法的复杂性、与下游和消费者交流的必要性，以及同类产品的相互比较等方面的因素，专门用于碳足迹计算的标准，如 PAS 2050、WRI 产品的碳足迹协议和 ISO 14067 等标准相继发布或是正在制定。这些标准都依据 ISO 14040 和 ISO 14044 制定的生命周期评价方法，作了一定程度的简化。这些标准的制定与发布，将进一步推动碳足迹核算在供应链和产品层面的应用，同时也为生命周期评估方法在工业界的大规模应用打下了基础。

由于 PAS 2050 是世界上首个专门用于碳足迹计算的标准，以下以该标准为例，详细说明按照该标准及其附属的指导性文件，进行产品的碳足迹核算时的步骤和注意事项。

按照 PAS 2050，建立生命周期清单 LCI，可以按照以下步骤执行：

1）确定功能分析单位。功能分析单位是为建立生命周期清单 LCI 以及与外界交流时的基础单位，对于一个待评估产品而言，就是使用什么单位来进行分析、计算和交流。功能分析单位可以是产品的出售单位和使用单位，但是在确定功能分析单位时需要考虑是否容易收集数据和计算，是否利于与其他产品的碳足迹比较，是否利于消费者理解等。例如，服装产品进行碳足迹核算，其功能分析单位常常定义为一件 ××× 服装，款号 ×××；而对面料产品进行碳足迹核算，其功能分析单位则常常定义为一千克面料等。

2）确定分析边界。由于产品涉及不同材料和多个加工运输环节，因此，建立生命周期清单需要确定分析边界。确定分析边界的首要工作是定义产品的生命周期，建立产品的流程图。PAS 2050 将产品的生命周期定义为“从摇篮到大门”或是“从摇篮到坟墓”两种，也就是按照商业模式的不同进行分类。如果是生产中间产品的商业到商业（B2B）模式，则产品的生命周期为“从摇篮到大门”；如果是生产最终成品的商业到消费者（B2C）模式，则产品的生命周期为“从摇篮到坟墓”。

在计算 B2C 商品的碳足迹时，典型的过程图步骤包括生命周期全过程：原材料、产品制造、分销和零售、消费者使用以及废弃处置和（或）再生利用；而计算 B2B 的商品的碳足迹，则停留在该产品被提供给另一个制造商的节点上：原材料、产品制造到最终分销和运输到客户所在地，无需关注和计算产品的使用和废弃处理环节。

定义了产品的生命周期后，就可以开始确定产品的流程图。确定产品流程图，从分析产品的材料清单（BOM 表）开始，分析组成产品的主要零部件（或是主要组分信息），然后逐个分析每个原材料的主要成分（对于纺织产品而言，则是主要原材料和辅料），然后明确每个零部件或是组分（对纺织产品而言，是每种材料）的提取、生产和运输。包装是产品清单中不可或缺的一部分。由于组成产品的零部件（或是组分）较多，PAS 2050 标准建议在进行产品的碳足迹核算时，可以通过一些手段来简化分析，缩小分析范围。

a）省略原则。对于任何零部件（材料或是组分），如果其对最终碳足迹结果的影响小于1%，则该部件（材料或是组分）可以被忽略。但是，所有被剔除分析的部分，其所占的比例必须小于整个结果的5%。

b）产品类别规则 PCR。PAS 2050 标准建议企业参照已有的同类产品环境足迹或是碳足迹核算规则 PCR 来定义系统边界。很多已有的 PCR 是在先前的生命周期评估案例中总结出来的。关于功能分析单位和系统分析边界都有说明。例如，有些 PCR 已经明确列出了需要进行分析的主要零部件名称。

PAS 2050 标准的上述规定和建议，对于确定系统分析边界确有帮助。但是，在实际应用中，还需要辅助一定的 LCA 经验和手段。例如，在运用省略原则时，由于事先无法知道究竟什么样的原材料或是零部件对最终结果的影响小于1%，这就需要操作人员有一定的专业知识。如果两个零部件的组成成分相同，工艺一样，可以应用质量原则，即质量大的碳足迹高；如果是两种材料，在相同的质量下，工艺流程长的，碳足迹可能会高。当然也可以通过次级数据和简化的 LCA 计算，比较不同材料或是零部件的碳足迹，以确定分析边界。

在对产品的原材料生产以及产品的生产环节的分析范围确定后，需要关注产品的配送、使用和废弃处理。产品配送环节的确定比较简单，而产品的使用和废弃处理则比较复杂，可以同时展开对用户的调查，并结合分析，建立产品使用的场景和废弃处理的场景。

例如，对全棉印染面料进行碳足迹核算时，其生命周期按照 PAS 2050 的规定，应该定义为从摇篮到大门，包括从棉花的生长、棉花的初加工→纺纱→织布→印染→下游服装厂的大门。分析全棉印染面料的组成成分，其中包含棉纱、染色用染料和部分后整理助剂。通过省略原则和现有的 PCR，结合简化 LCA 分析，从而确定是否将染料和助剂纳入到分析范围中。

3）收集数据。在确定系统分析范围后，接下来就是收集数据，建立待评估产品的碳足迹生命周期清单 LCI。在进行碳足迹核算过程中主要使用两类数据：一类是初级数据，这类数据主要是从产品的实际生产、运输、配送、使用和废弃处理过程中收集。另一类是次级数据，次级数据不是针对具体产品，而是对同类过程或者材料的平均或通用数据，即工业的平均值。如某地区的电网的温室气体排放系数，某种交通工具单位运输距离的温室气体排放系数，废弃物的排放等。在某些情况下，使用次级数据会使结果更具有代表性，或是更利于不同产品之间的比较等。

由于各个国家应用 LCA 方法的时间有差异，目前一些 LCA 数据库中还缺乏一些地区，主要是发展中国家的数据。这虽然在一定程度上会对采用 LCA 结果来判断产品造成一定的障碍（例如，使用欧洲 PET 平均加工水平得到中国某 PET 树脂产品的碳足迹，不能够作为征收碳关税的基础），但是，对于企业应用 LCA 方法进行内部管理、供应链的管理和供应商的比较并不构成障碍。在进行外界交流时，可以通过敏感度分析，报告使用非本地数据而带给结果的差异范围，也是 ISO 14040 和 ISO 14044 接受的做法。

在碳足迹核算中，究竟是使用次级数据还是初级数据，与核算分析的目的、时间、费用以及初级数据是否容易获取等都相关。所以，在定义系统分析范围时，往往会确定收集初级数据的范围。如果核算的目的是外界交流，则系统分析范围和数据收集范围需要获得相关认证机构的认可；如果核算的目的是进行内部管理使用，一般来说，初级数据使用的越多，越能反映实际情况；如果核算的目的是进行供应链某一环节的比较，则可以将初级数据的收集锁定在该环节，以排除其他方面的干扰因素。

当然，在初级数据收集的过程中，还需要根据实际情况进行调整。为了能够使供应链的各个环节都提交需要的、统一的、高质量的数据，需要设计专门的问卷调查表，对数据的质量等加以说明，以保证碳足迹的准确性、重现性和可比性。按照 PAS 2050 标准进行碳足迹核算，如果最终核算的目的是获得英国碳基金公司颁发的碳足迹认证，则碳基金公司会提供一些次级数据或是告知次级数据的来源。在完成数据收集后，即可开始着手进行生命周期清单的建立。

生命周期清单建立后，需对其进行特征化，计算出产品的碳足迹。这一过程需要在专门的计算机或是软件中进行。如果是申请 PAS 2050 认证，则所有的计算必须在指定的“足迹专家工具”中进行。

产品的碳足迹计算完成后，就需要对整个过程进行检查，并进行分配和不确定度分析等。例如，在产品的生产过程的相关环节中是否有经济价值的副产物。如果有，就需要把相关环节产生的温室气体排放划分给该过程的不同输出部分。分配的方法有很多，PAS 2050 推荐优先选择经济价值进行分配。而对产品的碳足迹的不确定性分析分为对数据的不确定度的评定和对边界的不确定度的分析。通过对不确定度的分析，可以衡量碳足迹结果中的不确定性并使其最小化，以提高碳足迹比较结果的可信度和基于碳足迹的决策水平。

二、启动碳足迹评价

1. 设定目标

通常确定产品的碳足迹的目标是减少 GHG 排放；但是某些组织可在该总体目标下设定各项具体目标。首先定义产品层面的 GHG 评价并达成一致，这为通过以下方式开展一个高效和有效的评价过程奠定基础：

（1）能够有效地选择产品，以便在评价完成时产生的评价结果更有用；

（2）为计算碳足迹的范围、边界和数据提供指导，以及通报有关核查方法（如需要）的选择情况。

PAS 2050：2008 可适用于不同层面的要求，这取决于碳足迹的用途。在一个高层面上，可用于指导开展内部评价，包括确定排放的“热点”，如：把行动的重点放在哪些方面才能减少某个产品整个生命周期内的 GHG 排放。但是，该方法无法产生能够经得起第三方核查的碳足迹信息，而且该方法不适于对外声明。如果目标是为了认证并向客户通报产品的碳足迹，则将需要进行更精确的分析。产品的碳足迹（或相同产品随时间的碳足迹）之间的比较只有通过在各产品之间采用保持一致的数据源、边界条件和其他假设，并使碳足迹结果经独立核查才能实现。

当通过以下任何一种方式通报产品的碳足迹时，核查成为考虑的重要因素：

（1）公司内部通报，如不同的子公司均采用具有一致性的方式向企业层面报告，以评价碳绩效。

（2）公司对外通报，如向商业客户或消费者通报有关购置决定、组合选择决定或其他决定的信息。

（3）在设置目标过程中和在确定碳足迹的一般过程中，包括公司各个不同领域的人是有益的。选择多少人数将取决于组织的规模；关于所能够参与某些特定职能的实例，参见下文。规模小的组织可不必每个工作领域都派代表，但应当确保在启动阶段顾及这些方面。

基于上述要求，组织对产品的碳足迹评价的一般性目标确定为降低产品温室气体排放。但还要考虑以下因素：

（1）为何执行碳足迹？目标和预期成果是什么？

（2）基于上述目标，挑选产品的条件是什么？

（3）哪些产品符合这些条件？

（4）谁是主要供应商？

（5）资源与预算来源？［供应商（原物料）及公司内部］

（6）指导计划的公司决策层级？

（7）需花多少时间？

（8）内部责任分工与提供信息？

内部参与部门一般包括高层管理阶层、环境/能源管理部门、市场营销部门、生产部门、采购/供应链部门、财务会计部门、碳足迹分析者。

2. 选择产品

在选择进行碳足迹计算的产品时，首先是基于项目目标设定总体准则，然后确定哪些产品最能满足这些准则。产品的选择准则应直接源自项目开始时约定的目标，选择准则是确定范围（多少产品、产品类型、不同尺寸的产品等）的一个关键组成部分。

选择评价其碳足迹的产品时，通常考虑以下问题：

（1）哪一个产品可能获得最大的温室气体减量机会？

（2）产品哪一个部分与公司温室气体减量策略最有关？

1）产品规格？

2）制造程序？

3）包装选择？

4）配送方法？

5）其他？

（3）从市场差异化与竞争的角度来看，哪一个产品最重要？

（4）哪一个产品或品牌最符合排放减量潜力与市场营销机会？

（5）供应商参与的意愿如何？

（6）碳足迹分析对主要利害关系者之影响是什么？

（7）有多少资源和时间可以透入在碳足迹分析？

3．供应商参与

供应商的参与对于了解产品的生命周期以及收集数据至关重要。通常情况下，公司完全了解自己的生产过程，但是，在公司边界以外的地方，对过程、材料、能量需求和废物的了解却往往有很大的不同。

作为组织内部初始讨论的一部分，通常要考虑以下问题：

（1）主要供货商、零售商、废弃物管理公司是谁？

（2）供应商需要提供什么数据？

（3）他们愿意/能够支持这个计划么？

（4）谁负责供应链的关系联系？

（5）如何引起供货商兴趣参加？

1）确定碳/成本降低的机会；

2）对外宣告共同管理碳排放；

3）建立共同的排放目标；

4）改善企业客户的关系。

三、产品的碳足迹评价过程及案例分析

PAS 2050：2008 采取生命周期评价（LCA）方法，评价与商品或服务有关的 GHG 排放，使公司能找出办法，以最大限度地减少整个产品系统的排放。

计算任何商品或服务的碳足迹都有五个基本步骤：

步骤1：绘制一张过程图（流程图）；

步骤2：检查边界并确定优先序；

步骤3：收集数据；

步骤4：计算碳足迹；

步骤5：检查不确定性（任选项）。

以下分别加以说明。

1. 建立商品或服务的生命周期流程图

这一步骤的目的是确定对所选产品生命周期有贡献的所有材料、活动和过程。最初的头脑风暴法有助于绘制一张高水平的过程图，然后通过案头研究和走访供应链加以完善。过程图在整个碳足迹计算过程中作为一种宝贵的工具，提供了走访的起点，并提供了指导收集数据和计算碳足迹的图示参考。

为了绘制一个产品的过程图，首先要通过大量使用内部的专业知识和现有的数据或者进行案头研究，把所选产品的功能单位分解为各个组成部分（如原材料、包装）。产品规格或材料单是一个很好的起点。首先着眼于最重要的输入，然后确定各自的输入、制造过程、储存条件和运输要求。

在实践中，随着对生命周期认识的提高，重复过程图的步骤（上述步骤1）有相当大的益处，可以得到更多的优先序和热点。例如步骤2，在完全投资于数据的收集之前，通过估计和随时可得的数据可以计算出高水平的碳足迹。这种做法使得优先序基于影响最大的排放源，而不是把时间花费在小的或“非实质性”（小于整个生命周期排放的1%）的贡献者上。

可以根据组织的实际和产品情况选择以下两者之一建立产品的生命周期流程图：

（1）完全生命周期：企业到消费者（business-to-consumer，B2C）：

原料厂商/运输→产品制造→配送/零售→消费者使用→废弃物处理/回收

（2）基本生命周期：企业到企业（business-to-business，B2B）：

原料厂商/运输→产品制造→配送/企业客户

服务的过程图将因所选择的服务而不同。在考虑服务的生命周期时，采用“基于活动的评价”，它取自提供服务所需要的综合活动，这些活动可能会或可能不会导致有形输出。因此，服务的“生命周期”涉及的不仅仅是输入、输出和过程，其过程图将包括所有阶段，以及来自为交付或使用服务做出贡献的任何活动的潜在排放源。当绘制服务的生命周期时，试图以这样一种方式对其进行定义，即无论是供内部使用还是供其他人使用碳足迹，都是有益之举，换言之，使服务：

——容易与其他内部的或竞争对手的服务比较；

——可能产生可操作的减排机会；

——相对容易地描述供应链。

案例　羊角面包的加工过程图

羊角面包的加工过程图如图8－5所示。

具体服务业的过程图绘制可参考该指南和附录2。

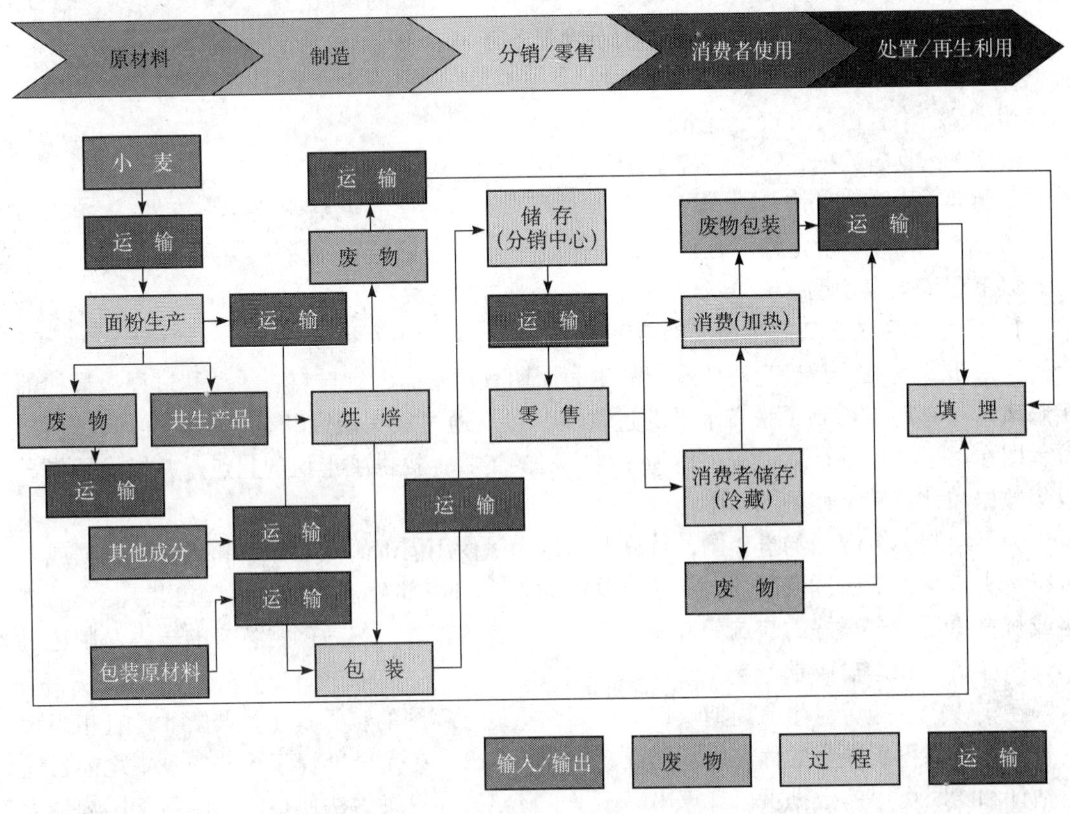

图8－5　羊角面包的加工过程图

2. 设定边界并确定优先顺序

一旦绘制了高水平的过程图（如图8－5），就必须确定碳足迹分析的相关边界。为了符合PAS 2050：2008，产品生命周期的系统边界宜与ISO 14025中概述的产品种类规则（PCR）（若有）一致。如果得不到该产品的PCR（产品种类规则），则应明确界定系统边界。系统边界主要适用于商品；如考虑某种服务则需要修改系统边界。关于更多的信息和具体的指南，请参见PAS 2050：2008的6.1、6.4和6.5。

关于该过程图包括的GHG潜在排放源的更多详情，请参见PAS 2050：2008 5.3。系统边界的关键原则是列入所有的“实质性”排放，即由选定的商品或服务在生产、使用并处置或再生利用的过程中直接或间接产生的排放。PAS 2050：2008可使非实质性排放排除在外，即占排放总量不到1%的任何单一来源。但是，非实质性排放源的总的比例不得超过整个产品的碳足迹的5%。有关边界的详细规定可参见PAS 2050：2008的第6章。

确认边界与执行高阶碳足迹计算，提出优先着手进行之项目。

定义产品的碳足迹计算的范围，即哪些生命周期阶段、输入和输出宜纳入评价。

通过使用估值和即时获取的数据决定一个排放源是否可能是实质性的，实质性生命周期阶段给予较高优先序。

3. 数据收集

遵循步骤 2 的初步计算，按照 PAS 2050：2008 的要求和建议开始收集更为具体的数据，以便能够更详细地评估碳足迹。

碳足迹评估中所用的所有数据必须遵循数据质量规定（参见 PAS 2050：2008 7.2）。这保证了碳足迹的准确性、重现性及可比性。高质量的数据有助于确定反映规定时期“典型”产品生命周期的碳足迹，同时对地理上、距离上和材料上的不同也予以考虑。

（1）目的与范畴界定

组织的碳足迹评价的目的主要有两点：

1）选择产品评价与分析其单位产品的能耗与碳足迹，以作为公司未来产品的温室气体减量与碳标签的依据。

2）提供该产品全球变暖潜能值影响评价的信息。

（2）资料搜集与汇整

1）确定作业范围。盘查数据包括输入输出的原物料和能源、资源与排放等。数据的来源途径包括：

a）工厂环境与能源管理者；

b）工艺设计人员/操作者；

c）从类似的操作中得到的估计值；

d）从已公布的各类数据库中获取所需的数据。

2）资料汇整

a）原料使用。将公司所使用的原材料、化学品及气体统计出某年度使用量，并且将不同单位，如吨、立方公尺、公升、加仑等，全换算成公斤重，使之在相同单位下做一个使用量从多到少的排序。

b）水、电、燃料等能资源消耗量

水：将公司该年度所使用的水量，换算成 kg/个目标；

电：将公司该年度所使用的电量，换算成 MJ/个目标；

燃料：若工厂内部有使用其他燃料，例如柴油、天然气或液化石油气，将公司该年度所使用量，换算成 MJ/个目标。

c）废弃物处理。收集容器饮料之废容器的年度产生总量，单位换算成 kg/ 单位的。将数据一一输入计算机模块之中，就可利用计算机模块分析出废弃物产生所造成的温室效应潜能。

3）各阶段数据盘查

a）确定商品生命周期各阶段的活动。以完全生命周期为例，各阶段包括的活动如图 8 –6 所示。以最显著的投入为重点，列出其对应的投入、制造过程、储存条件和运输需求。

b）对数据的质量要求如表 8 –4 所示。

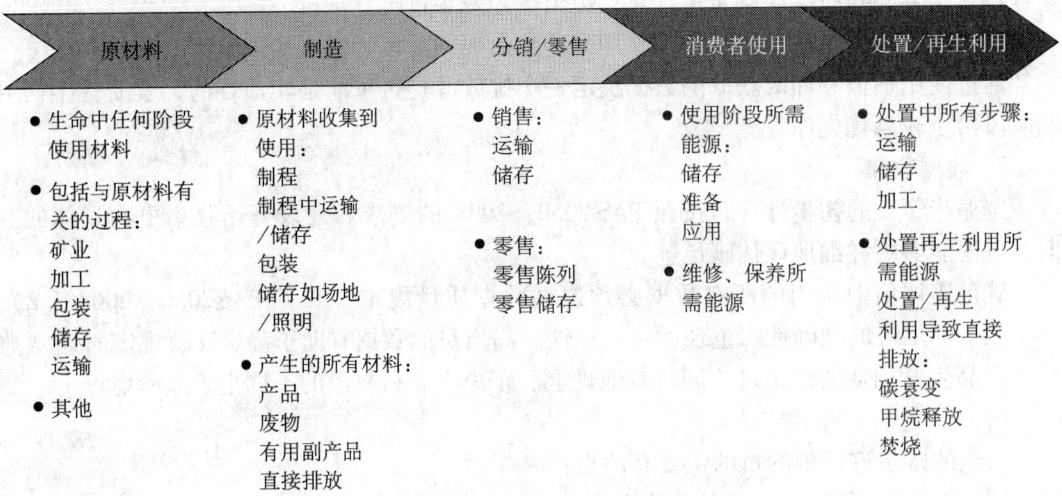

原材料 → 制造 → 分销/零售 → 消费者使用 → 处置/再生利用

- 原材料
  - 生命中任何阶段使用材料
  - 包括与原材料有关的过程：矿业、加工、包装、储存、运输
  - 其他
- 制造
  - 原材料收集到使用：制程、制程中运输/储存、包装、储存如场地/照明
  - 产生的所有材料：产品、废物、有用副产品、直接排放
- 分销/零售
  - 销售：运输、储存
  - 零售：零售陈列、零售储存
- 消费者使用
  - 使用阶段所需能源：储存、准备、应用
  - 维修、保养所需能源
- 处置/再生利用
  - 处置中所有步骤：运输、储存、加工
  - 处置再生利用所需能源
  - 处置/再生利用导致直接排放：碳衰变、甲烷释放、焚烧

图 8-6 完全生命周期各阶段包括的活动

表 8-4 对数据的质量要求

数据品质要求（根据 PAS 2050 中 7.2）	
a	数据涵盖指定的时段
b	数据切合产品具体地理位置
c	数据切合产品技术和制程
d	信息准确度
e	数据不确定性
f	数据的完整性和代表性
g	一致性
h	重现性
i	数据来源

c）确定需要收集的数据及来源。计算碳足迹需要两类数据：活动水平数据和排放因子。活动水平数据是指产品生命周期中涉及的所有材料和能源（物料输入和输出、能源使用、运输等）排放因子是一种联系，可将这些数量转换成温室气体排放量："单位"活动水平数据排放的温室气体数量（如：每千克输入量或每千瓦时能源使用量的千克温室气体）。

活动水平数据和排放因子可来自初级或次级数据：初级数据是指针对具体产品生命周期由内部或者是由供应链中别人所做的直接测量；次级数据是指不针对具体产品的外部测量，但是一种对同类过程或材料的平均或通用测量（如行业协会的行业报告或汇总数据）。

要求初级活动水平数据应用于所有过程和材料，即产生碳足迹的组织所拥有、所经营或所控制的过程和材料（参见 PAS 2050：2008 7.3）。对于未对产品排放做出显著贡献的零售商或其他组织，需要第一个（最近的）上游供应商所控制过程和材料的初级活动水平数据。这类数据应比较容易测量，并必须保证碳足迹结果是针对一定产品的。下游温室气体排放源不需要初级活动水平数据（例如，消费者的使用、处置等）。

初级活动水平数据应具有代表性，应反映所评价产品通常所遇到的条件。欲了解更多有关收集可变供应链方面的初级活动水平数据的指导建议，参见 PAS 2050：2008 7.6。

初级活动水平数据可由内部团队或由第三方（如顾问）对整个供应链进行收集。在实践中，这样做有助于在供应链的每个部分至少能与一个人对话，保证过程图的正确，保证收集到足量的数据。组织内也许已有这一数据，或者可能需要对这一数据作出新的分析。在某些情况下，收集初级活动水平数据可能需要安装新的数据收集仪器，如测量仪表。

数据收集模板可能是一个规范数据收集过程的有用方法，它有助于：

——确定与供应商面谈的内容结构；

——确保完整性，从而减少所需访谈的次数；

——优先考虑最可能的/最大的减碳机会。

凡无法获得初级活动水平数据或者初级活动水平数据质量有问题（例如没有相应的测量仪表）时，有必要使用直接测量以外其他来源的次级数据。

在某些情况下，只要可行，为了确保一致性并具有可比性，次级数据可能更为可取：

——温室气体的全球增暖潜势；

——各种能源导致的电力排放（每千瓦时二氧化碳千克当量）；

——每千克化肥/农药排放；

——每升燃料排放；

——每种车型每千米运输的排放；

——每千克废物排放；

——牲畜和/或土壤导致的农业排放。

计算碳足迹需要两类数据及原材料获取和生产阶段数据来源如图 8-7 所示。

商品使用阶段的数据来源如图 8-8 所示。

案例1　以光盘生产过程的碳足迹盘查

（1）原料阶段

1）产品主原料：如聚碳酸酯塑料（Polycarbonate，简称 PC）、金属（金、银等金属）、墨水的生产，及其运输所使用的电力与化石能源的二氧化碳排放量。

2）塑胶盒：收纳光盘塑料盒组成的塑料原料（聚苯乙烯 PS，聚丙烯 PP 等）的生产，及其运输所使用的电力与化石能源的二氧化碳排放量。

3）包装薄膜：塑胶盒外装塑料薄膜组成的塑料原料（聚丙烯）的生产，及其运输所使用的电力与化石能源之二氧化碳排放量。

4）说明印刷品：随光盘所附说明印刷品组成的纸类与墨水的生产，以及其运输所使用的电力与化石能源的二氧化碳排放量。

5）包装材料：光盘运送时所使用的包装材料，其组成的纸类（纸板）、塑料原料（PP 打包带）的生产，及其运输所使用之电力与化石能源的二氧化碳排放量。

（2）生产阶段

1）产品制造：产品的制造，包括玻璃基板、压模、光盘片本身的制造（射出成型、喷镀等）等制造过程所使用的电力与化石能源的二氧化碳排放量。

2）塑胶盒制造：塑料盒制造时的射出成型、组合等制造工程所使用之电力与化石能源的二氧化碳排放量。

3）印刷品制造：说明印刷品的印刷与加工制程所使用的电力与化石能源的二氧化碳

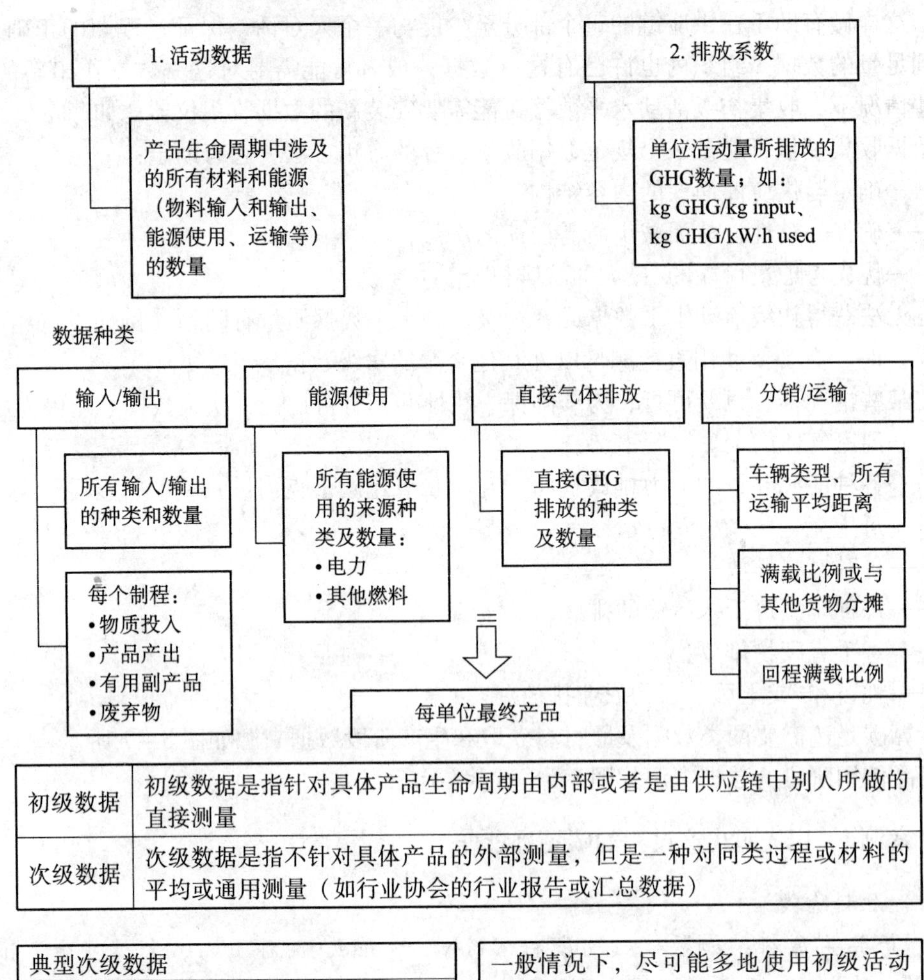

初级数据	初级数据是指针对具体产品生命周期由内部或者是由供应链中别人所做的直接测量
次级数据	次级数据是指不针对具体产品的外部测量，但是一种对同类过程或材料的平均或通用测量（如行业协会的行业报告或汇总数据）

典型次级数据
GHG 的 GWP
不同电力来源的排放系数
每升燃料的排放
每车种每千米的排放
每千克废弃物的排放
每矿种的开采排放

一般情况下，尽可能多地使用初级活动数据
为了一致性，次级数据也许更可取

数据来源

初级数据	通过测量	
次级数据	1	由供应商提供供应品的碳足迹（如果有）
	2	使用经同行评审过出版物中的数据（行业类比）
	3	其他合格来源（如国家政府、联合国正式出版物和由联合国支持的机构的出版物）的数据。
数据库推荐	欧盟提供的 LCA 数据库清单，可登录 http：//lca. jrc. ec. europa. eu/lcainfohub/databaseList. vm	
注意时效性	确认数据来源对正在分析的时段具有尽可能的代表性	

图 8－7　碳足迹需要两类数据及数据来源

使用阶段	描述当终端消费者所使用产品时的活动和能源消耗。可以包括与储存相关的能源（如制冷），或与应用相关的能源（如灯泡照明用电）
使用概要	描述终端消费者的平均行为
消费者使用数据很难查找，可以参考以下来源	

PCR——Product Category Rule，产品种类规则

已公布的国际标准
（如能源之星数据库 www.euenergvstar.org/en/en_database.htm）

已公布的国家指南
（如市场转型计划能源使用数据 http://whatif.mtprog.com）

已公布的工业指南

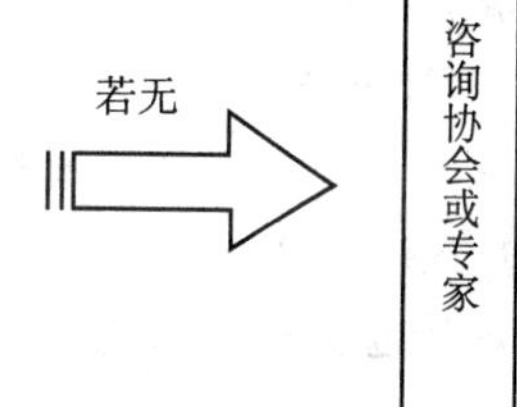

图8－8　商品使用阶段的数据来源

排放量。

4）组合与包装：光盘片、塑料盒、说明印刷品等的组合、包装（缩收膜包装与装箱打包等）等所使用的电力与化石能源的二氧化碳排放量。

（3）销售与配送阶段

1）运输：透过物流或自行配送到主要批发、大卖场、零售店，其运输所使用之电力与化石能源的二氧化碳排放量。

2）店铺销售所使用的空调、照明等电力与化石能源的二氧化碳排放量。

（4）废弃物与回收

废弃与回收处理：仅盘查生产阶段与客户阶段的废弃物处理和回收，包括产品制造过程中的损坏、塑料类（塑料盒、包装膜、PP打包带等）、纸类（说明书、纸箱等）的回收。

案例2　电子电气产品两种生命周期形态的碳足迹应考虑的数据

如表8－5所示。

表8－5　电子电气产品两种生命周期形态的碳足迹应考虑的数据

类型	碳足迹1（B2B）	碳足迹2（B2C）
包括的排放	1 按所购买的原材料，零部件，包装材料作为输入，这些数据的取得根据数据库，如已有PVC粒子，某些芯片的碳足迹可查，数据库不可查时，需要与供应商沟通或参考同行数据；要考虑运输排放	1 盘查零售排放，运输、储存、存列等
	2 对所有制成按饱和生产情况下盘查其排放，直接排放、能源间接排放，其他间接排放不可遗漏，计算单位排放	2 盘查消费使用排放，能耗（ERP）、维修、保养、升级
	3 盘查销售排放，运输、储存、存列等	3 盘查废弃物排放，进行WEEP评估，预计哪些材料可以回收以及回收加工产生的排放？哪些需要焚烧及焚烧所产生的排放？哪些材料在储存中产生排放？ 废弃物的运输排放
输出结果	碳足迹（下游行客户的排放）	产品碳足迹

(1) 数据取得

1) 产品盘查

原料制造与运送阶段：此部分资料的收集，请供应商提供；

产品制造/包装阶段：此部分资料的收集，须到公司实地现场盘查；

运输配送与客户阶段：本阶段仅盘查配销/运输与客户（批发与零售）的部分，此部分盘查请下游厂商提供。

2) 盘查问卷

盘查生产所有各种不同规格生产量；

盘查上述生产量之原料投入与比重；

盘查上述生产量之能源与水总耗用量；

盘查上述生产量的运输器具、重量与距离；

盘查上述生产量，可能产生的各种废弃物与排放物。

单位原料投入、能源、用水、运输耗能及废弃物可依据工厂成本会计计算制造成本分摊方式来作分摊。

(2) 产品生命周期碳足迹影响评价

产品的碳足迹数据的生命周期盘查如图 8－9 所示。

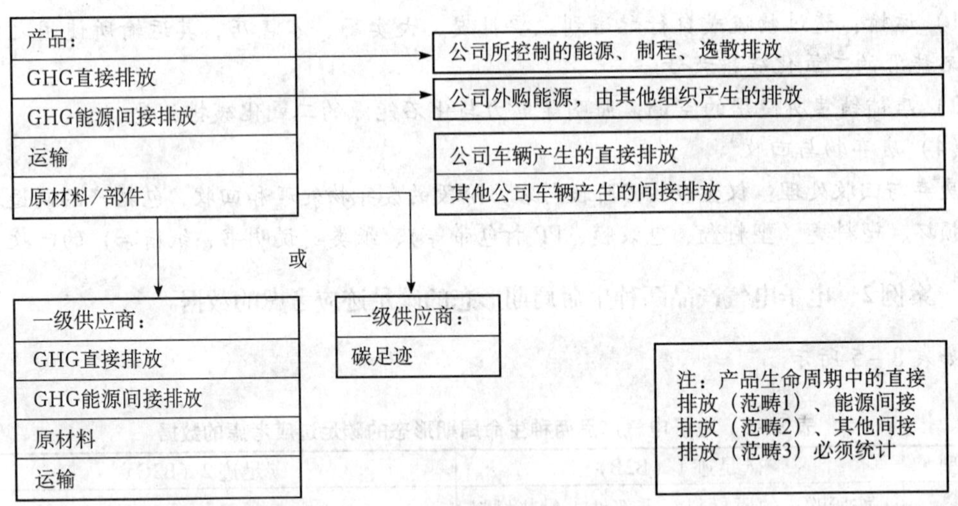

图 8－9　产品的碳足迹数据的生命周期盘查

4. 碳足迹计算

产品的碳足迹的公式是整个产品生命周期中所有活动的所有材料、能源和废物乘以其排放因子之和。计算本身只是将相应排放因子与活动水平数据相乘即可。

某一活动的碳足迹 = 活动水平数据（质量/体积/千瓦时/千米）×
排放因子（每个单位的 CO_2 当量）

每项活动的温室气体排放一经计算出来，则利用全球增温潜势（GWP）（参见 PAS 2050：2008 表 A.1）将其换算为二氧化碳当量。

计算碳足迹通常需要“质量平衡”，以确保所有输入、输出和废物流均被计入。

对进出过程所有材料总量的量化称为“质量平衡”。质量平衡步骤可供确认所有材料已被全部计入，没有遗漏任何物质流。

其基本概念是输入过程的总质量应与输出过程的总质量相等。在实践中，这是确定以前未被发现的废物流的一种有效方式：如果输出过程的质量小于各种输入的综合质量，则其他部分流—— 最有可能是废物——肯定也在该过程中被遗漏。请注意对于一些复杂的自然系统，如农业，质量平衡可能是不现实的或无相关性。

在计算服务的质量平衡时，应基于活动来进行评价。对于一项特定的活动，该活动阶段的所有过程和材料的流入和流出均须对其温室气体排放作出分析。

收集数据时同时计算质量平衡是最为简单的。首先从购买点向后算起：应包括生产一个单位所用的所有材料、能源和直接排放，并且所有的质量都应计入。然后使用一个类似过程，以确保获得该产品在使用阶段和处置阶段的总质量。

碳足迹计算如表 8 –6 所示。

表 8 –6　碳足迹计算

GHG 排放量	活动数据（kg/L/kW · h/km）×排放系数
CO_2e	GHG 排放量×GWP
活动碳足迹	活动数据（kg/L/kW · h/km）×排放系数×GWP
产品碳足迹	活动碳足迹之和
可以使用专门软件或 EXCEL 进行计算。	
注意质量平衡，对于所有输入/输出材料总量进行量化，避免遗漏物质流。	

案例　羊角面包的碳足迹计算

图 8 –10 ~ 图 8 –15 来源于英国标准协会等出版的《PAS 2050 规范使用指南》，具体计算方法读者可参见 PAS 2050：2008 中的相关附录。

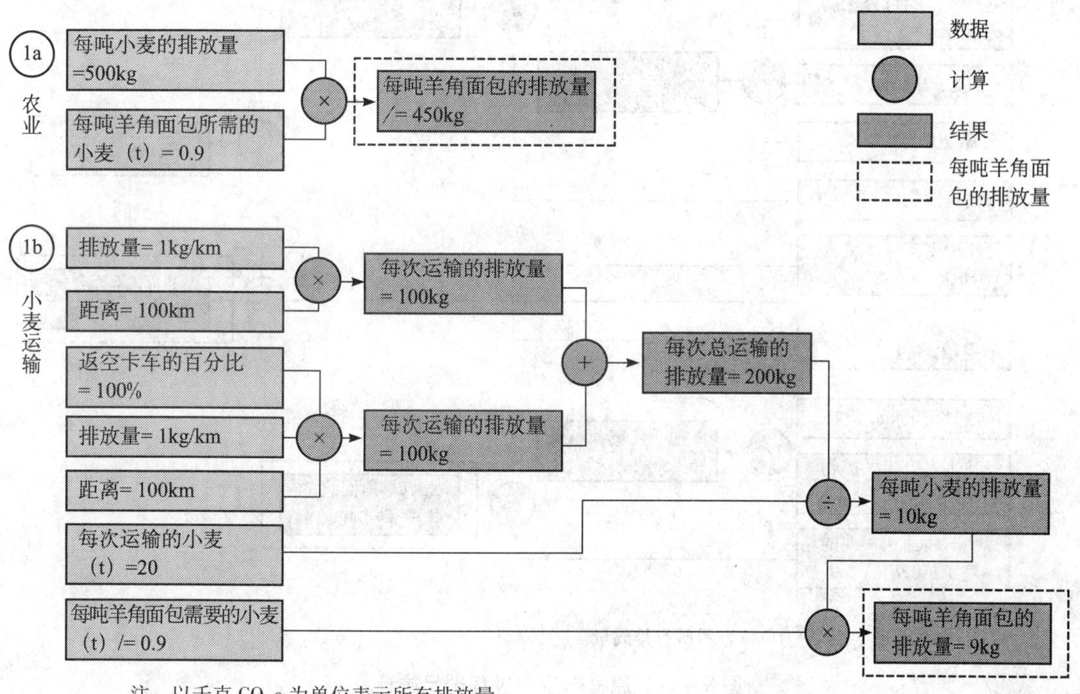

注：以千克 CO_2e 为单位表示所有排放量。

图 8 –10　原材料种植和运输过程碳足迹计算

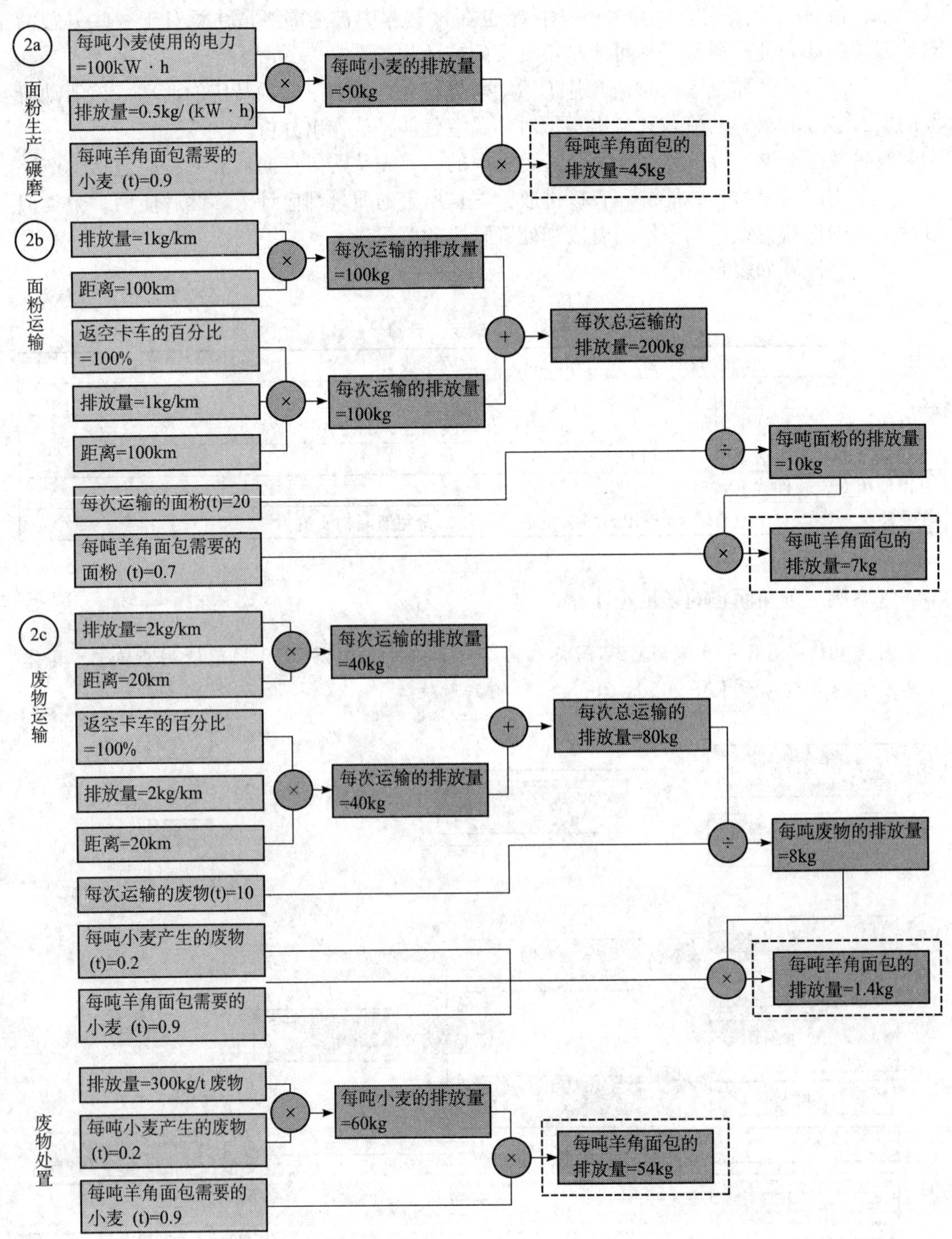

注：以千克 CO_2e 为单位表示所有排放量。

图 8－11　原材料生产过程碳足迹计算

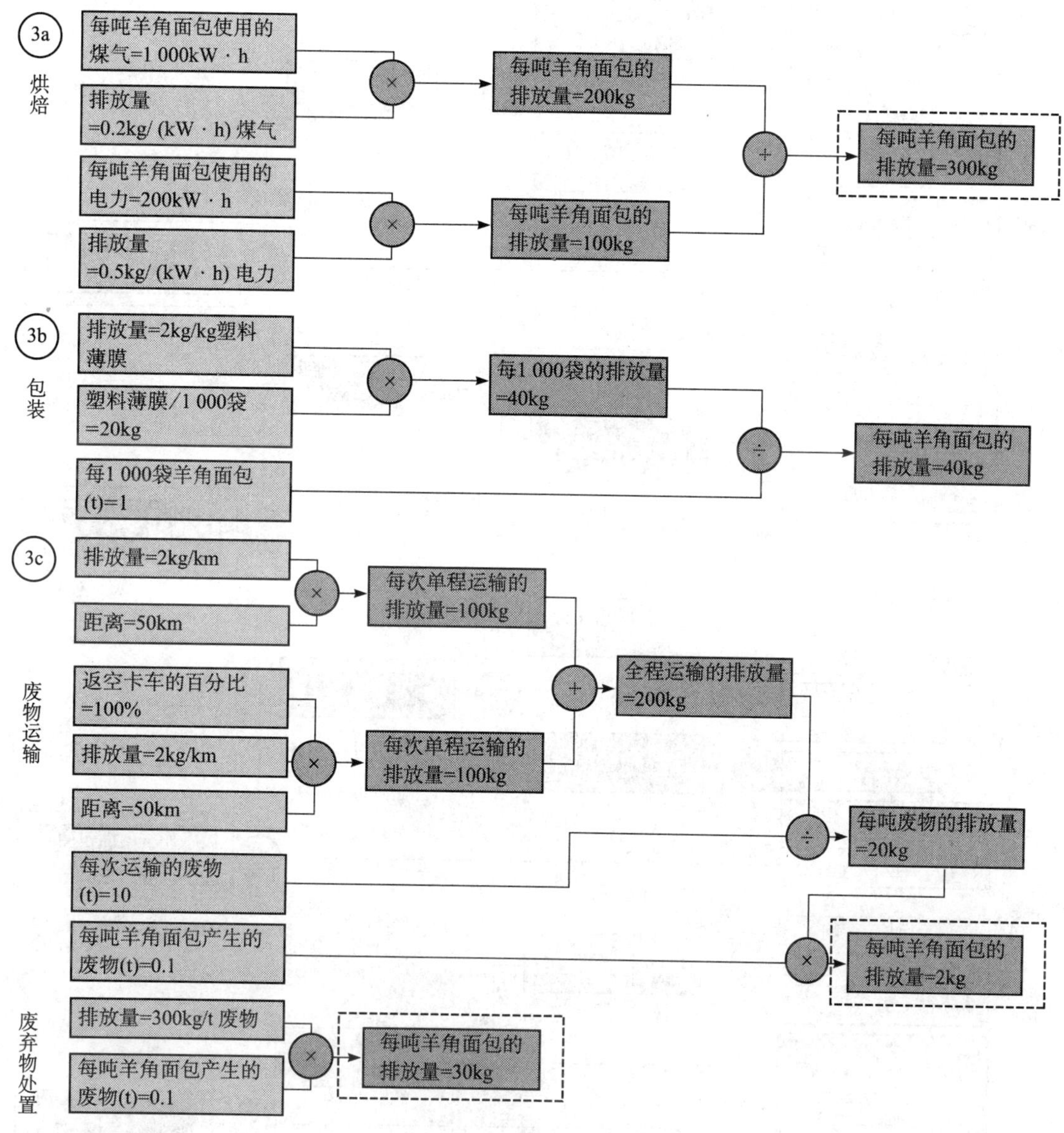

注：以千克 CO_2e 为单位表示所有排放量。

图 8－12　羊角面包的生产过程碳足迹计算

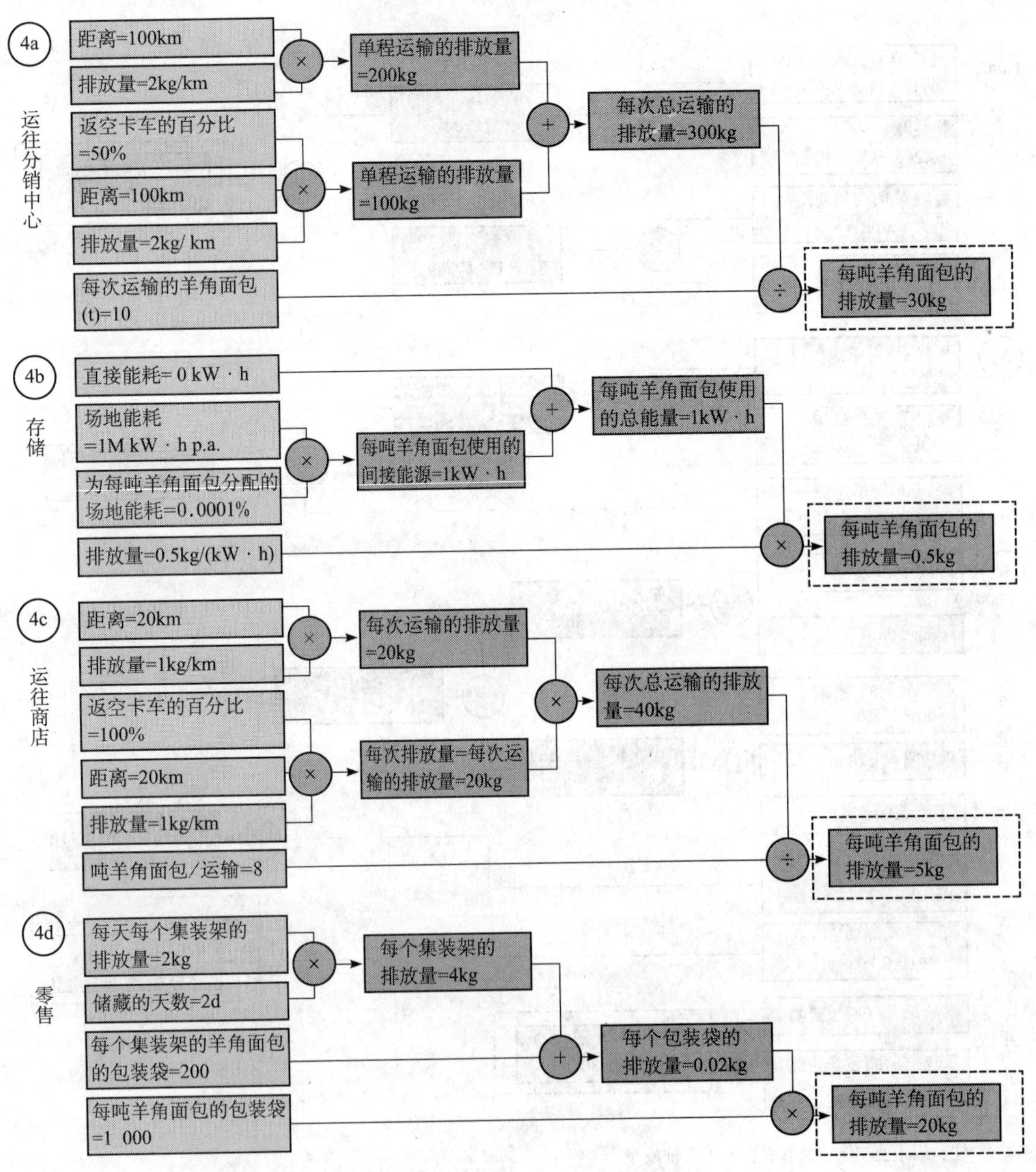

注：以千克 CO_2e 为单位表示所有排放量。

图 8－13　羊角面包分销及零售过程碳足迹计算

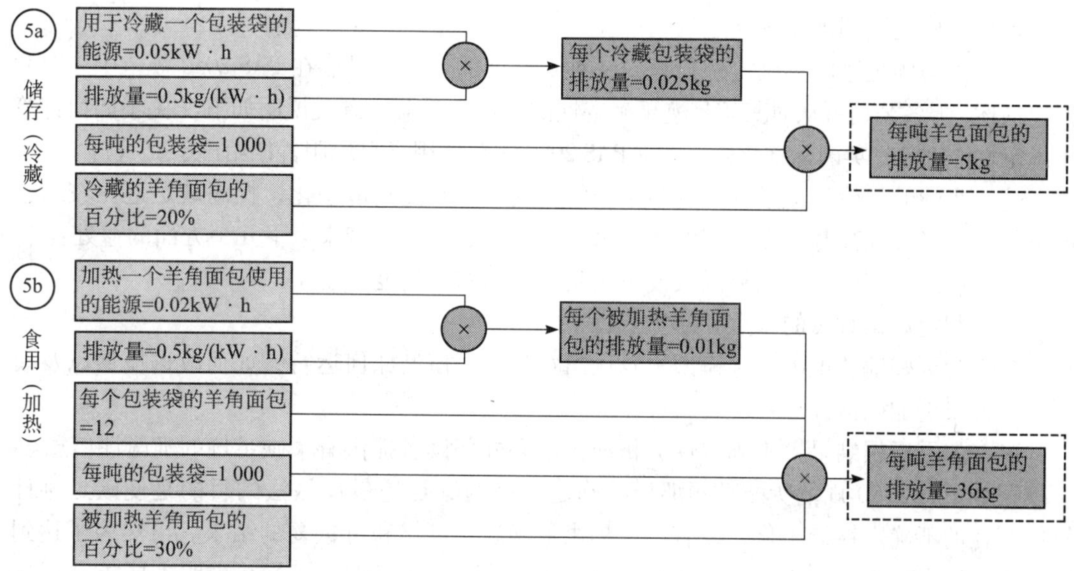

注：以千克 CO_2e 为单位表示所有排放量。

图 8－14　消费者使用过程碳足迹计算

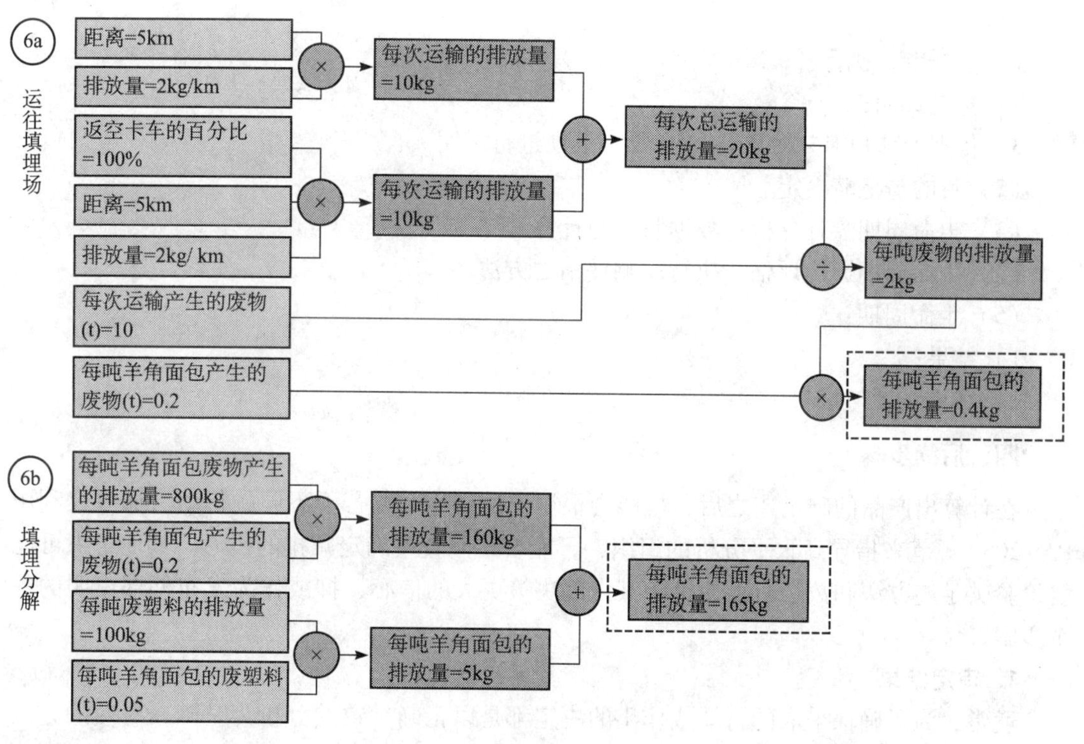

注：以千克 CO_2e 描述所有的排放量。

图 8－15　处置过程碳足迹计算

5. 不确定性检查（选择项目）

审核不确定性即评估碳足迹的精确性。

对产品的碳足迹的不确定性分析是一种对精度的衡量。虽然在 PAS 2050 规范中未对此作出描述，但各公司可从对其碳足迹不确定性的评估中受益，有关说明如下（关于如何计算不确定性的细节，英国标准化协会的《PAS 2050 规范使用指南》附件四给出了提示）：

这一步骤的目标是衡量碳足迹结果中的不确定性并使其最小化，提高碳足迹比较结果的可信度，以及提高基于碳足迹的决策水平。不确定性分析带来以下几个方面的益处：

——使产品间的比较结果以及使决策具有更高的可信度；

——判定数据收集的重点和非重点；

——为更好地认识碳足迹模型本身做出贡献——模型如何运行，如何改进模型以及模型结果何时更加确凿；

——如果通报结果，不确定性分析向内部和外部读者提供有关碳足迹的确凿性信息。

正如 PAS 2050 规范所鼓励的那样，确定产品的碳足迹最佳做法的目的是使碳足迹计算中存在的不确定性最小化，以有助于提供最确凿、可靠和可重复的结果。虽然为了达到有关数据质量的规范有必要开展不确定性分析，但是 PAS 2050 规范并未明确要求开展这一分析，按实际做法，把这一分析任务委托给具有不确定性分析经验并熟悉产品的碳足迹模型的某个单位完成，这是一种实用的做法。

6. 编写评价报告

报告内容通常包括：

（1）一般项目：

1）委托者、执行者；

2）报告日期；

3）依据 ISO 14044 及 PAS 2050 要求事项进行声明。

（2）目的与范畴界定。

（3）生命周期盘查分析：数据收集与计算程序。

（4）生命周期影响评估：执行影响评估之方法。

（5）生命周期：

1）结果；

2）结果假设与限制。

四、后续步骤

在计算出产品的碳足迹之后，可能会根据评价目标采取若干不同的行动。那些仅利用 PAS 2050 规范来指导高水平分析的组织，可能会转而直接确定减排的机遇。其他组织可能要检验碳足迹方法和数量，以便给予其内部决策更大的信心，抑或作为发布外部声明的一个步骤。

1. 审定结果

通常，为了确保采取的行动或作出的决定都是以正确一致的分析为基础，有效的方法是检验产品的碳足迹。然而，所需的验证等级取决于预定的目标——向消费者公布的，则验证的等级须高于仅供内部使用的数据。PAS 2050 规范根据如何使用产品的碳足迹，确定了三个检验等级（更多信息请参见 PAS 2050 规范 10. 3）：

（1）认证

经国际公认的认可机构（例如英国皇家认可委员会 UKAS 或中国国家认可委员会 CNAS）认可的第三方独立认证机构。而后，审核员将审议碳足迹评估过程、核实数据源和计算的结果，并确认 PAS 2050 规范是否得到正确使用以及评估是否取得一致。对外发布碳足迹结果可推荐此种认证，在任何情况下这种方式可能是理想的，以确保根据正确的信息作出各项决策。通过认证后组织可在认证的产品上使用其碳足迹标签。

（2）其他方核查

非认可的第三方应按照认证机构公认的标准进行论证，并按要求支持外部核查。这种方法的可信度可能低于得到完全认可的认证机构所给予的可信度。

（3）自我核查

如果选择自我核查，就要按照 ISO 14021 中所述的方法。注意，碳足迹的用户可能不太信任此项选择。

当组织愿意公开通报碳足迹时，则非常鼓励开展独立的认证工作。有资质的专家所作的第三方认证还能使人们有平和的心态，即根据确凿的分析作出各项后续决定（如：减少排放和降低成本、选择供应商、改换收据和中止产品）。

2. 减排

产品碳足迹能够为促进减排 GHG 提供有价值的深入了解。计算碳足迹的做法既可以提供一个基准，用于衡量未来的减排量，也有助于发现产品生命周期各阶段的减排机会。这种分析为供应商、分销商、零售商和消费者了解如何减排提供了一个途径。

产品碳足迹分析本身有助于确定 GHG 排放的主要驱动力，可能也有助于根据背后的控制因素（例如，整体工业界、市场/消费者、供应链、内部的控制）对这些驱动力加以分类。针对所有的主要驱动力，需要探索减排的方法，并考虑那些能够实现减排的在整个价值链上可采取的行动。而后评价产品整个生命周期各阶段中，每项行动的 GHG 影响、成本、可行性和潜在的市场反映。一种可行的方法是在碳足迹模型中使用敏感性分析，以便帮助量化影响并作出这些决定。

通过减少能源使用和浪费，可节省大量成本，数额相当于因采用降低排放/成本战略所需的投资和运营成本的潜在增幅。

3. 通报碳足迹并公布减排量

（1）直接向外界公布组织的减排量。

（2）可参考Ⅲ型环境标志进行环境产品声明。

发布产品的碳足迹的决定以及如何发布取决于最初的目标，且可包含许多不同的信息、格式和受众，包括：

1）消费者，通过产品包装、销售点、产品说明、广告、促销材料、网站、新闻发布会等提供的碳足迹信息；

2）组织内部管理层；

3）组织的员工；

4）供应链伙伴——顾客和供应商；

5）工业协会；

6）新闻媒体；

7）投资者——股东、政府。

第九章　ISO 14067《产品的碳足迹》及相关标准简介

第一节　概述

国际标准化组织（ISO）正在制定 ISO 14067《产品的碳足迹》（以下简称标准）。

一、标准制定的背景

2007 年 11 月 ISO/TC 207/SC 7（ISO 环境管理技术委员会温室气体管理和相关活动分技术委员会）成立后，开始酝酿制定温室气体管理方面的标准。

2008 年 1 月和 4 月，SC 7 连续召开了两次会议，决定成立 WG 2，专门负责有关产品温室气体管理标准的制定。该工作组召集人为奥地利的 Randunsky 博士，副召集人是韩国的 Oh 博士。在 2008 年 6 月哥伦比亚举办的 ISO/TC 207 第 15 届年会上，SC 7/WG 2 根据会议讨论情况，将工作目标定位于制定（ISO 14067）《产品的碳足迹》的工作项目。标准将由两部分组成，第 1 部分是关于碳足迹的量化（ISO 14067 - 1），第 2 部分是关于碳足迹信息交流（ISO 14067 - 2）。编制标准的目的是通过 LCA 的方法，量化一个产品在整个生命周期中温室气体的排放，并对结果进行信息交流。会后，SC7 向各成员国征集专家参加 WG 2 工作组并通过了工作项目提案的投票，这标志着产品的碳足迹国际标准制定工作的正式开始。

二、标准制定的过程

标准从 2009 年开始制定，预计 2012 年发布。表 9 - 1 给出了标准制定的过程。

表 9 - 1　标准制定的过程

时间	地点	主要议题
2009 年 1 月 21—23 日	马来西亚	由于产品的碳足迹话题从各方面来讲是一个新方向，因此争议较多，很多国家代表对基本概念、内容、方法学等有较大分歧，会议前准备的草稿（WD. 0）被推翻，但代表们还是同意新工作项目中标准的大纲。决定组成两个分工作组，分别负责标准第 1、2 部分的起草 有关标准各阶段的重要日期如下： · 完成 CD 稿　2009 - 11 - 05 · 完成 DIS 稿　2010 - 05 - 05 · 完成 FDIS 稿　2011 - 05 - 05 · 发布 IS 标准　2011 - 11 - 05

续表 9－1

时间	地点	主要议题
2009 年 6 月 21—25 日	埃及	ISO 14067 的工作组草案（WD. 1）经过 3 个月的传阅和意见反馈期，共收到 764 条意见（其中第 1 部分 580 条，第 2 部分 184 条） · 第 1 部分量化的意见处理了大约三分之二，但十分重要的术语部分，以及附录部分都没有讨论。其中有些技术内容，如可再生能源的处理，分歧较大，还要继续收集技术报告和各国实践才能确定；关于是否采用 100 年的全球增温潜势（GWP），意见不统一；关于 PCR 的问题，即方法学是否要严格按照 PCR 的要求进行，争论激烈，部分碳足迹（Partial CF）的含义和在 B2B 中的用法、数据和数据质量等都成为遗留问题 · 第 2 部分信息交流的全部意见都进行了讨论，并对草案进行了修改，但对标准中的敏感内容—“标识”争执不下：与第 1 部分的联系和衔接，则是下一步要解决的问题
2009 年 10 月 19 日—21 日	奥地利	本次会议除了讨论 WD2 的内容和反馈意见外，最重要的一项决定是延长标准的制定周期，从通常 36 个月延长到 48 个月，即最终稿将于 2012 年完成
2012 年 2 月 9—日 12	日本	对 WD3 的内容和反馈意见进行讨论： ·“碳足迹标识”问题：针对产品碳足迹评价的结果究竟采取什么样的信息交流方式这一核心问题，工作组的专家展开了激烈的讨论。以瑞典和英国为代表的一些国家支持信息交流和方式以“碳足迹标识”为主，这样可以更直接明确地让消费者或任何一方利益相关方能了解到关于产品的碳排放评价信息。而绝大多数国家的代表认为信息交流的方式可以有很多种，不应该仅仅局限于“标识”这一种方式上，因此建议在 ISO 14067 第 2 部分信息交流这一标准中不应将“标识”作为信息交流的唯一方式 · 产品种类规则（PCR）：在 ISO 14067－1 中，对产品碳足迹进行量化的时候，如果有现成的产品种类规则（PCR）可供参考，则优先选用已有的产品 PCR。如果没有现成的 PCR 可供参考，则可根据具体的评价目的和实际需求，编制特定的 PCR。而在 ISO 14067－2 中，对产品的碳足迹评价进行信息交流时应根据实际交流的方式决定是否采用 PCR 进行交流，不同的情况所提出的要求应该有所区别 · 核查问题：在 ISO 14025，14044，14064－3 等系列标准中都提到了有多种核查的方式和途径。在上述这些标准中规定的对核查的最基本要求在 14067 中都应该有所体现，而且在本标准中要对各种核查的要求要做出解释。同时，有关核查的内容将全部在 ISO 14067－2 中体现，ISO 14067－1 中不再出现 · 术语和定义：本次起草组会议决定要重新编写部分术语，包括“partial carbon footprint”（部分碳足迹）和“carbon storage”（碳存储）等。建议应该采用更科学、更准确的，更容易被大家广泛接受的术语来对其进行描述。特别针对在“碳存储”中所涉及的概念“延迟排放”这一提法，应更加严谨，应该对短期延期排放和长期延期排放做出必要的区分 · 取舍准则：针对在评价过程中涉及的取舍准则这一问题，起草组的专家也进行了激烈的讨论。目前这两部分标准对这一问题的描述不够准确，建议相关起草组成员再认真考虑一下这个问题，对其中的内容重新准确地予以描述

三、2011 年的动态

1）2011 年 1 月意大利会议。会议决定将 CD 稿完全进行合并，2011 年 3 月初对合并后的稿子进行投票。

2）2011 年 6 月挪威会议。由于在 2011 年 5 月对合并后的 CD 稿的投票结果是未通过，因此，本次会议对合并后的稿子中信息交流内容进行了修改，修改后进行 P 成员的现场投票以决定是否注册为 DIS 稿，结果是未通过。工作组又在 8 月份形成 CD3 稿再重新投票，是否通过在 10 月得出结果。本次会议对国际标准的发布时间进行了初步调整（见表 9 - 2）。

表 9 - 2　ISO 14067 发布时间表

标准阶段	原定发布时间	预计发布时间
国际标准草案（DIS）	2010 年 9 月	2011 年 10 月
国际标准草案最终稿（FDIS）	2011 年 9 月	2012 年 3 月
国际标准（ISO）	2012 年 3 月	2012 年 7 月

四、目的与作用

制定标准的目的是通过 LAC（生命周期评价）的方法，量化一个产品在整个生命周期中温室气体排放，并对结果进行信息交流。其作用为产品的碳足迹分析提供了原则和方法。明确提出了产品供应链中产品的温室气体排放应由温室气体排放量乘以 100 年全球增温趋势（GWP）得到，其单位是 CO_2 当量千克排放量，产品的碳足迹是对这些影响计算结果的总和。

第二节　ISO 14067 草案的主要内容

ISO 环境管理技术委员会温室气体管理和相关活动分技术委员会（ISO/TC 207/SC 7）最初确定 ISO 14076《产品的碳足迹》的内容基本框架包括两部分，即 ISO 14067 - 1《产品的碳足迹 第 1 部分：量化》和 ISO 14067 - 2《产品的碳足迹　第 2 部分：信息交流》。意大利会议又决定合并成一个标准。以下分别介绍合并前后标准的主题内容框架。

一、合并前两个标准草案的内容

1. 产品的碳足迹 第 1 部分：量化（ISO 14067 - 1）的主要内容

第 1 章　范围，明确说明该标准以 ISO 14040：2006《环境管理　生命周期评价　原则与框架》和 ISO 14044：2006《环境管理　生命周期评价　要求和指南》中提供的生命周期评价方法（LAC）为基础，对产品的碳足迹量化研究的原则与要求的规定。

第 2 章　规范性引用文件，包括了 ISO 14040、ISO 14044、ISO 14064 - 1、ISO 14065、ISO 14025 等标准。

第 3 章　术语和定义，给出了七类共 41 条术语和定义。

第 4 章　原则，给出了生命周期观点、相对的方法和功能单位、反复的方法、科学方法的优先性、相对性、完整性、一致性、准确性、透明性、避免重复计算等十项原则。

第 5 章　方法学框架，包括基本要求、碳足迹量化的目的范围、碳足迹的清单分析和温室气体排放、清除及储存的环境影响。

第 6 章　产品的碳足迹解释，引用了 ISO 14044 标准的内容。

第 7 章　报告，明确报告是信息交流的基础。对报告应包括的内容及第三方报告需要包括的内容进行了规定。

2. 产品的碳足迹 第2部分：信息交流（ISO 14067－2）的主要内容

第1章　范围，对照ISO 14067－1量化的产品的碳足迹的信息交流进行了规定，并提供了指南。对信息在清晰、可信、一致和可比较的基础上进行交流，或在特定条件下用于商业或商业模式等方面的要求做出了规定。

第2章　规范性引用文件，包括了ISO 14040、ISO 14044、ISO 14064－1、ISO 14065、ISO 14025等标准。

第3章　术语和定义，除第1部分的术语外，增加了3条碳足迹信息交流术语。

第4章　原则，给出了有关交流的参与性、透明性、相关性和公平性四条原则。

第5章　产品种类规则（PCR）的应用，明确如果碳足迹信息用于浪费者交流，则应使用PCR，并依据ISO 14025对CF-PCR（碳足迹—产品种类规则）的最低要求进行了规定。

第6章　产品的碳足迹声明方案，建立声明方案是可选择的，如果有，则对方案的范围和操作者提出了要求。

第7章　碳足迹信息交流的要求，包括总要求和直接对消费者提供声明的要求，并对总排放、各阶段排放、碳足迹的减少的声明、进行比较的声明也分别的规定了要求。

第8章　核查，与消费者交流的核查要求，与ISO 14025、ISO 14044、ISO 14066的有关要求相一致。

二、合并后的ISO 14067标准草案的内容框架

第1章　范围，明确以ISO 14040和ISO 14044中提供的生命周期评价方法为基础，对产品的碳足迹量化和信息交流的原则和要求进行确定。

第2章　规范性引用文件，包括ISO 14040、ISO 14044、ISO 14064－1、ISO 14025、ISO 14065，这些标准的名称一览表会在标准附录A中列出。

第3章　术语和定义，标准按9类（温室气体、产品及其系统和过程、生命周期评价、组织和感兴趣的团体、数据和数据质量、农业和林业及生物质、审定和核查、碳足迹信息交流、其他）给出了52条术语和定义。大部分引自ISO 14064－1、ISO 14065、ISO 14040、ISO 14044、ISO 14025等，还需要进一步讨论。

第4章　原则，生命周期观点，具体对足迹量化原则包括：反复计算、科学方法优先性、相关性、完整性、一致性、准确性、透明性、避免重复计算；对碳足迹信息交流的原则包括：参与性、透明性、显著性、公正性。

第5章　量化方法学，是标准的核心内容，基本要求、碳足迹量化的目的和范围、碳足迹的清单分析、温室气体排放的环境影响、产品的碳足迹解释。

第6章　形成报告，碳足迹评价报告是信息交流的基础。

第7章　信息交流，按照企业—企业、企业—消费者、企业—利益相关方分为三种类型。信息交流方式分为5种，即Ⅰ、Ⅱ、Ⅲ碳标识、碳足迹评价报告和绩效跟踪报告。

三、局限性

标准只关注产品在整个生命周期内对“气候变化”单一环境因素的影响，但产品可能对其他诸如资源枯竭、对空气、水、土壤和生态系统和人体健康的影响没有考虑，因此消费者仅凭有关碳足迹分析结果信息作出采购决定可能会与真实情况相矛盾。此外标

准对产品的碳足迹分析以 LCA 为基础，因此 LDA 固有的局限性会对碳足迹分析的结果产生影响。

第三节　我国对标准的跟踪及面临的形势

一、我国已开展的气候变化标准化工作

目前，我国已在以下层面开展了气候变化标准化工作：

（1）基础层面：国家 973 和科技支撑项目，碳排放量化方法学、监测、核查、报告以及碳排放评价数据库；

（2）企业层面：研究我国工业企业碳排放评价方法标准以及典型行业低碳企业评价标准；

（3）产品层面：国际碳足迹标准起草及研究制定我国低碳产品评价标准；

（4）项目层面：研究制定基于项目的碳减排核算方法标准。

这些工作的开展都对支持碳排放指标分解、考核、低碳产品认证制度以及自愿性碳减排交易制度提供了强有力的技术支撑。

二、温室气体管理标准对我国的影响

中国标准化研究院专家刘玫、陈亮在《产品的碳足迹国际标准（ISO 14067）发展及我国面临的形势》一文中分析了我国面临的形势：

总体上说，温室气体管理标准对我国的影响主要包括下几个方面：

（1）相关标准方法复杂，我国相关基础工作薄弱，缺乏相关数据支持，掌握使用困难；

（2）气候变化国际标准的广泛应用有可能给我国带来大面积的行业“技术入侵”导致我国自主创新能力和经济利益受到严重损害；

（3）气候变化国际标准的全面推广和实施会对我国的企业和产品带来新型的“绿色贸易壁垒”；如果标准用于同类产品间的比较，就将对我国不利用标准的出口产品征收碳税提供技术支撑，也会对我国出口商品形成威胁；

（4）推广实施气候变化国际标准对我国企业碳排放评价工作带来较大技术难度，增加成本，影响竞争力。

具体而言，技术方面的影响：

（1）合并前《产品的碳足迹　第 1 部分：量化》（ISO 14067－1）

从 ISO 14067 开始制定之日起，达成的共识是以 LCA 理论和工具（ISO 14040，ISO 14044）为基础，但存在两派意见：第 1 种是完全按照 ISO 14040、ISO 14044 对产品的碳足迹进行量化，以瑞典、日本、瑞士和德国为代表，这主要是由于这些国家应用 LCA 开展工作时间长，建立了 LCA 数据库，日本Ⅲ型环境标志（以 LCA 为支撑）在世界上是应用最好的；另一种意见认为，由于针对温室气体这一单一环境因素，可以按照 ISO 14040、ISO 14044 的方法学框架进行细化和深入规定，但要根据目前温室气体量化的实际情况做出简化和假设，以英国、美国、新西兰等为代表。在开始制定 ISO 14067 时依据的参考文献主要是英国 BSI 发布的 PAS 2050，也是第 2 种观点。

持第 1 种观点经常被人质疑，如果完全按照 ISO 14040、ISO 14044 进行产品的碳足迹

量化，则不需要制定 ISO 14067。从目前情况来看，两派意见此消彼长，尚未达成一致。如 WD2 主要反映了第 2 种观点，但是 WD3 又倾向于第 1 种观点，未来还将有激烈交锋。

对我国而言，由于 ISO 14040、ISO 14044 实施并不是很好，同时也缺乏产品 LEA 数据库，如果标准按照第 1 种观点制定，对我国应用带来的困难更大。当然，由于贸易的需求，LCA 方法在中国的应用正逐步增长，评价数据库也在建立之中。如果标准按照第 2 种观点制定，会为我国争取一定的时间进行能力建设，完成上述基础性工作。

（2）合并前《产品的碳足迹　第 2 部分：信息交流》（ISO 14067 - 2）

从 2009 年年会来看，信息交流中的碳标识（环境标志）和认证问题引起的争议很大，不仅是该标准，环境标志分技术委员会（ISO/TC 207/SC 3）也讨论了在 ISO 14020 标准中增加有关温室气体信息内容。因为标识和认证将来可能成为新的绿色贸易壁垒，这也是需要我们在标准制定过程中密切关注的方面。

贸易方面的影响：

由于该标准针对的是产品，中国是产品出口大国，也是温室气体排放大国，因此该国际标准制定的“游戏规则”未来有可能成为我国产品出口方面的绿色贸易壁垒。从目前各国开展的实践来看，由于认证、环境标识的实施都是成熟模式，将来产品的碳足迹走向认证、标识的可能性很大，ISO/TC 207 本身以环境管理体系起家，目前制定的标准在这方面也是推波助澜。具体而言，如量化中使用的排放因子，中国电力主要是煤电，排放因子大，如果标准用于同类产品间的比较，就将对我围的出口产品不利。还有，产品的碳税问题，如果标准用于为碳税提供技术支撑，也会对我国出口商品形成威胁。

另一方面，我国的一些产品，如竹林产品等，如果实施碳标识制度，则可能通过此举提升我国产品出口的环境竞争力，有利于出口贸易。我国竹种资源无论从数量、竹林面积和蓄积量方面，还是竹林产品的产量，皆居世界产竹国之首。而且竹林具有成活率高、速生等特点，因此竹林不仅可以成为我国的一个重要的森林碳汇，而且通过竹林的轮种可生产大量的竹产品，环境效益和经济效益十分可观。因此，碳足迹及其标识对贸易的影响将是一柄双刃剑。

第四节　其他国际组织正在制定或已经发布的相关标准

一、ISO 正在制定或已经发布的其他相关标准

ISO/TC 207/SC 7 第一工作组（WG 1）制定了 ISO 14066，即有关温室气体方面审定员和检查员能力方面的标准，并于 2011 年 5 月发布。第三工作组（WG 3）主要是为促进 ISO 14064 - 1 的应用提供具体的指南而制定一份技术报告。

二、IEC 正在制定的相关标准

国际电工委员会（IEC）在 2009 年 10 月会议上决定在 TC 111（电工电子与系统的环境标准化技术委员会）中设立“温室气体特别工作组”，主要负责电工电子产品的碳足迹和温室气体排放标准的相关研究工作。

IEC/TC 111 已于 2011 年初成立了温室气体工作组（EG-GHG），目前在开展两项技术报告的制定：IEC/TR 62725 Ed 1：电工电子产品和系统的温室气体排放量化计算方法；IEC/TR 62726 Ed 1：电工电子产品和系统来自项目基线的温室气体减排的量化方法。

三、其他国际组织正在制定的相关标准

世界资源研究所（WRI）与世界可持续发展工商理事会（WBCSD）联合170多家国际公司成立了温室气体核算体系倡议组织，编制发布温室气体议定书。目前温室气体议定书已发布了两项标准：

（1）《企业核算与报告准则》，2001年颁布。

（2）《项目核算指南》，2005颁布。

WRI和WBCSD在制定了温室气体议定书（GHG Protcol）并得到广泛应用的基础上，于2007年11月又启动了两项标准的制定工作。第一项是其他间接排放（范围3）的核算和报告标准，即对企业供应链的排放。另一项是针对单个产品在生命周期内的温室气体排放核算和报告标准。该标准与ISO 14067相似，但不同的是它将为用户提供关于产品之间如何进行有效比较的指南。这两项标准在2011年9月已发布。

第十章　低碳产品认证/产品的碳足迹评价

第一节　低碳产品及认证过程基本要求

一、什么是低碳产品

低碳（low carbon）意指较低（更低）的温室气体（二氧化碳为主）排放。随着世界工业经济的发展、人口的剧增、人类欲望的无限上升和生产生活方式的无节制，世界气候面临越来越严重的问题，二氧化碳排放量越来越大，地球臭氧层正遭受前所未有的危机，全球灾难性气候变化屡屡出现，已经严重危害到人类的生存环境和健康安全，即使人类曾经引以为豪的高速增长或膨胀的 GDP 也因为环境污染、气候变化而大打折扣。也因此，各国曾呼唤“绿色 GDP”的发展模式和统计方式。

相对同类产品而言，低碳产品就是在其整个生命周期内产生的碳排放量较低的产品，包括服务。

二、低碳产品认证过程

1. 产品的碳足迹认证的基本步骤

任何组织的商品或服务碳足迹的认证都有经过以下九个基本步骤：

（1）选择适宜的产品。通常要考虑以下方面：

1）能够带来更多的温室气体减排的产品或服务；

2）符合组织自身的温室气体减排战略的产品或服务；

3）拥有能够提供完整的碳足迹信息且愿意参与碳足迹评价行动的供应商；

4）符合客户碳减排要求的产品或服务。

（2）确定适宜的供应商。碳足迹评价作为产品生命周期的评价，需要供应商特别是主要供应商的配合。

（3）确定产品的或服务的碳足迹评价的模式。有以下两种模式可供选择：

1）从企业到时消费者的评价，即从摇篮到坟墓，包括从资源开采、运输、原料制造、产品生产、销售、运输、零售、消费者的使用以及产品最终报废处理或再循环使用全过程的排放。

2）从企业到企业的评价，即从摇篮到大门。包括从资源开采、运输、原料制造、产品生产、销售、运输的碳足迹。

（4）确定系统边界。根据组织的产品或服务确定系统边界：

1）用于原材料转变的所有流程的温室气体排放应纳入评价；

2）与产品生命周期内能源供应和使用相关的温室气体排放应列入能源供应系统所产生的排放；

3）用于产品或服务生命周期内的资产性商品生产所产生的排放不应纳入产品或服务生命周期内温室气体排放评价；

4）制造和提供服务所产生的温室气体排放是产品或服务生命周期的一部分，包括了与消耗品使用相关的排放，应纳入产品或服务生命周期内温室气体排放评价；

5）设施运行所产生的温室气体排放，包括工厂、仓库、中央配给中心、办公室、零售店所产生的排放，应纳入产品或服务生命周期内温室气体排放评价；

6）公路、空中、水上、轨道或其他运输方式所产生的温室气体排放属于产品或服务生命周期的一部分，应纳入产品或服务生命周期内温室气体排放评价；

7）储存所产生的温室气体排放，应纳入产品或服务生命周期内温室气体排放评价；

8）产品使用或提供服务所产生的温室气体排放，应纳入产品或服务生命周期内温室气体排放评价；

9）最终处置（如通过填埋、焚烧、掩埋、污水处置处置废弃物）所产生的温室气体排放，应纳入产品或服务生命周期内温室气体排放评价。

（5）数据收集。在产品或服务的碳足迹评价过程中，组织产品或服务系统边界范围内的所有温室气体排放的相关数据都应该予以记录。尽量使用现有的、质量最好的数据，以减少偏差和不确定性。

（6）分配。共生产品温室气体排放的分配方式有：

1）将待分配的生产过程细分为几个子过程，然后收集与这些过程有关的输入和输出数据；

2）将该产品的系统范围扩大，纳入与共生产品相关的额外功能，以此来识别提供产品产生的平均排放。

（7）碳足迹评价的计算。通常采用以下方法：

1）活动水平数据乘以该活动的排放因子得出温室气体排放量，以产品每个功能单元温室气体排放量的形式计算；

2）将具体的温室气体排放值乘以相应的GWP值，将温室气体数据换算为CO_2当量的排放；

3）与产品有关的碳存储CO_2当量，应当从相应的温室气体CO_2当量中扣除；

4）将各个活动所获得的每个功能单元CO_2当量相加得出产品温室气体当量；

5）将温室气体排放按比例放大，来计算任何次要活动，避免数据质量的不稳定性。

（8）对不确定性进行检查。就是对碳足迹评价结果准确性的控制。目的是通过对碳足迹数据的反复确认和对碳足迹模式的持续优化，来衡量碳足迹结果的不确定性并使其最小化，提高碳足迹评价结果的可信度。减少不确定性来源的步骤：

1）用质量好的初级活动水平数据代替次级数据；

2）使用更准确合理的次级数据；

3）计算过程更加符合现实并细化；

4）邀请同行专家对碳足迹进行评审。

（9）符合性声明的编写。报告内容包括：碳足迹评价结果、所报告组织的描述、产品或服务介绍、系统边界与运行边界、活动水平数据来源、温室气体排放评价过程、不确定性检查、其他支持信息（如方法学、温室气体排放种类、组织机构）。

2. 产品的碳足迹盘查的具体过程和要求

（1）选择产品。企业进行产品的碳足迹评价分析，首先需要选择产品，应考虑以下因素：哪些产品可能产生最大的温室气体减排？哪些与公司的温室气体减排战略最为相关？

从竞争的角度看哪些产品最重要？哪些品牌/产品最具有减排和市场营销的潜力？供应商是否愿意参与？碳足迹分析可能对关键的利益相关方产生什么影响？有多少时间和资源可用于碳足迹分析？

（2）确定功能单位。在选择产品后，最重要的事情是确定功能单位。一个功能单位实际上是反映了产品被最终用户实际消费的方式。如 250 mL 的软饮料，1 000h 的灯光照明，一个晚上的酒店住宿等。为了进行计算，功能单位可以被认为是某一特定产品的一个有意义的数量。在确定功能单位时，一定要考虑如下几个问题：客户认为他们所购买的是什么？什么数量的服务具有代表性？公司想用什么来进行碳足迹比较？客户可能想用什么来进行比较？

（3）供应商的参与。产品的碳足迹评价在数据收集时要考虑很多相关的碳信息，如谁是主要的供应商、零售商、废物管理公司等，他们可以提供什么信息？他们如何愿意或支持该项目？如对于要求他们提供的信息是否存在商业敏感性？谁将为这种关系承担责任？

（4）绘制过程图。根据产品或服务的种类不同，有两种碳足迹评价模式，一种是从商业到消费者（B2C）评价：包括从原材料，通过制造、分销和零售，到消费者使用，以及最终处置或再生利用整个过程的排放。另一种是从商业到商业（B2B）评价：B2B 的碳足迹停留在该产品被提供给另一个制造商的节点上。即只包括从原材料生产直到到达一个新的组织（包括分销和运输到客户所在地）产生的碳排放，而不包括额外的生产步骤、最终产品的分销、零售、消费者使用以及处置/再生利用产生的碳排放。

（5）确定系统边界。确定系统边界就是要确定产品的碳足迹评价的范围，即哪些生命周期阶段应该包含在评价范围内，哪些输入和输出应该包含在评价范围内。在确定系统边界时应遵循将产品单元中所有的实质性排放包含在内的总体原则。而对于边界内非实质性排放源（不足碳足迹总量的 1%）、输入过程的人力、消费者到零售点的交通和动物提供的运输不予考虑。

确定系统边界的同时，应在估值和预测确定各个排放源的实质性后，对所有实质性的排放源根据其排放量的大小确定一个优先次序，对那些排放量大的源要重点关注。

（6）数据的收集。为了计算产品的碳足迹，必须考虑活动水平数据、排放因子数据和全球增温潜势（GWP）。活动水平数据是指产品在生命周期中的所有的量化数据（包括物质的输入、输出；能量使用；交通等方面）。排放因子数据是指单位活动水平数据排放的温室气体数量。利用排放因子数据，可以将活动水平数据转化为温室气体排放量。如：电力的排放因子可表示为：CO_2e /kW · h 燃油的排放因子可表示为：CO_2e /L 燃料。全球增温潜势是将单位质量的某种温室效应气体（GHG）在给定时间段内辐射强度的影响与等量二氧化碳辐射强度影响相关联的系数，如 CH_4（甲烷）的 GWP 值是 21。

（7）碳足迹的计算。产品的碳足迹为所有排放源的活动水平数据与其排放因子乘积的和。

$$\text{排放源 1：} AD_1 \times EF_1 = CF_1$$

$$\text{排放源 2：} AD_2 \times EF_2 = CF_2$$

$$\text{排放源 } n\text{：} AD_n \times EF_n = CF_n$$

其中，AD 为活动水平数据，单位为质量、体积或能量单位等；EF 为排放因子，每个功能单位的 CO_2 当量；CF 为碳足迹，每个产品系统中的 CO_2e 当量总数。

（8）分配问题。产品的生产过程中有共生产品的情况下，必须对 GHG 的排放进行分配。在对副产品进行 GHG 排放分配时应按如下顺序使用分配方法：

1）将生产过程细分为若干子过程，每个子过程只有一项输出，然后根据质量输入或能量输入的比例对各个子过程的温室气体排放进行分配。

2）如果上述分配方法不可行，则该过程产生的 GHG 排放应按共生产品的经济价值比例在共生产品之间进行分配。

（9）不确定性分析。进行产品的碳足迹评价的不确定性分析可使产品间的比较结果及使决策具有更高的可信度，可以判定数据收集的重点和非重点是否准确，以及可以更好地认识碳足迹模型。如果通报结果，不确定性分析还可向内部和外部读者提供有关碳足迹的确凿性信息。通常不确定性来自供应链中某些数据的缺失和数据质量存在问题，如不是特定的数据、数据来源不可靠等。

（10）编写报告。产品/服务的碳足迹评价报告内容包括碳足迹评价结果外，还包括如下内容：产品介绍；系统边界；运行边界；内部数据收集系统说明；假定、排除及解释；其他支持信息（方法学、温室气体排放种类、不确定性分析和联系人等）。碳足迹评价报告要求尽量确保完整性、一致性、相关性和透明性。

（11）由认证机构向组织颁发认证证书和碳足迹标签或低碳产品认证标志，允许组织在获得认证的产品或其包装中使用标志/标签 .

第二节　国外低碳产品认证/产品的碳足迹评价

随着气候变化问题引起世界范围的关注，许多国家在相关机构的支持和倡导下开展了评估和披露产品生命周期内的碳排放环境行为的实践，通过开展低碳产品认证，鼓励企业生产低碳产品和提供低碳服务，促进社会向低碳经济的发展和转型。也有很多企业基于市场营销目的和社会责任，自发地进行产品的碳足迹的评估和披露。目前，低碳产品认证已在英国、德国、日本、韩国、美国、瑞典等十几个国家开展。

一、国外低碳产品认证分类

国外开展低碳产品认证，普遍采用第三方认证机构实施评价、权威的认可机构对认证机构的能力进行审核和监督、政府和社会采信认证结果的机制。但按照产品碳信息披露内容形式、所采取的技术路线和发起主体不同，国外所开展的低碳产品认证又具有不同的特征。

1. 根据产品碳信息的展示形式分类

进行低碳产品认证的最基础工作就是收集和评估产品全生命周期的碳排放，认证机构在披露这些信息时并不尽一致。

根据产品碳信息的展示形式，可以将低碳产品认证分成低碳标识、碳得分、碳等级三个类型。

（1）低碳标识（low-carbon Seal）类型的低碳产认证仅授予那些生命周期特定阶段达到规定的较小碳排放的产品。德国蓝天使推出的保护气候标志即属此类，通过认证的产品是气候友好型产品。消费者选购获得蓝天使保护气候标志的产品就意味着选择了具有较小碳排放的产品。

（2）碳得分（carbon score）类型的低碳产品认证披露认证产品在其全生命周期的碳

足迹，目前大多数低碳产品认证都采用这种形式。英国碳削减标志、日本碳足迹标志、韩国的温室气体排放量标志属于此类。

（3）碳等级（carbon rating）类型的低碳产品认证又进一步公布该产品碳排放在行业中所处的水平或等级。此类认证需要充足的行业碳足迹的数据支持，比较复杂，目前仅有韩国的低碳标志和美国加州气候意识标志属于此类认证。

2. 根据所采取的技术路线分类

环境标志产品认证是目前比较成熟的产品认证模式。低碳产品认证实质上是重点关注产品碳排放环境行为的产品认证，其采取的技术路线可分为基于Ⅰ型环境标志和基于Ⅲ型环境标志的低碳产品认证。

（1）基于Ⅰ型环境标志

Ⅰ型环境标志认证强调那些具有环境标志的产品比没有环境标志的产品，是更加“环境友好”的。希望借此鼓励消费者选择这些经过认证的环境标志产品。基于Ⅰ型环境标志认证开展的低碳产品认证，将在认证标准中强化产品碳排放的相关要求（如能耗相关的碳排放），得到认证的产品不仅“环境友好”，而且更加“低碳”。德国蓝天使的气候保护标志即属于此种类型的认证。

（2）基于Ⅲ型环境标志

Ⅲ型环境标志认证即产品环境信息声明，是提供产品在生命周期过程中的量化环境信息，该信息可以在具有相同功能的产品之间进行比较。一般来说这些量化的环境信息涉及气候变化、同温层臭氧层损耗、土地和水资源的酸化、富营养化、光化学氧化物的形成、化石能源资源的减少等。基于Ⅲ型环境标志认证开展的低碳产品认证，仅披露产品在气候变化方面的环境信息，是一种简化的Ⅲ型环境标志认证。日本、韩国、瑞典等国的低碳产品认证都由原来开展Ⅲ型环境标志的机构在原有技术基础上来实施。几乎所有对碳足迹进行评估认证的机构所采用的技术路线都可以追溯为Ⅲ型环境标志所依据的核心技术理论——生命周期评价。

德国蓝天使的气候保护标志即是基于Ⅰ型环境标志的低碳产品认证。在环境标志产品认证标准中突出强调产品碳排放的相关要求（如能耗），通过认证的产品将意味着不仅达到了“环境友好”，而且更加“低碳”。日本、韩国、瑞典等国是基于Ⅲ型环境标志认证开展的低碳产品认证，即仅声明产品在碳排放方面的环境信息，可以说是一种简化的Ⅲ型环境标志认证。

3. 根据是否官方主导分类

由于低碳产品认证在助力低碳经济发展、促进低碳生产和消费方面具有显著的优势，很多国家由政府推动和支持开展低碳产品认证项目，如日本、德国、韩国等开展的低碳产品认证就是在本国政府部门的支持下开展的。随着低碳成为当今产品营销的亮点和企业社会责任意识的加强，越来越多的企业自发投入力量，进行碳足迹计算和披露，如法国Casino超市连锁公司和E. Leclerc公司，瑞士Migros超市连锁集团等开展的产品的碳足迹评估和披露计划。

二、国外低碳产品的认证/产品的碳足迹评价情况

1. 英国

2006年起，英国节碳基金会（Carbon Trust）开展了“碳削减标志计划”（Carbon Reduction Label Scheme）成为开创低碳产品认证的先锋，试点计算了几十种产品的碳足迹。2007年5月，英国环境、食品和乡村事务部（Defra）公布了基于节碳基金会试点项目的自愿性计划，建议商家在商品标签上注明该产品在生产、运输和配送等过程中所产生的碳排放量，以告知消费者该商品对全球变暖的影响程度，当时就有120多家商家表示愿意加入。随后，英国环境、食品和乡村事务部与碳信托和英国标准协会（BSI）合作制定了一个计算产品碳排放量的评价规范，即PAS 2050标准草案。2008年10月英国PAS 2050标准正式发布，它是一个开放性的碳排放量计算测量标准，其开放性有力的提高了PAS 2050的接受程度和英国碳削减标志的市场权威性，目前很多国家或私人企业所进行的产品碳排放评估活动在不同程度上参考了该标准。英国还致力于为PAS 2050标准争取国际发展空间，在世界范围内以技术支持和技术合作的形式增强英国标准和碳标志的影响力，还积极参与国际标准化组织的低碳产品标准的制定工作。

参加首批试点计划的六个英国公司，包括了Innocent饮料公司、百事可乐公司和英国超市连锁乐购（Tesco），已经对选定的试点产品正式贴上了英国碳削减标志。英中加贴碳标签的产品类别涉及B2B、B2C的所有产品与服务，主要有食品、服装、日用品等。到2011年上半年已有2500种产品使用碳标签。

2. 德国

（1）“蓝天使”保护气候标志

作为世界上最悠久、最著名的生态标志的德国“蓝天使”标志，近年来在制定和颁发“蓝天使”基本标准时，考虑产品的气候特性已经占据了重要的比重和地位。德国在2008年11月举行的“蓝天使”30周年庆典上，宣布了“蓝天使”标志今后的发展框架。将原来的“蓝天使”环境标志，根据保护对象的不同分为健康标志、气候标志、水标志和资源标志。

德国首先推出“蓝天使”气候标志，以授予那些气候友好型产品和服务，为顾客提供更好的购买选择。首先在“蓝天使”已有的80多项环境标志产品种类中选择与保护气候相关的28项产品，归为“蓝天使”保护气候类产品，并将这28项环境标志产品标准列为保护气候类环境标志产品标准。同时还制订了保护气候类的产品标准制定规划，将为100类气候相关产品制定“保护气候”环境标志标准。

由德国联邦环境部发布的备忘录中，公开了由德国生态研究所的研究成果，肯定了德国“蓝天使”保护气候标志作为可持续和气候友好消费先导作用，推荐“蓝天使”作为首要的国家保护气候标志，与消费者进行交流。

（2）德国产品的碳足迹试点项目

2008年4月，德国政府支持的德国产品的碳足迹试点项目（PCF Pilot Project Germany）启动，由世界自然野生动物基金（WWF）、? ko-Institut科学研究所、波斯坦气候影响研究协会（PIK）和THEMA1共同协助完成产品的碳足迹标志试点项目。参加试点企业有BASF，dm-drogerie markt，DSM，FRoSTA，Henkel，REWE Group，Tchibo，The Tengelmann Group，T-Home和Tetra Pak十家企业。德国“产品的碳足迹”试点标志计划工作组将进行碳分析方法学、碳展示方面的研究，并考虑让更多对碳标志感兴趣的企业和产品加入到该计划中来。

3. 日本

2008年6月日本内阁通过“建设低碳社会”的决议，尝试把“碳足迹产品体系”引入日本。该决议公布后，日本经济贸易产业省（METI）成立了“碳足迹系统国际标准化国内委员会”，以对应国际标准化组织（ISO）开发碳足迹国际标准的行动，并向社会公布了由METI建立和协调的试点计划。该计划由日本产品环境管理协会（JEMAI）实施，借助其Ⅲ型环境标志的研究基础，开展产品的碳足迹的相关研究。日本还紧密关注国际标准化组织关于碳标志国际标准的制定工作，并将其低碳产品认证的工作计划依据国际标准化组织的工作动向进行调整。目前已发布了日本“技术规范（TS Q0010 产品的碳足迹评估和贴标基本规范）”草案，很快将修订第一版TS Q0010，引入更详细的要求来开发产品种类规则（PCR）文件。2009年日本开始推行碳足迹试行计划。Sapporo啤酒厂、Aeon超市、Lawson与7－11等便利店、松下电器等企业加入了该计划。

4. 韩国

2008年初，韩国有10家公司提供产品参加由政府支持的碳标志试点计划。项目韩国低碳产品认证由承担Ⅲ型EDP项目的韩国生态产品研究院（KOECO）的负责。2008年8月有意向参加试点认证的公司进行相关培训，并在10月进行试点认证的申请，2009年1月至11月韩国全面启动Cool Label计划。

韩国低碳产品认证计划中设计了两种类型的碳标志。其一为“温室气体排放量”标志，在标志上显示产品的碳足迹。目前，韩国有方便米饭、航空运输、TFT-LCD玻璃衬底、燃气锅炉、水过滤设备、洗衣机、衣柜、洗发液、豆腐十种产品和服务获得第一类认证的碳标志，即进行了温室气体排放认证。

第二种为“低碳”标志，对获得“温室气体排放”标志的产品达到国家有关碳足迹的最低消减目标时，可获得“低碳”标志。今后在积累一定行业数据之后，韩国会逐渐开展第二类“低碳标志”认证。

5. 美国

美国加利福尼亚州在2008年通过了《2009年碳标志法令》（The Carbon Labeling Act of 2009），通过立法，确定要建立碳标志制度，该法令已在2009年的年中生效。加州原属于斯坦福大学的气候机构响应该法令，建立了气候意识标志。该计划使用生命周期分析方法，通过认证的产品将根据其碳排放低于基准线的程度，分别授予银、金、白金三个级别的标志。

6. 瑞典

瑞典的Ⅲ型环境标志international EPD system引入了“single-issue EPDs”概念，根据不同的市场和客户的需要，对完整披露产品全球变暖潜势、臭氧层消耗潜势、酸化效应潜势、光化学烟雾潜势和富营养化潜势的环境产品声明（EPD），以简单的形式进行相关信息的摘要。由于人们对气候变化的日益关注，international EPD system发布了首个单一结果EPDs—气候声明（climate declarations），以CO_2当量的形式，描述了产品整个生命周期的温室气体排放量，实质上也是一种对产品碳排放的披露。目前已发布了8个产品的气候声明。

7. 法国

法国所开展的碳标志计划不是由官方主导的，而是分别由法国超市连锁Casino公司和E. Leclerc公司首批自愿引入的。Casino公司采用由Bio智能服务环境咨询公司（BioIS）在2006年前开发的生命周期方法。现在Casino的26个自有品牌上，可以看到展示。法国零售商E. Leclerc's的碳标志试点计划由巴黎的Greenext咨询公司开发。试点计划于2008

年 4 月在法国北部的两家商店启动，总共涵盖产品数量达 20 000 种。

法国碳标志计划是企业的自愿行为，企业自行选择环境咨询机构为其设计碳足迹披露计划。而这些咨询机构进行碳足迹计算时，已明显受到英国 PAS 2050 标准的影响。法国环境和能源署（ADEME）对这两个由超市连锁企业自行发起的碳标志计划表示支持。在法国这些自愿性计划是不需要审计的。

8. 瑞士

瑞士的碳标志也是由企业自行发起的。瑞士最大的超市连锁 Migros 于 2007 年开始了产品碳标志项目。顾客可以在 Migros 的一些自有品牌的产品上找到认证机构 Climatop 授予的碳标志。该标志不仅展示产品的碳含量，而且还证明贴有碳标志的产品比同类产品的碳效率高 20%。该项目所使用的碳足迹计算方法是由碳削减公司 MyClimate 负责的。MyClimate 对 Migros 的产品使用了混合 EIO-LCAs 方法进行碳计算，既对每个产品的独特方面进行详细生命周期分析，还使用全球生命周期清单数据库 EcoInvent 对产品的一般特征进行分析和追溯。

9. 部分国家碳足迹标签

表 10－1 列出了部分国家的碳标签应用情况。

表 10－1　部分国家的碳标签应用情况

国家	碳标名称	产品类别	揭露内容	已查验产品	碳标签
英国	Carbon Trust	B2B B2C	CO_2e 承诺未来减量	果汁、灯泡、洋芋片、洗发精、洗涤剂、T恤、网络账户等	
美国	Carbon Labels	B2C	CO_2e	饮料	
加拿大	Carbon Counted	B2C	CO_2e	啤酒	
瑞士	climatop	B2C 所有产品或服务	宣告减量 20%	洗洁剂、卫生纸、奶油	
德国	Product Carbon Footprint	B2C 所有产品或服务	衡量/评价	保温材料、卫生纸、洗发剂、洗洁剂、草莓、鸡蛋、咖啡、利乐、包纸盒等	
日本	Carbon footprint	所有产品或服务	CO_2e	啤酒、尿布、饮料、文件夹、牙膏等	

续表 10－1

国家	碳标名称	产品类别	揭露内容	已查验产品	碳标签
韩国	Cool（CO_2 Low）label	B2C 所有产品和服务（包含农渔牧产品）	CO_2e 承诺未来减量	LCD 面板、滤水器、洗衣机、洗发精、可乐、干燥米饭	

三、国外低碳产品认证对中国的借鉴及中国行动展望

低碳产品认证，一方面可以对生产领域中各类活动的温室气体设定相关限值标准，有助于产业自身节能减排和提高竞争力；另一方面可以成为联系公众与可持续发展战略的纽带，为社会树立良好的消费价值导向，有助于构建全方位的生态消费体系和形成新的消费价值观。因此，在目前阶段开展低碳产品认证，对于推进我国企业和消费者的可持续消费，带动我国循环经济发展，进而全面推进环境友好型社会建设都有很大帮助。我们从国外低碳产品认证项目的分析中，可以得到如下几条经验，供我国开展低碳产品认证计划时参考。

1. 不同国家开展的低碳产品认证在碳展示方面的差异，将决定产生的社会效益

低碳标识能够告诉消费者哪些产品是气候友好的，方便消费者在做购买选择时参考，但获得认证的产品之间无法比较哪个更好，对通过认证的企业来说缺乏追求更加低碳的动力。碳得分方便消费者在同类产品之间进行比较，也可以促使同类产品的企业之间展开竞争，但对普通消费者来说无法评判产品的碳足迹是否属于低碳，在引导低碳消费方面略有欠缺。碳等级不仅可为非专业的各类消费者提供同类产品和可替代产品之间的比较，能有效地的引导消费者选择对环境有利的产品，而且也促进了同类产品生产企业之间的竞争，形成低碳生产和低碳消费的良性互动。这三种碳展示的类型所需要的技术水平和数据库支持也是逐渐增强的。中国在规划低碳产品认证发展框架时，可以综合考虑低碳产品认证的社会定位和现有的技术能力水平，制定近期和远期的多阶段发展目标。

2. 低碳产品认证和环境标志产品认证有着紧密的联系

德国蓝天使的气候保护标志直接依托于德国的Ⅰ型环境标志，日本、韩国和瑞典直接依托于Ⅲ型环境标志开展低碳产品认证。目前社会上对低碳产品认证的需求和参与热情非常强烈，亟需尽快在更多的产品领域开展低碳产品认证。我国也可以借鉴低碳产品认证先行国家的做法，依托已有成熟的环境标志产品认证系统，研究环境标志产品认证与低碳产品认证之间的关系，为我国开展低碳产品认证提供关键技术支持。

3. 各国政府对低碳产品认证的支持，使低碳产品认证在引导全社会参与应对气候变化，助力推动低碳经济方面发挥的抓手作用非常明显

我国政府一贯高度重视气候变化问题，制定并公布了《中国应对气候变化国家方案》，成立了国家应对气候变化领导小组，颁布了一系列法律法规。在全球日益关注气候变化问题的大背景下，中国应尽快开展官方主导和支持的低碳产品认证的相关研究和实践，配合低碳产品认证实施一些辅助的政策，例如公共机构进行采购时必须优先采购低碳产品、基于市场原则对通过低碳产品认证的产品生产商和经销商进行鼓励、对低碳产品减征碳税

等。通过开展低碳产品认证，加强政府对产品和服务所排放的温室气体的监管，有效地在全社会引导和建立低碳生产和低碳消费模式。

在国外，低碳产品认证对于引导公众参与应对气候变化，助力推动低碳经济方面发挥的抓手作用非常明显。在全球日益关注气候变化问题的大背景下，中国一方面应尽快开展官方主导的低碳产品认证的相关研究和实践，另一方面也应研究配合低碳产品认证实施的辅助政策，例如公共机构进行采购时必须优先采购低碳产品、基于市场原则对通过低碳产品认证的产品生产商和经销商进行鼓励、对低碳产品减征碳税等。

目前，国家发展和改革委员会和国家认证认可监督管理委员会已启动了“应对气候变化专项课题——我国低碳认证制度建立研究”项目，从我国国情和发展现状出发，分析我国相关的政策和技术需求，研究并建立我国低碳产品认证制度框架体系，并通过试点研究逐步加以完善，为相关部门制定我国低碳认证管理制度提供依据。今后低碳产品认证将为引导我国低碳生活和低碳消费，鼓励社会公众使用低碳产品，激励企业产品结构升级，从消费端控制温室气体排放发挥更大的作用。

第三节　我国低碳产品认证的模式、过程及要求

一、概况

所谓低碳产品认证，是以产品为链条，吸引整个社会在生产和消费环节参与到应对气候变化中来。通过向产品授予低碳标志，从而向社会推进一个以顾客为导向的低碳产品采购和消费模式。以公众的消费选择引导和鼓励企业开发低碳产品技术，向低碳生产模式转变，最终达到减少全球温室气体的效果。正是由于低碳产品认证的这种作用，国外低碳产品认证项目在近两三年如雨后春笋，不断涌现，目前，已经有德国、英国、日本、韩国等十几个国家开展低碳产品认证。

国际碳排放评价普遍采用第三方机构实施评价、权威组织对第三方机构的能力进行审核和监督、政府和社会采信评价结果的机制。但是，国外关于碳排放评价的方法和标准繁多，且多处于边探索、边实践的阶段，急需建立国际统一的方法和标准，确保碳交易市场的规范运作。尽快建立中国特色的低碳认证制度，可以对低碳领域“国际规则”的制定产生积极影响。

环境保护部在参考了国外低碳产品认证发展模式的基础上，决定开展低碳产品认证。在中国环境标志框架下，把产品服务归入适当的分类，设置“气候相关”类产品。与每年中国环境标志标准制定修订工作结合，对纳入“气候相关”类的产品技术要求中增加碳排放的限值要求。按照原有中国环境标志认证体系，对通过认证的该类产品授予中国环境标志——低碳产品，以表示该类产品对减少碳排放、保护气候方面的积极作用。并于2010年10月颁发了首批四类电子产品的低碳认证证书。

2010年9月9日，由国家发展改革委和国家认监委组织实施，工信部、环保部等部委共同参与，中国质量认证中心牵头承担，中国标准化研究院、国家能源所、中国电子技术标准化研究所、中环联合认证中心等机构参与实施的我国低碳认证制度研究项目“应对气候变化专项课题——我国低碳认证制度建立研究”启动，这标志着我国低碳认证制度研究全面启动。这个项目旨在通过国际低碳认证制度的对比研究，从中国的国情和现状出发，分析中国低碳认证政策和技术需求，研究并建立中国低碳认证制度框架体系，并通过试点

研究逐步加以完善，为相关部门制定中国低碳认证制度提供依据。据了解我国低碳认证制度或与现行的节能产品认证、能效标识等相衔接。

国家发展和改革委员会应对气候变化司副司长孙翠华在第四次联合国气候谈判会议上透露，为了鼓励社会公众使用低碳产品，引导低碳生活和低碳消费，我国已经启动重点行业典型产品及重点减排项目低碳认证制度研究，我国将很快出台《中国低碳产品认证管理办法》，以鼓励社会公众使用低碳产品，激励企业产品结构升级，从消费端控制温室气体排放。我国将大力提升温室气体排放清单的编制水平，提高数据的准确性和可靠性，建立温室气体清单数据库，一旦建成将对公众开放。

我国政府还将加强宣教工作，广泛通过各种渠道，大力宣传低碳消费理念和低碳行为的做法，引导城乡居民转变消费观念和消费模式，大力发展节能、低碳产品，为公众提供更多的消费选择，鼓励公众采用节能产品，扩大全社会参与程度。

二、中国低碳产品认证初步实践

2009 年环境保护部环境发展中心组织专家着手中国低碳产品认证研究，中国低碳产品认证分两阶段进行。

1. 第一阶段：在环境标志产品认证的基础上推出低碳产品认证

（1）选择四种产品制定低碳产品标准

选择家用制冷器具、家用电动洗衣机、多功能复印设备和数字式一体化连印机作为试点，通过产品的生命周期评价，确定主要从产品使用时的耗能指标上在中国环境标志产品技术要求的基础上提高指标要求，通过节能量来推算产品的碳排放减少量。如彩色电视机低碳产品技术要求中规定了产品的待机能耗、工作能耗，符合能耗要求，也就符合碳排放要求。

（2）发布了中国低碳产品标志标识（见图 10－1）

图 10－1　中国低碳产品标志

中国环境标志低碳产品认证标识图形由外围的 C 状外环和青山、绿水、太阳组成。标识的中心结构表示人类赖以生存的环境；外围的 C 状外环是碳元素的化学元素符号，代表低碳产品。整个图像向人们传递了一种通过倡导低碳产品来共同保护人类赖以生存的环境的含义。

（3）实施低碳产品认证

中国环境标志低碳产品认证是立足于中国环境标志认证，以综合性的环境行为指标为基础，低碳指标为特色，一方面对生产领域中各类产品的温室气体排放设定相关限值标准，可以帮助生产商和销售商更好地传播产品在保护气候方面的信息，对于产业自身节能减排、提高本身竞争力有很大作用；另一方面低碳产品认证可以成为联系公众与可持续发展战略的纽带，帮助消费者在消费过程中进行判断和选择，为社会树立良好的消费价值导向，有助于构建全方位的生态消费体系和形成新的消费价值观，推动我国低碳和可持续消费，引导消费者为保护气候做出应有的贡献。

中国环境标志低碳产品认证全面覆盖产品整个生命周期内的环境影响，在对产品的其他环境指标进行规范的基础上，对产品的温室气体排放指标提出了相关要求。也就是说，参与中国环境标志低碳产品认证的先决条件是，这些产品必须首先获得中国环境标志产品认证，在这个基础上才有资格参与低碳产品认证。通过低碳认证的产品不但体现了环境友好，而且在体现环境友好与社会责任方面做得更多，表现得更好。

中国环境标志低碳产品认证的模式与过程与中国环境标志产品认证相同，采用现场检查与产品抽样检验相结合的模式。

2010 年 11 月 25 日，首批中国环境标志低碳产品获证企业颁证仪式在北京举行。在企业自愿申请的基础上，经严格审查、评定，首批共有海尔等 11 家企业的 292 种型号的产品通过中国环境标志低碳产品认证。

2. 第二阶段：实施产品和服务的碳足迹认证

从 2011 年起，环境保护部环境发展中心、中环联合（北京）认证中心有限公司着手研究产品的碳足迹计划。与此同时，在国家发改委主导下，有国家认监委和中国合格评定认可委员会等多家机构参加的我国产品的碳足迹认证研究工作正在紧张进行。其关键技术和认证模式将与 ISO 14067 标准一致。

第四节　外资认证机构在我国实施产品的碳足迹认证案例

一些国外知名认证机构已经在我国开展依据 PAS 2050 标准的产品的碳足迹认证。以下是某认证机构对家用空调器产品的认证过程介绍。

一、选择产品和功能单位

用以进行碳足迹评价的产品为无氟变频空调，作为该企业新研发的产品，用无氟环保冷媒 R410A 替代了现在主流空调使用的 R22 制冷剂，同时融入直流变频技术。

通过上述信息判断，该产品应是相对节能和低碳的产品，在该系列产品中选择一台制冷量为 2600 W 的变频空调为功能单位进行产品的碳足迹评价。

二、评价模式及流程

产品的碳足迹评价有商业到商业（B2B）和商业到消费者（B2C）两种评价方法，由于空调产品面对的主要是终端消费者，他们更关心整个产品生命周期的碳排放。所以，本项目采用了 B2C 模式，即包括原材料，制造、分销和零售，到消费者使用，以及最终处置或再生利用整个过程的排放。产品的碳足迹评价的过程如图 10-2 所示。整个过程分为绘制过程图、确定系统边界和优先次序、收集数据、进行碳足迹计算、不确定性的分析几个具体步骤。

1. 绘制过程图

该型号的变频空调主要由室内挂机、室外机、中间连接线和电源组成；元件包括塑料件、钣金件及金属件、阀门、管路件、电机和电器类等。为便于收集数据，对 400 多个零

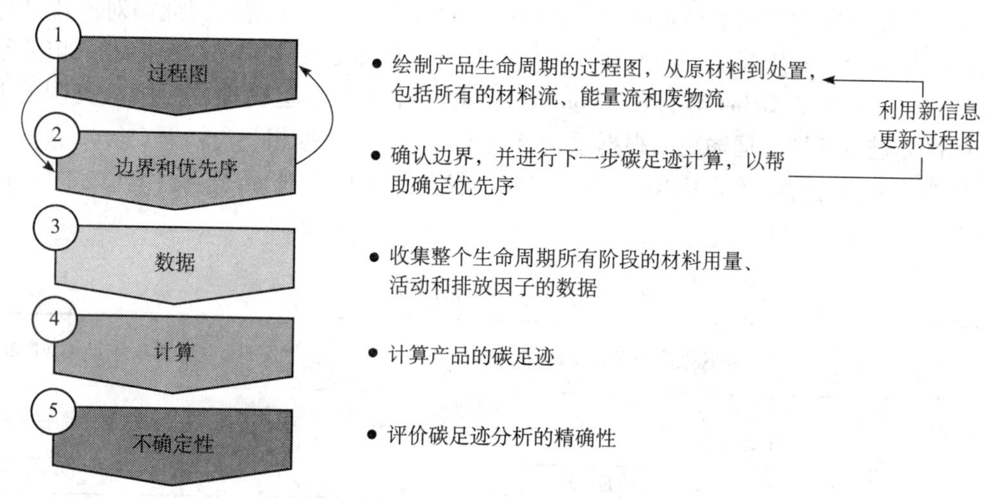

图 10－2　碳足迹评价流程图

部件的所用材料进行分类，并收集生产过程、运输、使用和处置排放数据，进行高阶分析，对不同阶段的碳排放进行估算，确定初级数据和次级数据的收集范围。

2. 确定系统边界和运行边界

确定系统边界和运行边界是进行产品的碳足迹评价的前提。其中确定系统边界就是要确定产品的碳足迹评价的范围，即哪些生命周期阶段、哪些输入和输出应囊括在评价范围的内。这就需要依据高阶分析的结果，遴选产品单元中所有的实质性排放，而对于边界内非实质性的排放不予考虑，包括：非实质性排放源（不足碳足迹总量的 1%）、输入过程的人力、消费者到零售点的交通和动物提供的运输。随后，对所有实质性的排放源根据其排放量的大小确定一个优先次序。依据变频空调的实际制造及运输、使用、处置过程的分析的高阶分析结果，应收集的数据及来源为：塑料件、钣金件及金属件、阀门、管路件是在该企业内生产的，因此需要收集主要原材料（聚乙烯、聚丙烯、不锈钢、铁板、铜材等）生产和运输到工厂的温室气体排放数据，而这些主要是次级数据，可通过 Gabi4 软件搜索获得；在工厂的加工和组装过程也为初级数据，应根据其具体的生产线来完成数据收集，但生产过程所用的耗材不予统计；使用阶段的数据主要根据 GB 21455—2008《转速可控型房间空气调节器能效限定值及能效等级》附录 A 中的时间为参考，空调的寿命设为 10 年进行计算；处置阶段的数据主要从运输、再利用的角度考虑，主要考虑材料的再利用率，材料再利用率参考《产品可再生利用率限定值和目标值》的限值，取 80%。由此可见，变频空调的实质排放源的优先次序为使用阶段、原材料、生产过程、废弃物处置和运输。因此，对前几个排放量大的源重点关注。

3. 数据的收集

计算该型号变频空调的产品的碳足迹，必须考虑活动水平数据、排放因子数据和全球增温潜势（GWP）。

关于活动水平数据的收集主要根据高阶计算的结果，分别进行初级活动水平数据收集和次级活动水平数据收集，具体涉及能源流和物质流的相关数据。

实际操作中可采用归因法对产品的零部件进行分解、收集数据、再分类整合。数据收集的时间为 1 年，收集的数据保存的时间应是三年或产品的寿命。关于排放因子的数据，由于工厂所用的电力来源于华东电网，使用的蒸汽来自自由锅炉房，因此需对所用烟煤计算热值排放因子。所用柴油、汽油和天然气的排放系数来自于 IPCC 2007 报告；相关原料的排放因子主要是从 Gabi4 软件的 Ecoinvent 数据库中读取。运输排放因子从英国的 DEFRA 的网站进行获取，运输距离根据采购点到工厂的距离根据相关资料确定。

此外，本项目所涉及的 GHG 全球变暖潜能值如表 10－2 所示（来自 IPCC 2007 报告的表 2.14）。

表 10－2　IPCC 2007 GWP 值

温室气体	辐射强度（Wm－2ppb－1）	寿命 年	100 年期 GWP 2007
二氧化碳			
甲烷	3.7E－4	12.0	25
氧化亚氮	3.1E－3	114	298
R410A	复合制冷剂	复合制冷剂	1725
六氟化硫	0.52	3200	22800

4. 碳足迹计算

产品的碳足迹计算的基本公式为所有排放源的活动水平数据与其排放因子乘积的加和。

本例所述的是对一年生产的相同型号的空调进行计算，涉及的原料生产、厂内的生产和加工、运输、使用和处置分别进行计算，最后的总碳排放量为上述过程计算值的加和，即：

排放源 1：$AD_1 \times EF_1 = CF_1$，

排放源 2：$AD_2 \times EF_2 = CF_2$，

⋮

排放源 n：$AD_n \times EF_n = CF_n$。

则

$$CF = \sum_{i}^{n} CF_i$$

式中：AD——活动水平数据，单位为质量、体积或能量单位等；

EF——排放因子，每个功能单位的 CO_2 当量；

CF——碳足迹，每个产品系统中的 CO_2e 当量总数。

5. 分配问题

变频空调的生产过程基本不涉及共生产品的分配，而主要是产品和下脚料（废弃物）之间的分配，因而在处理时，需要考虑这部分产生的排放。而对于其他在产品的生产过程中有共生产品的情况时，需要根据质量输入对各个子过程的温室气体排放进行分配。

6. 不确定性分析

2 600 W 变频空调的碳足迹评价是基于 EXCEL 和 Gabi4 软件共同完成的，所以在进行不确定性分析时，主要采用打分法进行评价，主要考虑三类因素：活动水平数据来源（初级数据、次级数据）；排放因子选择（测量、区域、国内、国际）；活动水平数据的计量条件（仪表检定合格、仪表检定不合格或未检定）等，同时参考排放所占比例进行分析。

三、评价结果

依照上述的评价过程，经计算，1 台制冷量为 2600W 的变频空调的生命周期内的碳排放为 35. 6 吨 CO_2 当量/台。对各过程的碳排放量按比例制图如图 10-3 所示，可知在整个生命周期内，空调的碳排放主要在使用环节上，其占总排放的 84%；其次是使用原材料产生的温室气体排放，占 12%；生产过程对空调生命周期碳足迹的排放贡献量较小，约占 2. 4%，物流运输占 0. 6%，废弃物处理约占 1%。因此综上可知，企业通过提高空调产品能效水平，减少空调耗电量，将会明显减少空调生命周期内的碳排放。

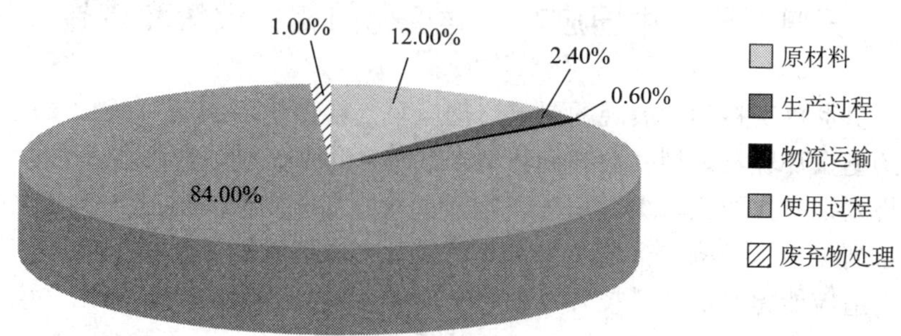

图 10－3　空调器整个生命周期内碳足迹评价（B2C 模式）

四、碳足迹评价信息的使用

企业进行产品的碳足迹评价的直接目标大体上可分为两大类：（1）用于企业内部的评估，确定温室气体排放的“热点”，并据此采取措施有效降低产品的碳排放；（2）用于向公众或其他第三方公布其产品的碳足迹信息。

企业的目标不同，则评价过程的详尽程度和结果的准确程度均可能产生较大的差别。通常情况下，目标为（1）时，可不必将结果交由第三方认证机构对结果进行核查；但目标为（2）时，必须要将结果交由第三方认证机构对结果的准确性进行仔细核实。

五、小结

依据 PAS 2050，本例系统地对额定制冷量为 2600W 的变频空调生命周期内的碳排放进行了评价，为企业有效应对出口的绿色贸易壁垒提供数据支持。同时将有利于企业找到降低产品碳排放的空间及重点，并采取行动来降低整个供应链中的碳排放。此外，虽然本项工作已经完成，但在评价的过程中遇到一些问题仍待解决，如缺少我国的基础数据库、部分排放因子和使用过程中排放的验证办法，这些将是我国相关部门日后工作中需要予以研究和完善的重要内容。

附录1　国家相关政策——中国应对气候变化国家方案（部分）

第四部分　中国应对气候变化的相关政策和措施

按照全面贯彻落实科学发展观的要求，把应对气候变化与实施可持续发展战略、加快建设资源节约型、环境友好型社会和创新型国家结合起来，纳入国民经济和社会发展总体规划和地区规划；一方面抓减缓温室气体排放，另一方面抓提高适应气候变化的能力。中国将采取一系列法律、经济、行政及技术等手段，大力节约能源，优化能源结构，改善生态环境，提高适应能力，加强科技开发和研究能力，提高公众的气候变化意识，完善气候变化管理机制，努力实现本方案提出的目标与任务。

一、减缓温室气体排放的重点领域

（一）能源生产和转换

1. 制定和实施相关法律法规

大力加强能源立法工作，建立健全能源法律体系，促进中国能源发展战略的实施，确立能源中长期规划的法律地位，促进能源结构的优化，减缓由能源生产和转换过程产生的温室气体排放。采取的主要措施包括：

——加快制定和修改有利于减缓温室气体排放的相关法规。

根据中国今后经济社会可持续发展对构筑稳定、经济、清洁、安全能源供应与服务体系的要求，尽快制定和颁布实施《中华人民共和国能源法》，并根据该法的原则和精神，对《中华人民共和国煤炭法》、《中华人民共和国电力法》等法律法规进行相应修订，进一步强化清洁、低碳能源开发和利用的鼓励政策。

——加强能源战略规划研究与制定。

研究提出国家中长期能源战略，并尽快制定和完善中国能源的总体规划以及煤炭、电力、油气、核电、可再生能源、石油储备等专项规划，提高中国能源的可持续供应能力。

——全面落实《中华人民共和国可再生能源法》。

制定相关配套法规和政策，制定国家和地方可再生能源发展专项规划，明确发展目标，将可再生能源发展作为建设资源节约型和环境友好型社会的考核指标，并通过法律等途径引导和激励国内外各类经济主体参与开发利用可再生能源，促进能源的清洁发展。

2. 加强制度创新和机制建设

——加快推进中国能源体制改革。

着力推进能源管理体制改革，依靠市场机制和政府推动，进一步优化能源结构；积极稳妥地推进能源价格改革，逐步形成能够反映资源稀缺程度、市场供求关系和污染治理成本的价格形成机制，建立有助于实现能源结构调整和可持续发展的价格体系；深化对外贸易体制改革，控制高耗能、高污染和资源性产品出口，形成有利于促进能源结构优质化和清洁化的进出口结构。

——进一步推动中国可再生能源发展的机制建设。

按照政府引导、政策支持和市场推动相结合的原则，建立稳定的财政资金投入机制，通过政府投资、政府特许等措施，培育持续稳定增长的可再生能源市场；改善可再生能源发展的市场环境，国家电网和石油销售企业将按照《中华人民共和国可再生能源法》的要求收购可再生能源产品。

3. 强化能源供应行业的相关政策措施

——在保护生态基础上有序开发水电。

把发展水电作为促进中国能源结构向清洁低碳化方向发展的重要措施。在做好环境保护和移民安置工作的前提下，合理开发和利用丰富的水力资源，加快水电开发步伐，重点加快西部水电建设，因地制宜开发小水电资源。通过上述措施，预计 2010 年可减少二氧化碳排放约 5 亿吨。

——积极推进核电建设。

把核能作为国家能源战略的重要组成部分，逐步提高核电在中国一次能源供应总量中的比重，加快经济发达、电力负荷集中的沿海地区的核电建设；坚持以我为主、中外合作、引进技术、推进自主化的核电建设方针，统一技术路线，采用先进技术，实现大型核电机组建设的自主化和本地化，提高核电产业的整体能力。通过上述措施，预计 2010 年可减少二氧化碳排放约 0.5 亿吨。

——加快火力发电的技术进步。

优化火电结构，加快淘汰落后的小火电机组，适当发展以天然气、煤层气为燃料的小型分散电源；大力发展单机 60 万千瓦及以上超（超）临界机组、大型联合循环机组等高效、洁净发电技术；发展热电联产、热电冷联产和热电煤气多联供技术；加强电网建设，采用先进的输、变、配电技术和设备，降低输、变、配电损耗。通过上述措施，预计 2010 年可减少二氧化碳排放约 1.1 亿吨。

——大力发展煤层气产业。

将煤层气勘探、开发和矿井瓦斯利用作为加快煤炭工业调整结构、减少安全生产事故、提高资源利用率、防止环境污染的重要手段，最大限度地减少煤炭生产过程中的能源浪费和甲烷排放。主要鼓励政策包括：对地面抽采项目实行探矿权、采矿权使用费减免政策，对煤矿瓦斯抽采利用及其他综合利用项目实行税收优惠政策，煤矿瓦斯发电项目享受《中华人民共和国可再生能源法》规定的鼓励政策，工业、民用瓦斯销售价格不低于等热值天然气价格，鼓励在煤矿瓦斯利用领域开展清洁发展机制项目合作等。通过上述措施，预计 2010 年可减少温室气体排放约 2 亿吨二氧化碳当量。

——推进生物质能源的发展。

以生物质发电、沼气、生物质固体成型燃料和液体燃料为重点，大力推进生物质能源的开发和利用。在粮食主产区等生物质能源资源较丰富地区，建设和改造以秸秆为燃料的发电厂和中小型锅炉。在经济发达、土地资源稀缺地区建设垃圾焚烧发电厂。在规模化畜禽养殖场、城市生活垃圾处理场等建设沼气工程，合理配套安装沼气发电设施。大力推广沼气和农林废弃物气化技术，提高农村地区生活用能的燃气比例，把生物质气化技术作为解决农村和工业生产废弃物环境问题的重要措施。努力发展生物质固体成型燃料和液体燃料，制定有利于以生物燃料乙醇为代表的生物质能源开发利用的经济政策和激励措施，促进生物质能源的规模化生产和使用。通过上述措施，预计2010年可减少温室气体排放约0.3亿吨二氧化碳当量。

——积极扶持风能、太阳能、地热能、海洋能等的开发和利用。

通过大规模的风电开发和建设，促进风电技术进步和产业发展，实现风电设备国产化，大幅降低成本，尽快使风电具有市场竞争能力；积极发展太阳能发电和太阳能热利用，在偏远地区推广户用光伏发电系统或建设小型光伏电站，在城市推广普及太阳能一体化建筑、太阳能集中供热水工程，建设太阳能采暖和制冷示范工程，在农村和小城镇推广户用太阳能热水器、太阳房和太阳灶；积极推进地热能和海洋能的开发利用，推广满足环境和水资源保护要求的地热供暖、供热水和地源热泵技术，研究开发深层地热发电技术；在浙江、福建和广东等地发展潮汐发电，研究利用波浪能等其他海洋能发电技术。通过上述措施，预计2010年可减少二氧化碳排放约0.6亿吨。

4. 加大先进适用技术开发和推广力度

大力提高常规能源、新能源和可再生能源开发和利用技术的自主创新能力，促进能源工业可持续发展，增强应对气候变化的能力。

——煤的清洁高效开发和利用技术。

重点研究开发煤炭高效开采技术及配套装备、重型燃气轮机、整体煤气化联合循环（IGCC）、高参数超（超）临界机组、超临界大型循环流化床等高效发电技术与装备，开发和应用液化及多联产技术，大力开发煤液化以及煤气化、煤化工等转化技术、以煤气化为基础的多联产系统技术、二氧化碳捕获及利用、封存技术等。

——油气资源勘探开发利用技术。

重点开发复杂断块与岩性地层油气藏勘探技术，低品位油气资源高效开发技术，提高采收率技术，深层油气资源勘探开发技术，重点研究开发深海油气藏勘探技术和稠油油藏提高采收率综合技术。

——核电技术。

研究并掌握快堆设计及核心技术，相关核燃料和结构材料技术，突破钠循环等关键技术，积极参与国际热核聚变实验反应堆的建设和研究。

——可再生能源技术。

重点研究低成本规模化开发利用技术，开发大型风力发电设备，高性价比太阳光伏电池及利用技术，太阳能热发电技术，太阳能建筑一体化技术，生物质能和地热能等开发利用技术。

——输配电和电网安全技术。

重点研究开发大容量远距离直流输电技术和特高压交流输电技术与装备，间歇式电源并网及输配技术，电能质量监测与控制技术，大规模互联电网的安全保障技术，西电东送工程中的重大关键技术，电网调度自动化技术，高效配电和供电管理信息技术和系统。

（二）提高能源效率与节约能源

1. 加快相关法律法规的制定和实施

——健全节能法规和标准。

修订完善《中华人民共和国节约能源法》，建立严格的节能管理制度，完善各行为主体责任，强化政策激励，明确执法主体，加大惩戒力度；抓紧制定和修订《节约用电管理办法》、《节约石油管理办法》、《建筑节能管理条例》等配套法规；制定和完善主要工业耗能设备、家用电器、照明器具、机动车等能效标准，修订和完善主要耗能行业节能设计规范、建筑节能标准，加快制定建筑物制冷、采暖温度控制标准等。

——加强节能监督检查。

健全强制淘汰高耗能、落后工艺、技术和设备的制度，依法淘汰落后的耗能过高的用能产品、设备；完善重点耗能产品和新建建筑的市场准入制度，对达不到最低能效标准的产品，禁止生产、进口和销售，对不符合建筑节能设计标准的建筑，不准销售和使用；依法加强对重点用能单位能源利用状况的监督检查，加强对高耗能行业及政府办公建筑和大型公共建筑等公共设施用能情况的监督；加强对产品能效标准、建筑节能设计标准和行业设计规范执行情况的检查。

2. 加强制度创新和机制建设

——建立节能目标责任和评价考核制度。实施 GDP 能耗公报制度，完善节能信息发布制度，利用现代信息传播技术，及时发布各类能耗信息，引导地方和企业加强节能工作。

——推行综合资源规划和电力需求管理，将节约量作为资源纳入总体规划，引导资源合理配置，采取有效措施，提高终端用电效率、优化用电方式，节约电力。

——大力推动节能产品认证和能效标识管理制度的实施，运用市场机制，鼓励和引导用户和消费者购买节能型产品。

——推行合同能源管理，克服节能新技术推广的市场障碍，促进节能产业化，为企业实施节能改造提供诊断、设计、融资、改造、运行、管理一条龙服务。

——建立节能投资担保机制，促进节能技术服务体系的发展。

——推行节能自愿协议，最大限度地调动企业和行业协会的节能积极性。

3. 强化相关政策措施

——大力调整产业结构和区域合理布局。推动服务业加快发展，提高服务业在国民经济中的比重。把区域经济发展与能源节约、环境保护、控制温室气体排放有机结合起来，根据资源环境承载能力和发展潜力，按照主体功能区划要求，确定不同区域的功能定位，促进形成各具特色的区域发展格局。

——严格执行《产业结构调整指导目录》。控制高耗能、高污染产业规模，降低高耗能、高污染产业比重，鼓励发展高新技术产业，优先发展对经济增长有重大带动作用的低能耗的信息产业，制定并实施钢铁、有色、水泥等高耗能行业发展规划和产业政策，提高行业准入标准，制定并完善国内紧缺资源及高耗能产品出口的政策。

——制定节能产品优惠政策。重点是终端用能设备，包括高效电动机、风机、水泵、变压器、家用电器、照明产品及建筑节能产品等，对生产或使用目录所列节能产品实行鼓励政策，并将节能产品纳入政府采购目录，对一些重大节能工程项目和重大节能技术开发、示范项目给予投资和资金补助或贷款贴息支持，研究制定发展节能省地型建筑和绿色建筑的经济激励政策。

——研究鼓励发展节能环保型小排量汽车和加快淘汰高油耗车辆的财政税收政策。择机实施燃油税改革方案，制定鼓励节能环保型小排量汽车发展的产业政策，制定鼓励节能环保型小排量汽车消费的政策措施，取消针对节能环保型小排量汽车的各种限制，引导公众树立节约型汽车消费理念，大力发展公共交通，提高轨道交通在城市交通中的比例，研究鼓励混合动力汽车、纯电动汽车的生产和消费政策。

4. 强化重点行业的节能技术开发和推广

——钢铁工业。

焦炉同步配套干熄焦装置，新建高炉同步配套余压发电装置，积极采用精料入炉、富氧喷煤、铁水预处理、大型高炉、转炉和超高功率电炉、炉外精炼、连铸、连轧、控轧、控冷等先进工艺技术和装备。

——有色金属工业。

矿山重点采用大型、高效节能设备，铜熔炼采用先进的富氧闪速及富氧熔池熔炼工艺，电解铝采用大型预焙电解槽，铅熔炼采用氧气底吹炼铅新工艺及其他氧气直接炼铅技术，锌冶炼发展新型湿法工艺。

——石油化工工业。

油气开采应用采油系统优化配置、稠油热采配套节能、注水系统优化运行、二氧化碳回注、油气密闭集输综合节能和放空天然气回收利用等技术，优化乙烯生产原料结构，采用先进技术改造乙烯裂解炉，大型合成氨装置采用先进节能工艺、新型催化剂和高效节能设备，以天然气为原料的合成氨推广一段炉烟气余热回收技术，以石油为原料的合成氨加快以天然气替代原料油的改造，中小型合成氨采用节能设备和变压吸附回收技术，采用水煤浆或先进粉煤气化技术替代传统的固定床造气技术，逐步淘汰烧碱生产石墨阳极隔膜法烧碱，提高离子膜法烧碱比重等措施。

——建材工业。

水泥行业发展新型干法窑外分解技术，积极推广节能粉磨设备和水泥窑余热发电技术，对现有大中型回转窑、磨机、烘干机进行节能改造，逐步淘汰机立窑、湿法窑、干法中空窑及其他落后的水泥生产工艺。利用可燃废弃物替代矿物燃料，综合利用工业废渣和尾矿。玻璃行业发展先进的浮法工艺，淘汰落后的垂直引上和平拉工艺，推广炉窑全保温技术、富氧和全氧燃烧技术等。建筑陶瓷行业淘汰倒焰窑、推板窑、多孔窑等落后窑型，推广辊道窑技术。卫生陶瓷生产改变燃料结构，采用洁净气体燃料无匣钵烧成工艺。积极推广应用新型墙体材料以及优质环保节能的绝热隔音材料、防水材料和密封材料，提高高性能混凝土的应用比重，延长建筑物的寿命。

——交通运输。

加速淘汰高耗能的老旧汽车，加快发展柴油车、大吨位车和专业车，推广厢式货车，发展集装箱等专业运输车辆；推动《乘用车燃料消耗量限值》国家标准的实施，从源头控制高耗油汽车的发展；加快发展电气化铁路，开发交-直-交高效电力机车，推广电气化铁路牵引功率因数补偿技术和其他节电措施，发展机车向客车供电技术，推广使用客车电源，逐步减少和取消柴油发电车；采用节油机型，提高载运率、客座率和运输周转能力，提高燃油效率，降低油耗；通过制定船舶技术标准，加速淘汰老旧船舶；采用新船型和先进动力系统。

——农业机械。

淘汰落后农业机械；采用先进柴油机节油技术，降低柴油机燃油消耗；推广少耕免耕法、联合作业等先进的机械化农艺技术；在固定作业场地更多的使用电动机；开发水能、风能、太阳能等可再生能源在农业机械上的应用。通过淘汰落后渔船，提高利用效率，降低渔业油耗。

——建筑节能。

重点研究开发绿色建筑设计技术，建筑节能技术与设备，供热系统和空调系统节能技术和设备，可再生能源装置与建筑一体化应用技术，精致建造和绿色建筑施工技术与装备，节能建材与绿色建材，建筑节能技术标准，即有建筑节能改造技术和标准。

——商业和民用节能。

推广高效节能电冰箱、空调器、电视机、洗衣机、电脑等家用及办公电器，降低待机能耗，实施能效标准和标识，规范节能产品市场。推广稀土节能灯等高效荧光灯类产品、高强度气体放电灯及电子镇流器，减少普通白炽灯使用比例，逐步淘汰高压汞灯，实施照明产品能效标准，提高高效节能荧光灯使用比例。

5. 进一步落实《节能中长期专项规划》提出的十大重点节能工程

积极推进燃煤工业锅炉（窑炉）改造、区域热电联产、余热余压利用、节约和替代石油、电机系统节能、能量系统优化、建筑节能、绿色照明、政府机构节能、节能监测和技术服务体系建设等十大重点节能工程的实施，确保工程实施的进度和效果，尽快形成稳定的节能能力。通过实施上述十大重点节能工程，预计“十一五”期间可实现节能2.4亿吨标准煤，相当于减排二氧化碳约5.5亿吨。

（三）工业生产过程

——大力发展循环经济，走新型工业化道路。

按照“减量化、再利用、资源化”原则和走新型工业化道路的要求，采取各种有效措施，进一步促进工业领域的清洁生产和循环经济的发展，加快建设资源节约型、环境友好型社会，在满足未来经济社会发展对工业产品基本需求的同时，尽可能减少水泥、石灰、钢铁、电石等产品的使用量，最大限度地减少这些产品在生产和使用过程中产生的二氧化碳等温室气体排放。

——强化钢材节约，限制钢铁产品出口。

进一步贯彻落实《钢铁产业发展政策》，鼓励用可再生材料替代钢材和废钢材回收，减少钢材使用数量；鼓励采用以废钢为原料的短流程工艺；组织修订和完善建筑钢材使用设计规范和标准，在确保安全的情况下，降低钢材使用系数；鼓励研究、开发和使用高性能、低成本、低消耗的新型材料，以替代钢材；鼓励钢铁企业生产高强度钢材和耐腐蚀钢材，提高钢材强度和使用寿命；取消或降低铁合金、生铁、废钢、钢坯（锭）、钢材等钢铁产品的出口退税，限制这些产品的出口。

——进一步推广散装水泥、鼓励水泥掺废渣。

继续执行“限制袋装、鼓励和发展散装”的方针，完善对生产企业销售袋装水泥和使用袋装水泥的单位征收散装水泥专项资金的政策，继续执行对掺废渣水泥产品实行减免税优惠待遇等政策，进一步推广预拌混凝土、预拌砂浆等措施，保持中国散装水泥高速发展的势头。

——大力开展建筑材料节约。

进一步推广包括节约建筑材料的“四节”（节能、节水、节材、节地）建筑，积极推进新型建筑体系，推广应用高性能、低材耗、可再生循环利用的建筑材料；大力推广应用高强钢和高性能混凝土；积极开展建筑垃圾与废品的回收和利用；充分利用秸秆等产品制作植物纤维板；落实严格设计、施工等材料消耗核算制度的要求，修订相关工程消耗量标准，引导企业推进节材技术进步。

——进一步推动己二酸等生产企业开展清洁发展机制项目等国际合作，积极寻求控制氧化亚氮及氢氟碳化物（HFCs）、全氟化碳（PFCs）和六氟化硫（SF_6）等温室气体排放所需的资金和技术援助，提高排放控制水平，以减少各种温室气体的排放。

（四）农业

——加强法律法规的制定和实施。

逐步建立健全以《中华人民共和国农业法》、《中华人民共和国草原法》、《中华人民共和国土地管理法》等若干法律为基础的、各种行政法规相配合的、能够改善农业生产力和增加农业生态系统碳储量的法律法规体系，加快制定农田、草原保护建设规划，严格控制在生态环境脆弱的地区开垦土地，不允许以任何借口毁坏草地和浪费土地。

——强化高集约化程度地区的生态农业建设。

通过实施农业面源污染防治工程，推广化肥、农药合理使用技术，大力加强耕地质量建设，实施新一轮沃土工程，科学施用化肥，引导增施有机肥，全面提升地力，减少农田氧化亚氮排放。

——进一步加大技术开发和推广利用力度。

选育低排放的高产水稻品种，推广水稻半旱式栽培技术，采用科学灌溉技术，研究和发展微生物技术等，有效降低稻田甲烷排放强度；研究开发优良反刍动物品种技术，规模化饲养管理技术，降低畜产品的甲烷排放强度；进一步推广秸秆处理技术，促进户用沼气技术的发展；开发推广环保型肥料关键技术，减少农田氧化亚氮排放；大力推广秸秆还田和少（免）耕技术，增加农田土壤碳储存。

（五）林业

——加强法律法规的制定和实施。

加快林业法律法规的制定、修订和清理工作。制定天然林保护条例、林木和林地使用权流转条例等专项法规；加大执法力度，完善执法体制，加强执法检查，扩大社会监督，建立执法动态监督机制。

——改革和完善现有产业政策。

继续完善各级政府造林绿化目标管理责任制和部门绿化责任制，进一步探索市场经济条件下全民义务植树的多种形式，制定相关政策推动义务植树和部门绿化工作的深入发展。通过相关产业政策的调整，推动植树造林工作的进一步发展，增加森林资源和林业碳汇。

——抓好林业重点生态建设工程。

继续推进天然林资源保护、退耕还林还草、京津风沙源治理、防护林体系、野生动植物保护及自然保护区建设等林业重点生态建设工程，抓好生物质能源林基地建设，通过有效实施上述重点工程，进一步保护现有森林碳储存，增加陆地碳储存和吸收汇。

（六）城市废弃物

——强化相关法律法规的实施。

切实贯彻落实《中华人民共和国固体废物污染环境防治法》和《城市市容和环境卫生管理条例》、《城市生活垃圾管理办法》等法律法规，使管理的重点由目前的末端管理过渡到全过程管理，即垃圾的源头削减、回收利用和最终的无害化处理，最大限度地规范垃圾产生者和处理者的行为，并把城市生活垃圾处理工作纳入城市总体规划。

——进一步完善行业标准。

根据新形势要求，制定强制性垃圾分类和回收标准，提高垃圾的资源综合利用率，从源头上减少垃圾产生量。严格执行并进一步修订现行的《城市生活垃圾分类及其评价标准》、《生活垃圾卫生填埋技术规范》、《生活垃圾填埋无害化评价标准》等行业标准，提高对填埋场产生的可燃气体的收集利用水平，减少垃圾填埋场的甲烷排放量。

——加大技术开发和利用的力度。

大力研究开发和推广利用先进的垃圾焚烧技术，提高国产化水平，有效降低成本，促进垃圾焚烧技术产业化发展。研究开发适合中国国情、规模适宜的垃圾填埋气回收利用技术和堆肥技术，为中小城市和农村提供亟需的垃圾处理技术。加大对技术研发、示范和推广利用的支持力度，加快垃圾处理和综合利用技术的发展步伐。

——发挥产业政策的导向作用。

以国家产业政策为导向，通过实施生活垃圾处理收费制度，推行环卫行业服务性收费、经济承包责任制和生产事业单位实行企业化管理等措施，促进垃圾处理体制改革，改善目前分散式的垃圾收集利用方式，推动垃圾处理的产业化发展。

——制定促进填埋气体回收利用的激励政策。

制定激励政策，鼓励企业建设和使用填埋气体收集利用系统。提高征收垃圾处置费的标准，对垃圾填埋气体发电和垃圾焚烧发电的上网电价给予优惠，对填埋气体收集利用项目实行优惠的增值税税率，并在一定时间内减免所得税。

二、适应气候变化的重点领域

（一）农业

——继续加强农业基础设施建设。

加快实施以节水改造为中心的大型灌区续建配套，着力搞好田间工程建设，更新改造老化机电设备，完善灌排体系。继续推进节水灌溉示范，在粮食主产区进行规模化建设试点，干旱缺水地区积极发展节水旱作农业，继续建设旱作农业示范区。狠抓小型农田水利建设，重点建设田间灌排工程、小型灌区、非灌区抗旱水源工程。加大粮食主产区中低产田盐碱和渍害治理力度，加快丘陵山区和其他干旱缺水地区雨水集蓄利用工程建设。

——推进农业结构和种植制度调整。

优化农业区域布局，促进优势农产品向优势产区集中，形成优势农产品产业带，提高农业生产能力。扩大经济作物和饲料作物的种植，促进种植业结构向粮食作物、饲料作物和经济作物三元结构的转变。调整种植制度，发展多熟制，提高复种指数。

——选育抗逆品种。

培育产量潜力高、品质优良、综合抗性突出和适应性广的优良动植物新品种。改进作物和品种布局，有计划地培育和选用抗旱、抗涝、抗高温、抗病虫害等抗逆品种。

——遏制草地荒漠化加重趋势。

建设人工草场，控制草原的载畜量，恢复草原植被，增加草原覆盖度，防止荒漠化进一步蔓延。加强农区畜牧业发展，增强畜牧业生产能力。

——加强新技术的研究和开发。

发展包括生物技术在内的新技术，力争在光合作用、生物固氮、生物技术、病虫害防治、抗御逆境、设施农业和精准农业等方面取得重大进展。继续实施“种子工程”、“畜禽水产良种工程”，搞好大宗农作物、畜禽良种繁育基地建设和扩繁推广。加强农业技术推广，提高农业应用新技术的能力。

（二）森林和其他自然生态系统

——制定和实施与适应气候变化相关的法律法规。

加快《中华人民共和国森林法》、《中华人民共和国野生动物保护法》的修订，起草《中华人民共和国自然保护区法》，制定湿地保护条例等，并在有关法律法规中增加和强化与适应气候变化相关的条款，为提高森林和其他自然生态系统适应气候变化能力提供法制化保障。

——强化对现有森林资源和其他自然生态系统的有效保护。

对天然林禁伐区实施严格保护，使天然林生态系统由逆向退化向顺向演替转变。实施湿地保护工程，有效减少人为干扰和破坏，遏制湿地面积下滑趋势。扩大自然保护区面积，提高自然保护区质量，建立保护区走廊。加强森林防火，建立完善的森林火灾预测预报、监测、扑救助、林火阻隔及火灾评估体系。积极整合现有林业监测资源，建立健全国家森林资源与生态状况综合监测体系。加强森林病虫害控制，进一步建立健全森林病虫害监测预警、检疫御灾及防灾减灾体系，加强综合防治，扩大生物防治。

——加大技术开发和推广应用力度。

研究与开发森林病虫害防治和森林防火技术，研究选育耐寒、耐旱、抗病虫害能力强的树种，提高森林植物在气候适应和迁移过程中的竞争和适应能力。开发和利用生物多样性保护和恢复技术，特别是森林和野生动物类型自然保护区、湿地保护与修复、濒危野生动植物物种保护等相关技术，降低气候变化对生物多样性的影响。加强森林资源和森林生态系统定位观测与生态环境监测技术，包括森林环境、荒漠化、野生动植物、湿地、林火和森林病虫害等监测技术，完善生态环境监测网络和体系，提高预警和应急能力。

（三）水资源

——强化水资源管理。

坚持人与自然和谐共处的治水思路，在加强堤防和控制性工程建设的同时，积极退田还湖（河）、平垸行洪、疏浚河湖，对于生态严重恶化的河流，采取积极措施予以修复和保护。加强水资源统一管理，以流域为单元实行水资源统一管理，统一规划，统一调度。注重水资源的节约、保护和优化配置，改变水资源“取之不尽、用之不竭”的错误观念，从传统的“以需定供”转为“以供定需”。建立国家初始水权分配制度和水权转让制度。建立与市场经济体制相适应的水利工程投融资体制和水利工程管理体制。

——加强水利基础设施的规划和建设。

加快建设南水北调工程，通过三条调水线路与长江、黄河、淮河和海河四大江河联通，逐步形成“四横三纵、南北调配、东西互济”的水资源优化配置格局。加强水资源控制工程（水库等）建设、灌区建设与改造，继续实施并开工建设一些区域性调水和蓄水工程。

——加大水资源配置、综合节水和海水利用技术的研发与推广力度。

重点研究开发大气水、地表水、土壤水和地下水的转化机制和优化配置技术，污水、雨洪资源化利用技术，人工增雨技术等。研究开发工业用水循环利用技术，开发灌溉节水、旱作节水与生物节水综合配套技术，重点突破精量灌溉技术、智能化农业用水管理技术及设备，加强生活节水技术及器具开发。加强海水淡化技术的研究、开发与推广。

（四）海岸带及沿海地区

——建立健全相关法律法规。

根据《中华人民共和国海洋环境保护法》和《中华人民共和国海域使用管理法》，结合沿海各地区的特点，制定区域管理条例或实施细则。建立合理的海岸带综合管理制度、综合决策机制以及行之有效的协调机制，及时处理海岸带开发和保护行动中出现的各种问题。建立综合管理示范区。

——加大技术开发和推广应用力度。

加强海洋生态系统的保护和恢复技术研发，主要包括沿海红树林的栽培、移种和恢复技术，近海珊瑚礁生态系统以及沿海湿地的保护和恢复技术，降低海岸带生态系统的脆弱性。加快建设已经选划的珊瑚礁、红树林等海洋自然保护区，提高对海洋生物多样性的保护能力。

——加强海洋环境的监测和预警能力。

增设沿海和岛屿的观测网点，建设现代化观测系统，提高对海洋环境的航空遥感、遥测能力，提高应对海平面变化的监视监测能力。建立沿海潮灾预警和应急系统，加强预警基础保障能力，加强业务化预警系统能力和加强预警产品的制作与分发能力，提高海洋灾害预警能力。

——强化应对海平面升高的适应性对策。

采取护坡与护滩相结合、工程措施与生物措施相结合，提高设计坡高标准，加高加固海堤工程，强化沿海地区应对海平面上升的防护对策。控制沿海地区地下水超采和地面沉降，对已出现地下水漏斗和地面沉降区进行人工回灌。采取陆地河流与水库调水、以淡压咸等措施，应对河口海水倒灌和咸潮上溯。提高沿海城市和重大工程设施的防护标准，提高港口码头设计标高，调整排水口的底高。大力营造沿海防护林，建立一个多林种、多层次、多功能的防护林工程体系。

三、气候变化相关科技工作

——加强气候变化相关科技工作的宏观管理与协调。

深化对气候变化相关科技工作重要意义的认识，努力贯彻落实“自主创新、重点跨越、支撑发展、引领未来”的科技指导方针和《国家中长期科学和技术发展规划纲要》对气候变化相关科技工作提出的要求，加强气候变化领域科技工作的宏观管理和政策引导，健全气候变化相关科技工作的领导和协调机制，完善气候变化相关科技工作在各地区和各部门的整体布局，进一步强化对气候变化相关科技工作的支持力度，加强气候变化科技资源的整合，鼓励和支持气候变化科技领域的创新，充分发挥科学技术在应对和解决气候变化方面的基础和支撑作用。

——推进中国气候变化重点领域的科学研究与技术开发工作。

加强气候变化的科学事实与不确定性、气候变化对经济社会的影响、应对气候变化的经济社会成本效益分析和应对气候变化的技术选择与效果评价等重大问题的研究。加强中国气候观测系统建设，开发全球气候变化监测技术、温室气体减排技术和气候变化适应技术等，提高中国应对气候变化和履行国际公约的能力。重点研究开发大尺度气候变化准确监测技术、提高能效和清洁能源技术、主要行业二氧化碳、甲烷等温室气体的排放控制与处置利用技术、生物固碳技术及固碳工程技术等。

——加强气候变化科技领域的人才队伍建设。

加强气候变化科技领域的人才培养，建立人才激励与竞争的有效机制，创造有利于人才脱颖而出的学术环境和氛围，特别重视培养具有国际视野和能够引领学科发展的学术带头人和尖子人才，鼓励青年人才脱颖而出。加强气候变化的学科建设，加大人才队伍的建设和整合力度，在气候变化领域科研机构建立“开放、流动、竞争、协作”的运行机制，充分利用多种渠道和方式提高中国科学家的研究水平和中国主要研究机构的自主创新能力，形成具有中国特色的气候变化科技管理队伍和研发队伍，并鼓励和推荐中国科学家参与气候变化领域国际科研计划和在相关国际研究机构中担任职务。

——加大对气候变化相关科技工作的资金投入。

加大政府对气候变化相关科技工作的资金支持力度，建立相对稳定的政府资金渠道，确保资金落实到位、使用高效，发挥政府作为投入主渠道的作用。多渠道筹措资金，吸引社会各界资金投入气候变化的科技研发工作，将科技风险投资引入气候变化领域。充分发挥企业作为技术创新主体的作用，引导中国企业加大对气候变化领域技术研发的投入。积极利用外国政府、国际组织等双边和多边基金，支持中国开展气候变化领域的科学研究与技术开发。

四、气候变化公众意识

——发挥政府的推动作用。

各级政府要把提高公众意识作为应对气候变化的一项重要工作抓紧抓好。要进一步提高各级政府领导干部、企事业单位决策者的气候变化意识，逐步建立一支具有较高全球气候变化意识的干部队伍；利用社会各界力量，宣传我国应对气候变化的各项方针政策，提高公众应对气候变化的意识。

——加强宣传、教育和培训工作。

利用图书、报刊、音像等大众传播媒介，对社会各阶层公众进行气候变化方面的宣传活动，鼓励和倡导可持续的生活方式，倡导节约用电、用水，增长垃圾循环利用和垃圾分类的自觉意识等；在基础教育、成人教育、高等教育中纳入气候变化普及与教育的内容，使气候变化教育成为素质教育的一部分；举办各种专题培训班，就有关气候变化的各种问题，针对不同的培训对象开展专题培训活动，组织有关气候变化的科普学术研讨会；充分利用信息技术，进一步充实现有气候变化信息网站的内容及功能，使其真正成为获取信息、交流沟通的一个快速而有效的平台。

——鼓励公众参与。

建立公众和企业界参与的激励机制，发挥企业参与和公众监督的作用。完善气候变化信息发布的渠道和制度，拓宽公众参与和监督渠道，充分发挥新闻媒介的舆论监督和导向作用。增加有关气候变化决策的透明度，促进气候变化领域管理的科学化和民主化。积极发挥民间社会团体和非政府组织的作用，促进广大公众和社会各界参与减缓全球气候变化的行动。

——加强国际合作与交流。

加强国际合作，促进气候变化公众意识方面的合作与交流，积极借鉴国际上好的做法，完善国内相关工作。积极开展与世界各国关于全球气候变化的出版物、影视和音像作品的交流和交换，建立资料信息库，为国内有关单位、研究机构、高等学校等查询、了解气候变化相关信息提供服务。

五、机构和体制建设

——加强应对全球气候变化工作的领导。

应对气候变化涉及经济社会、内政外交，国务院决定成立国家应对气候变化领导小组，温家宝总理担任组长，曾培炎副总理、唐家璇国务委员担任副组长。领导小组将研究确定国家应对气候变化的重大战略、方针和对策，协调解决应对气候变化工作中的重大问题。应对气候变化工作的办事机构设在发展改革委。国务院有关部门要认真履行职责，加强协调配合，形成应对气候变化的合力。地方各级人民政府要加强对本地区应对气候变化工作的组织领导，抓紧制定本地区应对气候变化的方案，并认真组织实施。

——建立地方应对气候变化的管理体系。

建立地方应对气候变化管理机构，贯彻落实《国家方案》的相关内容，组织协调本地区应对气候变化的工作，协调本地区各方面的行动。建立地方气候变化专家队伍，根据各地区在地理环境、气候条件、经济发展水平等方面的具体情况，因地制宜地制定应对气候变化的相关政策措施。同时加强中央政府与地方政府的协调，促进相关政策措施的顺利实施。

——有效利用中国清洁发展机制基金。

根据《清洁发展机制项目运行管理办法》中的有关规定，中国政府对清洁发展机制项目收取一定比例的"温室气体减排量转让额"，用于建立中国清洁发展机制基金，并通过基金管理中心支持气候变化领域的相关活动。中国清洁发展机制基金的建立，对于加强气候变化基础研究工作，提高适应与减缓气候变化的能力，保障《国家方案》的有效实施，缓解气候变化领域的资金需求压力，都将起到积极的作用。

附录 2 全球变暖潜能值（标准）

在计算用于 GHG 全球变暖潜能值时，须参照附表 2－1（IPCC 2007，表 2. 14）。

附表 2－1 相对于 CO_2 的直接（除 CH_4 外）全球变暖潜能值（GWP）

工业称号或通用名称	化学式	100 年时间范围内 GWP（在出版日期）
二氧化碳	CO_2	1
甲烷	CH_4	25
笑气	N_2O	298
由蒙特利尔议定书控制的物质		
CFC-11	CCl_3F	4 750
CFC-12	CCl_2F2	10 900
CFC-13	$CClF_3$	14 400
CFC-113	CCl_2FCClF_2	6 130
CFC-114	$CClF_2CClF_2$	10 000
CFC-115	$CClF_2CF_3$	7 370
Halon-1301	$CBrF_3$	7 140
Halon-1211	$CBrClF_2$	1 890
Halon-2402	$CBrF_2CBrF_2$	1 640
四氟化碳	CF_4	1 400
溴化甲烷	CH_3Br	5
二氯乙烷	CH_3CCl_3	146
HCFC-22	$CHClF_2$	1 810
HCFC-123	$CHCl_2CF_3$	77
HCFC-124	$CHClFCF_3$	609
HCFC-141b	CH_3CCl_2F	725
HCFC-142b	CH_3CClF_2	2 310
HCFC-225ca	$CHCl_2CF_2CF_3$	122
HCFC-225cb	$CHClFCF_2CClF_2$	595
氢氟烃		
HFC-23	CHF_3	14 800
HFC-32	CH_2F_2	675
HFC-125	CHF_2CF_3	3 500
HFC-134a	CH_2FCF_3	1 430
HFC-143a	CH_3CF_3	4 470
HFC-152a	CH_3CHF_2	124
HFC-227ea	CF_3CHFCF_3	3 220
HFC-236fa	$CF_3CH_2CF_3$	9 810
HFC-245fa	$CHF_2CH_2CF_3$	1 030
HFC-365mfc	$CH_3CF_2CH_2CF_3$	794
HFC-43-10mee	$CF_3CHFCHFCF_2CF_3$	1 640

续附表 2－1

工业称号或通用名称	化学式	100 年时间范围内 GWP（在出版日期）
全氟化合物		
六氟化硫	SF_6	22 800
三氟化氮	NF_3	17 200
PFC-14	CF_4	7 390
PFC-116	C_2F_6	12 200
PFC-218	C_3F_8	8 830
PFC-318	c-C_4F_8	10 300
PFC-3-1-10	C_4F_{10}	8 860
PFC-4-1-12	C_5F_{12}	9 160
PFC-5-1-14	C_6F_{14}	9 300
PFC-9-1-18	$C_{10}F_{18}$	>7 500
三氟甲基五氟化硫	SF_5CF_3	17 700
氟醚		
HFE-125	CHF_2OCF_3	14 900
HFE-134	CHF_2OCHF_2	6 320
HFE-143a	CH_3OCF_3	756
HCFE-235da2	$CHF_2OCHClCF_3$	350
HFE-245cb2	$CH_3OCF_2CHF_2$	708
HFE-245fa2	$CHF_2OCH_2CF_3$	659
HFE-254cb2	$CH_3OCF_2CHF_2$	359
HFE-347mcc3	$CH_3OCF_2CF_2CF_3$	575
HFE-347pcf2	$CHF_2CF_2OCH_2CF_3$	580
HFE-356pcc3	$CH_3OCF_2CF_2CHF_2$	110
HFE-449sl（HFE-7100）	$C_4F_9OCH_3$	297
HFE-569sf2（HFE-7200）	$C_4F_9OC_2H_5$	59
HFE-43-10-pccc124（H-Galden1040x）	$CHF_2OCF_2OC_2F_4OCHF_2$	1 870
HFE-236ca12（HG-10）	$CH_2OCF_2OCHF_2$	2 800
HFE-338pcc13（HG-01）	$CHF_2OCF_2CF_2OCHF_2$	1 500
全氟聚醚		
PFPMIE	$CF_3OCF(CF_3)CF_2OCF_2OCF_3$	10 300
碳氢化合物和其他化合物—直接影响		
二甲基乙醚	CH_3OCH_3	1
二氯甲烷	CH_2Cl_2	8.7
氯甲烷	CH_3Cl	13

注：计算中实际使用的是 IPCC 最新的 GWP。开展 GHG 排放评估的组织在使用 GWP 值前有责任确认附表 2－1 中给出的 GWP 值是否符合当前的实际。表中的“出版日期”是指 2007 年 IPCC 气候变化第 4 次评估报告的出版日期。

参考文献

[1] 李在卿．温室气体减排与第三方认证．北京：中国环境科学出版社，2009.

[2] 李在卿．能源管理体系的建立与实施．北京：中国标准出版社，2010.

[3] 李在卿．低碳经济与低碳生活知识问答．北京：中国质检出版社，2011.

[4] 张坤民，潘家华，崔大鹏，等．低碳经济论．北京：中国环境科学出版社，2008.

[5] 张坤民，潘家华，崔大鹏，等．低碳发展论．北京：中国环境科学出版社，2010.

[6] 李在卿．组织的碳足迹和产品碳足迹标准评述．中国环境管理，2011.

[7] 樊庆锌，敖红光，孟超．生命周期评价．环境科学与管理，第 32 卷第 6 期，2007-6.

[8] 卞晓红，张绍良．碳足迹研究现状综述．环境保护与循环经济，2009.

[9] 罗运阔，周亮梅，朱美英．碳足迹解析．江西农业大学学报，2010，9（2）.

[10] 张国钧，侯红，等．碳捕获与封存的技术介绍与实施研究．太原科技，2010，（2）.

[11] 国家发展和改革委员会．国家重点推广节能技术．2008.

[12] 建设部．建筑节能推广技术．2008.

[13] 林翎，陈亮．国内外应对气候变化相关标准发展动态．中国标准化，2011，（8）.

[14] 刘玫，陈亮．产品碳足迹国际标准（ISO 14067）进展及我国面临的形势．中国标准化，2010，（8）.

[15] 英国标准协会，等．PAS 2050：2008 商品和服务在生命周期内的温室气体排放评价规范．2008.

[16] 英国标准协会，等．《PAS 2050 规范》使用指南——如何评价商品和服务的碳足迹．2008.

[17] AOV 标准技术研究中心．低碳．检测快讯，2010，（6）.

[18] 袁欣梅，黄胜岳．碳足迹评价九步骤．认证技术，2011，（10）.